4 건축 설비

최근 출제경향을 완벽하게 분석한 건축기사·산업기사 필기

이하움

예문사

탄소중립이 필요한 시대에 설비분야는 건축부분에서 중요도가 점차 높아지고 있습니다. 패시브요소인 건축환경, 액티브요소인 각종 설비기술 등이 잘 접목하였을 때 친환경적이고 탄소중립적인 건축물의 건립이 가능하게 됩니다. 설비과목은 이러한 건축환경과 설비 관련 사항에 대해 공부하는 것으로서 건축분야를 전공하거나, 해당 분야에 종사하시는 모든 분들이 반드시 숙지해야 하는 사항이라 생각합니다.

건축기사에서 건축설비과목은 암기보다는 원리위주의 학습이 필요하며, 환경 및 설비에 대한 원리를 파악하게 되면 어렵지 않게 접근이 가능한 과목입니다. 이에 본서는 단순암기보다는 원리위주의 이론적 설명과 문제해설을 수록하도록 노력하였으며, 수험생들의 효과적인 학습을 위해 다음과 같이 구성하였습니다.

■ 이 책의 특징과 구성

1. 기출문제와 출제경향을 철저히 분석한 핵심이론
   학습의 효율성을 극대화하기 위해, 10개년 이상의 기출문제와 출제경향을 면밀히 분석하여 현재 시점에서 시험에 출제되는 이론을 엄선하여 수록하였습니다.

2. 이론 – 핵심문제의 연계
   이론을 공부하고 바로 문제에 적용할 수 있도록 해당 이론과 연계된 핵심문제를 이론 중간 중간에 삽입하여 이론과 문제 간의 연계성을 극대화시켰으며, 해당 이론과 문제의 출제빈도를 효과적으로 파악할 수 있도록 각 핵심문제에 중요도를 표기하였습니다.

3. 출제예상문제와 기출문제 수록
   출제예상문제를 통해 이론에서 공부한 사항을 Chapter별로 복습하여 보고, 기출문제를 통해 시험준비를 마무리할 수 있도록 구성하였습니다.

본 교재로 시험을 준비하는 모든 수험생들에게 합격의 영광이 있기를 기원합니다.

이하움

건축설비 CBT 온라인 모의고사 이용 안내

- 인터넷에서 [예문사]를 검색하여 홈페이지에 접속합니다.
- PC, 휴대폰, 태블릿 등을 이용해 사용이 가능합니다.

STEP 1 회원가입 하기

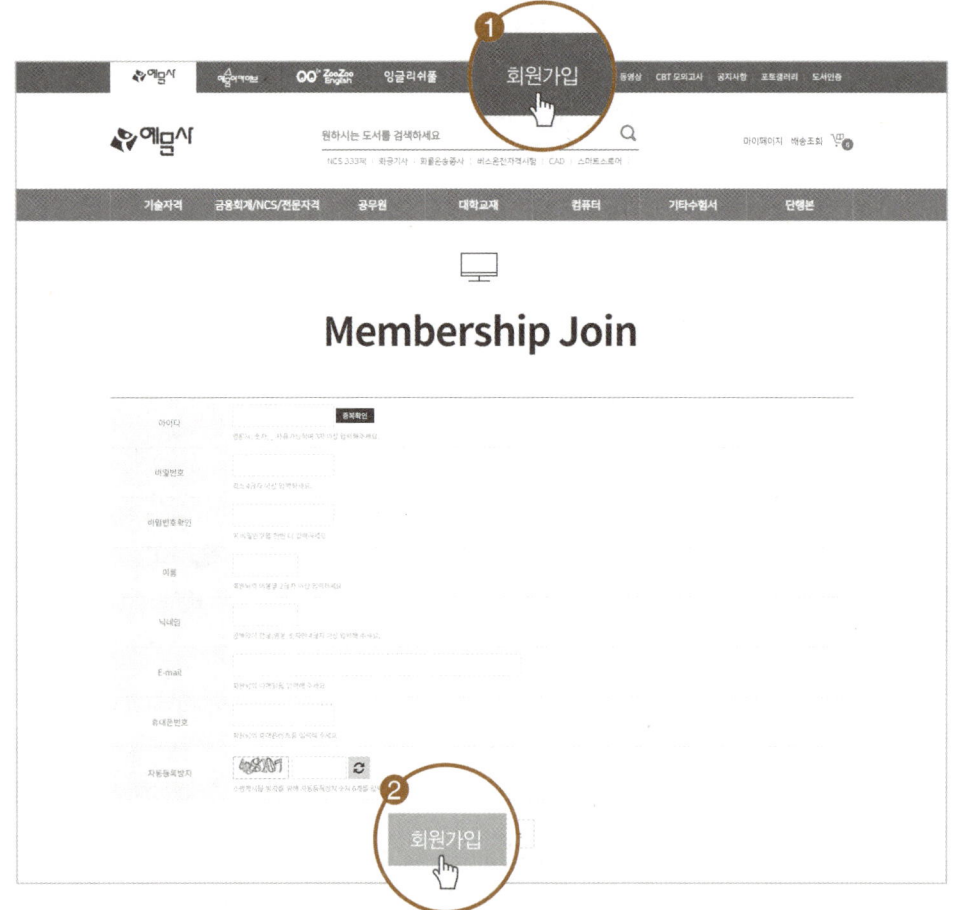

1. 메인 화면 상단의 [회원가입] 버튼을 누르면 가입 화면으로 이동합니다.
2. 입력을 완료하고 아래의 [회원가입] 버튼을 누르면 **인증절차 없이 바로 가입**이 됩니다.

건 축 기 사 산 업 기 사

STEP 2 시리얼 번호 확인 및 등록

1. 로그인 후 메인 화면 상단의 [CBT 모의고사]를 누른 다음 수강할 **강좌를 선택**합니다.
2. 시리얼 등록 안내 팝업창이 뜨면 [확인]을 누른 뒤 **시리얼 번호를 입력**합니다.

STEP 3 등록 후 사용하기

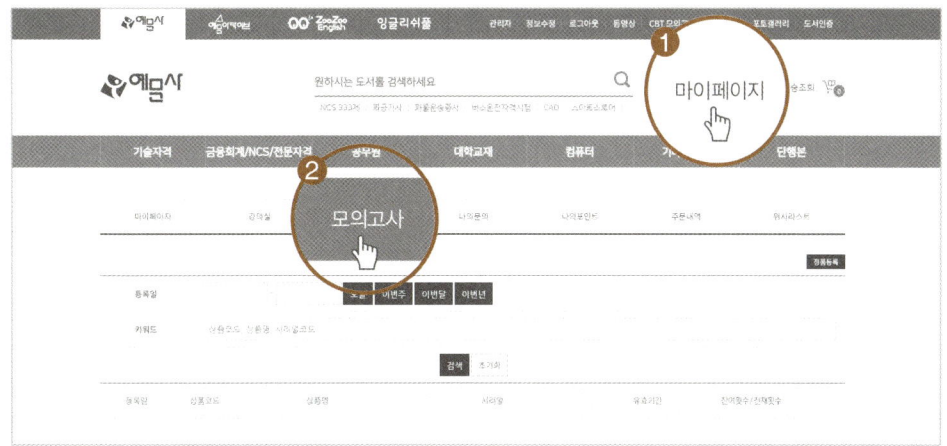

1. 시리얼 번호 입력 후 [마이페이지]를 클릭합니다.
2. 등록된 CBT 모의고사는 [모의고사]에서 확인할 수 있습니다.

건축설비 수험정보

>>> 시험정보

시행처	한국산업인력공단
관련학과	대학이나 전문대학의 건축, 건축공학, 건축설비, 실내건축 관련학과
시험과목	• 필기 : 1. 건축계획 2. 건축시공 3. 건축구조 4. 건축설비 5. 건축관계법규 • 실기 : 건축시공 실무
검정방법	• 필기 : 객관식 4지 택일형 과목당 20문항(과목당 30분) • 실기 : 필답형(3시간)
합격기준	• 필기 : 100점을 만점으로 하여 과목당 40점 이상, 전과목 평균 60점 이상 • 실기 : 100점을 만점으로 하여 60점 이상

>>> 건축기사 출제분석표(5개년)

구분	2018			2019			2020			2021			2022		합계	평균
	1회	2회	4회	1회	2회	4회	1·2회	3회	4회	1회	2회	4회	1회	2회		
1. 환경계획원론	3	3	2	3	1	3	2	1	1	1	3	1	2	3	29	10.36%
2. 전기설비	5	5	4	5	6	5	5	4	5	6	5	5	4	5	69	24.64%
3. 위생설비	6	6	6	6	6	6	6	8	6	6	6	6	7	6	87	31.07%
4. 공기조화설비	5	5	7	5	6	5	6	6	7	6	5	7	6	5	81	28.93%
5. 승강설비	1	1	1	1	1	1	1	1	1	1	1	1	1	1	14	5%
Total 문제	20	20	20	20	20	20	20	20	20	20	20	20	20	20	280	100

>>> 건축산업기사 출제분석표(4개년)

구분	2017			2018			2019			2020			합계	평균
	1회	2회	4회	1회	2회	4회	1회	2회	4회	1·2회	3회	4회		
1. 전기설비	3	4	4	4	3	4	3	4	4	4	4		41	18.64%
2. 위생설비	9	8	8	10	9	8	10	8	9	8	8		95	43.18%
3. 공기조화설비	8	8	8	6	8	8	7	8	7	8	8		84	38.18%
Total 문제	20	20	20	20	20	20	20	20	20	20	20	0	220	100

※ 건축기사는 2022년 3회, 건축산업기사는 2020년 4회 시험부터 CBT(Computer-Based Test)로 전면 시행되었습니다.

≫≫≫ 건축기사 필기 출제기준

직무분야	건설	중직무분야	건축	자격종목	건축기사	적용기간	2020.1.1.~2024.12.31.

○ 직무내용 : 건축시공 및 구조에 관한 공학적 기술이론을 활용하여, 건축물 공사의 공정, 품질, 안전, 환경, 공무관리 등을 통해 건축 프로젝트를 전체적으로 관리하고 공종별 공사를 진행하며 시공에 필요한 기술적 지원을 하는 등의 업무수행

필기검정방법	객관식	문제수	100	시험시간	2시간 30분

필기과목명	문제수	주요항목	세부항목	세세항목
건축설비	20	1. 환경계획원론	1. 건축과 환경	1. 건축과 풍토 2. 건축과 기후 3. 일조와 일사 4. 건축과 바람 5. 친환경건축 6. 신재생에너지
			2. 열환경	1. 전열이론 2. 단열 및 보온계획 3. 습기와 결로 4. 건물에너지 해석
			3. 공기환경	1. 공기의 오염인자 및 영향 2. 환기와 통풍 3. 필요환기량 산정
			4. 빛환경	1. 빛 이론 2. 자연채광 3. 인공조명
			5. 음환경	1. 음향이론 2. 흡음과 차음 3. 실내음향 4. 소음과 진동
		2. 전기설비	1. 기초적인 사항	1. 전류와 전압 2. 직류와 교류 3. 전자력, 정전기
			2. 조명설비	1. 조명의 기초사항 2. 광원의 종류 3. 조명방식 및 특징

필기과목명	문제수	주요항목	세부항목	세세항목
건축설비	20	2. 전기설비	3. 전원 및 배전, 배선설비	1. 수변전설비 및 예비전원 2. 전기방식 및 배선설비 3. 동력 및 콘센트설비
			4. 피뢰침설비	1. 피뢰설비 2. 항공장애등설비
			5. 통신 및 신호설비	1. 전화설비 2. 인터폰설비 3. TV공동수신설비 4. 표시설비 5. 정보화설비
			6. 방재설비	1. 방범설비 2. 자동화재탐지설비
		3. 위생설비	1. 기초적인 사항	1. 유체의 물리적 성질 2. 위생설비용 배관재료 3. 관의 접합 및 용도 4. 펌프의 종류 및 용도
			2. 급수 및 급탕설비	1. 급수·급탕량 산정 2. 급수방식 및 특징 3. 급탕방식 및 특징
			3. 배수 및 통기설비	1. 위생기구의 종류 및 특징 2. 배수의 종류와 배수방식 3. 통기방식 4. 배수·통기관의 재료 및 특징 5. 우수배수
			4. 오수정화설비	1. 오수의 양과 질 2. 오수정화방식 및 특징
			5. 소방시설	1. 소화의 원리 2. 소화설비 3. 경보설비 4. 피난구조설비 5. 소화용수설비 6. 소화활동설비
			6. 가스설비	1. 도시가스 및 액화석유가스 2. 가스공급과 배관방식 3. 가스설비용 기기

필기과목명	문제수	주요항목	세부항목	세세항목
건축설비	20	4. 공기조화설비	1. 기초적인 사항	1. 공기의 기본 구성 2. 습공기의 성질 및 습공기선도 3. 공기조화(냉난방)부하 4. 공기조화계산식과 공조프로세스
			2. 환기 및 배연설비	1. 오염물질의 종류 및 필요환기량 2. 환기설비의 종류 및 특징 3. 배연설비기준
			3. 난방설비	1. 난방설비의 종류 및 특징 2. 난방설비의 구성요소 및 특징
			4. 공기조화용 기기	1. 중앙 및 개별 공기조화기 2. 덕트와 부속기구 3. 취출구·흡입구와 기류분포 4. 열원기기 5. 전열교환기 6. 펌프와 송풍기 7. 공기조화배관
			5. 공기조화방식	1. 공기조화방식의 분류 2. 각종 공조방식 및 특징 3. 조닝계획과 에너지절약계획
		5. 승강설비	1. 엘리베이터설비	1. 엘리베이터의 종류 및 특징 2. 엘리베이터의 대수 산정 3. 엘리베이터의 배치 4. 엘리베이터 설치 시 고려사항
			2. 에스컬레이터설비	1. 에스컬레이터의 구조 및 특징 2. 에스컬레이터의 대수 산정 3. 에스컬레이터의 배열
			3. 기타 수송설비	1. 덤웨이터 2. 이동보도 3. 컨베이어

건축산업기사 필기 출제기준

직무분야	건설	중직무분야	건축	자격종목	건축산업기사	적용기간	2020.1.1. ~ 2024.12.31.

○ 직무내용 : 건축시공에 관한 공학적 기술이론을 활용하여, 건축물 공사의 공정, 품질, 안전, 환경, 공무관리 등을 통해 건축프로젝트를 전체적으로 관리하고 공종별 공사를 진행하며 시공에 필요한 기술적 지원을 하는 등의 업무수행

필기검정방법	객관식	문제수	100	시험시간	2시간 30분

필기과목명	문제수	주요항목	세부항목	세세항목
건축설비	20	1. 전기설비	1. 기초적인 사항	1. 전류와 전압 2. 직류와 교류 3. 전자력, 정전기
			2. 조명설비	1. 조명의 기초사항 2. 광원의 종류 3. 조명방식 및 특징
			3. 전원 및 배전, 배선설비	1. 수변전설비 및 예비전원 2. 전기방식 및 배선설비 3. 동력 및 콘센트설비
			4. 피뢰침설비	1. 피뢰설비 2. 항공장애등설비
			5. 통신 및 신호설비	1. 전화설비 2. 인터폰설비 3. TV공동수신설비 4. 표시설비 5. 정보화설비
			6. 방재설비	1. 방범설비 2. 자동화재탐지설비
		2. 위생설비	1. 기초적인 사항	1. 유체의 물리적 성질 2. 위생설비용 배관 재료 3. 관의 접합 및 용도 4. 펌프의 종류 및 용도
			2. 급수 및 급탕설비	1. 급수·급탕량 산정 2. 급수방식 및 특징 3. 급탕방식 및 특징

필기과목명	문제수	주요항목	세부항목	세세항목
			3. 배수 및 통기설비	1. 위생기구의 종류 및 특징 2. 배수의 종류와 배수방식 3. 통기방식 4. 배수·통기관의 재료 및 특징 5. 우수배수
			4. 오수정화설비	1. 오수의 양과 질 2. 오수정화방식 및 특징
			5. 소방시설	1. 소화의 원리 2. 소화설비 3. 경보설비 4. 피난구조설비 5. 소화용수설비 6. 소화활동설비
			6. 가스설비	1. 도시가스 및 액화석유가스 2. 가스공급과 배관방식 3. 가스설비용 기기
		3. 공기조화설비	1. 기초적인 사항	1. 공기의 기본 구성 2. 습공기의 성질 및 습공기 선도 3. 공기조화(냉난방)부하 4. 공기조화계산식과 공조프로세스
			2. 환기 및 배연설비	1. 오염물질의 종류 및 필요환기량 2. 환기설비의 종류 및 특징 3. 배연설비기준
			3. 난방설비	1. 난방설비의 종류 및 특징 2. 난방설비의 구성요소 및 특징
			4. 공기조화용 기기	1. 중앙 및 개별 공기조화기 2. 덕트와 부속기구 3. 취출구·흡입구와 기류 분포 4. 열원기기 5. 전열교환기 6. 펌프와 송풍기 7. 공기조화배관
			5. 공기조화방식	1. 공기조화방식의 분류 2. 각종 공조방식 및 특징 3. 조닝계획과 에너지절약계획

차례

제1장 환경계획원론

SECTION. 01 건축과 환경
01 에너지절약 건축계획 ···································· 2
02 일조와 일사 ·· 3
03 신재생에너지 ·· 4

SECTION. 02 열환경
01 전열이론 ·· 5
02 단열 및 보온계획 ·· 7
03 습기와 결로 ·· 8
04 건물에너지 해석 ·· 9

SECTION. 03 공기환경
01 공기의 오염인자 및 영향 ···························· 10
02 환기와 통풍 ·· 10
03 필요환기량 산정 ·· 11

SECTION. 04 빛환경
01 자연채광 ·· 11

SECTION. 05 음환경
01 음향이론 ·· 14
02 흡음과 차음 ·· 16
03 실내음향 ·· 16
04 소음과 진동 ·· 17
■ 출제예상문제 ·· 18

제2장 전기설비

SECTION. 01 전기의 기초
- 01 전류와 전압 ·· 22
- 02 직류와 교류 ·· 24
- 03 전자력 ·· 24

SECTION. 02 조명설비
- 01 조명의 기초사항 ····································· 27
- 02 광원의 종류 ·· 28
- 03 조명방식 및 특징 ··································· 30

SECTION. 03 전원 및 배전·배선설비
- 01 수변전설비 및 예비전원 ··························· 34
- 02 전기방식 및 배선설비 ······························ 39
- 03 동력(전동기) 및 콘센트설비 ······················ 44

SECTION. 04 약전설비
- 01 피뢰침 및 항공장애등설비 ························ 47
- 02 통신 및 신호설비 ··································· 49
- 03 표시설비 및 정보화설비 ·························· 50
- 04 방범설비 ·· 51
- 05 자동화재탐지설비 ·································· 51

- ■ 출제예상문제 ··· 53

제3장 위생설비

SECTION. 01 기초적인 사항
- 01 유체의 물리적 성질 ································ 68
- 02 위생설비용 배관재료 ······························· 72
- 03 펌프의 종류 및 용도 ······························· 77

건축설비

SECTION. 02 급수 및 급탕설비
01 급수 · 급탕량 산정 ·· 82
02 급수방식 및 특징 ·· 85
03 급탕방식 및 특징 ·· 90

SECTION. 03 배수 및 통기설비
01 위생기구의 종류 및 특징 ·· 95
02 배수의 종류와 배수방식 ·· 99
03 통기방식 ·· 105
04 물의 재이용시설 ·· 108

SECTION. 04 오수정화설비
01 오수의 수질 ·· 109
02 오수정화방식 및 특징 ·· 110

SECTION. 05 소방시설
01 소화의 원리 ·· 112
02 소화설비 ·· 113
03 경보설비 ·· 118
04 소화활동설비 ·· 119
05 피난구조시설 및 소화용수설비 ···························· 121

SECTION. 06 가스설비
01 도시가스 및 액화석유가스 ···································· 121
02 가스공급과 배관방식 ·· 122
03 가스설비용 기기 ·· 124
■ 출제예상문제 ·· 125

제4장 공기조화설비

SECTION. 01 기초적인 사항

01 공기의 기본구성 · 150
02 습공기의 성질 및 습공기선도 · 150
03 공기조화(냉난방)부하 · 153
04 공기조화계산식 · 155

SECTION. 02 환기 및 배연설비

01 오염물질의 종류 및 필요환기량 · 156
02 환기설비의 종류 및 특징 · 158

SECTION. 03 난방설비

01 난방설비의 종류 및 특징 · 160
02 난방설비의 구성요소 및 특징 · 168

SECTION. 04 공기조화용 기기

01 공기조화기(Air Handling Unit)의 구성요소 · 172
02 덕트와 부속기구 · 173
03 취출구 · 흡입구와 기류분포 · 177
04 열원기기 · 181
05 송풍기 · 185

SECTION. 05 공기조화방식

01 공기조화방식의 분류 · 187
02 각종 공조방식 및 특징 · 188
03 조닝계획과 에너지절약계획 · 195
- 출제예상문제 · 198

건축설비

제5장 승강설비

SECTION. 01 엘리베이터설비

01 엘리베이터의 종류 및 특징 ·· 216
02 엘리베이터의 대수산정 ·· 217
03 엘리베이터의 배치 ·· 218
04 엘리베이터 설치 시 고려사항 ·· 218

SECTION. 02 에스컬레이터설비

01 에스컬레이터의 구조 및 특징 ·· 221
02 에스컬레이터의 대수산정 및 배열 ·· 222

SECTION. 03 기타 수송설비

01 덤웨이터(Dumb Waiter) ·· 223
02 이동보도 ·· 223
03 컨베이어 ·· 223

- 출제예상문제 ·· 224

부록 과년도 출제문제 및 해설

01 2017년 건축기사/건축산업기사 ·· 228
02 2018년 건축기사/건축산업기사 ·· 253
03 2019년 건축기사/건축산업기사 ·· 278
04 2020년 건축기사/건축산업기사 ·· 302
05 2021년 건축기사/건축산업기사 ·· 323
06 2022년 건축기사 ·· 335

Engineer Architecture

CHAPTER 01

환경계획원론

01 건축과 환경
02 열환경
03 공기환경
04 빛환경
05 음환경

CHAPTER 01 환경계획원론

SECTION 01 건축과 환경

1. 에너지절약 건축계획

(1) 배치계획
① 건축물은 대지의 방향, 일조 및 주풍향 등을 고려하여 배치하며, 남향 또는 남동향 배치를 한다.
② 공동주택은 인동간격을 넓게 하여 저층부의 일사 수열량을 증대시킨다.

(2) 평면계획
① 거실의 층고 및 반자높이는 가능한 한 낮게 한다.
② 건축물의 체적에 대한 외피면적의 비 또는 연면적에 대한 외피면적의 비는 가능한 한 작게 한다.
③ 실의 용도 및 기능에 따라 수평, 수직으로 조닝계획을 한다.

(3) 단열계획
① 건축물 외벽, 천장 및 바닥으로의 열손실을 방지하기 위하여 단열부위의 열저항을 높이도록 한다.
② 외벽부위는 외단열로 시공한다.
③ 외피의 모서리 부분은 열교가 발생하지 않도록 단열재를 연속적으로 설치하고 충분히 단열 되도록 한다.
④ 건물의 창호는 가능한 한 작게 설계하고, 특히 열손실이 많은 북측의 창 면적은 최소화한다.
⑤ 태양열 유입에 의한 냉방부하의 저감을 위하여 태양열 차폐장치를 설치한다.
⑥ 건물 옥상에는 조경을 하여 최상층 지붕의 열저항을 높이고, 옥상면에 직접 도달하는 일사를 차단하여 냉방부하를 감소시킨다.
⑦ 발코니 확장을 하는 공동주택이나 창 및 문의 면적이 큰 건물에는 단열성이 우수한 로이(Low-E) 복층창이나 삼중창 이상의 단열성능을 갖는 창을 설치한다.

(4) 기밀계획

① 틈새바람에 의한 열손실을 방지하기 위하여 거실의 창호 및 문은 기밀성 창호 및 기밀성 문을 사용한다.
② 공동주택의 외기에 접하는 주동의 출입구와 각 세대의 현관은 방풍구조로 한다.
③ 기밀성을 높이기 위하여 창 및 문 등 개구부 둘레와 배관 및 전기배선이 거실의 실내와 연결되는 부위는 외기가 침입하지 못하도록 기밀하게 처리한다.

(5) 자연채광계획

① 자연채광을 적극적으로 이용할 수 있도록 계획한다.
② 창에 직접 도달하는 일사를 조절할 수 있도록 차양장치(커튼, 블라인드, 선스크린 등)를 설치한다.

(6) 환기계획

① 환기를 위해 개폐 가능한 창 부위 면적의 합계는 거실 외주부 바닥면적의 10분의 1 이상으로 한다.
② 문화 및 집회시설 등의 대공간 또는 아트리움의 최상부에는 자연배기 또는 강제배기가 가능한 구조 또는 장치를 채택한다.

2. 일조와 일사

(1) 일조

① 일조란 태양광선을 실내로 유입시켜 자외선에 의한 화학작용, 가시광선에 의한 자연채광, 적외선에 의한 일사, 즉 태양복사열을 획득함을 의미한다.
② 충분한 일조권을 확보하기 위하여 인동간격을 크게 하는 것이 바람직하다.

(2) 일사

① 일사란 파장에 따른 태양광선(자외선, 가시광선, 적외선) 중에서 적외선에 의한 태양복사열을 의미한다.
② 여름에는 냉방부하를 저감시키기 위하여 차양장치를 설치하여 일사를 차단하고, 겨울에는 난방부하를 저감시키기 위하여 남향의 창 면적비를 크게 하여 일사를 획득하도록 계획하는 것이 바람직하다.

(3) 상당외기온도차

벽체 또는 지붕은 일사가 표면에 닿아 표면온도가 상승하는데 이를 상당외기온도라 하며 실내온도와의 차를 상당외기온도차 (ETD : Equivalent Temperature Difference)라고 한다.

3. 신재생에너지

(1) 신에너지

1) 개념

기존의 화석연료를 변환시켜 이용하거나 수소, 산소 등의 화학반응을 통하여 전기 또는 열을 이용하는 에너지이다.

2) 종류
① 수소에너지
② 연료전지
③ 석탄을 액화·가스화한 에너지 및 중질잔사유(重質殘渣油)를 가스화한 에너지

(2) 재생에너지

1) 개념

햇빛, 물, 지열(地熱), 강수(降水), 생물유기체 등을 포함하는 재생 가능한 에너지를 변환시켜 이용하는 에너지이다.

2) 종류
① 태양에너지
② 해양에너지
③ 풍력
④ 지열에너지
⑤ 수력
⑥ 생물자원을 변환시켜 이용하는 바이오에너지

SECTION 02 열환경

1. 전열이론

(1) 열환경 일반사항

1) 온열요소

구분	구성요소
물리적 온열요소 (4요소)	기온(가장 중요 요소), 습도, 기류, 복사열(주위 벽의 열방사)
주관적 온열요소	착의량(clo : Clothing Quantity), 활동량(Activity, MET), 성별, 나이 등 주관적이고, 개인적인 온열요소

2) 인체의 열손실
   ① 손실률은 복사(45%) > 대류(30%) > 증발(25%) 순이다.
   ② 잠열 및 현열에 의해 인체 열손실이 발생한다.
   ③ 잠열 : 온도 변화 없이 물체의 증발, 융해 등 상태변화에 따른 열손실을 말한다.
   ④ 현열 : 온도의 변화에 따른 인체 열손실을 말한다.

(2) 쾌적도의 평가

1) 실감온도(유효온도, 감각온도, ET : Effective Temperature)
   ① 공기조화의 실내조건 표준이다.
   ② 기온(온도), 습도, 기류의 3요소로 공기의 쾌적조건을 표시한 것이다.
   ③ 실내의 쾌적대는 겨울철과 여름철이 다르다.
   ④ 일반적인 실내의 쾌적한 상대습도는 40~60%이다.

2) 불쾌지수(DI : Discomfort Index)
   ① 온습지수의 하나로 생활상 불쾌감을 느끼는 수치를 표시한 것이다.
   ② 불쾌지수(DI) = (건구온도 + 습구온도) × 0.72 + 40.6

3) 작용온도(Operative Temperature)
   효과온도라고도 하며, 기온·기류 및 주위벽 복사열 등의 종합적 효과를 나타낸 것으로 쾌적정도 등 체감도를 나타내는 척도이다. 습도는 고려되지 않는다.

>>> **착의량(clo)**

의복의 열저항치를 나타낸 것으로, 1clo의 보온력이란 온도 21.2℃, 습도 50% 이하, 기류 0.1m/s의 실내에서 의자에 앉아 안정하고 있는 성인남자가 쾌적하면서 평균피부온도가 33℃로 유지될 수 있는 착의의 보온력을 말한다.

핵심문제 ●●●

온열감각에 영향을 미치는 물리적 온열 4요소에 속하지 않는 것은?
기 14② 21②

① 기온　　② 습도
❸ 일사량　④ 복사열

[해설] 물리적 온열 환경 4요소
기온, 습도, 기류, 복사열

> **핵심문제** ●●●
>
> 온열지표 중 기온, 습도, 기류, 주벽면 온도의 4요소를 조합하여 체감과의 관계를 나타낸 것은? 기 14①
>
> ① 작용온도　② 불쾌지수
> ❸ 등온지수　④ 유효온도

4) 등온지수

등가온감, 등가온도라고도 하며, 기온·기습·기류에 더하여 복사열의 영향을 포함하여, 이 4개의 인자를 조합하여 온감각(溫感覺)과의 관계를 나타내는 지수이다.

(3) 전열

1) 개념
   ① 열이 높은 온도에서 낮은 온도로 흐르는 현상이다.
   ② 두 물체 사이에 온도 차가 있을 경우에 발생한다.

2) 종류
   ① 전도 : 고체 간 열의 이동
   ② 대류 : 유체 간 열의 이동
   ③ 복사 : 빛과 같이 매개체가 없이 열이 이동

(4) 전열의 표현

1) 열전도율(kcal/mh℃ = W/m·K)

   물체의 고유 성질로, 전도(벽체 내)에 의한 열의 이동정도를 표시한 것이다.

2) 열전달

   고체 벽과 이에 접하는 공기층과의 전열현상으로, 전도, 대류, 복사가 조합된 상태이다.

3) 열관류율(kcal/m²h℃ = W/m²·K)
   ① 열관류는 열전도와 열전달의 복합형식이다.
   ② 전달 → 전도 → 전달이라는 과정을 거쳐 열이 이동하는 것이다.
   ③ 열관류율이 큰 재료일수록 단열성이 좋지 않다.
   ④ 열관류율의 역수를 열저항이라 한다.
   ⑤ 벽체의 단열효과는 기밀성 및 두께와 큰 관계가 있다.
   ⑥ 열관류율의 산출

   벽체 열관류율은 열저항의 합을 구한 후, 그것의 역수를 취해 구한다.

   $$열관류율(W/m^2 \cdot K) = \frac{1}{\Sigma 열저항 (m^2 \cdot K/W)}$$

> **핵심문제** ●●●
>
> 다음과 같은 벽체의 열관류율은? 기 16②
>
> [조건]
> ㉠ 내표면 열전달률 : 8W/m²·K
> ㉡ 외표면 열전달률 : 20W/m²·K
> ㉢ 재료의 열전도율
> ・콘크리트 : 1.2W/m·K
> ・유리면 : 0.036W/m·K
> ・타일 : 1.1W/m·K
>
> ① 약 0.90W/m²·K
> ② 약 1.05W/m²·K
> ③ 약 1.20W/m²·K
> ④ 약 1.35W/m²·K
>
> **[해설]**
> 벽체 열관류율은 열저항의 합을 구한 후, 그것의 역수를 취해 구한다.
>
> ・열저항(R, m²·K/W)
> $= \dfrac{1}{외표면 \; 열전달률 \; (W/m^2 \cdot K)} + \Sigma \dfrac{두께(m)}{열전도율}$
> $+ \dfrac{1}{내표면 \; 열전달률 \; (W/m^2 \cdot K)}$
> $= \dfrac{1}{20} + \dfrac{0.25}{1.2} + \dfrac{0.02}{0.036} + \dfrac{0.01}{1.1} + \dfrac{1}{8}$
> $= 0.948$
>
> ・열관류율(W/m²·K)
> $= \dfrac{1}{열저항(m^2 \cdot K/W)} = \dfrac{1}{0.948}$
> $≒ 1.05$

(5) 열손실량 산출

$$q = K \times A \times \Delta t$$

여기서, q : 손실열량(W), K : 열관류율(W/m²·K)
A : 면적(m²), Δt : 실내외 온도차(℃)

2. 단열 및 보온계획

(1) 단열효과의 특징

① 공기층의 단열효과는 밀도가 작을수록 커진다.
② 공기층의 두께는 2cm까지 두께에 비례하여 단열효과가 좋다.
③ 재료의 열전도율이 작을수록 단열효과가 크다.
④ 재료의 두께가 두꺼울수록 단열효과가 크다.
⑤ 재료의 열전도율이 같을 경우 흡수성이 작은 재료가 단열효과가 크다.
⑥ 일반적으로 재료에 습기가 있을 경우 열전도율의 상승으로 단열효과가 저하된다.
⑦ 결로를 방지하여 단열성능을 높이기 위해서는 단열재는 저온부에 설치하고 방습재는 고온부에 설치한다.

(2) 단열메커니즘

구분	세부사항
저항형 단열	• 열전도율이 낮은 다공질 또는 섬유질의 단열재를 이용하는 것으로 건축물 단열재로 보편적으로 이용되고 있다. • 현재 사용되고 있는 대부분의 단열재가 저항형 단열에 해당되며, 열전달을 억제하는 성질이 뛰어나다. • 종류로는 유리섬유(Glass Wool), 스티로폼(Polystyrene Foam Board), 폴리우레탄(Polyurethane Foam), 암면(Rock Wool) 등이 있으며 이 중 스티로폼(압출법, 비드법보온판)이 가장 일반적으로 사용된다.
반사형 단열	• 방사율과 흡수율이 낮은 광택성 금속박판을 이용하여 복사의 형태로 열이동이 이루어지는 공기층에서 열전달을 억제하는 단열재이다. • 알루미늄박판처리 석고보드, 열반사코팅, 시트(Sheet) 등이 사용된다.
용량형 단열	• 주로 중량구조체의 큰 열용량을 이용하는 단열방식으로, 벽체를 통과하는 열을 구조체가 흡수하여 열전달을 지연시키는 것으로 비열이 크고 중량이 클수록 단열효과가 크다. • 두꺼운 흙벽, 콘크리트 벽 등이 사용된다.

핵심문제

다음과 같은 벽체에서 관류에 의한 열손실량은?　　산 14② 19③

- 벽체의 면적 : 10m²
- 벽체의 열관류율 : 3W/m²·K
- 실내온도 : 18℃
  외기온도 : −12℃

① 360W　② 540W
③ 780W　❹ 900W

해설

$q = K \times A \times \Delta t$
$= 3 \times 10 \times [18 - (-12)] = 900W$

핵심문제 •••

건축물의 단열계획에 관한 설명으로 옳지 않은 것은? 기 15④ 19④

❶ 외벽부위는 내단열로 시공한다.
② 열손실이 많은 북측 거실의 창 및 문의 면적을 최소화한다.
③ 외피의 모서리부분은 열교가 발생하지 않도록 단열재를 연속적으로 설치한다.
④ 발코니 확장을 하는 공동주택에는 단열성이 우수한 로이(Low-E) 복층창이나 삼중창 이상의 단열성능을 갖는 창을 설치한다.

[해설]
열교현상을 최소화하여 결로 예방 및 난방부하 절감을 하기 위해, 외벽부위는 외단열로 시공하여야 한다.

>>> **노점온도**

공기가 포화상태(습도 100%)가 될 때의 온도를 그 공기의 노점온도라 한다.

핵심문제 •••

다음 중 겨울철 실내 유리창의 표면에 발생하기 쉬운 결로의 방지방법과 가장 거리가 먼 것은? 기 13② 20④

❶ 실내공기의 움직임을 억제한다.
② 실내에서 발생하는 수증기를 억제한다.
③ 이중유리로 하여 유리창의 단열성능을 높인다.
④ 난방기기를 이용하여 유리창 표면온도를 높인다.

[해설]
겨울철 결로를 예방하기 위해서는 환기 등을 통해 낮은 습도를 가진 실외공기를 유입하여, 실내공기와 외기를 순환(움직임을 촉진)시킬 필요가 있다.

(3) 단열공법

1) 내단열

① 구조체를 중심으로 실내 측에 단열재를 설치하는 공법이다.
② 열교가 발생할 수 있는 부분이 생길 수 있어 결로에 취약하다.
③ 구조체의 열용량이 작아 난방 및 냉방 시 온도변화가 크다.
④ 간헐난방에 적합하다.

2) 외단열

① 구조체를 중심으로 실외 측에 단열재를 설치하는 공법이다.
② 열교가 차단되어 결로 예방에 효과적이다.
③ 구조체의 열용량이 커서 난방 및 냉방 시 온도변화가 작다.
④ 지속난방에 적합하다.

3. 습기와 결로

(1) 결로현상

1) 발생원리

벽체 등의 표면온도가 노점온도보다 낮을 때 발생한다.

2) 원인

① 환기 부족 및 습기가 과다할 때 발생한다.
② 실내외 온도차가 심한 경우에 발생한다.
③ 습기처리시설이 빈약한 곳에서 주로 발생한다.
④ 춥고 상대습도가 높은 북향의 벽에 발생한다.
⑤ 목조주택보다 콘크리트주택이 결로현상에 취약하다.
⑥ 고온 다습한 여름철과 겨울철 난방 시에 발생하기 쉽다.

(2) 결로의 종류 및 방지법

구분	개념	방지법
표면 결로	벽체, 창, 유리 등의 표면상 결로	• 실내기온을 노점온도 이상으로 올릴 것 • 단열 강화, 환기에 의한 절대습도 저하 • 실내에 가능한 저온부분을 만들지 말 것
내부 결로	벽체 내부에서 발생하는 결로	• 실내 발생 수증기 억제 • 단열재 시공 벽의 고온측에 방습층 설치 • 환기에 의한 절대습도 저하 • 고온의 난방을 짧게 할 것

8 | 건축설비

4. 건물에너지 해석

(1) 건물에너지 해석의 필요성

일정기간(주로 1년) 동안에 건물의 열성능에 영향을 주는 설계인자들을 분석하고 냉방, 난방, 조명, 환기 등에 소비되는 에너지 소비패턴을 분석하여 건축설계의 향상과 더불어 건물에너지 소비량을 줄이기 위해 실시한다.

(2) 건물에너지 해석의 영향요소

구분	영향요소
건축부문	• 입력존 : 용도별 조닝, 사용프로필, 냉난방공급시스템 • 입력면 : 실별 외피면적, 층고 • 열관류율 : 각 부위별 구성과 두께입력을 통한 열관류율 산출
내부부하인자	• 인체발열부하 • 조명부하 • 내부기기부하
외부부하인자	• 단열, 침기량 • 창면적비, 창호의 열관류율 값 • 환기량
시스템부문	• 공조System • 급탕량 • 냉난방 공급 및 분배시스템 • 난방기기의 용량과 효율, 냉방기기의 용량과 성적계수 • 냉난방 설정온도 • 재생에너지설비

(3) 건물에너지 해석의 절차

목표 설정 → 방법(프로그램) 선정 → 모델 구축 → 1차 결과 도출 및 해석 모델 교정 → 최종 결과 도출 및 평가

(4) ECO$_2$ 프로그램

① 건축물에너지효율등급인증 공식프로그램인 ECO$_2$는 ISO 13790을 바탕으로 한 정적해석프로그램으로서 목적건축물의 난방, 냉방, 급탕, 조명, 환기에 대한 1차 에너지소요량을 얻을 수 있는 프로그램이다.
② 건축물에너지 소요량평가서에 기재할 항목 위주로 결과값이 도출되며, 건물에너지 소비총량제 평가시뮬레이션으로도 활용할 수 있다.

SECTION 03 공기환경

1. 공기의 오염인자 및 영향

(1) 실내공기질의 오염원인 및 척도

1) 실내공기의 오염원인
   ① 호흡작용(재실자), 신체활동(냄새, 거동)
   ② 연소, 건축재료(석면, 라돈, 포름알데히드 등)

2) 실내공기의 오염척도
   ① 실내공기의 오염척도는 이산화탄소 농도로 판단한다.
   ② 허용치는 이산화탄소 기준 농도 1,000ppm 이하이다.

2. 환기와 통풍

(1) 자연환기

1) 풍력환기
   외기의 바람(풍력)에 의한 환기이다.

2) 중력환기(밀도차 환기)
   실내외 공기의 온도차(밀도차)에 의한 환기이다.

(2) 기계환기(강제환기)의 분류

구분	내용
1종 환기 (급기팬과 배기팬 조합)	급기와 배기 모두 기계식으로 제어(수술실 등)
2종 환기 (급기팬만 있고, 배기는 자연배기)	• 급기를 기계식, 배기는 자연적으로 배출 • 오염공기가 침투되면 안 되는 곳(클린룸 등)
3종 환기 (환기팬만 있고, 급기는 자연급기)	• 급기를 자연식, 배기는 기계식으로 배출 • 실내의 오염공기를 다른 쪽으로 나가지 않게 하는 곳(화장실 등)

(3) 전체환기와 국소환기

1) 전체환기
   유해물질을 오염원에서 완전히 배출하는 것이 아니라 신선한 공기를 공급하여 유해물질의 농도를 낮추는 방법이다.

핵심문제

급기와 배기측에 팬을 부착하여 정확한 환기량과 급기량 변화에 의해 실내압을 정압(+) 또는 부압(−)으로 유지할 수 있는 환기방법은? 산 16③

① 자연환기
❷ 제1종 환기
③ 제2종 환기
④ 제3종 환기

2) 국소환기

오염도가 심한 구역 또는 청정도를 유지해야 하는 곳을 집중적으로 환기하는 방식이다.

3. 필요환기량 산정

(1) CO_2 농도를 기준으로 한 환기량

$$Q = \frac{K}{C_i - C_o}$$

여기서, Q : 필요환기량(m^3/h)
K : 실내에서의 CO_2 발생량(m^3/h)
C_i : CO_2 허용농도(m^3/m^3)
C_o : 외기의 CO_2 농도(m^3/m^3)

(2) 온도(발열량)를 기준으로 한 환기량

$$Q = \frac{H_s}{C_p \cdot \rho (t_0 - t_s)}$$

여기서, Q : 필요환기량(m^3/h)
H_s : 발열량(현열)(W)
C_p : 공기비열(kJ/kg·K)
ρ : 공기밀도(kg/m^3)
t_0 : 실내 설정온도(℃)
t_s : 급기온도(℃)

핵심문제 ●●○

실내에 4,500W를 발열하고 있는 기기가 있다. 이 기기의 발열로 인해 실내온도 상승이 생기지 않도록 환기를 하려고 할 때, 필요한 최소환기량은? (단, 공기의 밀도는 1.2kg/m^3, 비열은 1.01kJ/kgK, 실내온도는 20℃, 외기온도는 0℃이다.)

기 14①

① 약 452m^3/h ② 약 668m^3/h
③ 약 856m^3/h ④ 약 928m^3/h

해설

$Q = \dfrac{q}{\rho C_p \Delta t}$

여기서, Q : 필요환기량(m^3/h)
q : 실내발열량(kJ/h)
ρ : 공기의 밀도(1.2kg/m^3)
C_p : 공기의 정압비열 (1.01kJ/kg · K)
Δt : 실내외 외기(환기) 온도차(℃)

$\therefore Q = \dfrac{4,500 \times 3,600}{1,000 \times 1.2 \times 1.01 \times (20-0)}$
$= 668.317 m^3/h$

SECTION 04 빛환경

1. 자연채광

(1) 파장에 따른 빛의 요소

자외선(살균작용), 가시광선(눈에 보이는 빛), 적외선(열선) 등이 있다.

(2) 자연광원의 구성

자연광원은 태양광에서 방사되는 광원으로서 주광을 의미하며 연색성이 우수하다.

1) 직사광(Direct Sunlight)
   ① 태양광은 대기권에서 일부는 산란 또는 확산되지만, 대부분은 대기권을 투과하여 지표면에 도달하는데, 이 빛을 직사광이라 한다.
   ② 계절과 시간대, 날씨 등 환경적인 요인에 의해 변동이 심하므로 직접 이용이 곤란하다.

2) 천공광(Sky Light)
   ① 태양광이 대기층에 산란 또는 흡수되거나 구름에 확산 또는 투과되어 지표면에 도달하는 빛을 천공광이라 하며, 주광광원은 일반적으로 주광 중 천공광을 말한다.
   ② 자연채광 설계 시 환경적 요인에 따라 조도변화가 심하고 휘도가 높은 직사광보다는 천공광을 주로 활용한다.

3) 반사광(Reflected Light)
   지상에 도달한 직사광, 천공광이 지표면이나 물체에 반사되는 빛을 반사광이라 한다.

(3) 주광률(Daylight Factor)

1) 개념

천공의 밝기는 계절이나 날씨, 시각에 따라 달라지므로 이와 함께 실내의 밝기도 변화한다. 이렇게 주광에 의해 생기는 실내의 밝기는 천공상태의 변화에 따라 달라지므로 조도(단위 : lux) 등 밝기의 절대량을 나타내는 단위를 채광의 설계목표나 평가지표로 사용할 수는 없다.

따라서 실내에서의 채광량은 천공광의 이용률에 해당하는 주광률(晝光率)로 나타낸다.

2) 산출식

$$(DF) = \frac{\text{실내(작업면)의 수평면조도}}{\text{실외(전천공)의 수평면조도}} \times 100\%$$

(4) 자연채광방식

1) **측창채광(Side Lighting)**

   실의 측벽면(수직면)에 설치된 창에 의한 채광방식이다.

장점	단점
• 시공이 용이하고, 비를 막는 데 유리하다. • 개폐, 청소, 수리, 관리가 용이하다. • 조망, 개방감이 좋다. • 통풍, 단열, 일조조정이 쉽다. • 같은 면적일 경우 수직형 창이 수평형 창보다 깊이 채광되므로 채광량이 많다.	• 조도가 불균일하여 실 깊이에 제한을 받는다. • 주변조건에 따라 채광이 방해받을 수 있다.

   >>> 같은 면적이라도 1개의 큰 창보다 여러 개로 분할하는 것이 주광 분포상 효과적이다.

   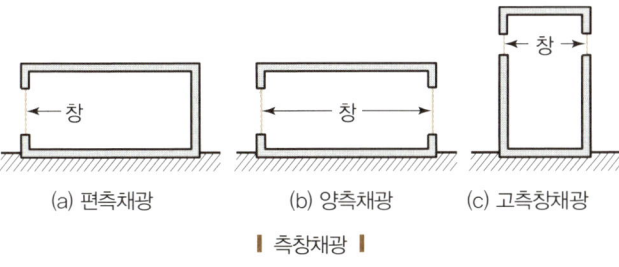

   (a) 편측채광 (b) 양측채광 (c) 고측창채광

   ┃ 측창채광 ┃

2) **천창채광(Top Lighting, 天窓採光)**

   채광창 아래 독립물체를 놓아 볼륨감을 유도하는 조각품 전시에 특히 적합하며 전시실 중앙부를 가장 밝게 한다. 또한, 채광 위치와 방향을 조정함으로써 벽면조도를 균등하게 하는 방법도 있다. 그러나 유리케이스를 조성하는 전시일 경우에는 가장 불리한 채광형태이다.

장점	단점
• 채광량(採光量)면에서 매우 유리하다.(측창의 3배 효과) • 조도분포가 균일하다. • 실의 넓이와는 관계없이 실이 어느 정도 넓어도 채광이 크게 불리하지 않다.	• 구조와 시공이 불리하고, 특히 빗물 처리에 불리하다. • 조작 및 유지가 불리하다. • 폐쇄된 느낌을 준다. • 통풍과 단열에 불리하다. • 천장이 낮을 경우 현휘가 발생한다.

   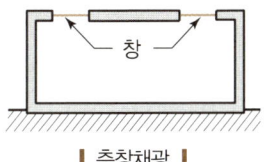

   ┃ 측창채광 ┃

3) 정측창채광(Top Side Lighting, 頂側窓採光)

지붕면에 있는 수직 또는 수직에 가까운 창에 의한 채광방식으로, 측창을 이용하기가 곤란한 공장이나 미술관 등 수평면보다 연직면의 조도면을 높이고자 할 때 사용한다.

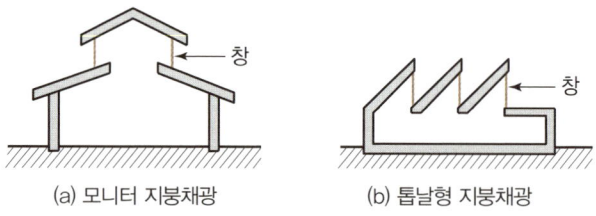

┃ 정측창채광 ┃

2. 인공조명

제2장 전기설비 SECTION 02 조명설비 참고

SECTION 05 음환경

1. 음향이론

(1) 음의 기초

1) 음의 3요소

음의 고조(높이), 음의 세기(강도), 음색

2) 음의 특징

① 음의 대소를 나타낼 경우 손(sone) 단위를 사용한다.
② 음의 고저(높이)는 주파수에 따라 결정된다.
③ 음의 세기(강도), 소리(음파)가 단위시간당(1sec) 단위면적($1m^2$)을 통과하는 소리에너지의 양이며, I(sound Intensity)로 표시한다.(단위 : W/m^2)
④ 음의 속도에 가장 크게 영향을 주는 것은 온도변화이다.
⑤ 음의 크기의 경우 감각적인 크기를 표현할 때는 폰(phon) 단위를 사용한다.
⑥ dB(Decibel)는 소음의 크기 등을 나타내는 단위로 음의 세기레벨, 음압레벨, 음향파워레벨 등에 사용된다. 특히 사람이 가청할 수 있는 단위를 나타낼 때 사용하며, 140단계로 표시한다.

3) 음압세기레벨(sound Intensity Level : IL)

음압세기레벨은 기준음의 세기에 대한 음의 세기정도를 대수로써 표시한 것이다.

$$IL = 10\log\frac{I}{I_0}$$

여기서, I : 음의 세기(W/m²)
I_0 : 기준음의 세기(W/m²)

(2) 잔향이론

① 음원을 정지시킨 후에도 일정시간 동안 실내에 소리가 남는 현상이다.
② 잔향시간은 실내음의 발생을 중지시킨 후 60dB까지 감소하는 데 소요되는 시간이다.
③ 잔향시간은 실의 형태와 무관하다.
④ 실의 용적이 크면 클수록 잔향시간이 길다.
⑤ 천장과 벽의 흡음력을 크게 하면 잔향시간을 짧게 할 수 있다.
⑥ 강연장 등 청취가 중요한 곳은 잔향시간을 짧게 하여 음성의 명료도를 높이고, 오케스트라 등이 펼쳐지는 음악공연장의 경우 잔향시간을 길게 하여 음질을 높이는 것이 좋다.

(3) 주요용어

1) 반향(Echo)

음원에서 나온 음파가 물체 등에 부딪혀 반사된 후 다시 관찰자에게 들리는 현상으로 잔향이라고도 한다.

2) 간섭

서로 다른 음원 사이에서 중첩, 합성되어 음의 쌍방의 조건에 따라 강해지고 약해지는 현상을 말한다.

3) 회절

음의 진행을 가로막고 있는 것을 타고 넘어가 후면으로 전달되는 현상이다.

핵심문제

음의 세기가 10^{-9}W/m²일 때 음의 세기레벨은?(단, 기준음의 세기 $I_0 = 10^{-12}$W/m²이다.) 기 15② 21①

① 3dB　　　❷ 30dB
③ 0.3dB　　④ 0.03dB

해설 음압세기레벨(sound Intensity Level : IL)

$IL = 10\log\frac{I}{I_0} = 10\log\frac{10^{-9}}{10^{-12}}$
$= 10\log 10^3 = 30\text{dB}$

여기서, I : 음의 세기(W/m²)
I_0 : 기준음의 세기(W/m²)

2. 흡음과 차음

(1) 흡음의 개념과 흡음재료의 종류

1) 흡음의 개념

흡음은 음의 입사에너지와 재료표면에 흡수된 에너지와의 비율인 흡음률로서 흡음의 정도가 계산되며, 흡음이 잘 되는 건축재료를 쓸 경우 잔향 등이 최소화되어 실내 음환경 개선에 도움이 된다.

2) 흡음재료의 종류

구분	종류 및 원리
다공성 흡음재료	• 암면, 석면, 글라스울 등이 있다. • 소리가 작은 구멍 속에서 마찰, 진동 등에 의해 소멸된다. • 다공성 흡음재료는 단열재의 역할까지 복합적으로 하게 된다.
판진동 흡음재료	• 합판, 하드보드, 플렉시블 보드 등이 있다. • 소리에너지가 판의 운동에너지로 바뀌면서 흡음된다.
공명성 흡음재료	합판, 금속판 등에 구멍을 뚫어 구멍부분에서 진동과 마찰 등에 의해 소리가 소멸된다.

(2) 차음

차음은 중량의 구조체 등을 사용하여, 음을 반사·차단하는 것으로서, 이중벽, 두께가 두꺼운 중량벽, 밀도가 높은 벽 등을 사용한다.

3. 실내음향

(1) 실내음향 계획 시 주의사항

① 실내 전체에 음압이 고르게 분포하게 한다.
② 실내외의 유해한 소음 및 진동이 없도록 한다.
③ 반향(Echo), 음의 집중, 공명 등의 음향장애가 없도록 한다.
④ 주파수에 따라 실내 마감재를 조정한다.
⑤ 실내의 음을 보강하는 설비를 설치한다.

핵심문제 ●●○

흡음 및 차음에 관한 설명으로 옳지 않은 것은? 기 14①

① 벽의 차음성능은 투과손실이 클수록 높다.
❷ 차음성능이 높은 재료는 대부분 흡음성능도 높다.
③ 실내 벽면의 흡음률이 높아지면 잔향시간은 짧아진다.
④ 철근콘크리트 벽은 동일한 두께의 경량콘크리트 벽보다 차음성능이 높다.

[해설]
차음은 음을 차단하는 것으로서, 주로 밀도가 높은 중량 구조물의 형태가 많다. 또한, 흡음은 음을 흡수 하는 것으로서, 다공질을 띠고 있는 저항형 단열재를 많이 사용하고 있다. 차음은 음의 반사, 흡음은 음의 흡수를 주로 하므로 차음이 커질 경우 흡수량이 줄어들 가능성이 높다.

≫ 소음원 조사, 소음경로 조사, 소음레벨 측정, 소음 방지설계를 통해 실내 소음도를 조절하여야 한다.

4. 소음과 진동

(1) 소음 방지방안

구분	방지방안
소음원에 대한 대책	소음원의 제거 또는 소음 방지장치 설치
실외에서의 소음대책	소음원과의 거리 이격, 장벽을 사용하여 조절
건축계획에 의한 소음대책	건물 배치 시 소음원과 이격, 벽, 바닥, 천장, 개구부 등에 적절한 흡음 및 차음설계 실시

(2) 진동 방지방안

① 발생원 감소 및 방지재 처리를 통한 발생부분에서 조절
② 적절한 배치계획을 통해 진동발생원을 이격 또는 격리시키는 방법
③ 각종 진동발생원(송풍기, 공조기, 덕트, 펌프 등)과 구조체 간의 절연조치(방진스프링, 방진고무, 캔버스이음, 플렉시블 커넥터 등)
④ 건축물의 바닥슬래브 설계 시 뜬바닥구조 및 슬래브의 중량화를 통해 방진(공조실 등은 잭업(Jack-Up)방진을 활용해 뜬바닥구조로 설계)

CHAPTER 01 출제예상문제

01 다음 중 일사에 관한 설명으로 옳지 않은 것은 어느 것인가? 기 18②

① 일사에 의한 건물의 수열은 방위에 따라 차이가 있다.
② 추녀와 차양은 창면에서의 일사조절방법으로 사용된다.
③ 블라인드, 루버, 롤스크린은 계절이나 시간, 실내의 사용 상황에 따라 일사를 조절할 수 있다.
④ 일사조절의 목적은 일사에 의한 건물의 수열이나 흡열을 작게 하여 동계 실내기후의 악화를 방지하는 데 있다.

[해설]
일사조절의 목적은 건물의 수열이나 흡열을 작게 하여 하계 실내기후의 악화를 방지하는 데 있다.

02 의복의 단열성을 나타내는 단위로서, 그 값이 클수록 인체에서 발생하는 열이 주위공기로 적게 발산되는 것을 의미하는 것은? 기 13②

① clo   ② dB
③ NC   ④ MRT

[해설]
clo
의복의 열저항치를 나타낸 것으로 1clo의 보온력이란 온도 21.2℃, 습도 50% 이하, 기류 0.1m/s의 실내에서 의자에 앉아 안정하고 있는 성인남자가 쾌적하면서 평균피부온도를 33℃로 유지할 수 있는 착의의 보온력을 말한다.

03 벽체를 구성하는 재료의 열전도율 단위로 옳은 것은? 기 13②

① W/m · K   ② W/m · h
③ W/m · h · K   ④ W/m² · K

[해설]
열전도율의 단위는 W/m · K이며, 열관류율의 단위는 W/m² · K이다.

04 벽체의 열관류율 계산에 고려되지 않는 것은 어느 것인가? 기 16①

① 실내복사열   ② 재료의 두께
③ 공기층의 열저항   ④ 재료의 열전도율

[해설]
벽체의 열관류율 계산 시에는 재료의 두께, 열전도율, 공기의 열저항, 벽체의 표면열전달률 등이 들어가게 된다. 열관류율 계산 시 실내복사에 의한 부분은 반영되지 않는다.

05 벽체의 열관류율 계산에 직접적으로 필요한 요소가 아닌 것은? 산 15①

① 벽체의 온도
② 구성재료의 두께
③ 벽체의 표면열전달률
④ 구성재료의 열전도율

[해설]
벽체의 열관류율 계산 시에는 재료의 두께, 열전도율, 공기의 열저항, 벽체의 표면열전달률 등이 들어가게 된다. 벽체의 온도는 직접적으로 열관류율 계산 시 반영되지는 않는다.

정답 01 ④ 02 ① 03 ① 04 ① 05 ①

06 건축설비 관련용어의 단위로 옳지 않은 것은 어느 것인가? 기 13②

① 상대습도 : %
② 비열 : kJ/kg·K
③ 열전도율 : W/m²·K
④ 열관류저항 : m²·K/W

> [해설]
> 열전도율의 단위는 W/m·K이며, W/m²·K는 열관류율의 단위이다.

07 다음과 같이 구성되어 있는 벽체의 열관류율은?(단, 내표면 열전달률은 8W/m²·K, 외표면 열전달률은 20W/m²·K이다.) 산 17①

재료	두께(m)	열전도율 (W/m·K)	열저항 (m²·K/W)
모르타르	0.02	0.93	
벽돌	0.1	0.53	
공기층			0.21
벽돌	0.21	0.53	
모르타르	0.02	0.93	

① 0.99W/m²·K
② 1.18W/m²·K
③ 1.22W/m²·K
④ 1.28W/m²·K

> [해설]
> R(열저항)을 구한 후 역수를 취해서 K(열관류율)를 구한다.
> $R = \dfrac{1}{\alpha_i} + \sum \dfrac{t}{\lambda} + \dfrac{1}{\alpha_o}$
> $= \dfrac{1}{8} + \dfrac{0.02}{0.93} + \dfrac{0.1}{0.53} + 0.21 + \dfrac{0.21}{0.53} + \dfrac{0.02}{0.93} + \dfrac{1}{20}$
> $= 1.01 \text{m}^2 \cdot \text{K/W}$
> $K = \dfrac{1}{R} = \dfrac{1}{1.01} = 0.99 \text{W/m}^2 \cdot \text{K}$

08 실내열환경지표 중 공기의 습도가 고려되지 않는 것은? 기 17②

① 작용온도
② 유효온도
③ 등온지수
④ 신유효온도

> [해설]
> 작용온도(Operative Temperature)
> 효과온도라고도 하며, 기온, 기류 및 주위 벽 복사열 등의 종합적 효과를 나타낸 것으로 쾌적도 등 체감도를 나타내는 척도이다. 단, 습도는 고려되지 않는다.

09 불쾌지수의 결정요소로만 구성된 것은 어느 것인가? 기 15①

① 기온, 습도
② 습도, 기류
③ 기류, 복사열
④ 기온, 복사열

> [해설]
> 불쾌지수(Discomfort Index)
> $DI = 0.72(t+t') + 40.6$
> 여기서, t는 건구온도, t'는 습구온도로서, 기온과 습도를 고려하여 사람의 온열환경 중 특히 불쾌정도를 판단하는 수치이다.

10 다음과 같은 조건에서 북측에 위치한 면적 12m²인 콘크리트 외벽체를 통한 관류에 의한 손실열량은? 산 16①

- 외기온도 = −1℃, 실내온도 = 18℃
- 벽체의 열관류율 = 1.71W/m²·K
- 벽체의 방위계수 = 1.2

① 383.7W
② 411.0W
③ 429.0W
④ 468.0W

> [해설]
> q(손실열량, W)
> $= K$(열관류율 : W/m²·K)$\times A$(면적 : m²)$\times \Delta t$(실내외 온도차 : ℃)$\times k$(방위계수)
> $= 1.71 \times 12 \times (18-(-1)) \times 1.2$
> $= 467.8 ≒ 468.0 \text{W}$

정답 06 ③ 07 ① 08 ① 09 ① 10 ④

11 표면결로의 방지대책으로 옳지 않은 것은 어느 것인가? 기 14④

① 실내에서 발생하는 수증기를 억제시킨다.
② 환기에 의해 실내 절대습도를 상승시킨다.
③ 단열 강화를 통해 실내 측 표면온도를 상승시킨다.
④ 직접 가열을 통해 실내 측 표면온도를 상승시킨다.

해설
표면결로 방지를 위하여 환기를 통해 절대습도를 낮추어야 한다.

12 다음 중 이산화탄소의 실내공기질 유지기준으로 옳은 것은?(단, 다중이용시설 중 실내주차장의 경우) 기 15④

① 200ppm 이하 ② 500ppm 이하
③ 1,000ppm 이하 ④ 2,000ppm 이하

해설
다중이용시설 중 실내주차장뿐만 아니라, 다중이용시설 전 부분에서 이산화탄소의 실내공기질 유지기준은 1,000ppm 이하이다.

13 실내공기의 탄산가스 함유량을 0.1%로 유지하는 데 필요한 환기량은?(단, 실내 발생 탄산가스량은 51L/h, 외기의 탄산가스 함유량은 0.03%이다.) 기 16①

① 약 23m³/h ② 약 35m³/h
③ 약 43m³/h ④ 약 73m³/h

해설
Q(필요환기량, m³/h)
$$= \frac{CO_2 \text{ 발생량(m}^3\text{)}}{C_i(\text{실내허용 } CO_2 \text{ 농도}) - C_o(\text{신선외기 } CO_2 \text{ 농도})}$$
$$= \frac{0.051}{0.001 - 0.0003} = 72.86 ≒ 73 \text{m}^3/\text{h}$$

14 흡음 및 차음에 관한 설명으로 옳지 않은 것은 어느 것인가? 기 16④ 20①②통합

① 벽의 차음성능은 투과손실이 클수록 높다.
② 차음성능이 높은 재료는 흡음성능도 높다.
③ 벽의 차음성능은 사용재료의 면밀도에 크게 영향을 받는다.
④ 벽의 차음성능은 동일재료에서도 두께와 시공법에 따라 다르다.

해설
차음은 음을 차단하는 것으로서, 주로 밀도가 높은 중량 구조물의 형태가 많이 사용된다. 흡음은 음을 흡수하는 것으로서, 다공질을 띠고 있는 저항형 단열재를 많이 사용하고 있다. 차음은 음의 반사, 흡음은 음의 흡수를 주로 하므로 차음이 커질 경우 흡수량이 줄어들 가능성이 높다.

정답 11 ② 12 ③ 13 ④ 14 ②

CHAPTER 02

Engineer Architecture

전기설비

01 전기의 기초
02 조명설비
03 전원 및 배전·배선설비
04 약전설비

CHAPTER 02 전기설비

SECTION 01 전기의 기초

1. 전류와 전압

(1) 전류(I)
① 전기의 흐름을 나타내는 것이다.
② 전류는 전압이나 부하의 용량에 따라서 양이 달라지며 전류의 대소를 나타내는 단위는 암페어(A, Ampare)이고, 표시기호는 I를 사용한다.

(2) 전압(V)

1) 개념
① 전압은 전기량이 이동하여 일을 할 수 있는 전위 에너지차로서 전류를 흐르게 하는 힘을 의미한다.
② 단위는 볼트(V, Volt)이고, 표시기호는 V를 사용한다.

2) 전압 크기에 따른 구분(개정)

구분	교류	직류
저압	1,000V 이하	1,500V 이하
고압	1,000V 초과 7,000V 이하	1,500V 초과 7,000V 이하
특고압	7,000V 초과	

(3) 저항(R)

1) 일반사항
① 저항은 도체의 전기흐름을 방해하는 성질을 의미한다.
② 단위는 옴(Ω)이며, 표시기호는 R을 사용한다.
③ 저항은 전선의 길이에 비례하고, 단면적에 반비례하는 특성을 가지고 있다.

2) 저항의 연결방식에 따른 합
① 직렬연결
$$R(총저항) = R_1 + R_2 + \ldots + R_n$$

핵심문제 ●●○

10Ω의 저항 10개를 직렬로 접속할 때의 합성저항은 병렬로 접속할 때의 합성저항의 몇 배가 되는가?

① 5배　　② 10배
③ 50배　　❹ 100배

해설 저항의 연결방식에 따른 합
1) 직렬연결
$R(총저항) = R_1 + R_2 + \ldots + R_{10}$
　　　　 $= 100Ω$
2) 병렬연결
$R(총저항) = \dfrac{1}{\left(\dfrac{1}{R_1} + \dfrac{1}{R_2} + \ldots + \dfrac{1}{R_{10}}\right)}$
　　　　 $= 1Ω$
∴ 직렬연결과 병렬연결 시 저항의 비는 100배이다.

② 병렬연결

$$R(\text{총저항}) = \cfrac{1}{\left(\cfrac{1}{R_1} + \cfrac{1}{R_2} + \ldots + \cfrac{1}{R_n}\right)}$$

(4) 옴의 법칙

① 옴의 법칙은 전압, 전류, 저항 간의 관계를 나타낸 것이다.
② "도체 내의 두 점 사이를 흐르는 전류의 세기는 두 점 간의 전압에 비례하고 두 점 간의 저항에 반비례한다"는 것을 식으로 나타낸 것이다.

$$I = \frac{V}{R}$$

여기서, I : 전류(A), V : 전압(V), R : 저항(Ω)

(5) 키르히호프의 법칙(Kirchhoff's Law)

1) 제1법칙(전류평형의 법칙)
   ① 전기회로의 어느 접속점에서도 접속점에 유입하는 전류의 합은 유출하는 전류의 합과 같다.
   ② 유입하는 전류의 합 = 유출하는 전류의 합

2) 제2법칙(전압평형의 법칙)
   ① 전기회로의 기전력의 합은 전기회로에 포함된 저항 등에서 발생하는 전압강하의 합과 같다.
   ② 기전력의 합 = 전압강하의 합

(6) 전류계와 전압계

1) 전류계
   측정하고자 하는 회로에 직렬로 연결하여 측정

2) 전압계
   측정하고자 하는 회로에 병렬로 연결하여 측정

(7) 전압강하(Voltage Drop)

① 전류가 전선을 통하여 흐르는 사이에 저항에 의하여 전압이 떨어지는 현상으로, 이에 전원에서 공급하여 준 전압보다 부하에 실제로 걸리는 전압은 낮아지게 된다.
② 정격전압에 대하여 공급전압이 1% 강하되면, 전동기 토크는 2%, 백열전구 광속은 3%, 전열기 발열량은 2% 감소하게 된다.

핵심문제 ●○○

키르히호프의 제1법칙을 가장 올바르게 표현한 것은? 산 13④

❶ 회로내의 임의의 한 점에 들어오고 나가는 전류의 합은 같다.
② 임의의 폐회로 내에서의 기전력과 전압강하의 대수의 합은 같다.
③ 도체가 움직이는 방향을 알 수 있는 법칙으로 전동기에 적용되는 법칙이다.
④ 회로의 저항에 흐르는 전류의 크기는 인가된 전압의 크기에 비례하며 저항과는 반비례한다.

③ 전압강하는 작게 하는 것이 좋으며, 보통 간선에서 2%, 분기 회로에서 2% 이하가 되도록 정하고 있다.

2. 직류와 교류

(1) 직류(Direct Current)
① 전류의 흐르는 방향이 시간적으로 변하지 않는 전류를 말한다.
② 직류전원으로는 축전지 또는 교류전원을 정류하는 장치 등이 있다.
③ 건축설비에서는 비상구 유도등, 전화·전기시계 등 통신설비나 고급 엘리베이터의 전원에 쓰인다.

(2) 교류(Alternating Current)
① 교류는 전류의 흐르는 방향이 일정시간의 간격을 두고 정(+)과 부(−)로 변화하는 전류이다.
② 전등, 전열, 동력 등 대부분의 건축설비에 적용되고 있다.
③ 전기설비에서 사용하는 교류전원은 단상과 3상이 부하에 공급된다.

(3) 주파수(Frequency)
① 교류에 있어 전류가 어떤 상태에서 출발하여 차츰 변화되어서 최초의 상태로 돌아올 때까지의 행정을 사이클(Cycle)이라 하고, 1초간 사이클 수를 주파수(Frequency)라 한다.
② 발전소에서 보통 발전되는 주파수는 50, 60Hz인데, 우리나라는 60Hz를 사용하고 있고, 이를 상용주파수라 한다.

3. 전자력

(1) 전력

1) 개념

전력이란 전류가 단위시간에 하는 일의 양, 또는 단위시간 동안에 전송되는 전기에너지를 의미한다.

2) 직류전원 시 전력 산출공식

$$전력\ P[W] = 전압\ V[V] \times 전류\ I[A]$$

3) 교류전원 시 전력 산출공식

① 단상교류일 경우

전력 $P[\text{W}]$ = 전압 $V[\text{V}]$ × 전류 $I[\text{A}]$ × 역률$(\cos\theta)$

② 3상교류일 경우

전력 $P[\text{W}]$ = 선간전압 $V[\text{V}]$ × 선전류 $I[\text{A}]$ × $\sqrt{3}$ 역률$(\cos\theta)$

(2) **전력량**(W, Electric Energy)

1) 개념

전류가 일정 시간 내에 행한 일의 총량을 전력량이라 한다.

2) 산출식

$$\text{전력량}[\text{Wh}] = \text{전력}[\text{W}] \times \text{시간}[\text{h}]$$

3) 소비전력(P)의 산출

$$P = \frac{V^2}{R}$$

(3) **역률**(Power Factor)**과 전력**

1) 역률(Power Factor)

① 교류회로에서 유효전력과 피상전력의 비를 역률(P.F.)이라고 한다.

$$\text{역률(P.F.)} = \cos\theta = \frac{\text{유효전력}}{\text{피상전력}} = \frac{P}{P_a}$$

② 역률은 항상 1보다 작으며 값이 작을수록 무효전력이 많아 손실이 많음을 뜻한다.
③ 역률 개선을 위해 큰 건물의 고압수전반에는 반드시 콘덴서를 사용한다.

2) 무효율(Reactive Factor)

교류회로에서 피상전력과 무효전력의 비를 무효율(R.F.)이라고 한다.

$$\text{무효율} = \sin\theta = \frac{\text{무효전력}}{\text{피상전력}} = \frac{P_r}{P_a} = \sqrt{1-\cos^2\theta}$$

핵심문제 ●○○

3상 대칭 성형(Y)결선에서 상전압이 220V일 때 선간전압은 얼마인가? 기 17②

① 110V ② 220V
❸ 380V ④ 440V

해설 3상 4선식에서 선간전압과 상전압 산출공식

$V_{ab} = \sqrt{3}\,E = \sqrt{3} \times 220\text{V}$
$\quad\; = 381.1\text{V} \fallingdotseq 380\text{V}$

여기서, V_{ab} : 선간전압, E : 상전압

핵심문제 ●●○

220V, 200W 전열기를 110V에서 사용하였을 경우 소비전력은? 기 14④

❶ 50W ② 100W
③ 200W ④ 400W

해설
220V, 200W 전열기에서 저항을 구한 후, 소비전력을 산출하는 문제이다.

• 저항 산출

$P = \dfrac{V^2}{R} \Leftrightarrow R = \dfrac{V^2}{P} = \dfrac{220^2}{200} = 242\,\Omega$

• 소비전력 산출

$P = \dfrac{V^2}{R} = \dfrac{110^2}{242} = 50\text{W}$

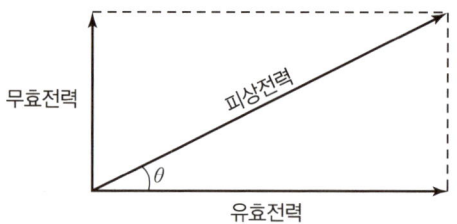

피상전력² = 유효전력² + 무효전력²

| 피상전력의 산정 |

3) 피상전력(P_a, Apparent Power)
   ① 이론상의 전력으로 전기기기의 용량표시전력을 말한다.
   ② 회로에 가해지는 전압과 전류의 곱으로 표시한다.

$$P_a = VI[\text{VA}]$$

4) 유효전력(P, Active Power)
   ① 손실되는 전류를 제외하고 실제로 회로에서 소모되는 전력을 말한다.
   ② 소비전력, 평균전력이라고도 한다.

$$P = VI\cos\theta[\text{W}]$$

5) 무효전력(P_r, Reactive Power)
   ① 아무 일도 하지 못하고 손실되는 전류를 무효전력이라고 한다.
   ② 유효전력은 소비되나 무효전력은 소비되지 않는다.

$$P = VI\sin\theta[\text{VAR}]$$

(4) 발전기와 전동기

1) 발전기
   ① 기계적 에너지로부터 전기적 에너지를 얻는 것이다.
   ② 적용원리 : 플레밍의 오른손법칙

2) 전동기
   ① 전기적 에너지로부터 기계적 에너지를 얻는 것이다.
   ② 적용원리 : 플레밍의 왼손법칙

SECTION 02 조명설비

1. 조명의 기초사항

(1) 조명의 일반조건

① 필요한 밝기(필요 조도 확보)로서 적당한 밝기가 좋다.
② 분광분포와 관련하여 표준주광이 좋다.
③ 휘도분포와 관련하여 얼룩이 없을수록 좋다.
④ 직시 눈부심과 반사 눈부심 모두가 없어야 한다.

(2) 빛의 단위

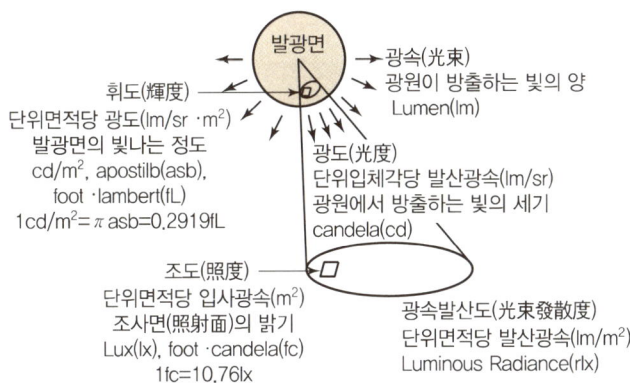

┃ 빛의 단위 ┃

구분	단위	내용
광속 (F)	루멘 (lm)	복사에너지를 눈으로 보아 빛으로 느끼는 크기로 나타낸 것으로, 광원으로부터 발산되는 빛의 양이다.
광도 (I)	칸델라 (cd)	광원에서 어떤 방향에 대한 단위입체각당 발산되는 광속으로서 광원의 능력을 나타내며, 빛의 세기라고도 한다.
조도 (E)	럭스 (lx)	• 어떤 면의 단위면적당 입사광속으로서 피조면의 밝기를 나타낸다. • 조도는 광도에 비례하고 거리의 제곱에 반비례한다.
휘도 (B)	니트 (nt)	광원의 임의의 방향에서 본 단위투영면적당의 광도로서 광원의 빛나는 정도이며, 눈부심의 정도라고도 한다.
광속발산도 (R)	레들럭스 (rlx)	광원의 단위면적으로부터 발산하는 광속으로서 광원 혹은 물체의 밝기를 나타낸다.

핵심문제 ●●●

광속이 2,000lm인 백열전구로부터 2m 떨어진 책상에서 조도를 측정하였더니 200lx였다. 이 책상을 백열전구로부터 4m 떨어진 곳에 놓고 측정하였을 때 조도는? 기 14④ 17④

❶ 50lx ② 100lx
③ 150lx ④ 200lx

[해설]
조도는 광도에 비례하고, 거리의 제곱에 반비례한다.

$$조도(E) = \frac{광도(I)}{거리(D)^2}$$

이에 광원과의 거리가 2 → 4m로 2배 멀어졌기 때문에 조도는 1/4배(200lx → 50lx)로 감소하게 된다.

(3) 연색평가지수(Ra)

① 자연의 태양광과의 유사정도를 판단하는 연색성을 수치화, 계량화한 것이다.
② 연색평가지수는 0~100 범위의 수치를 가지며, 100에 가까울수록 연색성이 좋다고 한다.

(4) 광속의 계산(조명 개수의 계산 등)

$$F = \frac{E \times A \times D}{N \times U} = \frac{E \times A}{N \times U \times M} (\text{lm})$$

여기서, F : 램프 1개당의 전광속(lm)
E : 요구하는 조도(lx)
A : 조명하는 실내의 면적(m²)
D : 감광보상률 $\left(= \dfrac{1}{M}\right)$
N : 필요로 하는 램프 개수
U : 기구의 그 실내에서의 조명률
M : 램프감광과 오손에 대한 보수율(유지율)

(5) 조명설계 순서

소요조도 결정 → 전등종류 결정 → 조명방식 및 조명기구 선정 → 광속의 계산 → 광원의 크기와 그 배치

2. 광원의 종류

(1) 백열등(전구)

① 일반적으로 휘도가 높고 열의 발산이 많다.
② 광색에는 적색부분이 많고 배광제어가 용이하다.
③ 스위치(Switch)를 넣고 점등에 이르는 순응성이 크다.
④ 온도가 높을수록 주광색에 가깝고, 빛이 동요하지 않으며, 잡음이 나지 않는다.
⑤ 광원이 비교적 작으므로 조명대상물의 질감과 형태를 강조하는 장점이 있다.

(2) 형광등

① 점등장치를 필요로 하며, 광질이 좋고 고효율로 경제적이다.
② 옥내외 전반조명, 국부조명에 적합하다.
③ 백열등전구보다 최대 10배 정도 수명이 길다.
④ 주광에 아주 가까운 빛이다.
⑤ 열의 발산이 적다.

핵심문제 ●●●

작업면의 필요조도가 400lx, 면적이 10m², 전등 1개의 광속이 2,000lm, 감광보상률이 1.5, 조명률이 0.6일 때 전등의 소요수량은? 기17④

① 3등   ❷ 5등
③ 8등   ④ 10등

해설 소요전등의 수(N)

$$= \frac{E(\text{조도}) \cdot A(\text{면적}) \cdot D(\text{감광보상률})}{F(\text{램프 1개의 광속}) \cdot U(\text{조명률})}$$

$$= \frac{400 \times 10 \times 1.5}{2,000 \times 0.6} = 5\text{개(등)}$$

⑥ 백열등보다 3~4배의 높은 조도를 가지므로 에너지가 절약된다.
⑦ 저휘도이고 광색의 조절이 비교적 용이하여 눈부심을 방지한다.
⑧ 주위온도의 영향을 받는다.(−10℃ 이하에서는 점등이 불가능, 20℃ 이상에서 효율이 가장 좋다.)
⑨ 점등까지 시간이 소요된다.
⑩ 점멸횟수가 빈번하면 수명이 짧아진다.

(3) 고압방전등(HID : High Intensity Discharge Lamp)

1) 수은등
   ① 백열등에 비해 80% 절전효과가 있다.
   ② 수명이 길어서 비용과 시간이 절약된다.
   ③ 휘도는 높으나 연색성은 나쁘다.
   ④ 초고압수은등은 영화촬영 등에 이용된다.
   ⑤ 점등 시 약 10분의 시간이 소요된다.

2) 고압나트륨등
   ① 효율은 높지만 색온도가 낮아서(2,050K) 연색성이 좋지 않다.
   ② 경제적이므로 도로, 광장 등의 옥외조명에 사용하고 있다.

3) 메탈할라이드등
   ① 고압수은램프보다 효율과 연색성이 우수하고, 옥외조명(운동장, 경기장) 및 옥내 고천장조명에 적합하다.
   ② 색온도가 높아 밝고 딱딱한 분위기를 연출한다.
   ③ 시동과 재시동에 시간이 소요된다.(5~10분)
   ④ 최근에는 소형(40~120W)이 제품화되어 저천장의 점포조명에 사용하고 있다.

(4) 할로겐전구

1) 용도
   백화점 상점의 스포트라이트, 컬러 TV의 백라이트, 옥외의 투광조명, 고천장 조명, 광학용, 비행장 활주로용, 자동차용, 복사기용, 히터용 등

2) 특징
   ① 초소형, 경량의 전구이다.(백열전구의 1/10 이상 소형화 가능)
   ② 별도의 점등장치가 필요치 않다.
   ③ 수명이 백열전구에 비해 2배 길다.

④ 단위광속이 크고 휘도가 높으며 연색성이 좋다.
⑤ 온도가 높다.(베이스로 세라믹을 사용)
⑥ 흑화가 거의 발생하지 않는다.

(5) 무전극형광램프
① 방전램프 중 예열 없는 고주파방전의 즉시 점등형으로 시동·재시동 시간이 극히 짧다.
② 광속의 안정성도 빠르며, 연색성과 효율도 좋다.
③ 수명도 60,000시간 이상으로 램프 중 가장 길다.
④ 램프와 인버터의 가격이 비싸다.
⑤ 일반적으로 형광램프, 일루미네이션, 투광기, 도로조명 및 고천장용 등으로 사용한다.

(6) LED램프
① 전체 광효율이 높고 에너지 절감효과가 커 각광받는다.
② 수명이 길고, 수은을 쓰지 않아 친환경제품으로 인정받고 있다.
③ 소비전력이 백열등 및 형광등에 비해 낮다.
④ 수명(5~10만 시간)이 길고, 깜박거리는 현상과 필라멘트가 끊어지는 현상이 없다.
⑤ RGB 색상을 이용하기 때문에 다양한 색상 구현이 가능하다.
⑥ 확산성이 떨어진다.

3. 조명방식 및 특징

(1) 조명기구의 배광(配光)에 따른 분류

1) 직접조명
조명방식 중 가장 간단하고 적은 전력으로 높은 조도를 얻을 수 있으나, 방 전체의 균일한 조도를 얻기 어렵고 물체에 강한 음영(陰影)이 생기므로 눈이 쉽게 피로해진다. 공장이나 사무실에 적합하다.

2) 간접조명
① 광원으로부터의 빛을 천장이나 벽에 반사시켜 산광으로써 피조명물을 비추도록 한 것이다.
② 조명효율은 떨어지지만 음영이 부드럽고 균일한 조도를 얻을 수 있으며, 현휘(눈부심)가 발생하지 않고, 안정된 분위기를 유지할 수 있다.
③ 중역실, 호텔의 로비 등에 적합하다.

핵심문제 ●●○

조명설비에서 광원에 관한 설명으로 옳지 않은 것은? 산 15②

① 형광램프는 점등장치를 필요로 하며, 광질이 좋다.
② 고압수은램프는 광속이 큰 것과 수명이 긴 것이 특징이다.
③ 할로겐전구는 효율, 수명 모두 백열전구보다 약간 우수하다.
❹ 저압나트륨램프는 연색성이 좋으므로 주로 실내 거실 조명으로 많이 이용된다.

해설
나트륨등은 효율적인 측면에서는 좋으나, 연색성이 좋지 않아 실내조명용으로는 부적합하다.

핵심문제 ●●○

간접조명방식에 관한 설명으로 옳지 않은 것은? 기 14②

❶ 조명률이 높다.
② 실내면의 반사율에 영향을 많이 받는다.
③ 분위기를 중요시하는 조명에 적합하다.
④ 그림자와 글레어가 적은 조명이 가능하다.

해설
간접조명은 직접조명에 비해 균등한 조명 특성을 가지고 있으며, 조명률은 낮다.

3) 반직접 · 반간접 조명

　　직접조명과 간접조명의 장점만을 채택한 조명이다.

(2) **조명기구의 배치에 따른 분류**

1) 전반조명방식

　① 하나의 실내 전체를 고른 조도로 조명하는 것을 목적으로 한다.
　② 계획과 설치가 용이하고, 책상의 배치나 작업대상물이 바뀌어도 대응이 용이하다.

2) 국부조명방식

　① 실내에서 각 구역의 필요조도에 따라 부분적 또는 국소적으로 설치하는 방식이다.
　② 하나의 실에서 밝고 어둠의 차가 크기 때문에 눈이 쉽게 피로해지는 결점이 있다.
　③ 조명기구를 작업대에 직접 설치하거나 작업부의 천장에 매다는 형태이다.

3) 전반국부조명방식

　① 넓은 실내공간에서 각 구역별 작업의 특성이나 활동영역을 고려하여 실 전체에 비교적 낮은 조도의 전반조명을 한 다음, 세밀한 작업을 하는 구역에는 고조도로 조명하는 방식이다.
　② 조도의 변화를 작게 하여 명시효과를 높이기 위한 것이다.
　③ 정밀공장, 실험실, 조립 및 가공공장 등에 주로 적용된다.

4) TAL 조명방식(Task & Ambient Lighting)

　① 작업구역(Task)에는 전용의 국부조명방식으로 조명하고, 기타 주변(Ambient)환경에 대하여는 간접조명과 같은 낮은 조도레벨로 조명하는 방식을 말한다. 여기서 주변조명에는 직접조명방식도 포함된다.
　② 실내의 전체적인 밝기를 낮게 억제할 수 있기 때문에 에너지 소비적인 측면에서는 유리하지만 데스크의 조명 설치로 인한 초기비용이 증가한다. 또한, 필요한 장소만 밝히기 때문에 실내가 전체적으로 어두워지는 단점도 발생한다.

핵심문제 ●●○

다음 설명에 알맞은 조명기구의 배치에 따른 조명방식은?

- 조명 대상인 실내 전체를 일정하게 조명하는 것으로 대표적인 조명방식이다.
- 책상의 배치나 작업대상물이 바뀌어도 대응이 용이하다.

① TAL 조명방식
❷ 전반조명방식
③ 간접조명방식
④ 국부적 전반조명방식

해설

실내 전체가 전반적으로 균일한 조도가 나타나게 하는 조명방식은 전반조명방식이다.

| TAL(Task & Ambient Lighting) 조명 방식 |

(3) 건축화 조명

1) 일반사항
   ① 건물의 일부를 광원화하는 것으로 조명효율은 떨어지지만 조도분포는 균일하다.
   ② 천장, 벽, 기둥 등 건축물의 일부에 광원을 만들어 건축물과 일체화하여 실내를 조명하는 것이다.

2) 장단점

장점	• 발광면이 넓어 눈부심이 적다. • 실내 분위기는 명랑한 느낌을 준다. • 조명기구가 보이지 않아 현대적인 감각을 준다. • 주간과 야간에 실내의 분위기를 전혀 다르게 한다.
단점	• 구조상 설치비용이 많이 소요된다. • 조명률은 직접조명보다 떨어진다. • 시설비 및 유지·보수비가 고가이다. • 청소가 어렵다.

3) 천장건축화 조명의 종류

종류	특징
다운라이트조명	• 천장에 작은 구멍을 뚫어 그 속에 기구를 매입한 것으로 직접조명방식이다. • 배열방법은 규칙적인 배열방식이 선호된다.
루버천장조명	• 천장면에 루버를 설치하고 그 속에 광원을 배치하는 방법이다. • 루버의 재질로는 금속, 플라스틱, 목재 등이 있다.
코브조명	• 광원을 천장에 매입하여 벽에 빛을 반사시켜 간접조명으로 조명하는 방식 이다. • 천장을 골고루 밝게 하고 반사율을 높인다. • 천장과 벽의 마감형태에 따라 여러 가지 조명효과를 얻을 수 있다.

핵심문제 ●●○

건축화 조명 중 천장 전면에 광원 또는 조명기구를 배치하고, 발광면을 확산 투과성 플라스틱판이나 루버 등으로 전면을 가리는 조명방법은? 기 16①

① 밸런스조명
❷ 광천장조명
③ 코니스조명
④ 다운라이트조명

[해설] 광천장조명
• 확산투과성 플라스틱판이나 루버 등으로 천장을 마감한 후 그 속에 전등을 넣는 방법
• 그림자 없는 쾌적한 빛을 얻을 수 있으며, 마감재료의 설치방법에 따라 변화 있는 인테리어 분위기를 연출할 수 있음

종류	특징
라인라이트조명	• 천장에 매입하는 조명의 하나로서, 광원을 선형으로 배치하는 방법이다. • 형광등조명으로 가장 높은 조도를 얻을 수 있다.
광천장조명	• 확산투과성 플라스틱판이나 루버로 천장을 마감한 후 그 속에 전등을 넣는 방법이다. • 그림자 없는 쾌적한 빛을 얻을 수 있다. • 마감재료와 설치방법에 따라 변화 있는 인테리어 분위기를 연출할 수 있다. • 조도가 낮은 편이다.

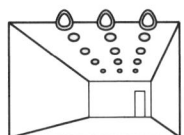

┃다운라이트조명(핀홀 라이트)┃

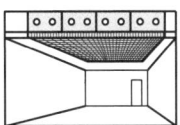

┃루버천장조명┃

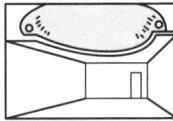

┃코브조명(간접조명)┃

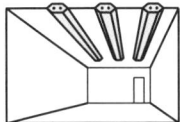

┃라인라이트조명┃

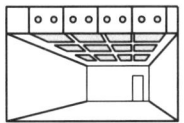

┃광천장조명┃

4) 벽면건축화 조명의 종류

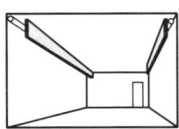

┃코니스조명┃

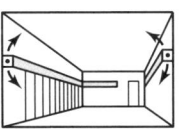

┃밸런스조명┃

종류	특징
코니스조명	• 천장과 벽면의 경계구역에 건축적으로 턱을 만든 후 그 내부에 조명기구를 설치하여 아래 방향의 벽면을 조명하는 방식이다. • 광원으로는 형광등을 많이 사용한다.
밸런스조명	• 벽면에 투과율이 낮은 나무나 금속판 등을 시설하고 그 내부에 램프를 설치하여 광원의 직접광이 위쪽의 천장이나 아래쪽의 벽, 커튼 등을 이용하는 조명방식이다. • 분위기 조명에 효과적인 방식이며 광원으로는 형광등을 많이 사용한다.

SECTION 03 전원 및 배전·배선설비

1. 수변전설비 및 예비전원

(1) 수변전설비

1) 개념

① 수변전설비는 발전소, 변전소, 송배전선로를 통해 전기를 공급받는 수요자가 그 전력을 받고, 전압조절을 하기 위해 설치하는 설비를 말한다.

② 설계 순서

사전조사 → 수전전압 결정 → 수전방식 결정 → 배전전압 결정 → 변전실비용량 계산 → 수변전기기 형식 선정 → 제어 및 보호방식 결정 → 사용기기의 시방 검토 → 변전실 설치면적 계산 → 설계도서 작성

2) 수전방식

수전방식	특징
1회선방식	• 일반적으로 소규모 및 중규모 빌딩에 널리 사용되는 방식이다. • 가장 간단하고 경제적이지만, 배전선 고장 시에는 정전을 피할 수 없다.
2회선방식	2개소의 변전소에 인입하면서 그 중 1회선을 예비로 하여 정전에 대비하는 방식이다.
루프(Roof)방식	대규모 건물 4~5개를 1개의 단위로 하여 루프 회로를 형성하면서 전력을 공급하는 방식이다.
스폿네트워크 (Spot Network)방식	• 전기 공급면에서 특히 높은 신뢰도가 요구되는 건물에 사용한다. • 공급회선을 2~4회선(보통 3회선 이상)으로 하여 1회선이 고장나더라도 무정전(無停電)으로 수전할 수 있는 방식이다.

3) 부하설비용량

>>> 부하밀도란 일반동력, 공조용, 전등 등을 포함한 부하설비용량의 평균치로서, 각종 건물의 부하밀도를 나타낸다.

$$부하설비\ 용량(VA) = 부하밀도(VA/m^2) \times 연면적(m^2)$$

4) 수전용량 결정

부하설비에 대한 개략적인 용량이 산출되면 수전용량을 산출한다.

5) 수전용량 결정
    ① 수용률(수요율)
        수용률이란 설비기기의 전 용량에 대하여 실제 사용하고 있는 부하의 최대전력비율을 나타낸 계수로서 설비용량을 이용하여 최대수요전력을 결정할 때 사용한다.

        $$수용률(\%) = \frac{최대수요전력(kW)}{부하설비용량(kW)} \times 100\%$$

    ② 부등률
        몇 개의 부하가 하나의 배전변압기로부터 전력을 공급받고 있을 때 각 부하에서의 최대수요전력이 발생하는 시각은 부하별로 상이한 것이 일반적이다. 이러한 경우 배전변압기에서의 합성최대수요전력은 각 부하의 최대수요전력의 합계보다 적은 값이 되는 것이 일반적인데, 이것을 부등률이라 한다.(부등률 적용 시 배전변압기의 용량을 낮출 수 있다)

        $$부등률(\%) = \frac{개별부하의\ 최대수요전력\ 합계(kW)}{합성최대수요전력(kW)} \times 100\%$$

    ③ 부하율
        공급 가능한 최대수요전력과 실제 사용된 평균전력의 비율을 나타낸 것으로, 부하율이 클수록 부하에 대한 전력공급설비가 유효하게 사용되었음을 의미한다.

        $$부하율(\%) = \frac{부하의\ 평균전력(kW)}{합성최대수요전력(kW)} \times 100\%$$

6) 수변전실의 위치 및 구조
    ① 부하의 중심에 가깝고 배전에 편리한 곳이어야 한다.
    ② 보일러실, 펌프실, 예비발전실, 엘리베이터기계실과 관련성을 고려해야 한다.
    ③ 전원 인입과 기기의 반출입이 용이해야 한다.
    ④ 천장높이는 높을수록 좋으며, 고압인 경우에는 3m 이상(보 아래), 특별고압인 경우에는 4.5m 이상으로 한다.
    ⑤ 습기가 적고 채광, 통풍(변압기 열의 해소를 위함)이 양호해야 한다.
    ⑥ 출입구는 방화문으로, 격벽은 내화구조로 한다.
    ⑦ 바닥은 배관, 케이블 등을 고려하여 20~30cm 정도로 한다.
    ⑧ 바닥하중의 설계는 중량에 견디도록 한다.

핵심문제 ●○○

전기설비가 어느 정도 유효하게 사용되는가를 나타내며, 다음과 같이 표현되는 것은? 기 13④ 19① 21①

$$\frac{부하의\ 평균전력}{최대수용전력} \times 100\%$$

① 역률　　② 부등률
❸ 부하율　④ 수용률

[해설] 부하율
공급 가능한 최대수요전력과 실제 사용된 평균전력의 비율을 나타낸 것으로, 부하율이 클수록 부하에 대한 전력공급설비가 유효하게 사용되었음을 의미한다.

핵심문제 ●●●

전기설비용 시설공간(실)의 계획에 관한 설명으로 옳지 않은 것은?

기 15①

① 변전실은 부하의 중심에 설치한다.
② 변전실은 외부로부터 전력의 수전이 용이해야 한다.
③ 중앙감시실은 일반적으로 방재센터와 겸하도록 한다.
❹ 발전기실은 변전실에서 최소 10m 이상 떨어진 위치에 배치한다.

⑨ 변전실의 면적 산정 시 고려요소에는 변압기용량, 수전전압, 수전방식 및 큐비클의 종류 등이 있다.

7) 발전기실 설치 시 유의사항
① 기기의 반출입 및 운전, 보수가 편리해야 한다.
② 건축물의 배기구에 가까이 있어야 한다.
③ 실내환기를 충분히 시행할 수 있어야 한다.
④ 급배수설비의 설치가 용이해야 한다.
⑤ 연료유의 보급이 용이해야 한다.
⑥ 변전실에 가까이 있어야 한다.
⑦ 바닥은 절연재료로 해야 한다.
⑧ 내화구조여야 하며, 방음과 방진구조여야 한다.
⑨ 주위온도가 5℃ 이내로 내려가지 않아야 한다.
⑩ 발전기실의 유효높이는 발전장치 최고높이의 2배 정도로 하여 설계한다.

8) 수변전실의 면적
① 추정식

$$바닥면적(m^2) = 3.3\sqrt{변압기용량(kVA)}$$

② 일반식

$$바닥면적(m^2) = K[변압기용량(kVA)]^{0.7}$$

여기서, K는 보통고압(0.4~1.3)
특별고압 → 보통고압(1.0~3.0)
특별고압 → 400V(1.0~2.0)

핵심문제 ●●○

다음 중 변전실 면적 결정 시 영향을 주는 요소와 가장 거리가 먼 것은?

기 13② 20①②통합

① 수전전압   ② 수전방식
❸ 발전기용량   ④ 큐비클의 종류

[해설]
변전실의 면적 산정 시 고려요소에는 변압기용량, 수전전압, 수전방식 및 큐비클의 종류 등이 있다.

9) 변압기용량 산정

전력용 변압기용량의 산정식은 부하설비용량, 수용률, 부등률을 통해 다음과 같이 산출한다.

$$전력용\ 변압기용량 = \frac{부하설비용량 \times 수용률}{부등률}$$

10) 변압기의 발생전압

발생전압은 코일의 권수에 비례하여 변화한다.

$$\frac{N_2}{N_1} = \frac{V_2}{V_1}$$

여기서, N_1 : 변압기 1차측 코일권수, N_2 : 2차측 코일권수
V_1 : 1차측 전압, V_2 : 2차측 전압

(2) 예비전원

1) 예비전원이 필요한 곳
병원의 수술실, 아파트의 엘리베이터, 복도 비상등, 교통신호등, 은행 전산실, 환기용 팬 등

2) 예비전원설비의 종류
① 자가용 발전설비
② 축전지설비(연축전지, 알칼리축전지 등)
③ 무정전전원설비

3) 예비전원의 조건
① 축전지 적용(약전, 소규모)
축전지는 정전 후 30분 이상 충전하지 않고 방전할 수 있어야 한다.
② 자가발전설비 적용(승강기 등)
자가발전설비는 정전 후 10초 이내에 가동하여 규정전압을 30분 이상 유지하여야 하며, 수전설비용량의 10~30% 정도로 한다.
③ 축전지와 자가발전설비 병용(방송실, 수술실, 전산실 등)
축전지와 자가발전설비를 병용할 경우 축전지는 충전 없이 20분 이상 방전이 가능해야 하고, 자가발전설비는 정전 후 45초 이내에 가동하여 30분 이상 공급이 가능해야 한다.

4) 축전지설비의 종류

종류	특징
연축전지	• 축전지의 대표적인 것으로 전해액은 희류산, 양극에는 산화연, 음극에는 납이 사용되며 기전력은 2V 정도이다.(공칭전압 : 2.0V/셀) • 값이 저렴하고 전해질의 비중으로 충·방전상태를 알 수 있다는 장점이 있다. • 용량이 커지면(100V, 90Ah 이상) 내산처리된 전용의 축전실을 필요로 한다. • 충·방전 전압의 차이가 적다.
알칼리 축전지	• 전해액으로 알칼리용액을 사용하는 축전지이다.(공칭전압 : 1.2V/셀) • 연축전지보다 설치공간이 적어지고 수명(10년 이상)이 길며 보수가 용이하다. • 부식성 가스가 발생하지 않는다. • 고율방전특성이 좋다. • 가격이 고가이다.

> **핵심문제** ●●○
>
> 축전지의 충전방식 중 필요할 때마다 표준시간율로 소정의 충전을 하는 방식은? 기 13④ 18②
>
> ❶ 보통충전 ② 급속충전
> ③ 세류충전 ④ 균등충전

5) 축전지의 충전방식

충전방식	특징
보통충전방식	필요시마다 표준시간율로 소정의 충전을 하는 방식
급속충전방식	비교적 단시간에(급속으로) 보통 충전전류의 2~3배의 전류로 충전하는 방식
부동충전방식	전지의 자기방전을 보충함과 동시에 상용부하에 대한 전력공급은 충전기가 부담하도록 하되 충전기가 부담하기 어려운 일시적인 대전류부하는 축전지로 하여금 부담하게 하는 방식
세류충전방식	부동충전방식의 일종으로 자기방전량만을 항상 충전하는 방식
균등충전방식	상시전원 이상 시 또는 전압이 낮을 시 배터리에서 전원을 공급하는 방식

6) 축전지실의 구조 및 관리상 유의사항

① 축전지실은 바닥 및 걸레받이를 내산(耐酸) 마감하여 밀폐시키고, 발생가스를 배출할 수 있는 장치가 필요하다.(축전지실 단독설치 필요)
② 전기배선은 비닐선을 사용한다.
③ 통풍, 채광 및 조명이 양호하고 진동이 없는 장소에 설치한다.
④ 실온은 외기에 영향을 받지 않는 곳이 좋으며, 5~25℃ 정도를 유지한다.
⑤ 벽, 바닥은 내산처리가 필요하며, 방수마감하여 상면 및 벽면의 50cm 높이까지 연판을 깔아야 한다.
⑥ 바닥은 충분한 중량에 견딜 수 있는 구조여야 하며, 천장의 높이는 2.6m 이상으로 한다.

2. 전기방식 및 배선설비

(1) 배전공급방식

구분	장점 및 단점	부하전류 계산식
단상 2선식	• 구성이 간단하다. • 부하의 불평형이 없다. • 소요동량이 크다. • 전력손실이 크다. • 대용량부하에 부적합하다.	• 유효전력 $P = VI\cos\theta \text{(W)}$ • 피상전력 $P_a = \dfrac{P}{\cos\theta} \text{(VA)}$
단상 3선식	• 부하를 110/220V 동시 사용한다. • 부하의 불평형이 있다. • 소요동량이 2선식의 3/8배이다. • 중성선 단선 시 이상전압 발생으로 기기의 손상이 우려된다.	• 유효전력 $P = 2VI\cos\theta \text{(W)}$ • 피상전력 $P_a = \dfrac{P}{\cos\theta} \text{(VA)}$
3상 3선식	• 2선식에 비해 동량이 적고, 전압강하 등이 개선된다. • 동력부하에 적합한 방식이다.	• 유효전력 $P = \sqrt{3}\,VI\cos\theta \text{(W)}$ • 피상전력 $P_a = \dfrac{P}{\cos\theta} \text{(VA)}$
3상 4선식	• 경제적인 방식이다. • 중성선 단선 시 이상전압이 발생한다. • 단상과 3상 부하를 동시에 사용한다. • 부하의 불평형이 발생한다.	• 유효전력 $P = \sqrt{3}\,VI\cos\theta \text{(W)}$ • 피상전력 $P_a = \dfrac{P}{\cos\theta} \text{(VA)}$

> **핵심문제** ●○○
>
> 220/380V 전원을 공급하는 빌딩 및 공장의 전등 및 동력용 간선으로 가장 많이 사용되는 배선방식은? 기 17①
>
> ① 단상 2선식　② 단상 3선식
> ③ 3상 3선식　❹ 3상 4선식
>
> **[해설]** 3상 4선식
> 동력과 전등 부하를 동시에 공급할 수 있어 대규모건물에 적합하다.

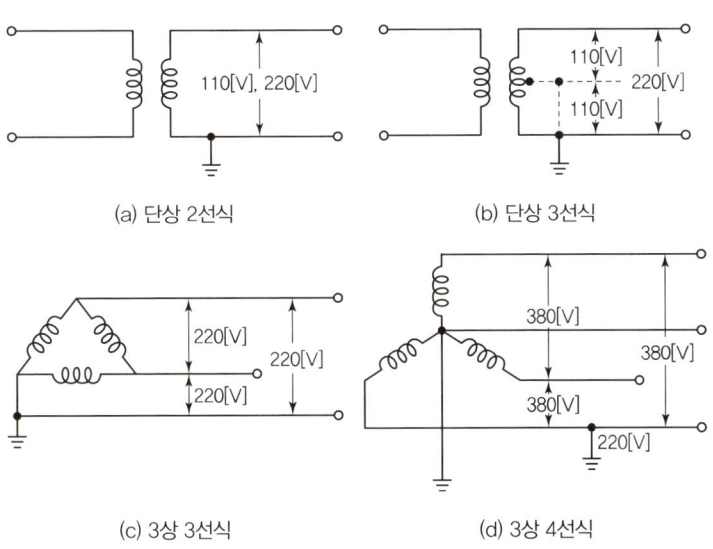

(a) 단상 2선식　(b) 단상 3선식
(c) 3상 3선식　(d) 3상 4선식

│ 배선방식의 종류 │

핵심문제 ●●●
간선의 배선방식 중 분전반에서 사고가 발생했을 때 그 파급범위가 가장 적은 것은? 기 14① 18④ ① 루프식 ❷ 평행식 ③ 나뭇가지식 ④ 나뭇가지평행식

(2) 간선배전방식

구분	특징
평행식 (개별방식)	각 분전반마다 배전반에서 단독으로 배선되며, 전압 강하가 적고 사고 발생 시 범위가 좁으나 설비비가 많이 소요되어 대규모건물에 적합하다.
나뭇가지식	• 한 개의 간선이 각 분전반을 거쳐 가며 공급된다. • 말단 분전반에서 전압 강하가 커질 수 있다. • 중소 규모에 이용된다. • 경제적이나 1개소의 사고가 전체에 영향을 미친다. • 각 분전반별로 동일전압을 유지할 수 없다.
병용식	평행식과 나뭇가지식을 병용한 것으로 전압 강하도 크지 않고 설비비도 줄일 수 있어 가장 많이 사용된다.

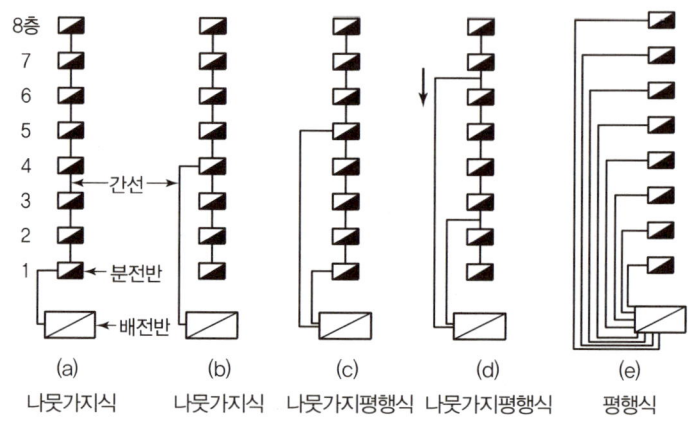

┃ 간선의 배선방식 ┃

(3) 배전반, 분전반 및 분기회로

1) 배전반

   분전반으로 전원을 공급하는 전기설비이다.

2) 분전반

   ① 배전반(전원)으로부터 전기를 공급받아 말단부하에 배전하는 것으로서, 매입형과 노출형이 있다.
   ② 분전반설비는 주개폐기, 분기회로, 개폐기, 자동차단기(퓨즈차단기, 노퓨즈차단기)를 모아놓은 것이다.
   ③ 분전반은 가능한 부하의 중심에 두어야 한다.
   ④ 1개층에 분전반을 1개 이상씩 설치한다.
   ⑤ 분전반 1개의 공급면적은 1,000m² 이내로 한다.
   ⑥ 분전반 설치간격은 분기회로의 길이가 30m 이내가 되게 한다.
   ⑦ 분전반 1개의 분기회로는 20회선 이내로 한다.(단, 예비회로 포함 시는 40회 이내로 한다.)

3) 분기회로
① 간선에서 분기하여 회로를 보호하는 최종과전류차단기와 부하 사이의 전로이다.
② 같은 방 또는 같은 방향의 콘센트(아웃렛)는 같은 회로로 한다.
③ 전등 및 콘센트회로는 분기회로로 한다.(전선굵기 : 1.6mm)
④ 습기가 있는 곳의 콘센트(아웃렛)는 별도로 설치한다.
⑤ 1회로에 접속되는 콘센트 수
- 보통 사무실 : 콘센트 7~8개(사무실 콘센트는 5m 간격으로 설치)
- 동력 : 콘센트 1개

(4) 전기샤프트(ES) 설치 시 유의사항
① 각 층마다 같은 위치에 설치한다.
② 전력용과 정보통신용은 공용으로 사용해서는 안 되는 것이 원칙이지만, 부득이한 경우 공용으로 사용이 가능하다.
③ 전기샤프트의 면적은 보, 기둥 부분을 제외하고 산정한다.
④ 현재 장비 이외에 장래의 배선 등에 대한 여유성을 고려한 크기로 한다.

(5) 옥내배선전선의 굵기 산정 결정요소
허용전류, 전압강하, 기계적 강도

(6) 배선공사방식
1) 애자 사용공사
① 노출 및 은폐장소에 애자를 사용하여 전선을 고정한다.
② 상호 간의 간격은 6cm 이상으로 하고, 전선과 건축물의 간격은 300V 이하에서는 2.5cm 이상, 300V 이상에서는 4.5cm 이상을 격리시킨다.

2) 목재몰드공사
① 목재에 홈을 파서 절연전선을 넣고, 뚜껑을 덮는 방식이다.
② 옥내배선의 건조한 곳에 저압용(일반적으로 300V 이하)으로 이용된다.

3) 금속몰드공사
① 철재 홈통에 절연전선을 넣고 뚜껑을 덮는 것이다.
② 철근콘크리트건물의 증설배관 시 용이하다.

핵심문제 ●●○

전기설비에서 다음과 같이 정의되는 것은? 산 13② 14②

> 간선에서 분기하여 회로를 보호하는 최종과전류차단기와 부하 사이의 전로

① 아웃렛　　② 신호회로
❸ 분기회로　④ 인입케이블

해설
① 아웃렛(Outlet) : 전기기기와 최종 연결되는 부분으로 일반적으로 콘센트라고 부른다.
② 신호회로 : 벨이나 부저 등 신호를 발생시키는 장치에 전기를 공급하는 회로를 의미한다.
④ 인입케이블 : 전기를 외부(혹은 타 공간/시설) 등으로부터 인입할 때 사용하는 케이블을 총칭한다.

핵심문제 ●●●

옥내배선에서 전선의 굵기 산정 결정요소에 속하지 않는 것은?
기 13② 17②

❶ 배전방식　② 허용전류
③ 전압강하　④ 기계적 강도

해설 옥내배선의 전선 굵기 산정 결정요소
- 허용전류
- 전압강하
- 기계적 강도

| 핵심문제 | |

옥내저압 배선공사 중 직접 콘크리트에 매설할 수 있는 공사는? 기15④

❶ 금속관공사
② 금속덕트공사
③ 버스덕트공사
④ 금속몰드공사

4) 금속관공사
   ① 건물의 종류와 장소에 구애받지 않고 시공이 가능하다.
   ② 주로 콘크리트의 매입배선에 사용한다.
   ③ 화재에 대한 위험성이 적고 전선의 기계적 손상이 적다.
   ④ 전선 교체가 용이하다.
   ⑤ 전선은 접속점이 없는 절연전선을 사용한다.

5) 가요전선관공사(Flexible Conduit)
   ① 플렉시블콘딧공사라고도 하며, 굴곡이 심한 기기 주변 말단접속배선에 주로 쓰인다.
   ② 특히 움직임이 많고 진동이 많은 엘리베이터, 전동기, 기차 등의 배선에 적합하다. 단, 콘크리트에 매립해서는 안 된다.

6) 합성수지몰드공사
   화학공장 등에 간단한 배선을 할 때 적합하다.

7) 합성수지관(경질비닐관)공사
   ① 열적 영향이나 기계적 외상을 받기 쉬운 곳이 아니면 금속배관과 같이 광범위하게 사용 가능하다.
   ② 관 자체가 절연체이므로 감전의 우려가 없으며 시공이 쉬운 게 장점이며, 내식성, 내화학성 및 절연성이 양호하여 화학공장이나 연구소 등에 간단히 배선을 요할 때 적합하다.

8) 버스덕트공사
   간선 등의 대전류에 이용(공장, 빌딩 등에 적합)하며, 동바 등을 이용한다.

9) 금속덕트공사
   ① 천장이나 벽면에 노출하여 배선하는 방식이다.
   ② 금속덕트 내에 부설하는 전선 및 케이블의 절연피복을 포함한 단면적의 총합은 덕트단면적의 20% 이하가 되도록 한다.

| 핵심문제 | |

다음 중 옥내의 건조한 노출장소에 시설할 수 없는 배선공사는? 기14①

① 금속관배선
② 금속몰드배선
❸ 플로어덕트배선
④ 합성수지몰드배선

해설 플로어덕트 배선공사
• 은행, 회사 등의 사무실 콘크리트 바닥면에 매입하여 사용하는 것
• 강전과 약전의 교차점에는 접속함을 사용하여 전선끼리 접촉하지 않도록 함
• 옥내의 건조한 노출장소에 설치할 수 없음

10) 플로어덕트공사
    ① 넓은 사무실이나 백화점 등에 사용하는 것으로서, 콘크리트 바닥에 덕트를 설치하여 전기를 공급하는 방식이다.
    ② 옥내의 은폐장소로서 건조한 콘크리트 바닥면에 매입하여 사용하는 것으로, 사무용 건물 등에 채용되는 배선방법이다.
    ③ 강전과 약전의 교차점에는 접속함을 사용하여 전선끼리 접촉하지 않도록 해야 한다.

(7) 접지방식

1) 접지시스템의 구분
① 계통접지 : 전력계통의 이상현상에 대비하여 대지와 계통을 접속
② 보호접지 : 감전보호를 목적으로 기기의 한 점 이상을 접지
③ 피뢰시스템접지 : 뇌격전류를 안전하게 대지로 방류하기 위한 접지

2) 접지계통의 통합여부에 따른 구분

구분	내용
단독접지	(특)고압계통의 접지극과 저압계통의 접지극을 독립적으로 시설하는 접지방식
통합접지	• (특)고압접지계통과 저압접지계통을 등전위 형성을 위해 공통으로 접지하는 방식 • 기능상 목적이 서로 다르거나 동일한 목적의 개별 접지들을 전기적으로 서로 연결하여 구현한 접지시스템 • 전기기기뿐만 아니라 수도관, 가스관, 철근, 철골 등과 같이 전기와 무관한 도체도 모두 함께 접지하여, 그들 간에 전위차가 없도록 함으로써 사람의 감전우려를 최소화하는 접지방식

> **핵심문제** ●●○
> 다음 설명에 알맞은 접지종류는?
> 기 17① 21②
>
> 기능상 목적이 서로 다르거나 동일한 목적의 개별 접지들을 전기적으로 서로 연결하여 구현한 접지시스템
>
> ① 단독접지　② 공통접지
> ❸ 통합접지　④ 종별접지

(8) 각종 부속설비

1) 단로스위치(단로기)
부하전류를 제거한 후 회로를 격리하도록 하기 위한 장치로서, 단로기 양측에서 회로가 기계적으로 구분되므로 점검·수리 등에 편리하고 차단기와는 달리 극히 적은 전류만을 제어하므로 구조가 비교적 간단하다.

2) 누전차단기
전동기계·기구가 접속되어 있는 전로(電路)에서 누전에 의한 감전위험을 방지하기 위해 사용되는 기기로서, 전원을 자동으로 차단하는 장치이다.

3) 절연피복
① 금속관에 부설되는 전선의 절연피복을 포함한 총 단면적은 금속관 내 단면적의 최대 40% 이하가 되어야 한다.
② 절연피복의 적용목적인 절연저항의 확보는 전기가 통하지 못하게 하는 저항을 의미하는 것으로서, 전기에 의한 감전 또는 기계적 사고의 발생을 방지하기 위해 도체 사이에 전기가 통하지 못하게 하는 것을 말한다.

4) 배선용 차단기(MCCB : Molded Case Circuit Breaker)
   ① 계폐기구, 트립장치 등을 절연물 용기 내에 일체화하여 조립한 것으로서, 과부하 및 단로 등의 이상상태 시 자동적으로 전류를 차단하는 기구이다.
   ② 소형이며 조작이 안전하고 작동 후 퓨즈의 교체 없이 즉시 재사용이 가능하다.

5) 영상변류기(Zero-phase-sequence Current Transformer)
   ① 비교적 낮은 송전전류의 접지보호를 위하여 사용하는 변류기이다.
   ② 수변전계통에서 지락사고 발생 시 흐르는 영상전류를 검출한 후 지락계전기를 이용하여 차단기를 작동시킨다.

3. 동력(전동기) 및 콘센트설비

(1) 전동기설비의 종류

1) 일반사항
   ① 우리나라에서의 배전은 교류배전이므로 전동기도 보편적으로 교류전동기가 사용되고 있으며, 그 중에서도 값이 저렴하고 구조가 간단하여 보수상의 문제가 적은 유도전동기가 가장 보편적으로 사용되고 있다.
   ② 직류전동기는 건축설비용으로는 직류엘리베이터 구동용 등 극히 일부분에서만 사용되고 있다.

2) 교류전동기
   ① 가격이 저렴하고 구조가 간단하여 일반적으로 이용한다.
   ② 유도전동기, 동기전동기, 정류자전동기, 3상 유도전동기, 분상기동형 전동기 등이 있다.

3) 직류전동기
   ① 속도조절이 간단하고 시동토크가 크므로 속도제어가 요구되는 장소에 적합하다. 가격이 고가인 단점이 있다.
   ② 큰 시동토크를 필요로 하는 엘리베이터, 전차 등에 사용한다.
   ③ 직권전동기, 복권전동기, 분권전동기 등이 있다.

핵심문제 ●●●

교류전동기에 해당하지 않는 것은?
산 14② 19③

① 동기전동기
❷ 복권전동기
③ 3상 유도전동기
④ 분상기동형 전동기

[해설]
복권전동기, 분권전동기, 직권전동기는 직류전동기에 속한다.

(2) 유도전동기의 특징 및 종류

1) 특징
   ① 구조와 취급이 간단하여 건축설비에서 가장 널리 사용된다.
   ② 회전자계를 만드는 여자전류가 전원 측으로부터 흐르기 때문에 역률이 나쁘다는 결점이 있다.

2) 종류

구분	특징
농형 유도전동기	회전자가 바구니형으로 되어 있으며, 가격이 저렴하고 구조가 간단하여 보수·점검이 용이하다.
권선형 유도전동기	회전자에 고정자와 같은 3상 권선을 감아서 권선에 흐르는 전류를 슬립링과 브러시를 통하여 외부로 유도하며, 이것을 외부의 가변저항기로 제어한다.

(3) 전동기의 회전수

$$N = \frac{120f}{P}(1-s)$$

여기서, N : 회전수(rpm), f : 주파수(Hz)
P : 극수, s : 슬립(미끄럼계수)

(4) 콘센트의 선정 및 설치위치

1) 콘센트의 선정
   ① 일반용 콘센트는 15A 정격을 사용한다.
   ② 30~50A 용량 이상 기기에 전력을 공급하는 콘센트는 적합한 용량으로 하고 전용회로로 한다.
   ③ 전원이 분리되면 중대한 문제가 발생하는 경우에는 걸림형 콘센트를 사용한다.
   ④ 주택의 옥내전로에는 반드시 접지극이 있는 콘센트를 사용하여 접지하여야 하며 무접지 콘센트는 사용할 수 없다. 또한, 옥내전로에서는 정격감도전류 30mA 이하, 동작시간 0.03초 이하의 전류동작형을 사용한다.
   ⑤ 욕실 등 인체가 물에 젖어 있는 상태에서 물을 사용하는 장소에 시설하는 콘센트는 인체감전보호용 누전차단기(정격감도전류 15mA 이하, 동작시간 0.03초 이하의 전류동작형)에 보호된 전로에 접속하거나 인체감전보호용 누전차단기가 부착된 콘센트를 반드시 설치하여야 한다.

핵심문제 ●○○

다음 설명에 알맞은 전동기의 종류는?
기 16②

- 회전자계를 만드는 여자전류가 전원 측으로부터 흐르기 때문에 역률이 나쁘다는 결점이 있다.
- 구조와 취급이 간단하여 건축설비에서 가장 널리 사용된다.

① 직권전동기   ② 분권전동기
❸ 유도전동기   ④ 동기전동기

해설

우리나라에서의 배전은 교류배전이므로 전동기도 보편적으로 교류전동기가 사용되고 있으며, 그 중에서도 값이 저렴하고 구조가 간단하여 보수상의 문제가 적은 유도전동기가 가장 보편적으로 사용되고 있다. 직류전동기는 건축설비용으로는 직류엘리베이터 구동용 등 극히 일부분에서만 사용되고 있다.

2) 콘센트의 설치위치
    ① 기둥이나 벽에 설치하는 경우에는 건축물의 구조적 문제, 벽의 두께, 가구배치, 앞으로의 칸막이 등을 고려해야 한다.
    ② 바닥에 콘센트를 설치하는 경우에는 가구의 배치, 예상통로 등을 고려해야 하며 물 사용 장소에 설치해서는 안 된다.
    ③ 콘센트 설치의 일반적인 높이는 벽인 경우 바닥 위 30cm 이상이며, 작업대가 있는 경우에는 작업대보다 10~30cm 정도 높이, 기계실, 전기실, 주차장의 경우에는 바닥 위 50~100cm 정도의 높이에 설치한다.
    ④ 욕실 안에 설치하는 콘센트는 바닥면상 80cm 이상에 설치한다.
    ⑤ 옥측의 우선 외 또는 옥외에 설치하는 경우에는 지상 1.5m 이상의 높이에 설치하며 방수함에 넣거나 방수형 콘센트를 사용한다.

(5) 비상콘센트

1) 필요성

화재 시 소방대가 활동하기 위한 조명설비나 소화활동설비의 장비에 전원을 공급하기 위한 설비를 말한다.

2) 설치대상
    ① 지하층을 포함하는 층수가 11층 이상인 소방대상물
    ② 지하 3층 이상이고 지하층 바닥면적의 합계가 1,000m² 이상인 지하층의 전층
    ③ 지하가 중 터널로서 길이가 500m 이상인 것

3) 설치기준
    ① 바닥으로부터 0.8m 이상 1.5m 이하의 위치에 설치할 것
    ② 아파트 또는 바닥면적이 1,000m² 미만인 층은 계단 등의 출입구로부터 5m 이내에 설치
    ③ 바닥면적 1,000m² 이상인 층(아파트 제외)은 계단 등의 출입구 또는 계단부속실의 출입구로부터 5m 이내에 설치

SECTION 04 약전설비

1. 피뢰침 및 항공장애등설비

(1) 피뢰침설비의 일반사항

1) 설치대상
   ① 20m 이상 높이의 건축물이나 공작물에 설치한다.
   ② 낙뢰 가능성이 많은 지역, 중요건축물, 천연기념물, 많은 사람이 접하는 건축물, 위험물을 취급·저장하는 건축물의 경우에는 높이에 상관없이 피뢰설비를 설치해야 한다.

2) 피뢰침의 설치
   ① 낙뢰의 피해로부터 안전하게 보호하는 돌침 및 수평도체의 보호각은 일반 건축물의 경우에는 60°, 위험물 관계 건축물의 경우에는 45°로 하여야 한다.
   ② 피뢰침의 보호각은 가급적 작게 잡는 것이 안전하다.

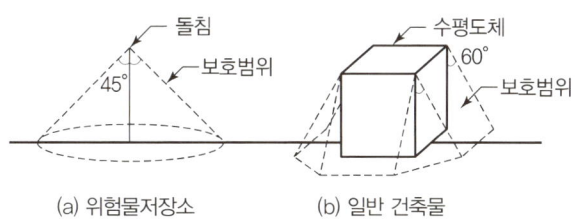

∥ 피뢰침의 설치 ∥

(2) 피뢰설비의 수뢰부 구성 및 보호범위 산정방식

1) 피뢰설비의 수뢰부 구성
   뇌격전류를 받아들이기 위한 외부 피뢰설비의 일부분을 말하며, 돌침, 수평도체, 메시도체 등이 있다.

2) 수뢰부시스템의 보호범위 산정방식

보호범위 산정방식	내용
메시법	보호 건물 주위에 망상도체를 적당한 간격으로 보호하는 방법
보호각법	피뢰침 보호각 내에 보호하는 방법
회전구체법	피뢰침과 지면에 닿는 회전구체를 그려 회전구체가 닿지 않는 부분을 보호범위로 산정하는 방법

핵심문제 ●●○

피뢰설비에서 수뢰부시스템 설치 시 사용되는 보호범위 산정방식에 속하지 않는 것은? 기 14④
① 메시법
❷ 면적법
③ 보호각법
④ 회전구체법

> **핵심문제** ●●○
>
> 피보호물을 연속된 망상도체나 금속판으로 싸는 방법으로 뇌격을 받더라도 내부에 전위차가 발생하지 않으므로 건물이나 내부에 있는 사람에게 위해를 주지 않는 피뢰설비방식은?
>
> 산 13③ 19②
>
> ① 돌침(보통보호)
> ② 가공지선(간이보호)
> ❸ 케이지방식(완전보호)
> ④ 수평도체방식(증강보호)

(3) 피뢰설비 보호방식

구분	내용
간이보호 (가공지선)	보통보호보다 간단하며, 뇌해가 많은 지방의 높이 20m 이하 건물에서 자주적인 피뢰설비를 위해 이용하는 방식
보통보호 (돌침)	목조가옥에서는 증강보호가 좋고, 철근콘크리트 건축물로서 옥상에 난간이 있는 경우에 이용하는 방식
증강보호 (수평도체방식)	건축물 윗면의 모서리 부분, 뾰족한 모양을 한 부분의 위쪽에 수평도체식 피뢰설비를 하여 전체에 대한 보호능력이 증강된 방식
완전보호 (케이지방식)	어떠한 뇌격에 대해서도 건물이나 내부에 있는 사람에게 위해를 가하지 않는 방식(산꼭대기 관측소, 휴게소, 매점 등)

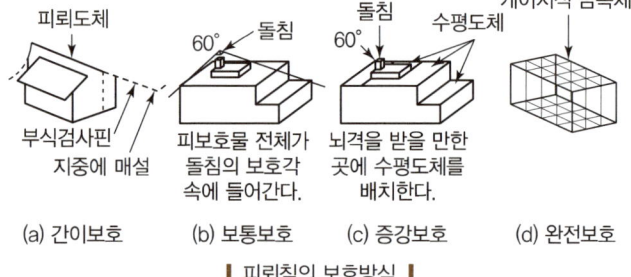

| 피뢰침의 보호방식 |

(4) 피뢰시스템의 등급분류

피뢰시스템의 효율(낙뢰 등에 의한 방전능력)에 따라 아래와 같이 등급을 분류한다.

등급	시스템의 효율
I	0.98
II	0.95
III	0.90
IV	0.80

(5) 항공장애등설비

1) 일반사항
    ① 항공장애등은 비행기의 야간비행이나 저공비행 시 안전하게 운항할 수 있도록 설치하는 것이다.
    ② 건축물 또는 공작물의 높이가 60m 이상인 경우 설치가 필요하다.
    ③ 수직거리 45m 간격으로 설치한다.

2) 분류
① 고광도장애등 : 1분간의 명멸(불이 꺼졌다 켜졌다 하는 것) 횟수가 20~60회 이상이며, 최대광도가 2,000cd 이상이다.
② 저광도장애등 : 광도는 20cd 이상이다.

2. 통신 및 신호설비

(1) 전화교환설비

전화교환설비는 관공서, 회사, 공장 및 은행 등의 외부와 내부 및 내부 상호 간의 연락을 위한 설비이다.

(2) 인터폰설비

1) 개념

인터폰설비는 국선접속(일반적으로 공중통신망에 접속)을 목적으로 하지 않는 구내연락을 위한 유선통화의 전반적 설비를 말한다.

2) 인터폰설비의 통화망방식에 따른 분류

방식	내용
모자식	• 1대의 모기에 2대 이상의 자기를 접속하여 모기와 자기가 서로 호출해서 통화하는 방식이다. • 자기끼리의 통화는 모기를 통해서 한다.
상호식	• 설치하는 각 기기가 전부 구조와 사용법이 동일하다. • 서로 어느 기기에서든지 임의의 다른 기기를 자유롭게 호출하여 통화할 수 있다. • 통화 중인 기기의 통화에는 혼선되지 않고 별도로 몇 쌍의 통화가 가능하다.
복합식	• 몇 대의 자기를 접속한 모기그룹이 몇 개 있는 경우 모자 간은 모자식으로, 모기끼리는 상호식으로 호출하여 통화한다. • 모자식과 상호식의 조합에 의한 통화망이다.

핵심문제 ●●○

인터폰설비의 통화망 구성방식에 속하지 않는 것은? 산 15③

① 모자식 ❷ 연결식
③ 상호식 ④ 복합식

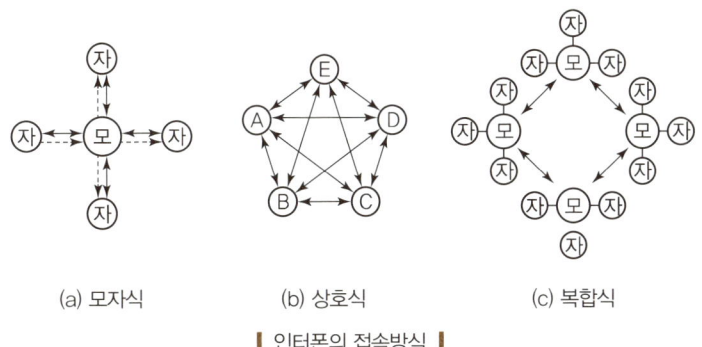

(a) 모자식   (b) 상호식   (c) 복합식

┃ 인터폰의 접속방식 ┃

(3) TV공동수신설비

1) 구성요소

안테나, 정합기, 분배·분기장치, 증폭기 등

2) 종류

① **지역공청수신설비**(MATV : Master Antenna Television) : 50세대 이하 공동주택의 공청수신설비이다.

② **지역재방송, 자주방송설비용 공청수신설비**(CATV : Community Antenna Television) : 50세대 이상의 자주방송을 위한 공청수신설비로서 유선TV의 성격을 띤다.

③ **빌딩용 공청수신설비** : UHF와 VHF 수신을 주모적으로 하는 공청설비로서 위성통신수신(SHF)도 포함한다.

3) TV공동수신설비의 설치방법

① 피뢰침 보호각 내에 있어야 한다.
② 강전류선으로부터 3m 이상 이격한다.
③ 방향성 결합기나 분배기를 사용하지 않는 플러그에는 더미로드를 부착한다.
④ 풍속 40m/s 정도에 견디어야 한다.
⑤ 접합기의 설치높이는 바닥 위에서 30cm 높이로 한다.

3. 표시설비 및 정보화설비

(1) 유도등

① 계단유도등, 비상구유도등, 거실유도등, 객석유도등, 통로유도등 등
② 표시색채 : 바탕은 녹색, 표시글자는 백색

(2) 유도표지

① 유도표지는 복도 또는 통로에 설치하는 표지판으로서, 피난방향을 명시하는 것을 목적으로 한다.
② 표시색채 : 바탕은 백색, 화살표 및 문자는 녹색

(3) 전기시계설비

① 단독시계 : 가정용, 소규모(디지털시계, 건전지식)
② 모자식 시계 : 대규모의 경우 정밀한 모시계를 두고 모시계의 운침충격전류에 의해 자시계가 작동한다.

핵심문제 ●●○

TV공청설비의 주요구성기기에 해당하지 않는 것은? 기 13④ 19②

① 증폭기   ❷ 월패드
③ 컨버터   ④ 혼합기

[해설] 월패드(Wall-pad)
가정의 주방이나 거실 벽면에 부착된 형태로, 비디오 도어폰 기능뿐 아니라 조명, 보일러, 가전제품 등 가정 내 각종 기기를 제어할 수 있는 단말기를 말한다.

(4) **월패드(Wall-pad)**

가정의 주방이나 거실 벽면에 부착된 형태로, 비디오 도어폰 기능뿐 아니라 조명, 보일러, 가전제품 등 가정 내 각종 기기를 제어할 수 있는 단말기를 말한다.

4. 방범설비

(1) **출입통제설비**
① 출입통제설비는 출입을 통제할 목적으로 설치하며, 단독형인 경우 전기잠금장치, 인식장치, 제어기로 구성된다.
② 중앙제어시스템인 경우에는 방범설비제어반과 단독형의 설비로 구성되며, 데이터의 관리와 중앙통제를 부가한다.

(2) **침입발견설비**
① 침입발견설비는 보안구역 내로 침입이 발생한 경우, 이것을 검출하여 방범설비제어반이나 모니터장치로 전달한다.
② 침입발견설비는 검출방식에 따라 사람의 감시에 의한 폐쇄회로 텔레비전(CCTV)설비, 청음설비와 자동감지설비인 각종 스위치, 센서에 의한 것으로 점방어형, 선방어형 및 공간방어형으로 구분한다.

(3) **침입통보설비**
① 침입통보설비는 침입이 발견된 경우 방범관리자에게 상태를 알리거나, 경보설비를 작동하고, 경찰관서에 자동으로 연락하는 설비를 말한다.
② 침입통보설비는 침입발견설비, 상태표시 및 모니터장치, 연락장치, 제어장치, 기록장치 등으로 구성된다.

5. 자동화재탐지설비

(1) **자동화재탐지설비의 수신기**
① 수신기는 감지기 또는 발신기에서 보내온 신호를 수신하여 화재의 발생을 당해 건물의 관계자에게 램프표시 및 음향장치 등으로 알려주는 것이다.
② 종류로는 P형(1급, 2급), R형, M형이 있다.

(2) 감지기

감지기는 화재발생 시에 생기는 열 또는 연기 등에 의해서 자동적으로 화재의 발생을 감지하는 것으로서, 작동방식에 따라 열감지기와 연기감지기가 있다.

구분		감지원리
열감지기	정온식	주변온도의 일정한 온도상승에 의해 감지
	차동식	주변온도가 일정온도에 달하였을 때 감지
	보상식	정온식과 차동식의 성능을 가진 열감지기
연기감지기	광전식	연기에 의해 반응하는 것으로 광전효과를 이용하여 감지
	이온화식	연기에 의해 이온농도가 변하는 것으로 감지

(3) 발신기

발신기는 감지기의 동작 이전에 화재의 발생을 발견한 사람이 발신기의 단추를 눌러서 화재발생을 수신기에 전달하여 관계자에게 통보하는 것이다.

(4) 음향장치

① 음향장치는 감지기에 의해서 화재의 발생을 감지하면 벨 또는 사이렌 등으로 경종을 울리는 설비이다.
② 음량은 설치위치 중심 1m 떨어진 위치에서 90폰(Phon) 이상이고, 각 층마다 그 층의 각 부분으로부터 하나의 음향장치까지의 수평거리는 25m 이하가 되도록 설치한다.

CHAPTER 02 출제예상문제

Section 01 전기의 기초

01 전압의 분류에서 저압의 전압 크기기준은? (단, 교류의 경우)   기 15④ 문제 변형

① 220V 이하
② 600V 이하
③ 750V 이하
④ 1,000V 이하

해설

전압의 분류

구분	교류	직류
저압	1,000V 이하	1,500V 이하
고압	1,000V 초과 7,000V 이하	1,500V 초과 7,000V 이하
특고압	7,000V 초과	

02 전압의 분류에서 저압의 범위기준으로 옳은 것은?   기 18①, 산 15① 19① 문제 변형

① 직류 400V 이하, 교류 400V 이하
② 직류 600V 이하, 교류 600V 이하
③ 직류 750V 이하, 교류 750V 이하
④ 직류 1,500V 이하, 교류 1,000V 이하

해설

전압의 분류

구분	교류	직류
저압	1,000V 이하	1,500V 이하
고압	1,000V 초과 7,000V 이하	1,500V 초과 7,000V 이하
특고압	7,000V 초과	

03 저항 5Ω, 15Ω이 직렬로 접속된 회로에 5A의 전류가 흐를 때, 인가한 전압은?   산 15①

① 200V
② 150V
③ 100V
④ 50V

해설

직렬연결이므로
저항의 합은 5Ω+15Ω=20Ω이 된다.
전압 $V = I$(전류)$\times R$(저항)이므로
$V = 5A \times 20Ω = 100V$가 된다.

04 전기에 관한 기초사항으로 옳지 않은 것은 어느 것인가?   기 15②

① 전류는 발열작용, 화학작용, 자기작용을 한다.
② 병렬회로에서는 각각의 저항에 흐르는 전류의 값이 같다.
③ 옴(Ohm)의 법칙은 전압, 전류, 저항 사이의 규칙적인 관계를 나타낸다.
④ 1W란 전압이 1V일 때 1A의 전류가 1s 동안에 하는 일을 말한다.

해설

병렬회로에서는 각각의 저항에 흐르는 전압의 값이 같으며, 직렬회로에서는 각각의 저항에 흐르는 전류의 값이 같다.

05 전압강하(Voltage Drop)에 관한 설명으로 옳은 것은?   산 15②

① 저항이 적은 전선을 사용하면 전압강하는 커진다.
② 전압강하가 크면 전등은 광속이 감소하고 전동기는 토크가 감소한다.

정답   01 ④   02 ④   03 ③   04 ②   05 ②

③ 전선 단면적에 비례하므로 전선을 가늘게 하면 전압강하가 발생하지 않는다.
④ 전선에 전류가 흐를 때 전선의 임피던스로 인하여 전원 측 전압보다 부하 측 전압이 커지는 현상이다.

해설

전압강하(Voltage Drop)
- 전류가 전선을 통하여 흐르는 사이에 저항에 의하여 전압이 떨어지는 현상으로, 이에 전원에서 공급하여 준 전압보다 부하에 실제로 걸리는 전압은 낮아지게 된다.
- 정격전압에 대하여 공급전압이 1% 강하되면, 전동기 토크는 2%, 백열전구 광속은 3%, 전열기 발열량은 2% 감소하게 된다.
- 전압강하는 작게 하는 것이 좋으며, 보통 간선에서 2%, 분기회로에서 2% 이하가 되도록 정하고 있다.

06 3상 Y결선되고 선간전압이 380V인 3상 교류의 상전압은? 산 16②

① 120V
② 220V
③ 380V
④ 660V

해설

3상 4선식에서 선간전압과 상전압 산출공식

$V_{ab} = \sqrt{3}\,E \Leftrightarrow E = \dfrac{V_{ab}}{\sqrt{3}} = \dfrac{380V}{\sqrt{3}} = 219.38V \fallingdotseq 220V$

여기서, V_{ab} : 선간전압, E : 상전압

07 3상 평형부하에 220V의 전압을 가하니 10A의 전류가 흘렀다. 역률이 0.75일 때 소비되는 전력은? 산 13① 16③

① 약 953W
② 약 2,858W
③ 약 4,950W
④ 약 5,081W

해설

3상 교류전력에서의 소비전력을 구하는 문제이다.

$W = \sqrt{3} \times V \times I \times 역률$
$\quad = \sqrt{3} \times 220V \times 10A \times 0.75$
$\quad = 2,857.8 \fallingdotseq 2,858W$

08 220V, 400W 전열기를 110V에서 사용하였을 경우 소비전력 W은? 산 13③ 18①

① 50W
② 100W
③ 200W
④ 400W

해설

220V, 400W 전열기에서 저항을 구한 후, 소비전력을 산출하는 문제이다.

- 저항 산출

$P = \dfrac{V^2}{R} \Leftrightarrow R = \dfrac{V^2}{P} = \dfrac{220^2}{400} = 121\Omega$

- 소비전력 산출

$P = \dfrac{V^2}{R} = \dfrac{110^2}{121} = 100W$

09 전압 220V를 가하면 10A의 전류가 흐르는 전동기를 5시간 사용하였을 때 소비되는 전력량(kWh)은? 산 17③

① 5
② 11
③ 15
④ 22

해설

전력량[kWh] = I(전류) × V(전압) × h(시간) ÷ 1,000
$\quad\quad\quad\quad$ = 10A × 220V × 5h ÷ 1,000
$\quad\quad\quad\quad$ = 11kWh

Section 02 조명설비

10 명시적 조명의 좋은 조명조건으로 옳지 않은 것은? 산 14③

① 필요한 밝기로서 적당한 밝기가 좋다.
② 분광분포와 관련하여 표준주광이 좋다.
③ 휘도분포와 관련하여 얼룩이 없을수록 좋다.
④ 직시눈부심은 없어야 좋지만, 반사눈부심은 있어야 좋다.

정답 06 ② 07 ② 08 ② 09 ② 10 ④

해설

직시눈부심과 반사눈부심 모두가 없어야 명시적 조명의 좋은 조명조건이라 할 수 있다.

11 다음은 조명설비와 관련된 용어 설명이다. ( ) 안에 알맞은 내용은?   기 14② 산 16③

> 어떤 물체에 광속이 투사되면 그 면은 밝게 비추어진다. 그 광원에 의해 비춰진 면의 밝기정도를 ( )라 하며 단위는 럭스[lx]이다.

① 광도
② 휘도
③ 조도
④ 광속발산도

해설

① 광도 : 광원에서 어떤 방향에 대한 단위입체각당 발산되는 광속으로서 광원의 능력을 나타내며, 빛의 세기라고도 한다.
② 휘도 : 빛을 받는 반사 면에서 나오는 광도의 면적으로서, 눈부심의 정도로 이해하는 것이 좋다.
④ 광속발산도 : 어떤 물체의 표면에서 방사되는 광속밀도이다.

12 빛을 발하는 점에서 어느 방향으로 향한 단위입체각당의 발산광속으로 정의되는 용어는 어느 것인가?   산 17③

① 광속
② 광도
③ 조도
④ 휘도

해설

① 광속 : 광원으로부터 발산되는 빛의 양
③ 조도 : 어떤 면의 입사광속의 면적당 밀도를 그 면의 조도라 함
④ 휘도 : 표면밝기의 척도로서 휘도가 높으면 눈부심이 큼

13 어느 점광원에서 1m 떨어진 곳의 직각면 조도가 200lx일 때, 이 광원에서 2m 떨어진 곳의 직각면 조도는?   기 16④ 17① 20③ 21②

① 25lx
② 50lx
③ 100lx
④ 200lx

해설

조도는 광도에 비례하고, 거리의 제곱에 반비례한다.

조도$(E) = \dfrac{광도(I)}{거리(D)^2}$

따라서, 광원과의 거리가 1m → 2m로 2배 멀어졌기 때문에 조도는 1/4배(200lx → 50lx)로 감소하게 된다.

14 어느 균등 점광원과 2m 떨어진 곳의 직각면 조도가 100lx일 때 이 광원과 1m 떨어진 곳의 직각면조도는?   산 14②

① 200lx
② 300lx
③ 400lx
④ 600lx

해설

조도는 광도에 비례하고, 거리의 제곱에 반비례한다.

조도$(E) = \dfrac{광도(I)}{거리(D)^2}$

따라서, 광원과의 거리가 2m → 1m로 2배 가까워졌기 때문에 조도는 4배(100lx → 400lx)로 증가하게 된다.

15 조명설비에서 연색성에 관한 설명으로 옳지 않은 것은?   기 16②

① 평균연색평가수(Ra)가 0에 가까울수록 연색성이 좋다.
② 일반적으로 할로겐전구가 고압수은램프보다 연색성이 좋다.
③ 연색성이란 물체가 광원에 의하여 조명될 때, 그 물체의 색의 보임을 정하는 광원의 성질을 말한다.
④ 평균연색평가수(Ra)란 많은 물체의 대표색으로서 7종류의 시험색을 사용하여 그 평균값으로부터 구한 것이다.

정답 11 ③ 12 ② 13 ② 14 ③ 15 ①

> [해설]

연색평가지수(Ra)
- 자연의 태양광과의 유사정도를 판단하는 연색성을 수치화, 계량화한 것이다.
- 연색평가지수는 0~100 범위의 수치를 가지며, 100에 가까울수록 연색성이 좋다고 한다.

16 평균조도의 계산과 관련하여, 면적을 A, 사용 램프의 전광속을 F, 조명률을 U, 보수율을 M, 평균조도를 E라고 할 때 성립하는 식은 어느 것인가? _{기 16①}

① $E = \dfrac{F \times U \times A}{M}$　　② $E = \dfrac{F \times U \times M}{A}$

③ $E = \dfrac{E \times U}{A \times M}$　　④ $E = \dfrac{A \times M}{F \times U}$

> [해설]

일반적으로 평균조도를 구하는 식은 아래와 같이 두 가지로 나눌 수 있다.
- 감광보상률(D)이 주어질 경우

  평균조도$(E) = \dfrac{F \cdot U}{A \cdot D}$

- 보수율(M)이 주어질 경우

  평균조도$(E) = \dfrac{F \cdot U \cdot M}{A}$

※ 감광보상률(D)과 보수율(M)은 역수의 관계 $\left(D = \dfrac{1}{M}\right)$에 있음에 유의하여 문제를 풀어야 한다.

17 면적 100m², 천장높이 3.5m인 교실의 평균조도를 100lx로 하고자 한다. 다음과 같은 조건에서 필요한 광원의 개수는? _{산 17② 20③}

[조건]
- 광원 1개의 광속 : 2,000lm
- 조명률 : 50%
- 감광보상률 : 1.5

① 8개　　② 15개
③ 19개　　④ 23개

> [해설]

소요램프의 수(N)

$$\dfrac{E(\text{조도}) \cdot A(\text{면적}) \cdot D(\text{감광보상률})}{F(\text{램프 1개의 광속}) \cdot U(\text{조명률})}$$

$$= \dfrac{100 \times 100 \times 1.5}{2,000 \times 0.5} = 15\text{개}$$

18 다음 중 조명설계 시 가장 먼저 이루어져야 하는 것은? _{산 13① 20①②통합}

① 광원의 선정
② 조명기구의 선정
③ 기구 대수의 산출
④ 소요조도의 결정

> [해설]

- 조명설계 시 가장 먼저 해야 하는 것은 사용공간이 요구하는 소요조도를 결정하는 것이다.
- 조명설계 순서 : 소요조도 결정 → 전등종류 결정 → 조명방식 및 조명기구 선정 → 광속의 계산 → 광원의 크기와 그 배치

19 형광램프에 관한 설명으로 옳지 않은 것은 어느 것인가? _{산 15③}

① 점등장치를 필요로 한다.
② 백열전구에 비해 수명이 길다.
③ 옥내외 전반조명, 국부조명에 사용된다.
④ 빛의 이른거림이 없으며 열발산이 백열전구보다 많다.

> [해설]

형광램프가 백열전구에 비해 낮은 열발산 특성을 가지며, 효율 측면에서는 형광램프가 백열전구보다 양호하다.

정답　16 ②　17 ②　18 ④　19 ④

20 다음 중 형광램프에 관한 설명으로 옳지 않은 것은? 산 16② 18①

① 백열전구보다 효율이 높다.
② 백열전구보다 휘도가 낮다.
③ 백열전구보다 수명이 길다.
④ 백열전구보다 전원전압의 변동에 대한 광속변동이 크다.

해설
형광램프는 백열전구보다 전원전압의 변동에 대한 광속변동이 작다.

21 각종 광원에 대한 설명으로 옳지 않은 것은 어느 것인가? 산 17①

① 형광램프는 점등장치를 필요로 한다.
② 고압수은램프는 큰 광속과 긴 수명이 특징이다.
③ 형광램프는 백열전구에 비해 효율이 낮으며 수명도 짧다.
④ 나트륨램프는 연색성이 나쁘며 해안도로 조명에 사용된다.

해설
형광램프는 백열전구에 비해 낮은 열발산 특성을 가지며, 효율 측면에서 백열전구보다 양호하고 수명이 길다.

22 다음 중 직접조명방식에 관한 설명으로 옳은 것은 어느 것인가? 기 14④

① 조명률이 크다.
② 실내면 반사율의 영향이 크다.
③ 분위기를 중요시하는 조명에 적합하다.
④ 발산광속 중 상향광속이 90~100%, 하향광속이 0~10% 정도이다.

해설
직접조명은 조명률이 커서, 어떠한 작업면을 집중적으로 밝게 유지하고 싶을 때 유리하다. ②, ③, ④항은 간접조명에 대한 설명이다.

23 직접조명방식에 관한 설명으로 옳지 않은 것은 어느 것인가? 기 15①

① 조명률이 크다.
② 실내면 반사율의 영향이 적다.
③ 상반부 광속은 보통 0~10% 정도이다.
④ 분위기를 중요시하는 조명에 적합하다.

해설
분위기를 중요시하는 조명에 적합한 것은 간접조명방식이다.

24 직접조명방식에 관한 설명으로 옳지 않은 것은 어느 것인가? 산 13①

① 휘도의 차가 크다.
② 작업면에 고조도를 얻을 수 있다.
③ 발산광속 중 90~100% 정도가 작업면을 직접 조명한다.
④ 일반적으로 천장이나 벽면이 광원으로서의 역할을 한다.

해설
천장이나 벽면이 광원으로서 역할을 하는 것은 건축화 조명이다.

25 간접조명에 관한 설명으로 옳지 않은 것은 어느 것인가? 산 15③

① 강한 음영이 없고 부드럽다.
② 실내반사율의 영향이 크다.
③ 경제성보다 분위기를 중요시하는 장소에 적합하다.
④ 조도가 균일하지 않지만 국부적으로 높은 조도를 얻기 쉽다.

해설
조도가 균일하지 않고, 국부적으로 높은 조도를 얻기 쉬운 것은 직접조명이다.

정답 20 ④ 21 ③ 22 ① 23 ④ 24 ④ 25 ④

26 조명기구를 배광에 따라 분류할 경우, 다음과 같은 특징을 갖는 것은?　　　기 17②

> 발산광속 중 상향광속이 60~90% 정도이고, 하향광속이 10~40% 정도이며, 천장을 주광원으로 이용한다.

① 직접조명기구
② 반직접조명기구
③ 반간접조명기구
④ 전반확산조명기구

> **[해설]**
> **반간접조명기구**
> 발산광속의 대부분을 상향광속으로 하여, 천장을 통한 간접조명(반사광)이 주가 되고, 일부를 하향광속(직사광)으로 조명하는 기구형식이다.

27 다음 설명에 알맞은 건축화 조명방식은 어느 것인가?　　　산 17②

> • 코너조명과 같이 천장과 벽면 경계에 건축적으로 둘레 턱을 만든 후 내부에 등 기구를 배치하여 조명하는 방식이다.
> • 아래 방향의 벽면을 조명하는 방식으로 형광램프를 이용하는 건축화 조명에 적당하다.

① 코퍼조명　　② 광천장조명
③ 코니스조명　④ 다운라이트조명

> **[해설]**
> **코니스조명**
> 벽면의 상부에 위치하여 모든 빛이 아래로 비추도록 하는 조명방식이다.

28 건축화 조명방식 중 천장면 이용방식에 속하지 않는 것은?　　　산 16①

① 광창조명　　② 다운라이트
③ 광천장조명　④ 라인라이트

> **[해설]**
> **광창조명**
> • 광원을 넓은 벽면에 매입
> • 벽면 전체 또는 일부분을 광원화하는 방식
> • 비스타(Vista)적인 효과 연출

Section 03 전원 및 배전·배선설비

29 전력용 변압기용량의 산정식으로 옳은 것은 어느 것인가?　　　기 14④

① $\dfrac{\text{부하설비용량} \times \text{부등률}}{\text{부하율}}$

② $\dfrac{\text{부하설비용량} \times \text{부하율}}{\text{부등률}}$

③ $\dfrac{\text{부하설비용량} \times \text{수용률}}{\text{부등률}}$

④ $\dfrac{\text{부하설비용량} \times \text{부등률}}{\text{수용률}}$

> **[해설]**
> 전력용 변압기용량의 산정식은 부하설비용량, 수용률, 부등률을 이용하여 아래와 같이 산출한다.
> 전력용 변압기용량 = $\dfrac{\text{부하설비용량} \times \text{수용률}}{\text{부등률}}$

30 최대수요전력을 구하기 위한 것으로 최대수요전력의 총 부하용량에 대한 비율로 나타내는 것은 어느 것인가?　　　기 15① 19④ 산 18③

① 역률　　② 수용률
③ 부등률　④ 부하율

> **[해설]**
> **수용률(수요율)**
> 수용률 = $\dfrac{\text{최대수요전력(kW)}}{\text{부하설비용량(kW)}} \times 100(\%)$
> 수용률이란 설비기기의 전 용량에 대하여 실제 사용하고 있는 부하의 최대 전력비율을 나타낸 계수로서 부하설비용량을 이용하여 최대수요전력을 결정할 때 사용한다.

정답 26 ③　27 ③　28 ①　29 ③　30 ②

31 전기설비용량이 각각 80kW, 90kW, 100kW 인 부하설비가 있다. 그 수용률이 70%인 경우 최대수요전력은? 기 15④

① 63kW
② 70kW
③ 189kW
④ 270kW

[해설]
최대수요전력은 수용률 공식에서 산출할 수 있다.
$$수용률(\%) = \frac{최대수요전력(kW)}{부하설비용량(kW)} \times 100(\%)$$
⇔ 최대수요전력(kW)
= 수용률(%) × 부하설비용량(kW) ÷ 100(%)
= 70 × (80 + 90 + 100) ÷ 100 = 189kW

32 다음과 같은 공식을 통해 산출되는 값으로, 전기설비가 어느 정도 유효하게 사용되는가를 나타내는 것은? 기 15② 20③

$$\frac{부하의 평균전력}{최대수용전력} \times 100(\%)$$

① 부하율
② 보상률
③ 부등률
④ 수용률

[해설]
부하율
부하율이 클수록 부하에 대한 전력공급설비가 유효하게 사용되었음을 의미하며, 공급 가능한 최대수요전력과 실제 사용된 평균전력의 비율을 나타낸 것이다.

33 합성최대수요전력이 1,000kW, 부하율이 0.6일 때 평균전력(kW)은? 기 17④

① 600
② 800
③ 1,000
④ 1,667

[해설]
$$부하율 = \frac{부하의 평균전력(kW)}{합성최대수요전력(kW)} \times 100(\%)$$
문제에서 부하율이 0.6으로서 백분율(%)로 제시하지 않았으므로, 아래 식으로 부하의 평균전력을 구한다.

부하의 평균전력(kW)
= 부하율 × 합성최대수요전력(kW)
= 0.6 × 1,000 = 600kW

34 변전실에 관한 설명으로 옳지 않은 것은 어느 것인가? 기 14④

① 건축물의 최하층에 설치하는 것이 원칙이다.
② 용량의 증설에 대비한 면적을 확보할 수 있는 장소로 한다.
③ 사용부하의 중심에 가깝고, 간선의 배선이 용이한 곳으로 한다.
④ 변전실의 높이는 바닥 트렌치 및 무근콘크리트의 설치여부 등을 고려한 유효높이로 한다.

[해설]
변전실은 습기가 적고, 채광 및 통풍이 양호한 곳에 설치해야 하므로, 건축물의 최하층은 피하는 것이 좋다.

35 변전실면적에 영향을 주는 요소로 볼 수 없는 것은? 기 15④ 19④

① 수전방식
② 변압기용량
③ 발전기실의 면적
④ 기기의 배치방법

[해설]
변전실의 면적 산정 시 고려요소에는 변압기용량, 수전전압, 수전방식 및 큐비클의 종류, 기기의 배치방법 등이 있다.

36 변전실의 위치에 관한 설명으로 옳지 않은 것은? 기 17①

① 습기와 먼지가 적은 곳일 것
② 전기기기의 반·출입이 용이한 곳일 것
③ 가능한 한 부하의 중심에서 먼 곳일 것
④ 외부로부터 전원의 인입이 쉬운 곳일 것

[해설]
변전실은 가능한 한 부하의 중심에서 가까운 곳에 설치한다.

정답 31 ③ 32 ① 33 ① 34 ① 35 ③ 36 ③

37 전기설비용 시설공간(실)에 관한 설명으로 옳지 않은 것은? 산 14③ 17②

① 발전기실은 변전실과 인접하도록 배치한다.
② 중앙감시실은 일반적으로 방재센터와 겸하도록 한다.
③ 전기샤프트는 각 층에서 가능한 한 공급대상의 중심에 위치하도록 한다.
④ 주요 기기에 대한 반입, 반출 통로를 확보하되, 외부로 직접 출입할 수 있는 반·출입구를 설치하여서는 안 된다.

[해설]
주요 기기에 대한 반·출입이 용이해야 하며, 이를 위해서는 외부로 직접 출입할 수 있는 반·출입구의 설치가 필요하다.

38 다음 중 변전실의 높이 결정 시 고려할 사항과 가장 관계가 먼 것은? 산 14①

① 천장배선방법
② 실내환기방법
③ 바닥 트렌치 설치여부
④ 실내에 설치되는 기기의 최고높이

[해설]
변전실의 높이는 주변 기기와 배선 등에 영향을 받는다. 고압인 경우 3m(보 아래), 특별고압인 경우 4.5m 이상 천장높이의 확보가 필요하다. 실내환기방법은 높이 결정 시 고려되는 사항과 거리가 멀다.

39 일반적으로 발전기실의 유효높이는 발전장치 최고높이의 몇 배 정도로 하는가? 산 13②

① 1.2배
② 2배
③ 3배
④ 4배

[해설]
발전기실의 유효높이는 발전장치 최고높이의 2배 정도로 하여 설계한다.

40 다음 중 건축물에 설치되는 예비전원설비에 해당하지 않는 것은? 산 14②

① 축전지설비
② 자가발전설비
③ 수변전설비
④ 무정전전원설비

[해설]
예비전원설비의 종류
- 자가용 발전설비
- 축전지설비(연축전지, 알칼리축전지 등)
- 무정전전원설비

41 거치용 축전지 중 연축전지에 관한 설명으로 옳지 않은 것은? 산 13①

① 공칭전압은 2V/셀이다.
② 충·방전 전압의 차이가 크다.
③ 축전지의 필요 셀수가 적어도 된다.
④ 전해액의 비중에 의해 충·방전상태를 추정할 수 있다.

[해설]
연축전지
- 축전지의 대표적인 것으로 전해액은 희류산, 양극에는 산화연, 음극에는 납이 사용되며 기전력은 2V 정도이다.
- 값이 저렴하고 전해질의 비중으로 충·방전상태를 알 수 있다는 장점이 있다.
- 용량이 커지면(100V, 90Ah 이상) 내산처리된 전용의 축전실을 필요로 한다.
- 충·방전 전압의 차이가 작다.

42 알칼리축전지에 관한 설명으로 옳지 않은 것은 어느 것인가? 기 17④ 20③

① 고율방전특성이 좋다.
② 공칭전압은 2V/셀이다.
③ 기대수명이 10년 이상이다.
④ 부식성의 가스가 발생하지 않는다.

[해설]
알칼리축전지의 공칭전압은 1.2V/셀이다.

43 축전지에 관한 설명으로 옳지 않은 것은 어느 것인가? 산 14③ 17①

① 연축전지의 공칭전압은 1.5V/셀이다.
② 연축전지의 충·방전 전압의 차이가 작다.
③ 알칼리축전지의 공칭전압은 1.2V/셀이다.
④ 알칼리축전지는 과방전, 과전류에 대해 강하다.

[해설]
연축전지의 공칭전압은 2.0V/셀이다.

44 다음 중 간선 및 배선설비 설계에서 일반적으로 가장 먼저 이루어지는 작업은? 기 15①

① 부하 산정
② 보호방식 결정
③ 간선의 배선방식 결정
④ 배선의 부설방식 결정

[해설]
간선 및 배선설비 설계에서 일반적으로 가장 먼저 이루어지는 작업은 부하의 산정이다.

45 전기설비에서 다음과 같이 정의되는 것은 어느 것인가? 기 13④ 19① 산 14① 18②

전면이나 후면 또는 양면에 계류기, 과전류차단장치 및 기타 보호장치, 모선 및 계측기 등이 부착되어 있는 하나의 대형 패널 또는 여러 개의 패널, 프레임 또는 패널조립용으로서, 전면과 후면에서 접근할 수 있는 것

① 캐비닛
② 차단기
③ 배전반
④ 분전반

[해설]
분전반으로 전원을 공급하는 전기설비로서, 배전반에 대한 설명이다.

46 분기회로 구성 시 유의사항에 관한 설명으로 옳지 않은 것은? 산 16①

① 전등회로와 콘센트회로는 별도의 회로로 한다.
② 같은 스위치로 점멸되는 전등은 같은 회로로 한다.
③ 습기가 있는 장소의 수구는 가능하면 별도의 회로로 한다.
④ 분기회로의 전선길이는 60m 이하로 하는 것이 바람직하다.

[해설]
분기회로의 전선길이는 30m 이하가 되도록 한다.

47 간선의 배선방식 중 평행식에 관한 설명으로 옳지 않은 것은? 산 16③

① 전압 강하가 평균화된다.
② 사고발생 시 파급되는 범위가 좁다.
③ 배선이 간편하고 설비비가 적어진다.
④ 배전반으로부터 각 층의 분전반까지 단독으로 배선된다.

[해설]
평행식
각 분전반마다 배전반에서 단독으로 배선되며, 전압 강하가 적고 사고발생 시 범위가 좁으나 설비비가 많이 소요되어 대규모 건물에 적합하다.

48 간선의 배선방식 중 평행식에 관한 설명으로 옳은 것은? 기 20④ 산 17①

① 공급 신뢰도가 낮아 중요부하에 적응이 곤란하다.
② 나뭇가지식에 비해 배선이 단순하며 설비비가 저렴하다.
③ 용량이 큰 부하에 대하여는 단독의 간선으로 배선할 수 없다.
④ 사고발생 시 타 부하에 파급효과를 최소한으로 억제할 수 있다.

정답 43 ① 44 ① 45 ③ 46 ④ 47 ③ 48 ④

> **해설**
>
> 평행식은 각 분전반마다 배전반으로부터 1 : 1 단독으로 배선되어, 사고발생 시 그 범위를 좁힐 수 있다.

49 전선의 굵기 결정요소에 속하지 않는 것은 어느 것인가?   기 16① 산 18③ 20③

① 전압 강하
② 기계적 강도
③ 전선의 허용전류
④ 전선외곽의 보호관 굵기

> **해설**
>
> **전선 굵기의 결정요소**
> 허용전류, 전압 강하, 기계적 강도

50 옥내의 은폐장소로서 건조한 콘크리트 바닥면에 매입하여 사용되는 것으로, 사무용 건물 등에 채용되는 배선방법은?   산 13① 20①②통합

① 버스덕트배선
② 금속몰드배선
③ 금속덕트배선
④ 플로어덕트배선

> **해설**
>
> **플로어덕트배선공사**
> • 은행, 회사 등의 사무실 콘크리트 바닥면에 매입하여 사용되는 것이다.
> • 강전과 약전의 교차점에는 접속함을 사용하여 전선끼리 접촉하지 않도록 한다.

51 다음과 같은 특징을 갖는 배선공사방식은 어느 것인가?   기 16② 20③

> • 열적 영향이나 기계적 외상을 받기 쉬운 곳이 아니면 금속배관과 같이 광범위하게 사용 가능하다.
> • 관 자체가 절연체이므로 감전의 우려가 없으며 시공이 쉬운 게 장점이다.

① 버스덕트공사
② 애자 사용공사
③ 합성수지관공사
④ 플로어덕트공사

> **해설**
>
> **합성수지관공사(경질비닐관공사)**
> • 열적 영향이나 기계적 외상을 받기 쉬운 곳이 아니면 금속배관과 같이 광범위하게 사용 가능하다.
> • 관 자체가 절연체이므로 감전의 우려가 없으며 시공이 쉬운 게 장점이다. 또한, 화학공장 등 간단히 배선을 요하는 곳에 적합하다.

52 합성수지관 배선공사에 관한 설명으로 옳지 않은 것은?   산 15②

① 화학공장, 연구실의 배선 등에 사용된다.
② 열적 영향을 받기 쉬운 곳에 주로 사용한다.
③ 관 자체가 절연체이므로 감전의 우려가 없다.
④ 기계적 외상을 받기 쉬운 곳은 사용이 곤란하다.

> **해설**
>
> 합성수지관공사(경질비닐관공사)는 열적 영향이나 기계적 외상을 받기 쉬운 곳이 아니면 금속배관과 같이 광범위하게 사용 가능하다.

53 다음과 같은 특징을 갖는 배선공사는 어느 것인가?   기 16④

> • 열적 영향이나 기계적 외상을 받기 쉽다.
> • 관 자체가 절연체이므로 감전의 우려가 없다.
> • 옥내의 점검할 수 없는 은폐장소에도 사용이 가능하다.

① 금속관공사
② 버스덕트공사
③ 경질비닐관공사
④ 라이팅덕트공사

> **해설**
>
> **경질비닐관공사**
> • 우수한 절연성
> • 경량이고 시공이 용이
> • 내식성 우수
> • 약한 내열성과 낮은 기계적 강도

54 옥내의 습기가 많은 노출장소에 시설이 가능한 배선공사는? 기 19② 산 14①

① 금속관공사
② 금속몰드공사
③ 금속덕트공사
④ 플로어덕트공사

해설

금속관배선공사의 특징
- 건물의 종류와 장소에 구애받지 않고 시공이 가능하다.
- 주로 콘크리트의 매입배선에 사용한다.
- 화재에 대한 위험성이 적고 전선의 기계적 손상이 적다.
- 전선 교체가 용이하다.
- 전선은 접속점이 없는 절연전선을 사용한다.

55 금속관배선공사에 관한 설명으로 옳지 않은 것은? 산 17③

① 전선의 인입 및 교체가 어렵다.
② 철근콘크리트 매설공사에 사용한다.
③ 옥내, 옥외 등 사용장소가 광범위하다.
④ 외부응력에 대해 전선보호의 신뢰성이 높다.

해설

금속관배선공사는 전선의 인입 및 교체가 용이하다는 특징을 가지고 있다.

56 회로의 접속을 절환하고, 전원으로부터 회로나 장치를 분리하는 데 사용하는 스위치는 어느 것인가? 산 14③

① 단로스위치
② 절환스위치
③ 범용스위치
④ 범용스냅스위치

해설

단로스위치(단로기)
부하전류를 제거한 후 회로를 격리하기 위한 장치로서, 단로기 양측에서 회로가 기계적으로 구분되므로 점검·수리 등이 편리하고 차단기와는 달리 극히 적은 전류만을 제어하므로 구조가 비교적 간단하다.

57 지락전류를 영상변류기로 검출하는 전류동작형으로 지락전류가 미리 정해 놓은 값을 초과할 경우, 설정된 시간 내에 회로나 회로의 일부 전원을 자동으로 차단하는 장치는? 기 20①②통합 산 15②

① 단로스위치
② 절환스위치
③ 누전차단기
④ 과전류차단기

해설

누전차단기
전동기계·기구가 접속되어 있는 전로(電路)에서 누전에 의한 감전위험을 방지하기 위해 사용하는 기기로서, 전원을 자동으로 차단하는 장치이다.

58 배선용 차단기에 관한 설명으로 옳지 않은 것은? 산 17②

① 각 극을 동시에 차단하므로 결상의 우려가 없다.
② 과부하 및 단락사고 차단 후 재투입이 불가능하다.
③ 전기조작, 전기신호 등의 부속장치를 사용하여 자동제어가 가능하다.
④ 개폐기구 및 트립장치 등이 절연물인 케이스에 내장되어 있어 안전하게 사용 가능하다.

해설

배선용 차단기(MCCB : Molded Case Circuit Breaker)
- 계폐기구, 트립장치 등을 절연물 용기 내에 일체화 조립한 것으로서, 과부하 및 단로 등의 이상상태 시 자동적으로 전류를 차단하는 기구이다.
- 소형이며 조작이 안전하고 작동 후 퓨즈의 교체 없이 즉시 재사용이 가능하다.

59 수변전계통에서 지락사고발생 시 흐르는 영상전류를 검출한 후 지락계전기를 이용하여 차단기를 동작시키는 것은? 산 17③

① 단로기
② 영상변압기
③ 영상변류기
④ 계기용 변류기

정답 54 ① 55 ① 56 ① 57 ③ 58 ② 59 ③

> **해설**

영상변류기(Zero-phase-sequence Current Transformer)
- 비교적 낮은 송전전류의 접지보호를 위하여 사용하는 변류기이다.
- 수변전계통에서 지락사고발생 시 흐르는 영상전류를 검출한 후 지락계전기를 이용하여 차단기를 작동시킨다.

60 금속관에 부설되는 전선의 절연피복을 포함한 총 단면적은 금속관 내 단면적의 최대 몇 % 이하가 되어야 하는가? 산 16①

① 20%   ② 30%
③ 40%   ④ 50%

> **해설**

금속관에 부설되는 전선의 절연피복을 포함한 총 단면적은 금속관 내 단면적의 최대 40% 이하가 되어야 한다.

61 다음 중 교류전동기에 속하는 것은? 산 15①

① 복권전동기   ② 분권전동기
③ 직권전동기   ④ 동기전동기

> **해설**

복권전동기, 분권전동기, 직권전동기는 직류전동기에 속한다.

62 다음 설명에 알맞은 전동기는? 기 16④

- 구조와 취급이 간단하고 기계적으로 견고하다.
- 가격이 비교적 저렴하고 운전이 대체로 쉽다.
- 건축설비에서 가장 널리 사용되고 있다.

① 유도전동기   ② 동기전동기
③ 직류전동기   ④ 정류전동기

> **해설**

우리나라에서의 배전은 교류배전이므로 전동기도 보편적으로 교류전동기가 사용되고 있으며, 그 중에서도 값이 저렴하고 구조가 간단하여 보수상의 문제가 적은 유도전동기가 가장 일반적으로 사용되고 있다. 직류전동기는 건축설비용으로는 직류엘리베이터 구동용 등 극히 일부분에서만 사용되고 있다.

63 3상 유도전동기의 속도제어방법으로 옳지 않은 것은? 기 17②

① 인버터를 사용하여 주파수를 변화시킨다.
② 2선의 접속을 바꿔 회전자계의 방향이 반대로 되도록 한다.
③ 회전자에 접속되어 있는 저항을 변화시켜 비례추이의 원리로 제어한다.
④ 독립된 2조의 극수가 서로 다른 고정자권선을 감아 놓고 필요에 따라 극수를 선택하여 극수를 변화시킨다.

> **해설**

2선의 접속을 바꿔 회전자계의 방향이 같은 방향이 되도록 한다.

64 변압기의 1차 측 코일의 권수가 6,000, 2차 측 코일의 권수가 200일 때 1차 측 코일에 교류전압을 3,000V 인가 시 2차 측 코일에 발생하는 교류전압[V]은? 기 15①

① 500   ② 200
③ 100   ④ 50

> **해설**

발생전압은 코일의 권수에 비례하여 변한다.

$$\frac{N_2}{N_1} = \frac{V_2}{V_1} \Leftrightarrow V_2 = V_1 \frac{N_2}{N_1} = 3,000 \times \frac{200}{6,000} = 100\text{V}$$

여기서, N_1 : 변압기의 1차 측 코일권수
N_2 : 변압기의 2차 측 코일권수
V_1 : 변압기의 1차 측 전압
V_2 : 변압기의 2차 측 전압

정답 60 ③ 61 ④ 62 ① 63 ② 64 ③

Section 04 약전설비

65 다음 중 약전설비에 속하는 것은? 기 17④

① 변전설비
② 전화교환설비
③ 축전지설비
④ 자가발전설비

해설

약전설비
전화교환설비, 인터폰설비, 전기시계설비, 안테나(공동수신)설비 등

66 피뢰시스템의 수뢰부에 사용되지 않는 것은 어느 것인가? 산 15③

① 돌침
② 인하도선
③ 메시도체
④ 수평도체

해설

수뢰부란 뇌격전류를 받아들이기 위한 외부 피뢰설비의 일부분을 말하며, 돌침, 수평도체, 메시도체 등이 있다.

67 피뢰설비에서 수뢰부시스템의 보호범위 산정방식에 속하지 않는 것은? 기 16②

① 보호각
② 메시법
③ 축점조도법
④ 회전구체법

해설

수뢰부시스템의 보호범위 산정방식

산정방식	보호방법
메시법	보호건물 주위의 망상도체를 적당한 간격으로 보호하는 방법
보호각법	피뢰침 보호각 내에 보호하는 방법
회전구체법	피뢰침과 지면에 닿는 회전구체를 그려 회전구체가 닿지 않는 부분을 보호범위로 산정하는 방법

68 건축물 등에서 항공기의 추돌을 방지하기 위하여 설치하는 각종의 안전등화를 다음 중 무엇이라 하는가? 기 16②

① 선회등
② 유도로등
③ 항공등화
④ 항공장애표시등

해설

항공장애표시등
- 항공장애등은 비행기의 야간비행이나 저공비행 시 안전하게 운항할 수 있도록 설치하는 것
- 건축물 또는 공작물의 높이가 60m 이상인 경우 설치 필요
- 수직거리 45m 간격으로 설치

69 인터폰설비의 통화망 구성방식에 속하지 않는 것은? 기 17② 산 18①

① 모자식
② 상호식
③ 복합식
④ 프레스토크식

해설

통화망방식에 따른 분류

방식	내용
모자식	• 1대의 모기에 2대 이상의 자기를 접속하여 모기와 자기가 서로 호출해서 통화하는 방식이다. • 자기끼리의 통화는 모기를 통해서 한다.
상호식	• 설치하는 각 기기가 전부 구조와 사용법이 동일하다. • 서로 어느 기기에서든지 임의의 다른 기기를 자유롭게 호출하여 통화할 수 있다. • 통화 중인 기기의 통화에는 혼선되지 않고 별도로 몇 쌍의 통화가 가능하다.
복합식	• 몇 대의 자기를 접속한 모기그룹이 몇 개 있는 경우 모자 간은 모자식으로, 모기끼리는 상호식으로 호출하여 통화한다. • 모자식과 상호식의 조합에 의한 통화망이다.

정답 65 ② 66 ② 67 ③ 68 ④ 69 ④

70 정보통신설비는 정보설비와 통신설비로 구분할 수 있다. 다음 중 통신설비에 속하지 않는 것은 어느 것인가? 기 13②

① 전화교환설비
② 인터폰설비
③ TV공청설비
④ 전기시계설비

> [해설]
> 전기시계설비는 정보설비에 해당한다.

71 자동화재탐지설비의 수신기 종류에 속하시 않는 것은? 산 13③ 18②

① P형 수신기
② R형 수신기
③ M형 수신기
④ B형 수신기

> [해설]
> **자동화재탐지설비의 수신기**
> - 수신기는 감지기 또는 발신기에서 보내온 신호를 수신하여 화재의 발생을 당해 건물의 관계자에게 램프표시 및 음향장치 등으로 알려주는 것이다.
> - 종류로는 P형(1급, 2급), R형, M형이 있다.

72 자동화재탐지설비의 구성에 속하지 않는 것은 어느 것인가? 산 13②

① 수신기
② 유도등
③ 중계기
④ 음향장치

> [해설]
> 유도등은 대피를 위한 것으로서, 피난관련설비이다.

정답 70 ④ 71 ④ 72 ②

Engineer Architecture

CHAPTER 03

위생설비

01 기초적인 사항
02 급수 및 급탕설비
03 배수 및 통기설비
04 오수정화설비
05 소방시설
06 가스설비

CHAPTER 03 위생설비

SECTION 01 기초적인 사항

1. 유체의 물리적 성질

(1) 유체의 성질

① 유체는 일반적으로 액체 또는 기체를 의미하며 흐름의 성질을 갖고 있다.
② 이러한 흐름의 정도는 유체의 점성과 압축 정도에 따라 달라진다.

(2) 유체의 물리량

1) 물의 부피와 질량

물의 부피		물의 질량
$1cm^3$	→	$1g$
$1L$	→	$1kg$
$1m^3$	→	$1,000kg$

2) 물의 밀도

$1g/cm^3 = 1kg/L = 1,000kg/m^3$

3) 수압

① 수압 : 수면에서 어느 깊이에 있는 지점의 단위면적당 물의 압력(Pa)을 말한다.
② 수두(水頭, Water Head) : 수면에서 어느 깊이에 있는 지점의 에너지의 크기를 수주(水柱)의 높이(m, mAq)로 나타낸 것을 말한다. 수두는 압력수두, 속도수두, 위치수두로 구분된다.
③ 수압 1MPa은 102mAq로서 정확히 하면 102m이지만, 공학적으로 약 100m로 환산하여 적용한다. (1MPa = 102mAq)

4) 밀도

밀도란 단위체적당 질량을 의미한다.

$$밀도(\rho) = \frac{질량(m)}{체적(V)}[kg/m^3]$$

5) 비중량

비중량이란 중력이 단위체적당 질량에 미치는 힘으로, 단위체적당 중량을 말한다.

$$밀도(\gamma) = \frac{중량(w)}{체적(V)}[kgf/m^3]$$

6) 비체적

비체적이란 밀도의 역수개념으로서 단위질량당 체적을 말한다.

$$비체적(\rho) = \frac{체적(V)}{질량(m)}[m^3/kg]$$

(3) 유체의 특성

1) 연속의 법칙

① 관 내 흐름이 정상류일 때, 단위시간에 흘러가는 유량은 어느 단면에서나 일정하다.

② 연속방정식

$$Q = A_1 V_1 = A_2 V_2 = \cdots$$

2) 베르누이(Bernoulli)의 정리

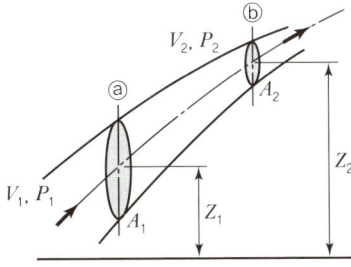

┃ 베르누이의 정리 ┃

① 에너지보존의 법칙을 유체의 흐름에 적용한 것으로 정상류, 비점성, 비압축성의 유체가 유선운동을 할 때 같은 유선상의 각 지점에서의 압력수두, 속도수두, 위치수두의 합은 일정하다는 법칙(정리)이다.

> **핵심문제** ●●●
>
> 다음과 가장 관계가 깊은 것은?
>
> 기 15② 20④
>
> | 에너지보존의 법칙을 유체의 흐름에 적용한 것으로서 유체가 갖고 있는 운동에너지, 중력에 의한 위치에너지 및 압력에너지의 총합은 흐름 내 어디에서나 일정하다. |
>
> ① 뉴턴의 점성법칙
> ❷ 베르누이의 정리
> ③ 보일 – 샤를의 법칙
> ④ 오일러의 상태방정식

② 베르누이 방정식

$$P_1 + \frac{\rho V_1^2}{2} + \rho g z_1 = P_2 + \frac{\rho V_2^2}{2} + \rho g z_2 = \cdots\cdots \text{일정}$$

여기서, P_1, P_2 : 1, 2 지점에서의 압력(Pa)
ρ : 유체의 밀도(kg/m³)
V_1, V_2 : 1, 2 지점에서의 유속(m/s)
g : 중력가속도(9.8m/s²)
z_1, z_2 : 1, 2 지점에서의 위치수두(m)

3) 토리첼리의 정리(Torricelli's Theorem Equation)

① 수조의 측면에 작은 구멍이 뚫려 액체가 흘러갈 때의 속도는 수면에서부터 구멍까지의 높이와 중력가속도에 의해 결정된다는 것이다.

② 토리첼리 관련식

$$V = \sqrt{2gh}$$

여기서, V : 유속, g : 중력가속도, h : 높이

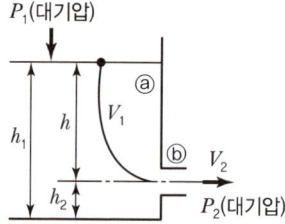

| 토리첼리의 정리 |

(4) 물의 경도

1) 개념

물속에 녹아 있는 칼슘(Ca)이나 마그네슘(Mg)의 양을 이것에 대응하는 탄산칼슘($CaCO_3$) 또는 탄산마그네슘($MgCO_3$)의 백만분율(ppm : parts per million)로 환산표시한 것을 말하며 1L의 물속에 탄산칼슘($CaCO_3$)이 10mg 함유된 것을 1도라 한다.

2) 물의 경도 산출식(ppm)

$$\text{물의 경도} = \frac{CaCO_3(\text{탄산칼슘})}{Mg(\text{마그네슘})} \times 1{,}000{,}000$$

3) 경도에 따른 급수의 종류

구분	특징
극연수(極軟水)	• 탄산칼슘(CaCO₃)의 함유량이 50ppm 이하 • 증류수와 멸균수 등이 있으며, 연관이나 황동을 부식시킨다.
연수(軟水)	• 탄산칼슘(CaCO₃)의 함유량이 90ppm 이하 • 세탁, 보일러 보급수, 양조, 염색, 제지공업 등에 사용한다. • 일반적인 지표수가 해당된다.
적수(滴水)	• 탄산칼슘(CaCO₃)의 함유량이 90~110ppm 이하 • 음용수로 적합하다.
경수(硬水)	• 탄산칼슘(CaCO₃)의 함유량이 110ppm 이상 • 보일러 보급수로 사용 시 내면에 스케일(Scale)이 생겨 전열효율 저하 및 과열과 수명단축의 원인이 된다. • 세탁, 보일러 보급수, 양조, 염색, 제지공업 등에 부적합하다. • 지하수는 경수로 간주한다.

4) 경도가 높은 물을 보일러에 사용했을 때 나타나는 현상
① 보일러 내면에 스케일(Scale)이 발생한다.
② 보일러 수명단축의 원인이 된다.
③ 보일러 전열면의 과열원인이 된다.
④ 열의 전도를 방해하고 보일러 효율을 불량하게 한다.
⑤ 수처리장치 등을 이용하여 발생을 방지할 수 있다.

(5) **배관마찰손실**

1) 수두(mAq)형식 계산

$$\Delta h = f \times \frac{l}{d} \times \frac{V^2}{2g} \times \gamma$$

여기서, Δh : 마찰손실수두(mAq)
f : 마찰손실계수(관마찰계수)
l : 배관길이(m)
d : 배관관경(m)
V : 유속(m/s)
g : 중력가속도(9.8)
γ : 유체의 비중(kgf/m³)

핵심문제

물의 경도는 물속에 녹아 있는 칼슘, 마그네슘 등의 염류의 양을 무엇의 농도로 환산하여 나타낸 것인가?
산 14③ 20①②통합

❶ 탄산칼슘
② 용존산소
③ 수소이온농도
④ 염화마그네슘

해설
탄산칼슘의 농도로 환산하여 물의 경도를 나타낼 때 적용한다.
물의 경도
$= \dfrac{CaCO_3(탄산칼슘)}{Mg(마그네슘)} \times 1,000,000$

> **핵심문제** ●●●
>
> 길이 1m, 구경 100mm의 관 내를 유속 2.0m/s로 물이 흐르고 있을 때 직관부의 마찰손실은 얼마인가?(단, 물의 밀도는 1,000kg/m³, 관마찰계수는 0.03이다.) 기 14①
>
> ① 6Pa　② 60Pa
> ❸ 600Pa　④ 6,000Pa
>
> **[해설]**
> 정답을 수두(mAq)로 요구했을 때와 압력(kPa)으로 요구했을 때는 다음과 같이 적용하는 식이 다르니, 참고하여 산출이 필요하다.
>
> 1) 수두(mAq) $\Delta h = f \times \dfrac{l}{d} \times \dfrac{V^2}{2g} \times \gamma$
>
> 2) 압력(kPa) $\Delta P = f \times \dfrac{l}{d} \times \dfrac{V^2}{2} \times \rho$
>
> 본 문제에서는 압력(kPa)으로 물어봤으므로,
>
> $\Delta P = f \times \dfrac{l}{d} \times \dfrac{V^2}{2} \times \rho$
>
> $= 0.03 \times \dfrac{1}{0.1} \times \dfrac{2^2}{2} \times 1{,}000$
>
> $= 600\text{kPa}$

2) 압력(kPa)형식 계산

$$\Delta P = f \times \frac{l}{d} \times \frac{V^2}{2} \times \rho$$

여기서, ΔP : 마찰손실압력(kPa)
f : 마찰손실계수(관마찰계수)
l : 배관길이(m)
d : 배관관경(m)
V : 유속(m/s)
ρ : 유체의 밀도(kg/m³)

2. 위생설비용 배관재료

(1) 배관의 도시기호

종류	기호	종류	기호
〈배관〉		〈밸브, 콕〉	
급수관	────	밸브	─▷◁─
배수관	──D──	슬루스밸브	─▶◀─
통기관	──────	앵글밸브	▷
급탕관	─┼─┼─	체크밸브	─▷│─
반탕관	─╫─╫─	다이어프램	─▷◁─
소화수관	─X─X─	공기빼기밸브	◇
가스관	─G─G─	콕	─◇─
〈연결부속〉		온도계	○
플랜지	─┤├─	〈위생, 소화〉	
유니언	─┤┝─	청소구	─╫─
90° 엘보	┴	볼탭	○─○
티	┬	샤워기	♁
막힘플랜지	─┤	송수구(쌍구형)	⌇
캡	─┤	–	–
슬리브형 신축이음	─▭─	–	–
밸로스형 신축이음	─▨─	–	–
곡관형 신축이음	─⌒─	–	–
스위블신축이음	N	–	–

(2) 유체의 종류에 따른 표시기호 및 식별색

유체의 종류	공기	가스	유류	수증기	물
표시기호	A	G	O	S	W
식별색	백색	황색	진한 황적색	진한 적색	청색

(3) 배관재료의 종류별 특징

1) 금속관

종류	특징	접합방법
주철관	• 내식성, 내구성, 내압성 우수 • 충격에 약하며, 인장강도가 작음 • 방열성능이 열세하다. • 선철의 함량이 적을수록 고급주철 • 강관에 비해 가격 저렴	• 소켓접합 – 누수 우려 • 플랜지접합(Flange Joint) – 기밀 우수(고압배관 적합), 관 교체 용이 • 메커니컬접합(Mechanical Joint) – 내진성 우수, 시공 복잡, 고가 • 빅토리접합(Victoric Joint)
강관	• 경량과 인장강도 우수, 가장 많이 사용 • 부식하기 쉬운 특징 때문에 내구연한 짧음 • 내충격성이 좋으며, 굴곡성이 양호 • 배관용, 수도용, 열전달용, 구조용 등으로 사용	• 나사접합(유니접합) – 50A 이하 접합 • 플랜지접합 – 관 교체 용이 • 용접접합 – 맞댐용접과 슬리브용접
연관 (납관)	• 굴곡성이 우수하고 시공성 양호 • 내산성 좋으나, 알칼리에는 약한 특성(콘크리트에 매입 시 주의 요함) • 가격이 저렴하고 쉽게 변형 • 연관은 용도에 따라 1종(화학공업용), 2종(일반용), 3종(가스용)으로, 사용방법에 따라 수도용과 배수용으로 나눔	• 플라스터접합 • 납땜접합
동관	• 열전도율이 크고, 내식성이 강함(난방, 급탕용) • 저온취성에 강함(냉동관 등에 이용) • 가격이 비교적 고가	• 납땜접합 • 플레어접합 • 용접접합 • 경납땜
황동관	동의 합금관으로 관의 내외면에 주석도금을 한 것	접합방법은 동관과 동일
스테인리스관	• 철에 12~20% 정도의 크롬 등을 첨가하여 만든 합금강으로서, 외부 표면에 얇은 피막을 형성하여 부식을 방지 • 또한 피막이 파손되더라도 화학적으로 곧 재생되어 부식을 방지	• 플랜지접합 • 용접접합 • 무용접접합

2) 비금속관

종류	특징	접합방법
경질염화비닐관 (PVC관)	• 내화학적(내산 및 내알칼리) • 내열성 취약 • 마찰손실이 적고, 전기절연성과 열팽창률이 큼	• 열간공법 • 냉간공법
콘크리트관	옥외배수나 상하수도의 배관으로 이용	• 칼라조인트 • 가볼트조인트 • 심플렉스조인트 • 모르타르조인트
폴리에틸렌피복관	지하매설용 가스관에 이용	• 플랜지접합 • 용착슬리브접합 • 인서트접합

(4) 밸브의 종류 및 특징

1) 개폐용 밸브

종류	특징
슬루스밸브 (=게이트밸브, Sluice Valve)	• 마찰저항 손실이 적고, 일반 배관의 개폐용 밸브에 주로 사용 • 증기수평관에서 드레인이 고이는 것을 방지하기 위해 사용
글로브밸브 (=스톱밸브, 구형밸브, Glove Valve)	• 마찰손실이 큼 • 유로폐쇄 및 유량조절에 적당
콕밸브 (=볼밸브, Cock Valve)	• 90° 회전으로 개폐(90° 내의 범위에서 유량조절 가능) • 급속한 개폐 시 사용

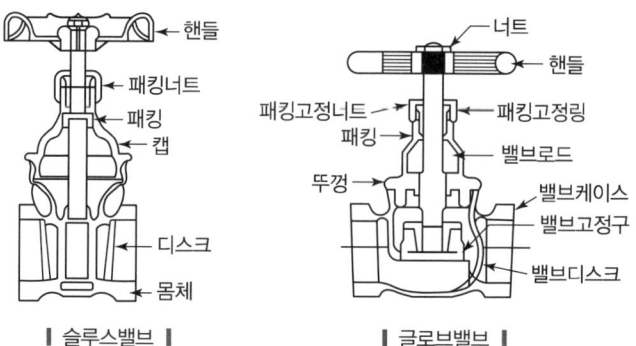

┃ 슬루스밸브 ┃   ┃ 글로브밸브 ┃

2) 유량의 흐름방향과 관련된 밸브

종류	특징
체크밸브 (=역기밸브, Check Valve)	• 유체의 흐름을 한방향으로 유지하여, 역류를 방지 • 밸브 부착 시 방향확인이 필요하며, 유량조절은 불가능 • 체크밸브 종류 　- 스윙형 : 수직, 수평배관에 사용 　- 리프트형 : 수평배관에 사용
앵글밸브 (Angle Valve)	유체의 흐름을 직각으로 바꾸는 역할을 하며, 유량조절이 가능

핵심문제

유체의 흐름을 한방향으로만 흐르게 하고 반대방향으로는 흐르지 못하게 하는 밸브는 어느 것인가? 기 17②

① 콕밸브
❷ 체크밸브
③ 게이트밸브
④ 글로브밸브

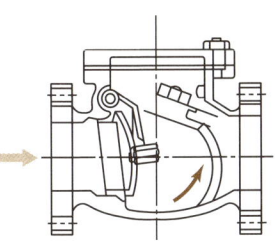
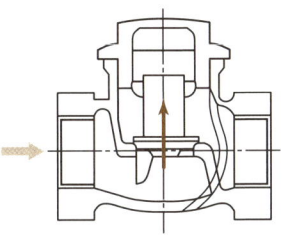

∥ 체크밸브(스윙형) ∥　　∥ 체크밸브(리프트형) ∥

3) 압력조정과 관련된 밸브

종류	특징
공기밸브 (Air Vent Valve)	• 배관 내 고이는 공기를 배출하기 위해 배관 최상부에 설치 • 배관 굴곡부 상단, 보일러 최상부 등에 설치
감압밸브 (Reduction Valve)	• 고압배관과 저압배관 사이에 설치하며 압력을 낮추는 역할 • 배관의 일정한(적정한) 압력 유지
안전밸브 (Safety Valve)	• 배관 등에 이상 과잉압력 발생 시, 압력을 자동으로 배출 • 압력탱크, 압축공기탱크, 증기보일러 등에 설치

핵심문제 ●●○

강관의 배관부속품에 관한 설명으로 옳지 않은 것은? 기 14②

① 엘보는 배관을 굴곡할 때 사용한다.
② 티와 크로스는 분기관을 낼 때 사용한다.
❸ 플러그는 구경이 다른 관을 접합할 때 사용한다.
④ 소켓, 유니언, 플랜지는 직관을 접합할 때 사용한다.

[해설]
플러그는 배관 말단을 막을 때 사용하는 배관부속품이며, 구경이 다른 관을 접합할 때 사용하는 것은 이경소켓, 이경엘보 등이 있다.

▶▶▶ 배관의 수리 및 교체를 용이하게 하기 위해 이용되는 이음에는 플랜지이음과 유니언이음이 있다. 플랜지이음은 50A 이상의 대형관, 유니언은 50A 미만에 적당하다.

(5) 배관연결 부속기구

  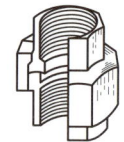 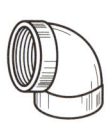

(a) 소켓　　(b) 이경소켓　　(c) 유니언　　(d) 90° 엘보

  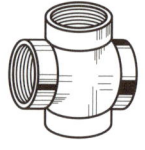 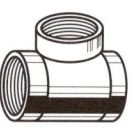

(e) 45° 엘보　(f) 암수엘보(스트리트엘보)　(g) 크로스　(h) 티

(i) 부싱　　(j) 캡　　(k) 니플　　(l) 플러그

| 각종 연결 부속기구 형상 |

기구명	용도
엘보	배관을 방향 전환시킬 때(45° 엘보, 90° 엘보, 이경엘보)
티	분기관을 낼 때(이경티, 편심이경티)
소켓	배관을 직선연결(이경소켓, 암수소켓, 편심이경소켓)
니플	부속과 부속을 연결할 때(이경니플)
부싱	지름이 다른 배관과 부속을 연결할 때(암수이경소켓)
리듀서	관경이 다른 두 관을 직선연결(이경소켓)
플러그, 캡	배관 말단을 막을 때
유니언, 플랜지	배관의 최종 조립, 분해 시 이용

(6) 기타 주요부속

1) 볼탭(Ball Tap)
   ① 고가수조 등에서 일정 수위를 유지하고자 할 때 이용한다.
   ② 플로트(부자)의 부력에 의해 밸브가 작동한다.

2) 플러시밸브(Flush Valve)
   ① 대변기, 소변기의 세정밸브에 사용한다.
   ② 레버를 한 번 누르면 0.07MPa의 수압으로 일정량의 물이 분출되고 잠긴다.

3) 스트레이너(Strainer)
   ① 배관 중의 오물을 제거하기 위한 부속품이다.
   ② 보호밸브 앞에 설치한다.

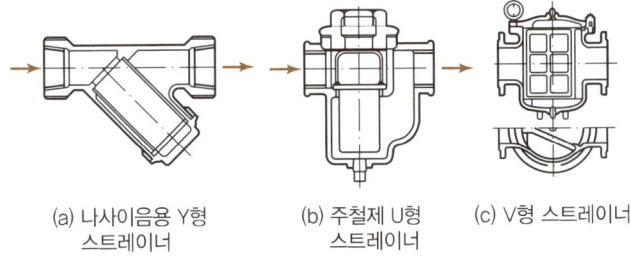

(a) 나사이음용 Y형 스트레이너
(b) 주철제 U형 스트레이너
(c) V형 스트레이너

| 스트레이너의 종류 |

> **핵심문제** ●●●
> 관 속의 유체에 섞여 있는 모래, 쇠 부스러기 등의 이물질을 제거하여 기기의 성능을 보호하기 위해 배관에 설치하는 것은? 기 13④ 산 19②
> ① 패킹 ② 볼탭
> ③ 체크밸브 ❹ 스트레이너

3. 펌프의 종류 및 용도

(1) 왕복동펌프

1) 원리

실린더 속에서 피스톤, 플런저, 버킷 등을 왕복운동시킴으로써, 물을 빨아올려 송출하는 방식이다.

2) 특징

① 수압변동이 심하다.(공기실을 설치하여 완화)
② 양수량이 적고, 양정이 클 때 적합하다.
③ 양수량 조절이 어려우며, 고속회전 시 용적효율이 저하된다.

3) 종류

① 피스톤펌프(Piston Pump)
② 플런저펌프(Plunger Pump)
③ 워싱턴펌프(Worthington Pump)

(2) 원심펌프(Centrifugal Pump = 와권펌프, 회전펌프)

1) 원리

물이 축과 직각방향으로 된 임펠러로부터 흘러나와 스파이럴 케이싱에 모이면 토출구로 이끄는 방식이다.

2) 특징

① 양수량 조절이 용이하고, 진동이 적어 고속운전에 적합하다.
② 양수량이 많으며, 고양정에 적합하다.
③ 급수, 급탕, 배수 등에 주로 사용한다.
④ 전체적으로 크기가 작고 장치가 간단하며, 운전상의 성능이 우수하다.
⑤ 송수압의 변동 적다.

핵심문제

건축설비분야에서 급수, 급탕, 배수 등에 주로 사용하는 터보형 펌프는?
산 14③

① 사류펌프
② 마찰펌프
③ 왕복식 펌프
❹ 원심식 펌프

3) 종류 및 특징

종류	특징
벌류트펌프 (Volute Pump)	• 축에 날개차(Impeller)가 달려 있어 원심력으로 양수한다. • 임펠러의 수에 따라 단단벌류트펌프와 다단벌류트펌프로 구분한다. • 주로 20m 이하의 저양정에 사용한다.
터빈펌프 (Turbine Pump)	• 임펠러의 외주부에 안내날개(Guide Vane)가 달려 있어 물의 흐름을 조절한다. • 임펠러의 수에 따라 단단터빈펌프와 다단터빈펌프로 구분한다. • 단단터빈펌프는 저양정에, 다단터빈펌프는 고양정에 사용한다.
보어홀펌프 (Bore Hole Pump, Deep Hole Pump)	• 지상의 모터와 수중의 임펠러를 긴 중공축으로 연결하여 작동한다. • 고장이 많고 수리가 어렵다. • 깊은 우물의 양수에 적합하게 사용한다.

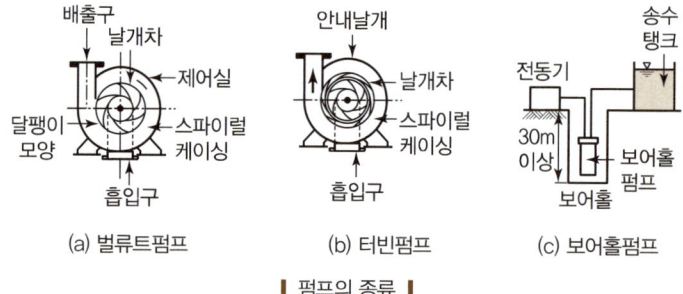

(a) 벌류트펌프　　(b) 터빈펌프　　(c) 보어홀펌프

┃펌프의 종류┃

(3) 특수펌프

1) 수중모터펌프(Submerged Pump)

① 모터에 직결된 펌프를 수중에서 작동하도록 한 펌프이다.
② 수직형 터빈펌프 밑에 모터를 직결하여 양수하며, 모터와 터빈은 수중에서 작동한다.
③ 배수펌프, 심정의 양수 등에 많이 사용한다.
④ 풋밸브나 흡입호스가 없고 설치, 운반과 조작이 간편하다.

2) 논클러그펌프(Non-clog Pump)

① 오물잔재의 고형물이나 천조각 등이 섞인 물을 배제하는 데 사용하는 펌프이다.
② 주로 오수나 배수펌프로 사용한다.

3) 제트펌프(Jet Pump)

① 노즐로부터 고압의 유체(증기 또는 물)를 분사시키면 노즐 끝부분의 압력이 낮아지게 되어 이에 따라 물을 흡상하여 송수한다.

② 지하수 배출용, 소화용 펌프로 사용한다.

4) 기어펌프(Gear Pump)

① 두 개의 기어(톱니)의 회전에 의해 기어(톱니) 사이에 끼어 있는 액체가 케이싱의 내벽을 따라서 송출되는 펌프이다.

② 소형으로 구조가 간단하며 가격이 저렴하다.

③ 점성이 강한 기름 및 윤활유 반송용으로 사용한다.

5) 기포펌프(Air Lift Pump)

압축공기를 압입하여 기포의 부력을 이용하는 펌프이다.

(4) 펌프의 동력

1) 수동력

① 양정과 유량만이 고려된 동력으로서, 이론동력이라고도 한다.

② 산출식

$$펌프의\ 수동력[kW] = \frac{QH}{102}$$

여기서, Q : 양수량(L/s)
H : 전양정(m)

2) 축동력

① 펌프의 효율이 적용된 동력으로서, 모터에 의해 펌프에 전해지는 동력이다.

② 산출식

$$펌프의\ 축동력[kW] = \frac{QH}{102E}$$

여기서, Q : 양수량(L/s)
H : 전양정(m)
E : 효율

3) 소요동력

① 실제 펌프 가동을 위해 필요한 동력으로서, 모터동력이라고도 하며 모터의 전달계수가 적용된다.

핵심문제 ●●●

전양정 24m, 양수량 13.8m³/h, 효율 60%일 때 펌프의 축동력은?

기 13② 16④

① 약 0.5kW ② 약 1.0kW
❸ 약 1.5kW ④ 약 3.0kW

해설

펌프의 축동력[kW] = $\frac{QH}{102E}$

• 양수량 Q(L/s) : 13.8m³/h → 3.83L/s
• 전양정 H(mAq) : 24m
• 효율 E : 0.60

∴ 펌프의 축동력[kW]
= $\frac{3.83 \times 24}{102 \times 0.60}$ = 1.50kW

② 산출식

$$펌프의\ 소요동력[kW] = \frac{QH}{102E} \cdot k$$

여기서, Q : 양수량(L/s), H : 전양정(m)
E : 효율, k : 모터의 전달계수

(5) 상사의 법칙(펌프의 회전수 변화 $N_1 \to N_2$, 임펠러의 직경 $D_1 \to D_2$)

① 유량(Q) : $Q_2 = Q_1 \dfrac{N_2}{N_1} = Q_1 \left(\dfrac{D_2}{D_1}\right)^3$

② 양정(H) : $H_2 = H_1 \left(\dfrac{N_2}{N_1}\right)^2 = H_1 \left(\dfrac{D_2}{D_1}\right)^2$

③ 축동력(L) : $L_2 = L_1 \left(\dfrac{N_2}{N_1}\right)^3 = L_1 \left(\dfrac{D_2}{D_1}\right)^5$

핵심문제 ●●●

양수량이 1m³/min, 전양정이 50m인 펌프에서 회전수를 1.2배 증가시켰을 때 양수량은?   기 17①

❶ 1.2배 증가   ② 1.44배 증가
③ 1.73배 증가   ④ 2.4배 증가

해설
상사의 법칙을 이용하여 푸는 문제로서, 회전수의 증가에 따라 양수량(유량)은 비례하여 증가하므로 회전수를 1.2배 증가시켰을 때, 양수량(유량)은 기존의 양수량(유량)에 1.2로 증가하게 된다.

(6) 펌프의 구경 산출

$$Q(수량) = A(단면적) \times V(유속)$$

위의 식에서, $A(단면적) = \dfrac{\pi d^2}{4}$, d : 펌프의 구경(직경)

이에 따라 $Q = \dfrac{\pi d^2}{4} \times V \to d = \sqrt{\dfrac{4Q}{\pi V}}$

핵심문제 ●●●

수량 20m³/h를 양수하는 데 필요한 펌프의 구경은?(단, 양수펌프 내 유속은 2m/s로 한다.)   기 17①

① 30mm   ② 40mm
③ 50mm   ❹ 60mm

해설
$Q(수량) = A(단면적) \times V(유속)$
여기서, $A(단면적) = \dfrac{\pi d^2}{4}$
d : 펌프의 구경(직경)
이에 따라
$Q = \dfrac{\pi d^2}{4} \times V$
$\to d = \sqrt{\dfrac{4Q}{\pi V}}$
$= \sqrt{\dfrac{4 \times 20\text{m}^3}{3,600 \times \pi \times 2\text{m/s}}}$
$= 0.0595\text{m} = 59.5\text{mm}$
$\fallingdotseq 60\text{mm}$

(7) 펌프의 특성곡선

펌프의 특성곡선이란 펌프의 양수량, 양정, 동력 및 효율 사이의 관계를 밝히기 위해 가로축에 양수량, 세로축에 양정, 동력, 효율을 나타낸 곡선을 말한다. 다음은 특성곡선의 예시이다.

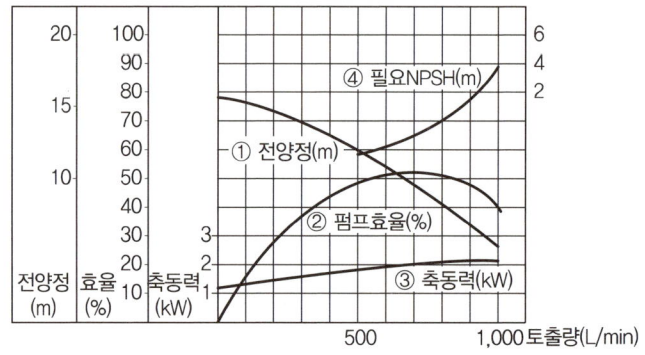

| 펌프의 특성곡선 |

(8) 펌프의 이상현상

1) 펌프의 공동현상

① 공동현상이란 수온이 상승하거나 빠른 속도로 물이 운동할 때 물의 압력이 증기압 이하로 낮아져 물속에 공동(기포, 기체거품)이 발생하는 현상이다.

② 물에서 빠져나온 기포는 펌프의 흡입을 저하시키는 원인이 된다.

③ 소음, 진동, 부식의 원인이 된다.

④ 발생원인 및 방지대책

발생원인	방지대책
펌프의 흡입양정이 클 경우	흡입양정을 작게 한다.(설비에서 얻는 유효흡입양정이 펌프의 필요흡입양정보다 커야 한다.)
펌프의 마찰손실이 과대할 경우	부속류를 적게 하여 마찰손실수두를 줄인다.
펌프의 임펠러속도가 클 경우	펌프의 임펠러속도, 즉 회전수를 낮게 한다.
펌프의 흡입관경이 작을 경우	펌프의 흡입관경을 양수량에 맞추어 크게 설계한다.
펌프의 흡입수온이 높을 경우	펌프의 흡입수온을 낮게 한다.

2) 서징현상

① 서징현상이란, 산형(山形) 특성의 양정곡선을 갖는 펌프의 산형 왼쪽부분에서 유량과 양정이 주기적으로 변동하는 현상이다.

② 펌프와 송풍기 등이 운전 중에 한숨을 쉬는 것과 같은 상태가 되어 펌프인 경우 입구와 출구의 진공계, 압력계의 침이 흔들리고 동시에 송출유량이 변화하는 현상, 즉 송출압력과 송출유량 사이에 주기적인 변동이 일어나는 현상을 말한다.

SECTION 02 급수 및 급탕설비

1. 급수·급탕량 산정

(1) 급수량 산정의 일반사항

1) 급수부하단위

급수기구 부하단위수를 결정할 때의 기준은 세면기를 기준으로 산정하며, 1FU=30L/min(7.5gal/min)를 단위로 각 기구의 급수기구 부하단위수를 산출한다.

2) 산정 시 고려사항

① 급수량 산정은 일반적으로 인원수에 의하여 산정한다.
② 저수조, 고가수조 등의 설비용량은 시간최대급수량을 근거로 하여 산출한다.
③ 소화용수, 비상발전용 냉각수는 급수량 산정에서 제외한다.

(2) 급수량 산정방법

1) 1일당 급수량(Q_d) 산정방법

① 건물 사용인원에 의한 방법

$$Q_d = N \times q$$

여기서, Q_d : 1일당 급수량(L/day)
N : 급수인원(인)
q : 건물종류별 1일 1인당 사용수량(L/d·인)

② 건물면적에 의한 방법

$$Q_d = A \times k \times n \times q$$

여기서, Q_d : 1일당 급수량(L/day)
A : 건물의 연면적(m²)
k : 건물 연면적에 대한 유효면적의 비율(%)
n : 유효면적당 인원(인/m²)
q : 건물종류별 1일 1인당 사용수량(L/d·인)

③ 사용기구에 의한 방법

$$Q_d = Q_f \times F \times P$$

여기서, Q_d : 1일당 급수량(L/day)
Q_f : 기구의 사용수량(L/day)
F : 기구 수(개)
P : 기구의 동시사용률(%)

핵심문제 ●●●

다음과 같은 조건에서 연면적이 2,000m²인 사무소 건물에 필요한 1일당 급수량은 어느 것인가? 산 13 ①

- 건물의 유효면적비=56%
- 유효면적당 인원=0.2인/m²
- 1인 1일당 급수량=120L

① 3.36m³/d ② 4.36m³/d
❸ 26.88m³/d ④ 40.68m³/d

[해설]
급수량(m³/d)
= 건물 연면적(m²)×건물의 유효면적비×유효면적당 인원(인/m²)×1일 1인당 급수량(m³)
= 2,000(m²)×0.56×0.2(인/m²)
  ×120(L)÷1,000
= 26.88(m³/d)

2) 시간평균 예상급수량(Q_h) 산정방법

$$Q_h = \frac{Q_d}{T} \text{(L/h)}$$

여기서, Q_h : 시간평균 예상급수량(L/h)
Q_d : 1일당 급수량(L/day)
T : 건물 평균 사용시간(h)

3) 시간최대 예상급수량(Q_m) 산정방법

$$Q_m = Q_h \times (1.5 \sim 2.0) \text{(L/h)}$$

여기서, Q_m : 시간최대 예상급수량(L/h)
Q_h : 시간평균 예상급수량(L/h)

4) 순간최대 예상급수량(Q_p) 산정방법

$$Q_p = \frac{Q_h \times (3 \sim 4)}{60} \text{(L/min)}$$

여기서, Q_p : 순간최대 예상급수량(L/min)
Q_h : 시간평균 예상급수량(L/h)

(3) **급탕량 산정방법**

1) 1일당 급탕량(Q_d) 산정방법

① 건물 사용인원을 기준으로 급탕량을 산정한다.
② 산출식

$$Q_d = N \cdot q_d$$

여기서, Q_d : 1일 급탕량(L/day)
N : 사용인원(인)
q_d : 1일 1인 급탕량(L)

2) 시간최대 급탕량(Q_m) 산정방법

$$Q_m = Q_d \cdot q_h$$

여기서, Q_m : 시간최대 급탕량(L/h)
Q_d : 1일 급탕량(L/day)
q_h : 1일 사용에 대한 1시간당 최댓값

3) 급탕기구수를 이용한 급탕량 산정방법

사용횟수를 추정할 수 없을 때	$Q_h = F \times P \times \alpha$ 여기서, Q_h : 시간당 급탕량(L/h) F : 기구 1개의 1회당 급탕량(L) P : 기구의 사용횟수(회/h) α : 기구의 동시사용률(%)
사용횟수를 추정할 수 없을 때	$Q_h = F_h \times O \times \alpha$ 여기서, Q_h : 시간당 급탕량(L/h) F_h : 기구의 시간당 급탕량(L/h) O : 기구수(개) α : 기구의 동시사용률(%)

(4) 급탕부하 및 순환수량 산출

1) 급탕부하(kW)

$$급탕부하 = 급탕량 \times 비열 \times 온도차(급탕온도 - 급수온도)$$

2) 순환수량(L/min)

$$W = \frac{q}{\rho C \Delta t}$$

여기서, W : 순환수량(L/min)
q : 총 손실열량(W)
ρ : 물의 밀도(1kg/L)
C : 물의 비열(4.19kJ/kg · K)
Δt : 급탕 및 반탕 온도차(℃)

3) 가열필요열량(kJ/h)

$$q = G \cdot C \cdot \Delta t$$

여기서, q : 필요열량(kJ)
G : 온수량(L)
C : 물의 정압비열(4.2kJ/kg · K)
Δt : 급수 및 온수 온도차(℃)

핵심문제 ●●●

1일 급탕량이 12,000L/d일 때 급탕부하는 얼마인가?(단, 급탕온도는 80℃, 급수온도는 10℃, 물의 비열은 4.2kJ/kg · K이다.) 기 15①

① 35.6kW ❷ 40.8kW
③ 44.6kW ④ 48.2kW

해설
급탕부하(kW)
= 급탕량 × 비열
  × 온도차(급탕온도 - 급수온도)
= 12,000L/d ÷ 24 ÷ 3,600
  × 4.2kJ/kg · K × (80 - 10)
= 40.83kW ≒ 40.8kW

핵심문제 ●●●

10℃의 물 100L를 50℃까지 가열하는 데 필요한 열량은?(단, 물의 비열은 4.2kJ/kg · K이다.) 산 15③

① 4,000kJ ② 8,000kJ
❸ 16,800kJ ④ 20,800kJ

해설
$q = G \cdot C \cdot \Delta t$
여기서, q : 필요열량(kJ)
G : 온수량(L)
C : 물의 정압비열(4.2kJ/kg · K)
Δt : 급수 및 온수 온도차(℃)

∴ $q = 100 \times 4.2 \times (50 - 10)$
    $= 16,800$kJ/h

2. 급수방식 및 특징

(1) 수도직결방식

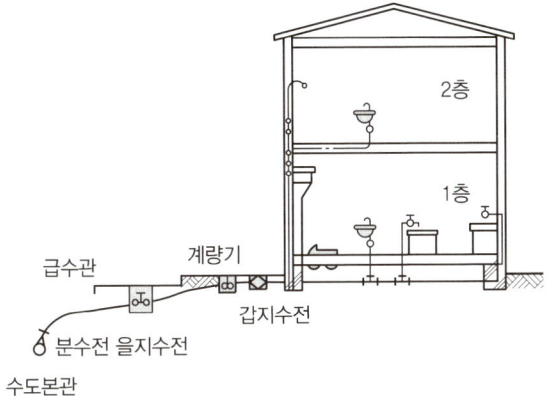

| 수도직결방식 |

1) 개념

도로 밑의 수도본관에서 분기하여 건물 내에 직접 급수하는 방식이다.

2) 급수경로

인입계량기 이후 수도전까지 직접 연결하여 급수한다.

3) 특징

① 급수의 수질오염 가능성이 가장 낮다.
② 정전 시 급수가 가능하나, 단수 시 급수가 전혀 불가능하다.
③ 급수압의 변동이 있으며, 일반적으로 4층 이상에는 부적합하다.
④ 구조가 간단하고 설비비 및 운전관리비가 적게 들며, 고장 가능성이 적다.

4) 수도본관의 필요수압(kPa)

$$P_0 \geq P_1 + P_2 + 10h$$

여기서, P_1 : 기구별 최저소요압력(kPa)
P_2 : 관 내 마찰손실수두(kPa)
h : 수전고(수도본관과 최고층 수전까지의 높이)(m)
→ $10h$ (kPa)

핵심문제 ●●○

수도직결급수방식에서 기구의 소요압력이 70kPa이고 수전높이가 10m일 때 수도본관에는 최소 얼마의 압력이 있어야 급수가 가능한가?(단, 배관 중 마찰손실은 40kPa이다.) 산 16②

① 70kPa ② 120kPa
③ 170kPa ❹ 210kPa

[해설] 수도본관의 최저필요압력(P_0)
$P_0 \geq P_1 + P_2 + 10h$
여기서, P_1 : 기구별 최저소요압력(kPa)
P_2 : 관 내 마찰손실수두(kPa)
h : 수전고(수도본관과 최고층 수전까지의 높이)(m)
→ $10h$ (kPa)
∴ $P_0 \geq P_1 + P_2 + 10h$
= 70kPa + 40kPa + 10 × 10m
= 210kPa

(2) 고가탱크(고가수조, 옥상탱크)방식

1) 개념

대규모 시설에서 일정한 수압을 얻고자 할 때 많이 이용하며, 수돗물을 지하저수조에 모은 후 양수펌프에 의해 고가탱크로 양수하여, 탱크에서 급수관을 통해 필요 장소로 하향급수하는 방식이다.

2) 급수경로

지하저수조 → 양수펌프 → 고가탱크 → 급수전

3) 특징

① 수질오염의 가능성이 높다.
② 항상 일정한 수압으로 급수가 가능하다.
③ 정전, 단수 시 일정시간 동안 급수가 가능하다.
④ 대규모 급수설비에 일반적으로 적용하고 있다.
⑤ 옥상탱크로 양수를 위한 양수펌프는 옥상탱크의 유량을 30분 내에 양수할 수 있는 능력을 갖추어야 한다.
⑥ 고가탱크의 재질은 일반적으로 FRP(유리섬유강화플라스틱), STS(스테인리스스틸) 등이 주로 쓰인다.

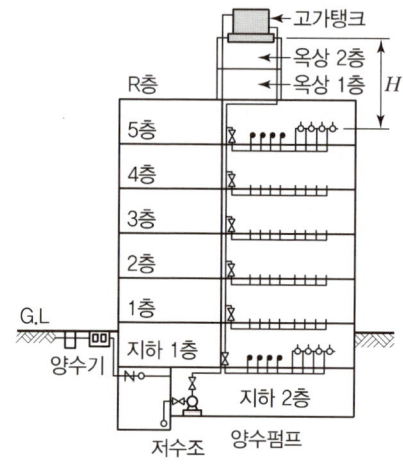

❙ 고가탱크방식 ❙

4) 고가탱크 설치높이

$$H \geq H_1 + H_2 + h(m)$$

여기서, H_1 : 최고층 급수전 또는 기구에서의 소요압력에 상당하는 높이(m)

핵심문제

고가수조급수방식의 물 공급 순서로 옳은 것은?   기 16④

❶ 상수도 → 저수조 → 펌프 → 고가수조 → 위생기구
② 상수도 → 고가수조 → 펌프 → 저수조 → 위생기구
③ 상수도 → 고가수조 → 저수조 → 펌프 → 위생기구
④ 상수도 → 저수조 → 고가수조 → 펌프 → 위생기구

[해설]
고가수조급수방식의 물 공급 순서는 상수도 → 저수조 → 펌프 → 고가수조 → 위생기구 이다.

H_2 : 관 내 마찰손실수두(m)

h : 지상에서 최고층에 있는 수전까지의 높이(m)

(3) 압력탱크방식

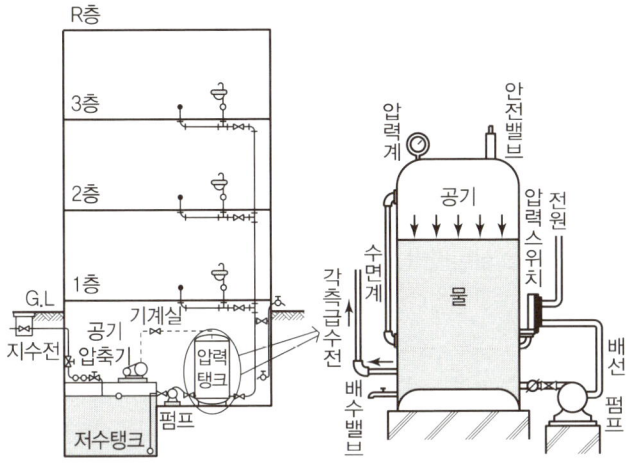

┃ 압력탱크방식 ┃

1) 개념

   지하저수탱크에 저장된 물을 양수펌프로 압력탱크 내로 공급하면 공기압축기(컴프레서)에 의해 가압된 공기압에 의하여 건물 상부로 급수하는 방식이다.

2) 급수경로

   지하저수조 → 양수펌프 → 압력탱크(공기압축기로 가압) → 급수전

3) 특징

   ① 수압변동이 심하다.
   ② 고압이 요구되는 특정 위치가 있을 경우 유용하다.
   ③ 정전 시 즉시 급수가 중단되며, 단수 시에는 저수조수량으로 일정시간 급수가 가능하다.

4) 압력탱크방식(압력수조급수방식)을 채택하는 이유

   ① 설치환경의 제약으로 고가탱크방식의 적용이 어려운 경우
   ② 동일한 높이에 설치된 다른 장비에 적절한 수압을 얻을 수 없는 경우
   ③ 고가탱크방식으로는 제일 높은 층에서 필요로 하는 압력을 얻을 수 없는 경우

핵심문제 ●●●

압력수조급수방식에 관한 설명으로 옳지 않은 것은?   기 17①

① 정전 시 급수가 곤란하다.
② 고가수조가 필요 없어 미관상 좋다.
③ 고가수조방식에 비해 급수압의 변동이 크다.
❹ 고가수조방식에 비해 수조의 설치 위치에 제한이 많다.

해설

압력수조급수방식은 고가탱크방식과 같이 고가수조 등의 설치가 필요 없고, 수조에서 직송하지 않고 압력탱크를 거치기 때문에 수조의 설치위치에 대한 제한도 크지 않다.

핵심문제 ●●○

급수방식 중 펌프직송방식에 관한 설명으로 옳지 않은 것은? 기 15②

① 상향공급방식이 일반적이다.
② 전력공급이 중단되면 급수가 불가능하다.
❸ 자동제어에 필요한 설비비가 적고, 유지관리가 간단하다.
④ 적절한 대수분할, 압력제어 등에 의해 에너지 절약을 꾀할 수 있다.

해설
펌프직송방식(탱크리스부스터 펌프방식)은 수도본관으로부터 저수탱크에 물을 받은 후 여러 대의 자동펌프를 이용하여 각 수전 또는 기구에 급수하는 방식이다. 본 방식은 설비비가 고가이며, 자동제어시스템이어서 고장 시 수리가 어려운 단점이 있다.

핵심문제 ●○○

급수배관의 설계 및 시공상 주의사항으로 옳지 않은 것은? 산 14②

❶ 급수배관의 최소관경은 원칙적으로 32mm로 한다.
② 주배관에는 적당한 위치에 플랜지이음을 하여 보수점검을 용이하게 하여야 한다.
③ 수격작용이 발생할 염려가 있는 급수계통에는 에어챔버나 워터해머 방지기 등의 완충장치를 설치한다.
④ 수평배관에는 공기가 정체하지 않도록 하며, 어쩔 수 없이 공기정체가 일어나는 곳에는 공기빼기밸브를 설치한다.

해설
급수배관의 최소관경은 15mm 이상으로 한다.

(4) 탱크리스부스터방식(펌프직송방식)

1) 개념

   저수조에 저장한 물을 펌프를 이용하여 수전까지 직송하는 방식이다.

2) 급수경로

   지하저수조 → 부스터펌프 → 급수전

3) 특징

   ① 옥상탱크나 압력탱크가 필요 없다.
   ② 설비비가 고가이다.
   ③ 정전이나 단수 시 급수가 중단된다.(단, 비상발전시스템을 갖춘 경우에는 정전 시 가동이 가능하다)
   ④ 전력소비가 많다.
   ⑤ 자동제어시스템으로 고장 시 수리가 어렵다.
   ⑥ 제어방식에는 정속방식과 변속방식이 있다.

(5) 저수조 및 급수배관 설계, 시공상 유의사항

1) 저수조의 설치

   ① 저수 및 고가탱크는 물을 저장하는 공간으로 유해물질의 침입 및 오염이 최소화되어야 하므로, 건축부분과의 겸용은 피해야 한다.
   ② 상수탱크에 설치하는 뚜껑은 유효안지름 1,000mm 이상의 것으로 한다.
   ③ 상수관 이외의 관은 상수용 탱크를 관통하거나 상부를 횡단해서는 안 된다.
   ④ 상수탱크는 청소 시 급수에 지장이 있을 경우 또는 기간에 따라 급수부하의 변동이 있는 경우에 대비하여 분할하여 설치하거나 또는 칸막이를 설치한다.

2) 급수배관 설계 및 시공상 주의사항

   ① 급수배관의 최소관경은 15mm 이상으로 하며, 구배(기울기)는 1/300~1/200 정도로 한다.
   ② 주배관에는 적당한 위치에 플랜지이음을 하여 보수점검을 용이하게 하여야 한다.
   ③ 수격작용이 발생할 염려가 있는 급수계통에는 에어챔버나 워터해머 방지기 등의 완충장치를 설치한다.

④ 수평배관에는 공기가 정체하지 않도록 하며, 어쩔 수 없이 공기정체가 일어나는 곳에는 공기빼기밸브를 설치한다.
⑤ 벽 관통 시 슬리브(Sleeve)를 설치하고 그 속으로 배관이 관통할 경우, 구조체와 배관을 분리(이격)시켜 관의 설치 및 수리, 교체를 용이하게 하여야 한다.

3) 수격작용(Water Hammer)의 방지
① 수격현상(Water Hammer)이란 관 속을 충만하게 흐르는 액체(물)의 속도를 정지시키거나 흘려보내 물의 운동상태를 급격히 변화시킴으로써 일어나는 압력파현상이다.
② 일종의 물에 의한 마찰음으로 수격작용은 소음·진동을 유발하고 수전 및 수전의 패킹이나 와셔 등에 손상을 입힌다.
③ 특징
   - 배관파손 및 접속부 이완과 누설
   - Pipe Hanger, Guide의 이완 및 파손
   - Valve 및 기기류 파손
   - 배관의 진동·소음으로 주거환경에 악영향
④ 발생장소
   - 개폐 V/V
   - 펌프 토출 측
   - 곡관, 관경이 급변하는 곳
⑤ 원인 및 대책

구분	내용
원인	• 관 내 유속 또는 압력이 급변할 때 일어나기 쉽다.(밸브 급개폐 및 급조작 시, 펌프 급정지 시, 배관에 굴곡지점이 많을 때) • 관 내 유속이 클 때 일어나기 쉽다.(관경이 작을 때, 수압이 클 때, 20m 이상 고양정일 때) • 감압밸브 미사용 시 일어나기 쉽다.
대책	• 배관 상단 및 기구류 가까이에 공기실(Air Chamber)이나 수격방지기를 설치한다. • 수압을 감소시키고 관 내 유속을 2m/s 이내로 느리게 하는 것이 좋다. • 밸브 및 수전류를 서서히 개폐한다. • 급수관경을 크게 한다. • 가능하면 직선배관으로 한다. • 자동수압조절밸브를 설치한다. • 펌프의 토출 측에 스모렌스키 체크밸브를 설치한다.

핵심문제 ●●●

급수설비에서 수격작용(워터해머)에 관한 설명으로 옳지 않은 것은?
기 16①

❶ 관경이 클수록 발생하기 쉽다.
② 굴곡개소로 인해 발생하기 쉽다.
③ 유속이 빠를수록 발생하기 쉽다.
④ 플러시밸브나 수전류를 급격히 열고 닫을 때 발생하기 쉽다.

해설
수격작용(워터해머)은 압력의 급격한 변화, 특히 밸브 급폐쇄 등 압력이 급격하게 커질 때 발생하므로, 관경이 클 경우 압력이 작아지므로 수격작용이 발생하기 쉽다고 할 수 없다.

(6) 급수오염 방지

1) 크로스커넥션(Cross Connection) 방지
   ① 음용수의 오염현상으로서 수돗물에 수돗물 이외의 물질이 혼입되어 오염이 발생하는 현상이다.
   ② 배관의 잘못된 연결에 의해 발생하므로, 각 계통마다 배관을 색깔로 구분하여 크로스커넥션의 방지가 필요하다.

2) 배관의 부식 방지

3) 저수탱크의 정체수 수질관리

3. 급탕방식 및 특징

(1) 개별식(국소식) 급탕방식

1) 개념

   주택 등 소규모 건축물에서 사용장소에 급탕기를 설치하여 간단히 온수를 얻는 급탕방식이다.

2) 장단점

장점	단점
• 배관길이가 짧아 배관 중의 열손실이 적게 일어난다.	• 급탕규모가 커지면 가열기가 필요하므로 유지관리가 어렵다.
• 수시로 급탕하여 사용할 수 있다.	• 급탕개소마다 가열기의 설치공간이 필요하다.
• 높은 온도의 온수가 필요할때 쉽게 얻을 수 있다.	• 가스탕비기를 사용하는 경우 구조적으로 제약을 받기 쉽다.
• 급탕개소가 적을 경우 시설비가 적게 든다.	
• 급탕개소의 증설이 비교적 용이하다.	

3) 종류

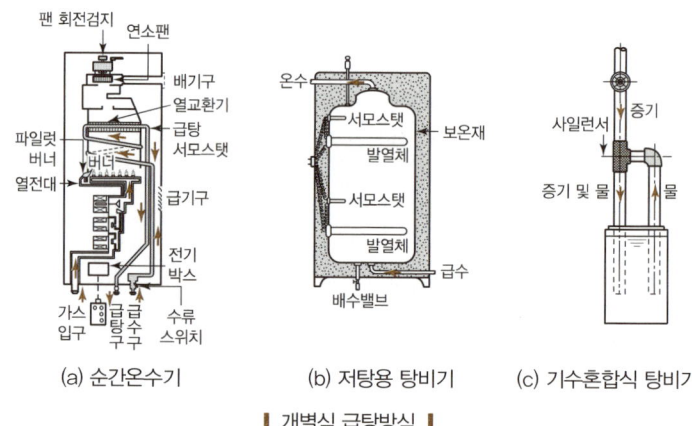

| 개별식 급탕방식 |

핵심문제

국소식 급탕방식에 관한 설명으로 옳지 않은 것은?   산 14②

① 열손실이 적다.
❷ 배관에 의해 필요개소에 어디든지 급탕할 수 있다.
③ 건물 완공 후에도 급탕개소의 증설이 비교적 쉽다.
④ 용도에 따라 필요한 개소에서 필요한 온도의 탕을 비교적 간단하게 얻을 수 있다.

[해설]
배관에 의해 필요개소에 어디든지 급탕할 수 있는 방식은 중앙급탕방식이다.

종류	세부사항
순간온수기 (즉시탕비기)	• 급탕관의 일부를 가스나 전기로 가열하여 직접 온수를 얻는 방법이다. 즉, 급수된 물이 가열코일에서 즉시 가열되어 급탕되는 방식이다. • 열의 전도효율이 양호하고, 배관열손실이 적다. • 급탕개소마다 가열기의 설치공간이 필요하고, 급탕개소가 적을 경우 시설비가 저렴하다. • 높은 온도의 온수를 얻기가 용이하고 수시급탕이 가능하다. • 가열온도는 60~70℃ 정도이다. • 주택의 욕실, 부엌의 싱크, 미용실, 이발소 등에 적합한 방식이다.
저탕형 탕비기	• 가열된 온수를 저탕조 내에 저장한다. • 비등점에 가까운 온수를 얻을 수 있고, 비교적 열손실이 많다. • 항상 일정량의 탕이 저장되어 있어, 일정시간에 다량의 온수를 요하는 곳에 적합하다.(여관, 학교, 기숙사 등)
기수혼합식 탕비기	• 보일러에서 생긴 증기를 급탕용의 물속에 직접 불어 넣어서 온수를 얻는 방법이다. • 열효율이 100%이다. • 고압의 증기를 사용(0.1~0.4MPa)한다. • 소음을 줄이기 위해 스팀사일런서(Steam Silencer)를 설치한다. • 사용장소의 제작을 받는다(공장, 병원 등 큰 욕조의 특수장소에 사용).

(2) 중앙식 급탕방식

1) 개념

중앙기계실에서 보일러에 의해 가열한 온수를 배관을 통하여 각 사용소에 공급하는 방식이다.

2) 장단점

장점	단점
• 연료비가 적게 든다. • 열효율이 좋다. • 관리가 편리하다. • 기구의 동시이용률을 고려하여 가열장치의 총열량을 적게 할 수 있다. • 대규모 급탕에 적합하다.	• 초기투자비용, 즉 설비비가 많이 든다. • 전문기술자가 필요하다. • 배관 도중 열손실이 크다. • 시공 후 증설에 따른 배관변경이 어렵다.

> **핵심문제** ●●●
>
> 중앙식 급탕방식에 관한 설명으로 옳지 않은 것은? 기 15④
> ① 주로 중규모 이상의 건물에 적용하는 방식이다.
> ❷ 온수를 사용하는 개소마다 가열장치를 설치한다.
> ③ 직접가열방식, 간접가열방식 및 순간가열방식이 있다.
> ④ 상향 또는 하향순환식 배관에 의해 필요개소에 온수를 공급한다.
>
> **해설**
> 온수를 사용하는 개소마다 가열장치를 설치하는 것은 국소식(개별식) 급탕방식이다.

3) 종류

직접 가열식	• 온수보일러로 가열한 온수를 저탕조에 저장하여 공급하는 방식이다. • 열효율면에서 좋지만, 보일러에 공급되는 냉수로 인해 보일러 본체에 불균등한 신축이 생길 수 있다. • 건물높이에 따라 고압의 보일러가 필요하다. • 급탕전용 보일러를 필요로 한다. • 스케일이 생겨 열효율이 저하되고 보일러의 수명이 단축된다. • 주택 또는 소규모 건물에 적합하다.
간접 가열식	• 저탕조 내에 안전밸브와 가열코일을 설치하고 증기 또는 고온수를 통과시켜 저탕조 내의 물을 간접적으로 가열하는 방식이다. • 증기보일러에서 공급된 증기로 열교환기에서 냉수를 가열하여 온수를 공급하는 방식으로서, 저장탱크에 설치된 서모스탯에 의해 증기공급량이 조절되어 일정한 온수를 얻을 수 있다. • 난방용 보일러에 증기를 사용할 경우 별도의 급탕용 보일러가 불필요하다. • 열효율이 직접가열식에 비해 나쁘다. • 보일러 내면에 스케일이 거의 생기지 않는다. • 고압용 보일러가 불필요하다. • 대규모 급탕설비에 적합하다.

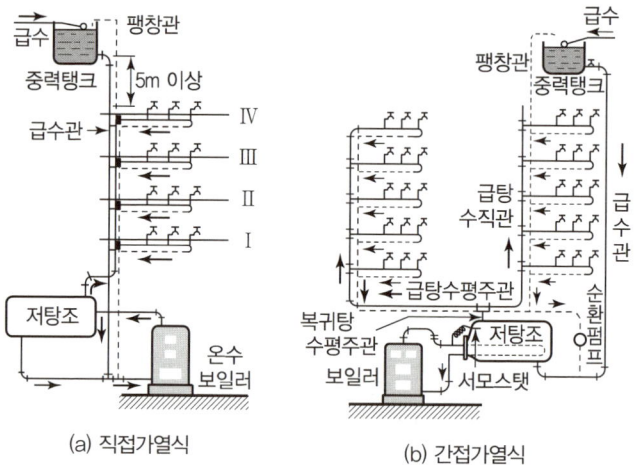

(a) 직접가열식 　　　(b) 간접가열식

｜ 중앙집중식 급탕방식 ｜

(3) 급탕설비 설치 시 유의사항

1) 일반사항

① 냉수, 온수를 혼합 사용해도 압력차에 의한 온도변화가 없도록 한다.

② 배관은 적정한 압력손실상태에서 피크 시를 충족시킬 수 있어야 한다.
③ 도피관(팽창관) 도중에는 절대 밸브를 달아서는 안 되며, 도피관(팽창관)의 배수는 간접배수로 한다.
④ 밀폐형 급탕시스템에는 온도 상승에 의한 압력을 도피시킬 수 있는 팽창탱크 등의 장치를 설치한다.
⑤ 수평관의 구배는 중력순환식인 경우 1/150, 기계식인 경우 1/200 정도가 좋다.
⑥ 관의 신축을 고려하여 굽힘부분에는 스위블이음 등으로 접합한다.
⑦ 관의 신축을 고려하여 건물의 벽 관통부분의 배관에는 슬리브를 사용한다.
⑧ 역구배나 공기정체가 일어나기 쉬운 배관 등 온수의 순환을 방해하는 것은 피한다.
⑨ 관 내 유속을 빠르게 하면 부식의 원인이 될 수 있다. 유속은 1.5m/s 이하로 제어되는 것이 부식 방지에 좋다.

2) 공급방식에 따른 유의사항

구분	내용
상향식 (Up Feed System)	• 급탕수평주관을 설치하고 수직관을 세워 상향으로 공급하는 방식이다. • 급탕수평주관은 앞올림(선상향)구배, 복귀관은 앞내림(선하향)구배로 한다.
하향식 (Down Feed System)	• 급탕주관을 건물 최고층까지 끌어올린 후 수평주관을 설치하고 하향수직관을 설치하여 내려오면서 공급하는 방식이다. • 급탕관 및 복귀관 모두 앞내림(선하향)구배로 한다.
상하향 혼합식 (Combined System)	건물의 저층부는 상향식, 3층 이상은 하향식으로 배관하는 방식이다.

3) 팽창관(Expansion Pipe) 또는 안전관(Escape Pipe)
① 온수난방배관에서 발생하는 온수의 체적팽창을 팽창탱크로 도출시키기 위한 역할을 한다.
② 보일러에서 온수가 과열되어 증기가 발생하였을 경우에 도출을 위해 팽창탱크 수면으로 돌출시킨 관으로, 팽창관 또는 안전관(도피관)이라고도 한다.

> **핵심문제** ●●○
>
> 길이가 20m인 동관으로 된 급탕수평주관에 급탕이 공급되어 관의 온도가 10℃에서 60℃로 온도가 상승한 경우, 동관의 팽창량은?(단, 동관의 선팽창계수는 1.71×10^{-5}이다.)
>
> 기 16②
>
> ① 0.86mm　② 8.6mm
> ❸ 17.1mm　④ 171mm
>
> **해설**
> $\Delta L = L \cdot \alpha \cdot \Delta t$
> 여기서, ΔL : 관의 팽창량(신축량)(m),
> 　　　　L : 관 길이(m)
> 　　　　α : 관의 선팽창계수
> 　　　　Δt : 온도변화(급탕온도 - 급수온도)(℃)
> ∴ $\Delta L = 20 \cdot 1.71 \times 10^{-5} \cdot (60 - 10)$
> 　　　　 $= 0.0171m = 17.1mm$

4) 급탕관의 팽창량(ΔL)

$$\Delta L = L \cdot \alpha \cdot \Delta t$$

여기서, ΔL : 관의 팽창량(신축량)(m)
　　　　L : 관 길이(m)
　　　　α : 관의 선팽창계수
　　　　Δt : 온도변화(급탕온도 - 급수온도)(℃)

(4) 급탕관의 신축이음

1) 일반사항

① 급탕배관은 온수의 온도차에 의해 관의 신축이 심하여 누수의 원인이 된다.

② 누수를 방지하고, 밸브류 등의 파손을 방지하며, 신축을 흡수하기 위하여 신축이음을 설치한다.

2) 종류

종류	내용
스위블조인트 (Swivel Joint)	• 2개 이상의 엘보를 이용하여 나사부의 회전으로 신축을 흡수한다. • 난방배관 주위에 설치하여 방열기의 이동을 방지한다. • 누수의 우려가 크다.
신축곡관 (Expansion Loop : 루프관)	• 파이프를 원형 또는 ㄷ자형으로 밴딩하여 신축을 흡수한다. • 고압배관의 옥외배관에 주로 사용한다. • 신축길이가 길며 다소 넓은 공간이 요구된다. • 누수가 거의 없는 신축이음방식이다.
슬리브형 이음쇠 (Sleeve Type)	• 관의 신축을 슬리브에 의해 흡수한다. • 패킹의 파손 우려가 있어 누수되기 쉽다. • 보수가 용이한 곳에 설치한다. • 벽, 바닥용의 관통배관에 사용한다.
벨로스형 이음쇠 (Bellows Type)	• 주름모양의 벨로스에서 신축을 흡수한다. • 고압에는 부적당하다.
볼조인트 (Ball Joint)	• 관 끝에 볼 부분을 만들고 이것을 케이싱으로 싸되 그 사이를 개스킷으로 밀봉한 것으로서 볼 부분이 케이싱 내에서 360° 회전하면서 회전과 굽힘작용을 한다. • 이음을 2~3개 사용하면 관절작용을 하여 관의 신축을 흡수한다. • 고온이나 고압에 사용한다.

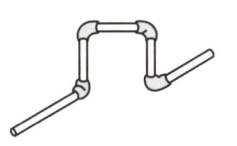
(a) 스위블조인트

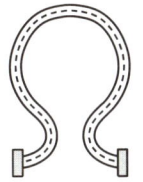
(b) 신축곡관

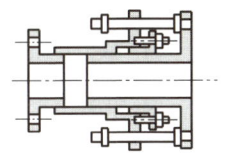
(c) 슬리브형 이음쇠

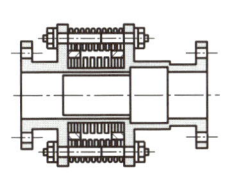
(d) 벨로스형 이음쇠

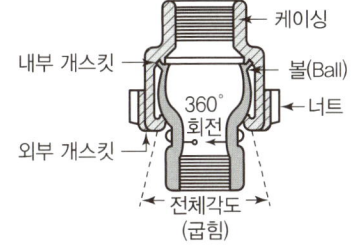
(e) 볼조인트

| 신축이음쇠 |

핵심문제 ●●○

급탕배관 설계 시 주의해야 할 사항으로 옳지 않은 것은? 산 17①

① 배관구배는 강제순환방식의 경우 1/200 정도가 적합하다.
② 하향배관법에서 급탕관 및 반탕관은 모두 앞내림구배로 한다.
❸ 직관부가 긴 횡주관에서는 신축이음을 강관일 경우 50m마다 1개씩 설치한다.
④ 상향배관법에서 급탕수평주관은 앞올림구배, 반탕관은 앞내림구배로 한다.

해설
강관일 경우 신축이음은 30m마다 1개씩 설치한다.

3) 설치간격

구분	동관(m)	강관(m)
수직	10	20
수평	20	30

SECTION 03 배수 및 통기설비

1. 위생기구의 종류 및 특징

(1) 위생기구의 개념 및 조건

1) 위생기구의 개념

위생기구란 급수관과 배수관 사이에서 물을 배수관으로 흘려보내는 각종 장치 및 기구를 말한다.

2) 위생기구의 조건
① 흡수성이 적을 것
② 항상 청결하게 유지할 수 있을 것
③ 내식성, 내마모성이 있을 것
④ 제작 및 설치가 용이할 것

(2) 위생기구의 유닛화

1) 개념

공장에서 화장실 내의 위생기구 및 타일 등을 유닛화하여 제작하며, 현장에서 조립하는 방식을 말한다.

2) 목적
① 공사기간의 단축
② 공정의 단순화 · 합리화
③ 시공정도 향상
④ 인건비 및 재료비 절감

3) 설비유닛화를 위한 선행조건
① 현장조립 용이(설비의 현장조립이 원활하려면 유닛의 소요 배관이 건축물의 방수부를 통과하지 않고 바닥 위에서 처리가 가능해야 한다)
② 가볍고 운반이 용이하며, 가격이 저렴할 것
③ 유닛화 내의 배관이 단순할 것

(3) 대변기의 급수방식에 의한 분류

1) 하이탱크식

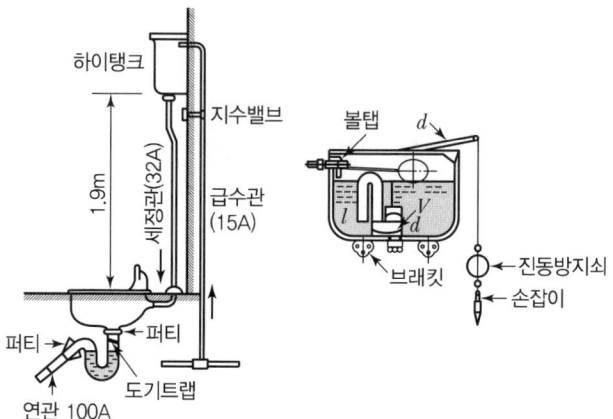

┃ 하이탱크식 ┃

① 하이탱크식은 바닥으로부터 1.6m 이상 높은 위치(탱크 표준 높이는 1.9m, 표준 용량 15L임)에 탱크를 설치하고, 볼탭을 통하여 공급된 일정량의 물을 저장하고 있다가 핸들 또는 레버의 조작에 의한 낙차에 의해 수압으로 대변기를 세척하는 방식이다.
② 설치면적이 작다.

③ 세정 시 소리가 크다.
④ 탱크 내에 고장이 있을 때 불편하다.
⑤ 급수관경은 15A, 세정관경은 32A이다.
⑥ 탱크표준높이는 1.9m, 탱크용량은 15L이다.

2) 로탱크식
① 탱크로의 급수압력에 관계없이 대변기로의 공급수량이나 압력이 일정하며, 양호한 세정효과와 소음이 적어 일반 주택에서 주로 사용되는 대변기 세정수의 급수방식이다.
② 인체공학적이다.
③ 소음이 적어 주택, 호텔에 이용되고, 급수압이 낮아도 이용이 가능하다.
④ 설치면적이 크다.
⑤ 탱크가 낮아 세정관은 50mm 이상으로 하며, 급수관경은 15A이다.

> **핵심문제** ●●○
> 탱크로의 급수압력에 관계없이 대변기로의 공급수량이나 압력이 일정하며, 양호한 세정효과와 소음이 적어 일반 주택에서 주로 사용되는 대변기 세정수의 급수방식은? 산 13②
> ① 세락식
> ② 세출식
> ❸ 로탱크식
> ④ 세정밸브식

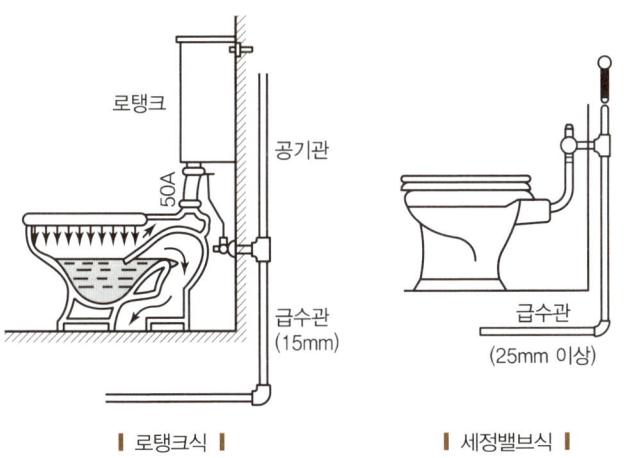

| 로탱크식 | | 세정밸브식 |

3) 세정밸브식(플러시밸브, Flush Valve)
① 한 번 밸브를 누르면 일정량의 물이 나오고 잠긴다.
② 수압이 0.7MPa(70kPa) 이상이어야 한다.
③ 급수관의 최소관경은 25A이다.
④ 레버식, 버튼식, 전자식이 있다.
⑤ 소음이 크고, 연속사용이 가능하며, 단시간에 다량의 물이 필요하다.(일반 가정용으로는 사용이 곤란)
⑥ 오수가 급수관으로 역류하는 것을 방지하기 위해 진공방지기(Vaccum Breaker)를 설치한다.
⑦ 점유면적이 작다.

(4) 대변기의 세정방식에 따른 분류

구분	세부사항
세출식 (Wash-out Type)	• 오물을 일단 변기의 얕은 수면에 받아 변기 가장자리의 여러 곳에서 나오는 세정수로 오물을 씻어 내리는 방식 • 다량의 물을 사용해야 하며 물 고이는 부분이 얕아서 냄새를 발산한다.
세락식 (Wash-down Type)	오물이 트랩의 수면에 떨어지면 변기의 가장자리에서 나오는 세정수의 일부가 변기의 벽을 씻어 내리고 또 나머지 물을 트랩 바닥면에 일시에 떨어뜨려 오물을 배수관으로 밀어 넣어 수면의 상승에 의해 오물을 배출시키게 하는 구조
사이펀식 (Siphon Type)	• 배수로를 굴곡시켜 세정 시에 만수상태가 되었을 때 생기는 사이펀작용으로 오물을 흡인하여 제거하는 방식 • 세락식과 비슷하나 세정능력이 우수하다.
사이펀 제트식 (Siphon Jet Type)	• 리버스트랩형 사이펀식 변기의 트랩배수로 입구에 분출구멍을 설치하여 강제적으로 사이펀작용을 일으켜서 그 흡인작용으로 세정하는 방식 • 유수면을 넓게, 봉수깊이를 깊게, 트랩지름을 크게 할 수 있으므로 수세식 변기 중 가장 우수하다.
블로아웃식 (Blow-out Type, 취출식)	• 변기 가장자리에서 세정수를 적게 내뿜고 분수구멍에서 분수압으로 오물을 불어 내어 배출하는 방식 • 오물이 막히지 않는다. • 급수압이 커야 한다.(0.1MPa 이상) • 소음이 커서 학교, 공장 및 기타 공공건물에 많이 쓰인다.
절수식 (Siphon Jet Vortex Type)	• 최근 수자원 절약 차원에서 적극적으로 보급되고 있다. • 일반 대변기가 13L 정도를 소비하는 데 비해 6~8L의 세정수로 세정한다. • 적은 양으로 세정하기 위해 관경을 좁히고 트랩 앞부분에서 제트류를 만든다. • 세정능력이 나쁜 것이 단점이다.

(5) **소변기**

소변기는 벽걸이형과 스툴형으로 대별되며 작동방식에 따라 세락식과 블로아웃식, 자동식과 수동식이 있다.

2. 배수의 종류와 배수방식

(1) 배수의 종류

1) 배수접속방식에 의한 분류

구분	특징 및 유의사항
직접배수	• 배수를 배수관에 직접 접속 • 악취 유입을 막기 위해 트랩을 설치
간접배수	• 배수를 배수관에 직접 접속시키지 않고 공간을 두고 배수하는 것 • 냉장고, 세탁기, 음료기 등 배수의 역류가 되면 안 되는 곳에 사용

> **핵심문제** ●●○
> 간접배수를 하여야 하는 기기 및 장치에 속하지 않는 것은? 산 14③
> ❶ 세면기
> ② 세탁기
> ③ 제빙기
> ④ 식기세정기

2) 배수의 성질에 의한 분류

성질	용도 및 특징
오수	화장실 대소변기에서의 배수이다.
잡배수	부엌, 세면대, 욕실 등에서의 배수이다.
우수	빗물배수로 단독배수를 원칙으로 한다.
특수배수	공장배수, 병원의 배수, 방사선시설의 배수는 유해·위험한 물질을 포함하고 있으므로 일반적인 배수와는 다른 계통으로 처리해서 방류한다.

3) 배수처리방식에 의한 분류

배수처리방식	개념
합류배수	오수, 잡배수를 전부 모아서 배제하는 방식이다.
분류배수	오수를 분뇨정화조에서 단독으로 처리한 후 공공하수도로 방류하는 방식이다.

(2) 트랩(Trap)

1) 트랩의 설치목적

① 트랩은 배수관 내의 악취, 유독가스 및 벌레 등이 실내로 침투하는 것을 방지하기 위해 설치한다.
② 역류방지를 위해 배수계통의 일부에 봉수를 고이게 하여 방지하는 기구이다.
③ 일반적으로 봉수의 유효깊이는 50~100mm이다. 봉수의 깊이가 50mm 이하이면 봉수가 파괴되기 쉽고, 100mm 이상이면 배수저항이 증가하게 된다.

> **핵심문제**
> 배수관에 트랩을 설치하는 가장 주된 이유는? 기 15② 산 20③
> ① 배수의 동결을 막기 위하여
> ② 배수의 소음을 감소시키기 위하여
> ③ 배수관의 신축을 조절하기 위하여
> ❹ 하수가스, 악취 등이 실내로 침입하는 것을 막기 위하여
>
> [해설]
> 배수관의 트랩설치 목적은 봉수를 채워 놓고, 하수가스, 악취 등이 실내로 역류하는 것을 방지하는 것이다.

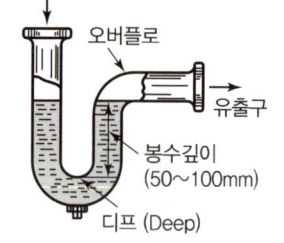

| 트랩의 봉수 |

핵심문제 ●●●

배수트랩의 구비조건으로 옳지 않은 것은? 기17④

❶ 가동부분이 있을 것
② 자기세정 기능을 가지고 있을 것
③ 봉수깊이는 50mm 이상 100mm 이하일 것
④ 오수에 포함된 오물 등이 부착 또는 침전하기 어려운 구조일 것

[해설]
트랩에 가동부분이 있을 경우 봉수파괴의 원인이 된다.

2) 트랩의 구비조건
  ① 구조가 간단하여 오물이 체류하지 않을 것
  ② 자체의 유수로 배수로를 세정하고 평활하여 오수가 정체하지 않을 것
  ③ 봉수가 파괴되지 않을 것
  ④ 내식, 내구성이 있을 것
  ⑤ 관 내 청소가 용이할 것

3) 설치 금지 트랩
  ① 수봉식이 아닌 것
  ② 가동부분이 있는 것
  ③ 격벽에 의한 것
  ④ 정부에 통기관이 부착된 것
  ⑤ 이중트랩

4) 트랩의 종류
  ① **사이펀식 트랩(관트랩)** : 사이펀작용을 이용하여 배수하는 트랩으로서, 종류에는 S트랩, P트랩 등이 있으며, 주로 세면기, 소변기, 대변기 등에 적용되고 있다.

종류	특징
P트랩	• 세면기, 소변기 등의 배수에 사용 • 통기관 설치 시 봉수가 안정적이며 가장 널리 사용 • 배수를 벽면 배수관에 접속하는 데 사용
S트랩	• 세면기, 소변기, 대변기 등에 사용 • 배수를 바닥 배수관에 연결하는 데 사용 • 사이펀작용에 의하여 봉수가 파괴될 가능성이 높음
U트랩	• 일명 가옥트랩 또는 메인트랩 • 가옥의 배수본관과 공공하수관 연결부위에 설치하여 공공하수관의 악취가 옥내에 유입되는 것을 방지 • 수평주관 끝에 설치하는 것으로 유속을 저해하는 결점은 있으나 봉수가 안전

② **비사이펀식 트랩** : 중력작용에 의한 배수

종류	특징
드럼트랩	• 드럼모양의 통을 만들어 설치 • 보수, 안정성이 높고 청소도 용이 • 주방용 싱크대 배수트랩으로 주로 사용되며, 다량의 물을 고이게 한 것으로 봉수보호가 잘되는 편임
벨트랩	• 주로 바닥 배수용으로 사용 • 상부 벨을 들면 트랩(Trap) 기능이 상실되므로 주의 • 증발에 의한 봉수파괴가 잘 됨

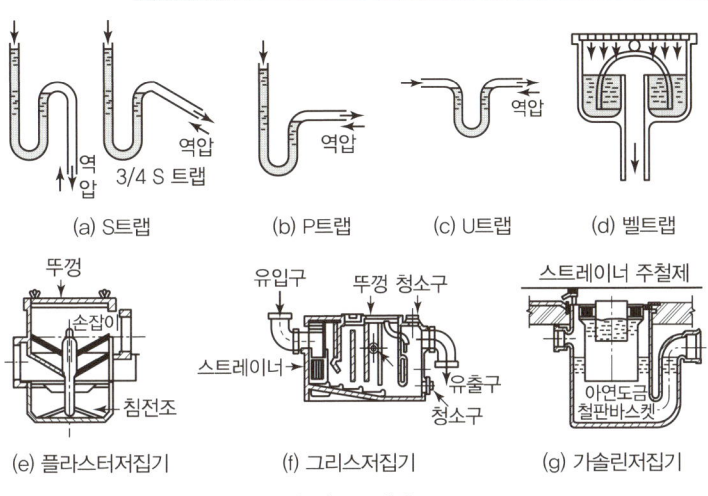

| 각종 트랩 |

③ **저집기형 트랩** : 저집기형 트랩은 배수 중에 혼입된 여러 유해물질이나 기타 불순물 등을 분리수집함과 동시에 트랩의 기능을 발휘하는 기구

구분	내용
그리스저집기 (Grease Trap)	주방 등에서 기름기가 많은 배수로부터 기름기를 제거, 분리시키는 장치
샌드저집기 (Sand Trap)	배수 중의 진흙이나 모래를 다량으로 포함하는 곳에 설치
헤어저집기 (Hair Trap)	이발소, 미용실에 설치하여 배수관 내 모발 등을 제거, 분리시키는 장치
플라스터저집기 (Plaster Trap)	치과의 기공실, 정형외과의 깁스실 등의 배수에 설치
가솔린저집기 (Gasoline Trap)	가솔린을 많이 사용하는 곳에 쓰이는 것으로 배수에 포함된 가솔린을 수면 위에 뜨게 하여 통기관에 의해 휘발
런드리저집기 (Laundry Trap)	영업용 세탁장에 설치하여 단추, 끈 등 세탁 불순물의 배수관 유입 방지

핵심문제

호텔의 주방이나 레스토랑의 주방 등에서 배출되는 배수 중의 유지분을 포집하기 위하여 사용되는 포집기는?
산 14③

① 오일포집기
② 헤어포집기
❸ 그리스포집기
④ 플라스터포집기

해설 그리스포집기
주방 바닥의 기름기 제거용 포집기로서 호텔, 식당, 조리실 등의 주방 바닥에 이용한다.

(3) 트랩 봉수의 파괴원인 및 방지대책

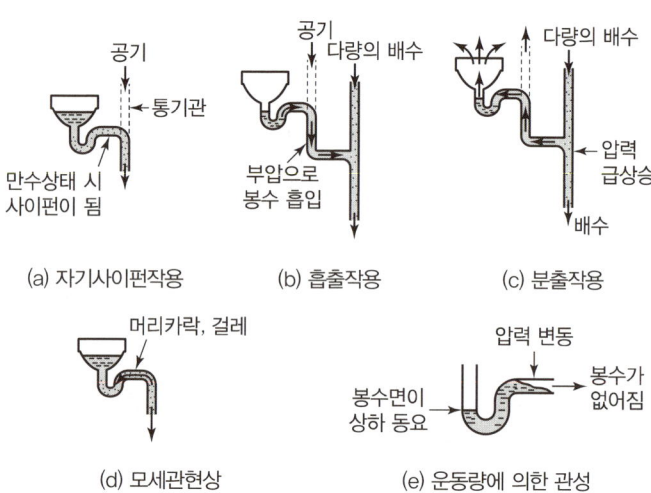

트랩의 봉수 파괴원인

구분	봉수파괴의 원인	방지대책
자기사이펀작용	만수된 물의 배수 시 배수의 유속에 의하여 사이펀작용이 일어나 봉수를 남기지 않고 모두 배수	통기관 설치 시 S트랩 사용 자제 → P트랩 사용
감압에 의한 흡입 (유도사이펀)작용	하류 측에서 물을 배수하면 상류 측의 물에 의해서 회주관 내 관의 압력이 저하되면서 봉수를 흡입파괴	통기관 설치
분출(토출)작용	상류에서 배수한 물이 하류 측에 부딪쳐서 관 내 압력이 상승하여 봉수를 분출하여 파손	통기관 설치
모세관현상	트랩 내에 실, 머리카락, 천 조각 등이 걸려 아래로 늘어져 있어 모세관현상에 의해 봉수파괴	청소(머리카락, 이물질 제거), 내면이 미끄러운 재질의 트랩 사용
증발현상	오랫동안 사용하지 않는 베란다, 다용도실 바닥배수에서 봉수가 증발하여 파괴	기름막 형성으로 물의 증발 방지 → 트랩에 물 공급
자기운동량에 의한 관성작용	강풍 등에 의해 관 내 기압이 변동하여 봉수가 파괴되는 현상	기압변동 원인감소, 유속 감소

핵심문제 ●●○

집을 오랫동안 비워 두었더니 트랩의 봉수가 파괴되었다. 다음 중 그 원인으로 가능성이 가장 큰 것은?

산 16②

❶ 증발현상
② 공동현상
③ 자기사이펀작용
④ 유도사이펀작용

해설 증발현상

사용빈도가 적거나 건물을 장기간 비울 시 봉수가 자연증발되어, 봉수가 파괴되는 현상

(4) 배수관의 시공

1) 배수관의 관경

① 배수관의 관경은 단위시간당 최대유량을 기준으로 결정하는 것이 합리적이다.
② 시간당 최대유량과 기구의 동시사용률 및 사용빈도수를 감안한 기구배수부하단위(DFU : Drain Fixture Unit)를 이용하여 결정한다.
③ 이때 1DFU는 세면기의 배수량(28.5L/min)을 의미한다.
④ 배수부하단위의 기준이 되는 세면기(1FU) 배수관의 최소관경(부속트랩의 구경)은 30mm이다. 소변기의 최소관경은 30mm, 대변기의 최소관경은 75mm이다.

2) 배수관의 구배

① 배수관경과 구배는 상관관계를 가지며 유속은 적당해야 한다.
② 배수의 평균유속은 1.2m/s 정도이다.(최소 0.6m/s에서 최대 2.4m/s로 한다. 단, 옥내배수관에서는 0.6~1.2m/s로 한다)
③ 옥내배수관의 표준구배는 관경(mm)의 역수보다 크게 한다.

3) 청소구(Clean Out) 설치

배수배관은 관이 막혔을 때 이를 점검·수리하기 위해 배관 굴곡부나 분기점에 반드시 청소구를 설치한다.
① 가옥배수관과 부지하수관이 접속하는 곳
② 배수수직관의 최하단부
③ 수평주관의 최상단부
④ 가옥배수 수평주관의 기점
⑤ 45° 이상 굴곡부
⑥ 각종 트랩
⑦ 수평관(관경 100mm 이하)의 직선거리 15m 이내마다, 100mm 초과의 관에서는 직선거리 30m 이내마다 설치

4) 배수배관 설치원칙

① 건물 내에서 지중배관은 피하고 피트 내 또는 가공배관을 한다.
② 배수는 원칙적으로 중력에 의해 옥외로 배출하도록 한다.
③ 엘리베이터 샤프트, 엘리베이터 기계실 등에는 배수배관을 설치하지 않는다.
④ 트랩의 봉수보호, 배수의 원활한 흐름, 배관 내의 환기를 위해 통기배관을 설치한다.

핵심문제

배수관에 있어서 청소구(Clean Out)를 원칙적으로 설치해야 하는 곳이 아닌 것은?　기 13④ 18②

❶ 배수수직관의 최상부
② 배수수평주관의 기정
③ 배수관이 45° 이상의 각도로 방향을 바꾸는 곳
④ 배수수평주관과 옥외배수관의 접속장소와 가까운 곳

해설
배수수직관의 최하단부에 설치가 필요하다.

(5) **배수 및 통기배관의 시험**

1) 목적

트랩과 각 접속부분의 누수, 누기 여부를 파악하기 위해 시험을 실시한다.

2) 시험진행 시점

① 수압 또는 기압시험은 건물 내의 배수통기관 시공 후, 보온 시공 이전 또는 은폐 이전에 진행한다.
② 기밀시험(연기시험, 박하시험)은 위생기구 등의 설치가 완료된 후 트랩을 봉수하여 실시한다.

3) 시험종류 및 시험사항

시험종류	시험사항
수압시험	• 30kPa에 해당하는 압력에 30분 이상 견딜 것 • 수압시험과 기압시험은 위생기기 부착 전 배수, 통기배관에 대하여 실시
기압시험	• 35kPa에 해당하는 압력에 15분 이상 견딜 것 • 공기압축기 또는 시험기를 배수관의 적절한 장소에 접속하여 개구부를 모두 밀폐한 후 관 내에 공기압을 걸어 누출여부 검사 • 시험방법 중 가장 정확
기밀시험	• 연기시험(Smoke Test) : 시험수두 25mm 이상, 15분간 유지 • 박하시험(Peppermint Test) : 시험대상 부분의 모든 트랩을 밀폐한 다음, 입관 7.5m당 박하유 50g을 4L 이상의 열탕에 녹여 그 용액을 입관 정부의 통기구에서 주입한 다음 그 통기구를 밀폐하여 박하의 누출여부를 검사
만수시험	배수통기관에 3m 수두로 물을 채워 수압시험 실시
통수시험	• 각 기구의 사용상태에 대응한 수량으로 배수하고 배수의 유하상황이나 트랩의 봉수 등에 이상 소음의 발생여부를 검사 • 물을 통과해 보는 시험으로 최종점검에 해당

3. 통기방식

(1) 통기방식 일반사항

1) 통기관의 설치목적

   ① 트랩의 봉수 보호
   ② 배수 흐름을 원활하게 유지(압력변화 방지)
   ③ 배수관 내 악취 배출 방지 및 청결 유지

2) 통기방식의 분류

종류		개념 및 특징
배관방식	1관식	• 별도의 통기관 없이 배수관이 통기의 기능을 겸하는 방법 • 신정통기관, 섹시티아 방식 등
	2관식	• 배수관과 별도의 통기관을 두는 것 • 대규모 건물에 주로 채용
통기계통	각개통기	위생기구마다 통기관을 접속하는 방법
	환상통기	여러 개의 위생기를 묶어 통기관 1개를 접속하는 방법

(2) 통기관의 종류별 특징

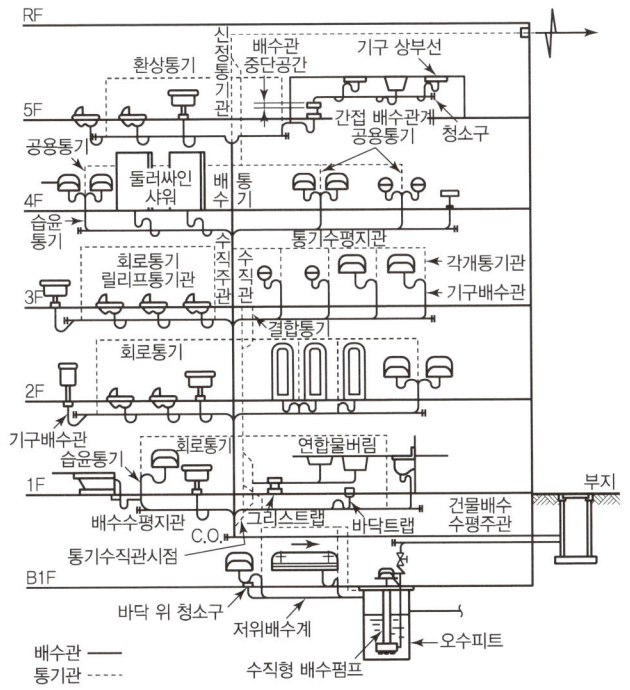

| 통기관의 명칭과 배수관의 관계 |

핵심문제

다음 중 통기관의 설치목적과 가장 거리가 먼 것은? 기 13②

① 배수의 원활
② 배수관의 환기
③ 트랩의 봉수 보호
❹ 사이펀작용 촉진

해설

사이펀작용을 촉진할 경우, 사이펀작용에 의한 봉수파괴가 발생할 수 있다. 이에 통기관은 사이펀작용을 억제하는 목적으로 사용된다.

핵심문제 ●●●
다음 설명에 알맞은 통기관의 종류는 어느 것인가? 기 16②

> 1개의 트랩을 위해 트랩하류에서 취출하여, 그 기구보다 윗부분에서 통기계통에 접속하거나 또는 대기 중에 개구하도록 설치한 통기관을 말한다.

① 루프통기관　② 신정통기관
③ 결합통기관　❹ 각개통기관

해설
각 위생기구마다 통기관을 접속하는 방법을 각개통기방식이라 하며, 그때의 통기관을 각개통기관이라 한다.

1) 각개통기관
 ① 위생기구마다 각각 통기관을 설치하는 방법으로 가장 이상적인 방법이다.
 ② 설비비가 많이 소요된다.

2) 회로통기관(환상, Loop통기관)
 ① 2개 이상의 기구트랩에 공통으로 하나의 통기관을 설치하는 통기방식이다.
 ② 배수수평주관 최상류 기구 바로 아래의 배수관에 통기관을 세워 통기수직관 또는 신정통기관에 연결한다.
 ③ 회로통기 1개당 최대 담당 기구수는 8개 이내(세면기 기준)이며 통기수직관까지는 7.5m 이내가 되게 한다.

3) 도피통기관
 ① 도피통기관은 배수·통기 양계통 간의 공기의 유통을 원활히 하기 위해 설치하는 통기관이다.
 ② 배수수평주관 하류에 통기관을 연결한다.
 ③ 회로통기를 돕는다.[회로(루프)통기관에서 8개 이상의 기구를 담당하거나 대변기가 3개 이상 있는 경우 통기능률을 향상시키기 위하여 배수횡지관 최하류와 통기수직관을 연결하여 통기역할을 한다.]

4) 신정통기관
 ① 최상부의 배수수평관이 배수입상관에 접속한 지점보다도 더 상부방향으로, 그 배수입상관을 지붕 위까지 연장하여 이것을 통기관으로 사용하는 관을 말한다.
 ② 배수수직관 상부에 통기관을 연장하여 대기에 개방시킨다.
 ③ 배관길이에 비해 성능이 우수하다.

5) 결합통기관
 ① 오배수입상관으로부터 취출하여 위쪽의 통기관에 연결하는 배관으로, 오배수입상관 내의 압력을 같게 하기 위한 도피통기관의 일종이다.
 ② 고층건물에서 5개층마다 설치하여 배수주관의 통기를 촉진한다.

6) 습윤(습식)통기관
 배수수평주관 최상류 기구에 설치하여 배수와 통기를 동시에 하는 통기관이다.

(3) 통기관의 최소관경

종류	최소관경
각개통기관	32A 이상, 배수관경의 1/2 이상
회로통기관(환상, Loop통기관)	40A 이상, 배수관경의 1/2 이상
도피통기관	40A 이상, 배수관경의 1/2 이상
신정통기관	배수관경
결합통기관	50A 이상, 배수관경의 1/2 이상
습윤(습식)통기관	배수관경

(4) 특수통기방식

종류	개념 및 특징
소벤트시스템 (Sovent System)	• 통기관을 따로 설치하지 않고 하나의 배수수직관으로 배수와 통기를 겸하는 시스템이다. • 2개의 특수이음쇠 적용 : 공기혼합이음쇠(Aerator Fitting), 공기분리이음쇠(Deaerator Fitting)
섹스티아시스템 (Sextia System)	• 배수수직관에 섹스티아이음(Sextia 이음쇠와 Sextia 벤트관을 사용)을 통한 선회류 발생으로, 수직관에 공기코어(Air Core)를 형성시켜 통기역할을 하도록 하는 시스템이다. • 하나의 관으로 배수와 통기를 겸하며, 이 시스템은 층수의 제한 없이 고층, 저층에 모두 사용이 가능하다. • 신정통기만을 사용하므로 통기 및 배수계통이 간단하고 배수관경이 작아도 되며 소음이 적다는 것이 특징이다.

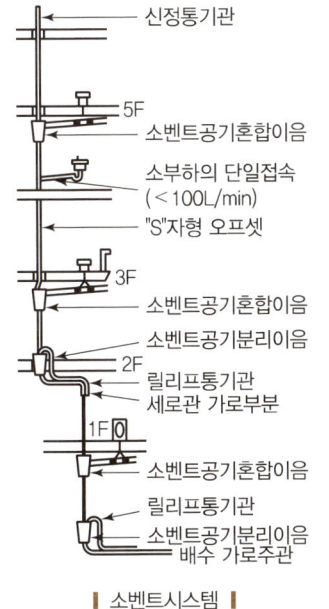

| 소벤트시스템 |

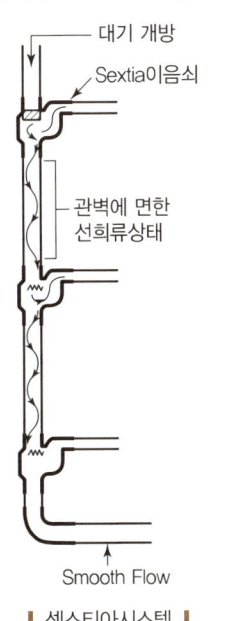

| 섹스티아시스템 |

핵심문제
통기배관에 관한 설명으로 옳지 않은 것은? 기 13④
① 간접배수계통의 통기관은 단독배관한다.
❷ 통기수직관과 우수수직관은 겸용배관한다.
③ 각개통기방식에서는 반드시 통기수직관을 설치한다.
④ 배수수직관의 상부는 연장하여 신정통기관으로 사용한다.
[해설] 통기수직관을 우수수직관과 연결하여 겸용배관해서는 안 된다.

핵심문제
건물·시설 등에서 발생하는 오수를 다시 처리하여 생활용수·공업용수 등으로 재이용하는 시설로 정의되는 것은? 기 16①
❶ 중수도 ② 하수관거
③ 배수설비 ④ 개인하수도
[해설] 중수도[Wastewater Reclamation and Reusing System, 中水道] 한 번 사용한 수돗물을 생활용수, 공업용수 등으로 재활용할 수 있도록 다시 처리하는 시설로서 관련 법규에서 특정 용도 및 일정 규모 이상의 시설에 중수도설비를 설치하게 되어 있다.

(5) 통기관 배관 시 유의사항

① 바닥 아래의 통기관은 금지해야 한다.
② 오물정화조의 배기관은 단독으로 대기 중에 개구해야 하며, 일반통기관과 연결해서는 안 된다.
③ 통기수직관을 빗물수직관과 연결해서는 안 된다.
④ 오수피트 및 잡배수피트 통기관은 양자 모두 개별 통기관을 갖지 않으면 안 된다.
⑤ 통기관은 실내환기용 덕트에 연결하여서는 안 된다.
⑥ 간접배수계통의 통기관은 단독배관한다.

4. 물의 재이용시설

(1) 용어의 정의

용어	정의
물의 재이용	빗물, 오수(汚水), 하수처리수, 폐수처리수 및 발전소 온배수를 물재이용시설을 이용하여 처리하고, 그 처리된 물을 생활, 공업, 농업, 조경, 하천 유지 등의 용도로 이용하는 것을 말한다.
물재이용시설	빗물이용시설, 중수도, 하폐수처리수 재이용시설 및 온배수 재이용시설을 말한다.
빗물이용시설	건축물의 지붕면 등에 내린 빗물을 모아 이용할 수 있도록 처리하는 시설을 말한다.
중수도	개별시설물이나 개발사업 등으로 조성되는 지역에서 발생하는 오수를 공공하수도로 배출하지 아니하고 재이용할 수 있도록 개별적 또는 지역적으로 처리하는 시설을 말한다.

(2) 물의 재이용처리기준

1) 빗물이용시설

집수조용량은 지붕면적(m^2)×$0.05m^3/m^2$ 이상

2) 중수도시설

구분	세부사항
시설물 및 개발사업	물 사용량(수돗물+지하수)의 100분의 10 이상
공장	폐수배출량의 100분의 10 이상

(3) 빗물저수조의 설계프로세스

빗물 유입(집우) → 오염물질처리장치 → 1차 저수조 → 여과장치 → 2차 저수조 → 재활용

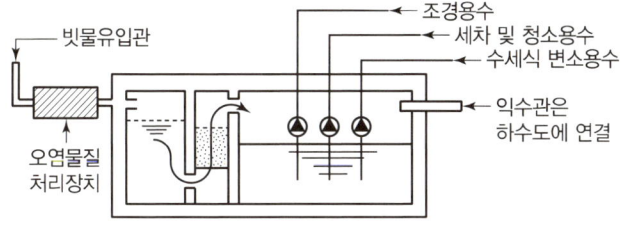

SECTION 04 오수정화설비

1. 오수의 수질

(1) 수질관련용어

용어	개념 및 특징
BOD (Biochemical Oxygen Demand : 생화학적 산소요구량)	• 오수 중의 유기물이 이와 공존하는 미생물에 의해 분해되어 안정화하는 과정에서 소비되는 수중에 녹아 있는 산소의 감소를 나타내는 값이다. • 물의 오염정도를 나타낸다.(낮을수록 깨끗한 물을 의미한다) • 측정하는 데 5일 정도의 시간이 소요된다.
COD (Chemical Oxygen Demand : 화학적 산소요구량)	• 용존유기물을 화학적으로 산화시키는 데 필요한 산소량이다. • 일반적으로 공장폐수는 무기물을 함유하고 있어 BOD 측정이 불가능하여 COD로 측정한다. • 값이 적을수록 수질이 좋다. • 측정하는 데 3시간 정도의 시간이 소요된다.
DO (Dissolved Oxygen : 용존(溶存)산소)	• 물속에 용해되어 있는 산소를 ppm으로 나타낸 것. 깨끗한 물은 7~14ppm의 산소가 용존되어 있다. • 오염도가 높은 물은 산소가 용존되어 있지 않다. • 정화조의 폭기조 내에는 2ppm의 용존산소가 필요하다.
SS (Suspended Solids : 부유물질)	탁도의 정도로 입경 2mm 이하의 불용성의 뜨는 물질을 ppm으로 표시한 것이다.
스컴 (Scum)	정화조 내의 오수 표면 위에 떠오르는 오물찌꺼기이다.
활성오니 (Activated Sludge)	폭기조 내에 용해되어 있는 유기물질과 그에 따라 세포가 증식되는 미생물 덩어리(Flock)이다.

| 핵심문제 | ●●○ |

오수의 BOD제거율이 95%인 정화조로 유입되는 오수의 BOD농도가 300 ppm일 경우, 방류수의 BOD농도는?
기 15④

❶ 15ppm ② 85ppm
③ 150ppm ④ 285ppm

해설
BOD제거율(%)
$= \dfrac{\text{유입수 BOD} - \text{유출수 BOD}}{\text{유입수 BOD}} \times 100(\%)$

$95 = \dfrac{300 - \text{유출수 BOD}}{300} \times 100(\%)$

상기 식에서 유출수BOD로 정리하여 산출하면, 유출수BOD는 15ppm이 나온다.

| 핵심문제 | ●●○ |

오수처리방법 중 물리 및 화학적 처리방법에 속하지 않는 것은? 기 13②

① 오존을 이용하는 방법
② 산화제를 이용하는 산화법
❸ 미생물에 의한 호기성 분해방법
④ 응집제를 이용하여 부유물질을 침전시키는 방법

해설
미생물에 의한 호기성 분해방법은 생물학적 처리방법에 해당한다.

---

(2) BOD제거율과 BOD부하량의 산출

1) BOD제거율(%)

$$\dfrac{\text{유입수의 BOD} - \text{유출수의 BOD}}{\text{유입수의 BOD}} \times 100(\%)$$

2) BOD부하량(g/인·일)

$$1\text{인 } 1\text{일 오수량} \times \text{오수의 BOD농도}(g/m^3)$$

2. 오수정화방식 및 특징

(1) 오수정화조 설치 일반사항

① 주변의 공지는 녹화하는 것이 좋다.
② 배수의 수위 변동에 의한 오수의 역류가 없도록 한다.
③ 건물에서 정화조로의 오수의 유입은 기계식(펌프)이 아닌, 자연(중력)배수로 한다.
④ 환경문제가 발생하지 않도록 건물로부터 멀리 설치하는 것이 좋다.

(2) 오수처리방식

1) 물리적 처리방법
   부유물 침전방식(응집제 등 이용)

2) 화학적 처리방법
   화학약품 이용(오존, 산화제 등 이용)

3) 생물학적 처리방법
   미생물에 의한 하수처리(미생물에 의한 호기성 분해 등)

호기성 처리	• 호기성 미생물을 이용하여 처리 • 산소공급이 필요하며, 동력비가 증가 • 작은 공간 차지 • 종류 : 표준활성오니법, 접촉산화법, 살수여상법, 회전원판법 등
혐기성 처리	• 혐기성 미생물을 이용하여 처리 • 산소공급이 불필요하며, 처리시간 증가 • 많은 공간 차지, 악취 발생, 대형설비 용량 필요 • 종류 : 임호프탱크, 부패탱크 방식

(3) 정화조

1) 정화조의 구성

   부패조(혐기성 처리) → 여과조(부유물이나 잡물 제거) → 산화조(호기성 처리) → 소독조(소독제 적용)

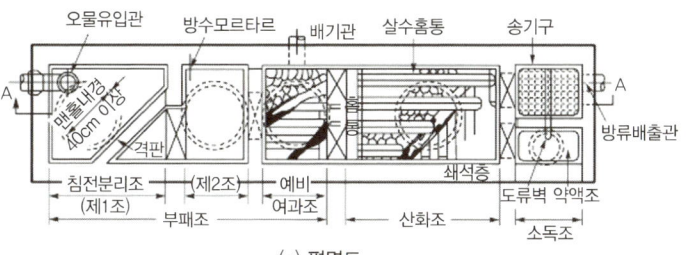

(a) 평면도

(b) 단면 A-A

┃ 오물정화조의 구조 ┃

2) 정화조의 구조

   ① 정화조 구조물은 방수재료로 제작하거나 방수재를 적용하여 누수되지 않도록 한다.
   ② 부패조, 산화조, 소독조에는 각각 맨홀을 설치하며, 그 내경은 45cm 이상으로 한다.
   ③ 건물에서 정화조로의 오수의 유입은 기계식(펌프)이 아닌, 자연(중력)배수로 한다.

> **핵심문제**
>
> 정화조에서 유입된 오수를 혐기성균에 의하여 소화작용으로 분리침전이 이루어지도록 하는 곳은? 산 14②
>
> ① 산화조　❷ 부패조
> ③ 소독조　④ 여과조
>
> **해설** 정화조 구성
> 부패조(혐기성 처리) → 여과조(부유물이나 잡물 제거) → 산화조(호기성 처리) → 소독조(소독제 적용)

3) 구성별 기능

구성	기능
부패조 (혐기성 처리)	• 혐기성 처리(침전, 소화작용) • 혐기성 미생물 이용(산소를 차단하여 혐기성균에 의해 오물을 소화) • 공기의 유입을 차단 • 깊이 1~3m, 맨홀지름 60cm • 처리대상 인원에 따른 부패조용량 결정 | 처리대상 인원	부패조의 용량(m²) | |---|---| | 5인 이하 | $V= 1.5m^3$ | | 5~500인 이하 | $V= 1.5+(n-5)\times 0.1m^3$ | | 500인 초과 | $V= 51+(n-500)\times 0.075m^3$ |
여과조	• 부패조와 산화조 사이에 설치 • 부유물이나 잡물 제거 및 산화조의 통기성 향상 • 깊이 : 수심의 1/3~1/2
산화조 (호기성 처리)	• 호기성 미생물 이용(산소의 공급으로 호기성균에 의해 오물을 산화, 분해 처리) • 살수홈통에 의해 살수 • 통기설비 설치(3m 이상 배기관 설치) • 쇄석층 깊이 90cm 이상 • 부패조용량의 1/2 이상
소독조	• 500명 이상 처리대상에 의무적 설치 • 소독제는 염소 계통[차아염소산소다(NaClO)와 차아염소산칼슘($Ca(ClO)_2$) 등] 이용

SECTION 05 소방시설

1. 소화의 원리

(1) 화재의 분류

① 일반화재(A급 화재 : 백색) : 연소 후 재를 남기는 화재로서 나무, 종이, 섬유 등의 화재이다.
② 유류화재(B급 화재 : 황색) : 석유 등의 유류에 의한 화재로서 소화 시 질식에 의한 소화가 효과적이다.
③ 전기화재(C급 화재 : 청색) : 전기에 의한 화재로서 소화 시 질식에 의한 소화가 효과적이며, 물에 의한 소화는 금해야 한다.
④ 금속화재(D급 화재 : 무색) : 마그네슘, 티타늄, 지르코늄, 나트륨, 칼륨 등의 가연성 금속 등에서 발생하는 화재를 말하며, 물을 사용할 경우 폭발의 위험이 있다.

⑤ 주방화재(K급 화재 : 적색) : 주방에서 동식물유를 취급하는 조리기구에서 일어나는 화재를 말한다.

(2) 소화의 원리

소화법	소화원리
냉각소화법	물 등을 분사시켜 냉각하여 발화온도 이하로 만든다.
질식소화법	• 모든 화재에 가장 보편적으로 적용하는 방법으로 산소공급원을 차단하는 원리이다.(CO_2 소화설비 등) • 유류화재에 많이 이용한다.
희석방법	• 종류로는 가연물을 희석시키는 방법과 산소를 희석시키는 방법이 있다. • 불활성 기체 소화설비가 희석방법에 해당된다.
연쇄반응차단법	연소의 연쇄반응을 포말, 분말, 하론설비 등과 같은 불활성 물질이 억제하여 소화하는 방법이다.
파괴소화법	가연물을 파괴함으로써 화재가 확산되는 것을 막는다.

(3) 소방시설의 분류

구분	종류
소화설비	옥내소화전, 스프링클러, 물분무, 포말, 분말, CO_2, 할로겐화물
경보설비	자동화재탐지설비, 전기화재경보기, 자동화재속보설비, 비상경보설비
피난설비	미끄럼대, 피난사다리, 완강기, 유도등, 비상조명 등
소화용수설비	소화수조, 상수도 소화용수설비 등
소화활동설비	배연설비, 연결살수설비, 연결송수관설비, 비상콘센트 등

2. 소화설비

(1) 소화설비의 목적 및 종류

1) 목적

소화설비는 화재 발생의 초기 진압을 목적으로 한다.

2) 종류

소화기, 옥내소화전, 옥외소화전, 스프링클러, 특수소화설비 등

(2) 소화기

① 소방대상물의 각 부분에서 보행거리가 20m 이내가 되도록 배치한다.(대형소화기는 30m 이내)

② 소화기는 바닥에서 1.5m 이내에 배치한다.
③ 화재안전기준에 따라 소화기구를 설치하여야 하는 특정소방대상물의 연면적기준은 33m² 이상이다.

(3) 옥내소화전

1) 옥내소화전설비의 목적
   옥내소화전설비는 건물 내에 설치하는 고정식 소화설비로 건물 내에 있는 사람이 화재를 초기에 진압할 목적으로 쓰인다.

2) 소화원리
   복도 등에 설치된 소화호스를 화재 시 사람이 수동으로 작동시켜 물을 분사하여 진화한다.

3) 설치기준
   ① 표준방수압력 : 0.17MPa 이상
   ② 표준방수량 : 130L/min(20분 이상 방수)
   ③ 설치간격 : 각 층 각 부분에서 소화전까지 수평거리는 25m 이내로 한다.
   ④ 옥내소화전설비 수원의 저수량(Q)
     = 130L/min × 20min × 설치개수(N)
     = 2,600L × 설치개수(N)
     = 2.6m³ × 설치개수(N)
   ⑤ 소화전높이(개폐밸브) : 바닥에서 1.5m 이내
   ⑥ 송수구는 지면으로부터 높이가 0.5m 이상 1m 이하의 위치에 설치한다.
   ⑦ 노즐구경 : 13mm, 호스구경 : 40mm
   ⑧ 호스의 길이 : 15m × 2본

>>> 옥내소화전용 펌프의 토출량은 옥내소화전이 가장 많이 설치된 층의 설치개수(2개 이상 설치된 경우에는 2개의 옥내소화전)에 2.6m³(130L/min × 20min)를 곱한 양 이상이어야 한다.(여기서, 1m³ : 1,000L)

>>> 옥내소화전설비의 개수는 옥내소화전이 가장 많이 설치된 층에서의 옥내소화전 개수(N)를 적용하며, 산출 시 최대옥내소화전 개수(N)는 2개다.(2개 이상 시 2개로 가정한다.)

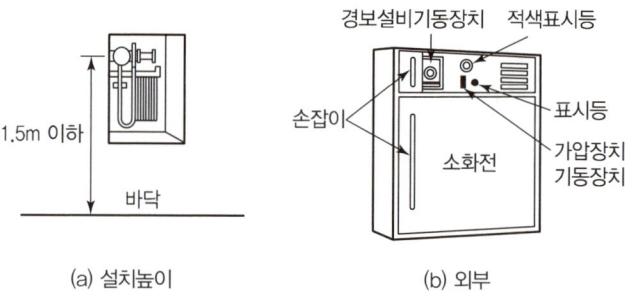

(a) 설치높이   (b) 외부

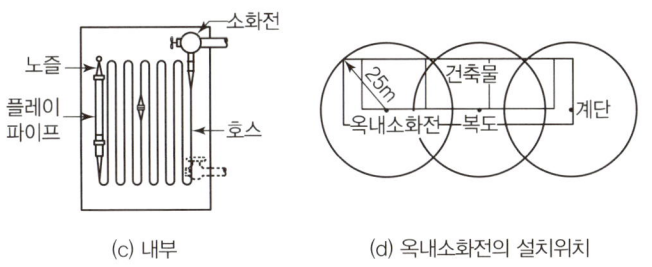

(c) 내부   (d) 옥내소화전의 설치위치

┃ 옥내소화전설비 ┃

(4) 옥외소화전

1) 옥외소화전설비의 목적

대규모 건물의 화재 시 건물 외부에서 물을 방사하여 소화하는 것으로, 주로 건물 1, 2층의 화재 진압을 목적으로 하는 설비이다.

2) 설치기준

① 표준방수압력 : 0.25MPa 이상

② 표준방수량 : 350L/min(20분간 방수 필요)

③ 설치간격 : 건물 각 부분에서 소화전까지 수평거리는 40m 이내로 한다.

④ 옥외소화전설비 수원의 저수량(Q)

   = 350L/min × 20min × 설치개수(N)

   = 7,000L × 설치개수(N)

   = 7m³ × 설치개수(N)

   (설치개수(N)는 최고 2개로 한다. 2개 이상 시 2개로 가정)

⑤ 호스의 구경 : 65mm

3) 설치의무 건축물기준

건축물의 종류	1, 2층 면적합계
내화건축물	9,000m² 이상
준내화건축물	6,000m² 이상
기타 건축물	3,000m² 이상
중요문화재	1,000m² 이상

(5) 스프링클러(Sprinkler)설비

1) 스프링클러설비의 목적

화재 시 열이 헤드에 전달되면 72℃ 내외에서 용융편이 자동적으로 녹음과 동시에 물을 분출시켜 소화를 하며, 초기 화재 시 97% 이상을 진화시키는 설비이다.

핵심문제

정상상태에서 방수구를 막고 있는 감열체가 일정 온도에서 자동적으로 파괴·용해 또는 이탈됨으로써 방수구가 개방되는 스프링클러헤드는?

기 13②

① 건식 스프링클러 헤드
② 개방형 스프링클러 헤드
❸ 폐쇄형 스프링클러 헤드
④ 측벽형 스프링클러 헤드

해설
폐쇄형 설비타입은 헤드 끈이 막혀 있고 배관 내에는 항상 물이나 압축공기가 차 있어 용융편이 녹으면 곧바로 방사된다.

핵심문제

최대방수구역에 설치된 스프링클러헤드의 개수가 10개일 때 스프링클러설비의 수원의 최소필요저수량은?(단, 개방형 스프링클러헤드를 사용하는 스프링클러설비의 경우)

산 16③

① 8m³   ❷ 16m³
③ 40m³   ④ 32m³

해설 스프링클러의 수원 저수량
스프링클러는 초기 화재 진화를 위하여 사용되는 설비로서, 헤드마다 분당 80L의 물을 20분간 분사할 수 있는 수원을 확보하고 있어야 한다.
80L/min×20min×10(헤드수)
= 16,000L = 16m³

---

2) 종류

① 폐쇄형

폐쇄형 설비타입은 헤드 끈이 막혀 있고 배관 내에는 항상 물이나 압축공기가 차 있어 용융편이 녹으면 곧바로 방사된다.

구분	원리 및 특징
습식	• 수원에서 헤드까지 전 배관에 물이 항상 채워져 있어 화재가 발생하여 용융편이 녹자마자 곧바로 살수가 가능하다. • 동파 및 누수의 우려가 있다.(겨울에는 얼지 않도록 보온이 요구)
건식	• 관 내에 공기가 채워져 있다가 화재 시 공기가 빠지고 살수된다. • 동파 및 누수의 우려가 없다.

② 개방형
- 폐쇄형 스프링클러로는 효과가 없거나 접근이 어려운 장소에 적용한다.(천장이 높은 무대 위나 공장, 창고, 위험물저장소 등에서 수동으로 작동시키는 방식)
- 개방된 헤드를 설치하고 감지용 스프링클러헤드에 의해 작동시키거나 또는 소방차 송수구와 연결하여 소화하는 방식이다.
- 개방형 헤드를 사용할 경우 하나의 송수구역당 살수헤드는 최대 10개 이하가 되도록 설치한다.

3) 스프링클러헤드의 구조
① 스프링클러헤드는 프레임, 반사판(디플렉터), 가용편, 레버 등으로 구성되어 있다.
② 가용편 : 용융온도 72℃ 내외
③ 디플렉터(Deflector) : 방수구에서 유출되는 물을 세분하여 확산시키는 작용을 하는 부분이다.

4) 스프링클러헤드의 설치기준
① 헤드방수압력 : 0.1MPa 이상
② 표준방수량 : 80L/min(20분간 방수 필요)
③ 헤드 1개의 소화면적 : 10m²
④ 지관 1개에 설치하는 헤드수 : 8개 이하
⑤ 수원수량 : 80L/min×20분×헤드 10개(11층 이상은 30개)

5) 스프링클러설비의 계통흐름

주배관(각 층을 수직으로 관통하는 수직배관) → 교차배관(수직배관을 통하여 가지배관의 물을 공급하는 배관) → 가지배관(스프링클러헤드가 설치되어 있는 배관) → 스프링클러헤드(물의 분사 - 물분사 시 세분시키는 역할은 헤드 내 디플렉터에서 진행)

6) 설치간격

건물의 구조	반경(m)	헤드 간의 간격(m)	방호면적(m²)
극장, 준위험물, 특별가연물	1.7	2.4	5.78
준내화건축	2.1	3.0	8.76
내화건축	2.3	3.2	10.56

7) 용도별 스프링클러헤드의 설치기준개수

용도	설치개수
아파트	10개
판매시설, 복합상가 및 11층 이상인 소방대상물	30개

(6) 드렌처(Drencher)설비

1) 드렌처설비의 목적

건축물의 창, 외벽, 지붕 등에 노즐을 설치하여 인접건물의 화재 시 노즐에서의 방수로 인해 수막(Water Curtain)을 형성하여 인접건물로 인한 화재의 확산을 방지하는 설비이다.

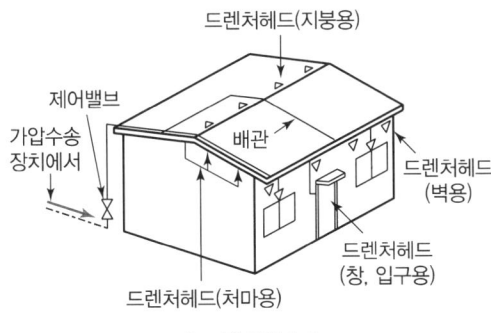

| 드렌처설비 |

2) 드렌처설비의 설치기준

① 헤드설치 간격 : 수평거리 2.5m 수직거리 4m 이하
② 헤드방수압력 : 0.1MPa 이상
③ 수원수량 : 80L/min×20분×N(최대 5개)

3. 경보설비

(1) 경보설비의 목적 및 종류

1) 목적
경보설비는 화재에 의해서 생기는 인적, 물적 피해를 최소화하기 위해 화재 초기에 화재 발생사항을 발견하여 신속하게 피난할 수 있도록 조치하고, 소방기관에 통보할 수 있게 하는 설비이다.

2) 종류
자동화재탐지설비, 전기화재경보기, 자동화재속보설비, 비상경보설비 등

(2) 자동화재탐지기

1) 열감지기
① **정온식** : 주변온도가 일정온도에 달하였을 때 감지한다.
② **차동식** : 주변온도의 일정한 온도상승에 의해 감지한다.
③ **보상식** : 정온식과 차동식의 성능을 가진 열감지기이다.

2) 연기감지기
① **광전식** : 연기에 의해 반응하는 것으로 광전효과를 이용하여 감지한다.
② **이온화식** : 연기에 의해 이온농도가 변화되는 것으로 감지한다.

(3) 수신기

1) 목적
수신기는 감지기 또는 발신기에서 보내온 신호를 수신하여 화재의 발생을 당해 건물의 관계자에게 램프표시 및 음향장치 등으로 알려주는 것이다.

2) 종류
P형(1급, 2급), R형, M형

(4) 발신기
발신기는 감지기의 동작 이전에 화재의 발생을 발견한 사람이 발신기의 단추를 눌러서 화재 발생을 수신기에 전달하여 관계자에게 통보하는 것이다.

핵심문제

다음 중 열감지기의 종류에 속하지 않는 것은?　　　기 14② 산 17①
① 정온식　　❷ 광전식
③ 차동식　　④ 보상식

[해설]
광전식은 연기에 의해 반응하는 것으로 광전효과를 이용하는 감지기이다.

(5) 음향장치

① 음향장치는 감지기에 의해서 화재의 발생을 발견하면 벨 또는 사이렌 등으로 경종을 울리는 설비이다.
② 음량은 설치위치의 중심에서 1m 떨어진 위치에서 90폰(Phon) 이상이고, 각 층마다 그 층의 각 부분으로부터 하나의 음향장치까지의 수평거리는 25m 이하가 되도록 설치한다.

4. 소화활동설비

(1) 소화활동설비의 목적 및 종류

1) 목적

소화활동설비는 소방차 및 소방대원이 본격적으로 화재의 진압을 위해 필요한 소방설비이다.

2) 종류

배연설비, 연결살수설비, 연결송수관설비, 비상콘센트 등

(2) 연결송수관설비(Siamese Connection)

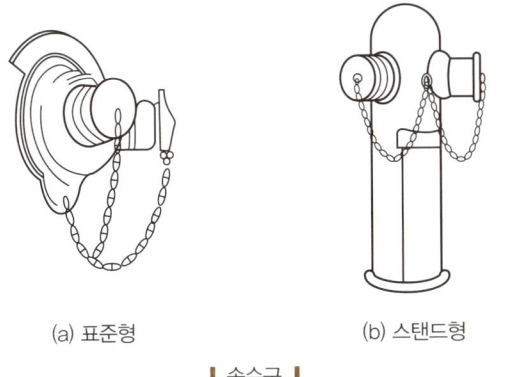

(a) 표준형   (b) 스탠드형

┃ 송수구 ┃

1) 연결송수관설비의 목적

고층건물의 화재 시 소방차에 연결하여 소방차의 물을 건물 내로 공급하는 설비이다.

2) 설치기준

① 방수구 방수압력 : 0.35MPa 이상
② 표준방수량 : 450L/min
③ 방수구설치 : 3층 이상의 계단실, 비상승강기의 로비 부근 등에 방수구를 중심으로 50m 이내(방수구는 개폐기능을 가

핵심문제 ●●●

소방시설은 소화설비, 경보설비, 피난설비, 소화활동설비 등으로 구분할 수 있다. 다음 중 소화활동설비에 속하지 않는 것은? 기 15①

① 제연설비
② 연결살수설비
❸ 비상방송설비
④ 연소방지설비

해설
비상방송설비는 경보설비에 속한다.

진 것으로 설치하여야 하며, 평상시 닫힌 상태를 유지하도록 한다.)
④ 송수구, 방수구 구경 : 65mm(송수구는 연결송수관의 수직 배관마다 1개 이상을 설치해야 한다.)
⑤ 수직주관 구경 : 100mm
⑥ 설치기준 : 7층 이상의 건축물 또는 5층 이상의 연면적 6,000m² 이상의 건물에 설치
⑦ 설치높이 : 바닥으로부터 0.5~1m

(3) 연결살수설비

1) 연결살수설비의 목적

화재 시 유독가스와 연기 때문에, 소방관의 진입이 어려운 지하층 등에서 스프링클러와 유사한 개방형 헤드를 설치하고 소방대 전용 송수구를 통해 실내로 물을 공급, 살수하여 화재를 진압하는 설비이다.

2) 설치기준
① 소방펌프 자동차가 쉽게 접근할 수 있고 노출된 장소에 설치해야 한다.
② 송수구 구경 : 65mm 쌍구형(단, 살수헤드의 수가 10개 이하인 것은 단구형의 것으로 할 수 있다)
③ 헤드의 유효반경 : 3.7m 이하

(4) 비상콘센트설비

1) 비상콘센트설비의 목적

화재로 인해 소방관이 화재 진압을 위해 실내로 진입할 경우, 소화활동에 필요한 전기의 공급(조명 등)을 위해 설치되는 콘센트설비이다.

2) 비상콘센트설비의 설치대상
① 지하층을 포함하는 층수가 11층 이상인 소방대상물의 11층 이상의 층
② 지하 3층 이상이고 지하층의 바닥면적의 합계가 1,000m² 이상인 지하층의 전층

3) 비상콘센트의 설치기준
① 11층 이상의 각 층마다 어느 부분에서도 1개의 비상콘센트까지의 수평거리(유효반경)는 50m 이하로 한다.

핵심문제 ●●○

비상콘센트설비에 관한 설명으로 옳지 않은 것은? 기 16④

❶ 층수가 6층 이상인 특정소방대상물의 전층에 설치하여야 한다.
② 전원회로는 각 층에 있어서 2 이상이 되도록 설치하는 것을 원칙으로 한다.
③ 비상콘센트는 바닥으로부터 높이 0.8m 이상 1.5m 이하의 위치에 설치한다.
④ 소방시설 중 화재를 진압하거나 인명구조 활동을 위하여 사용하는 소화활동설비에 속한다.

해설 비상콘센트 설치대상
• 지하층을 포함하는 층수가 11층 이상인 소방대상물의 11층 이상의 층
• 지하 3층 이상이고 지하층의 바닥면적의 합계가 1,000m² 이상인 지하층의 전층

② 바닥면에서 0.8~1.5m의 높이에 설치한다.
③ 1회선에 접속되는 콘센트의 수는 10개 이하로 한다.
④ 아파트 또는 바닥면적이 1,000m^2 미만인 층 : 계단의 출입구로부터 5m 이내에 설치
⑤ 바닥면적 1,000m^2 이상인 층(아파트 제외) : 계단의 출입구 또는 계단부속실의 출입구로부터 5m 이내에 설치

(5) 제연설비

제연설비는 연기를 제거시켜 피난과 소화활동을 원활하게 할 수 있도록 하는 설비이다.

5. 피난구조시설 및 소화용수설비

(1) 피난구조시설의 목적 및 종류

1) 피난구조시설의 목적

피난구조시설은 화재 발생 시 인명의 피난을 위한 설비이다.

2) 종류

미끄럼대, 피난사다리, 완강기, 유도등, 유도표지, 비상조명 등

(2) 소화용수설비의 목적 및 구조

1) 소화용수설비의 목적

소화용수설비는 화재 진압을 위해 물을 공급하는 역할을 한다.

2) 종류

소화수조, 상하수도 소화용수설비 등

SECTION 06 가스설비

1. 도시가스 및 액화석유가스

(1) 도시가스

1) 일반사항

LNG, LPG, 나프타 등을 혼합하여 제조하며, 최근에는 LNG의 조성 비율이 높아 LNG의 일반적 특성을 띠고 있다.

2) 특징
① 메탄(CH_4)을 주성분으로 한다.
② 무공해, 무독성으로 열량이 높은 편이다.
③ 공기보다 가벼워 창문으로 배기 가능하며, LPG보다 안전하다.
④ 누설감지기는 천장 30cm 이내에 설치한다.
⑤ 도시가스는 가스공급을 위해 대규모 저장 시설 및 배관 등의 설치가 필요하므로 큰 초기 투자비용이 들어간다.

(2) 액화석유가스(LPG : Liquefied Petroleum Gas)

1) 일반사항
프로판과 부탄 등을 액화한 것으로 주성분은 프로판으로서, 프로판가스라고도 한다.

2) 특징
① 공기보다 무겁기 때문에 누설 시 위험성이 크다.
② 누설 시 무색무취이므로, 감지를 위해 부취제(메르캅탄 등)를 첨가한다.
③ 용기는 직사광선을 피하고, 통풍이 잘되는 옥상 등에 설치하며, 부식되지 않도록 습기 등을 피한다.
④ 용기는 40℃ 이하로 보관하고, 용기 2m 이내에는 화기 접근을 금한다.

2. 가스공급과 배관방식

(1) 가스공급방식

1) 도시가스
① 각 지역의 도시가스 사업자가 각 가스제조소에서 제조된 가스를 도로 하부에 매설된 가스 배관을 통해 각 수요가에게 공급한다.(가스 제조 → 압송설비 → 저장설비 → 압력조정기 → 도관 → 수용가)
② 가스제조소에서 부여된 가스압력의 힘으로 각 수요가까지 가게 되는데 공급압력에 따라 고압, 중압, 저압공급으로 분류된다.

구분	공급압력
저압	0.1MPa 이하
중압	0.1MPa 이상~1.0MPa 미만
고압	1.0MPa 이상

핵심문제 ●●●

액화천연가스(LNG)에 관한 설명으로 옳지 않은 것은? 기 16① 19④

① 공기보다 가볍다.
② 무공해, 무독성이다.
❸ 프로필렌, 부탄, 에탄이 주성분이다.
④ 대규모의 저장시설을 필요로 하며, 공급은 배관을 통하여 이루어진다.

[해설]
LNG의 주성분은 메탄(CH_4)이다.

③ 건물에서 공급을 받을 때 중압으로 받은 후 필요에 따라 압력 조정을 하여 각 가스기기에 공급하게 되는데, 이 역할을 하는 기기를 압력조정기(정압기, 거버너, Governor)라 한다.

2) 액화석유가스(LPG)

① 단지 내에 LPG 저장탱크를 설치하여 LPG를 저장하거나, 각 세대별로 소형의 가스봄베를 설치하여 사용한다.

② LPG 용기(봄베) 설치 시에는 다음의 사항에 주의한다.
- 옥외에 설치한다.
- 화기와는 2m 이상 이격한다.
- 통풍이 잘 되는 그늘진 곳에 설치한다.
- 온도는 40℃ 이하가 되도록 보관한다.
- 충격을 금하며, 습기로 인한 부식을 고려한다.

(2) **배관방식**

1) 일반사항

가스배관에 사용하는 배관은 대부분 백관(아연도금 배관용 탄소강 강관)이며, 매설배관인 경우에는 PLP(폴리에틸렌 라이닝 강관) 등을 사용한다.

2) 가스배관의 표면색상

① 지상배관 : 황색

② 매설배관
- 최고사용압력이 저압인 경우 : 황색
- 최고사용압력이 중압인 경우 : 적색

3) 가스배관 시공 시 주의사항

① 건물에서의 가스배관은 관리, 검사가 용이하도록 노출배관을 원칙으로 하되 동관, 스테인리스관으로 이음매 없이 매립배관할 수 있다.

② 전선, 상하수도관 등과 같이 매립할 때에는 이들 관보다 아래에 매립한다.(매립깊이는 0.6~1.2m 이상)

③ 관 재료의 기밀시험은 최고사용압력의 1.1배 이상의 압력으로 진행한다.

④ 배관재료는 노출관인 경우 강관나사이음이나 용접이음이 주로 이용되고, 지하매립인 경우 폴리에틸렌피복강관 또는 폴리에틸렌관을 사용한다.

핵심문제

가스설비에 사용되는 거버너(Governor)에 관한 설명으로 옳은 것은?
기 13② 17② 21②

① 실내에서 발생하는 배기가스를 외부로 배출시키는 장치
② 연소가 원활히 이루어지도록 외부로부터 공기를 받아들이는 장치
③ 가스가 누설되거나 지진이 발생했을 때 가스공급을 긴급히 차단하는 장치
❹ 가스공급 회사로부터 공급받은 가스를 건물에서 사용하기에 적합한 압력으로 조정하는 장치

해설 거버너(압력조정기, 정압기, Governor)
각 건물에서 사용하는 가스기기에 필요한 가스압력이 서로 다를 경우에는 높은 압력으로 공급을 받아서 그대로 사용하거나 기기에 따라서 필요한 압력으로 낮추어서 사용하기도 하는데, 이때 압력을 조정하는 데 사용하는 기기를 말한다.

> **핵심문제** ●●●
>
> 가스사용시설에서의 가스계량기 설치에 관한 설명으로 옳지 않은 것은?
> 기 17① 20①②통합
>
> ① 전기접속기와의 거리가 최소 30cm 이상이 되도록 한다.
> ❷ 전기점멸기와의 거리가 최소 60cm 이상이 되도록 한다.
> ③ 전기개폐기와의 거리가 최소 60cm 이상이 되도록 한다.
> ④ 전기계량기와의 거리가 최소 60cm 이상이 되도록 한다.
>
> [해설]
> 가스계량기와 전기점멸기(스위치)는 최소 30cm 이상 이격해서 설치하여야 한다.

4) 가스계량기 설치기준

① 전기계량기, 전기개폐기, 전기안전기에서 60cm 이상 이격 설치
② 전기점멸기(스위치), 전기콘센트, 굴뚝과는 30cm 이상 이격 설치
③ 저압전선에서 15cm 이상 이격 설치
④ 설치높이는 바닥(지면)에서 1.6~2.0m 이내 설치
⑤ 계량기는 화기와 2m 이상의 우회거리 유지 및 양호한 환기 처리 필요

3. 가스설비용 기기

(1) 안전장치

1) 목적

가스누설 등 이상이 발생했을 때 즉시 알려주거나 자동적으로 조치를 취하는 역할을 한다.

2) 종류

종류	개념
긴급차단밸브	가스누설, 지진 등 이상 발생 시 안전을 확보하기 위해 가스공급을 긴급히 차단하는 장치이다.
가스누설검지기 (경보기)	가스가 누설되었을 때 검지기가 가스의 누설을 검지하면 그 신호를 감시실의 가스감지제어반에 전달하여 경보램프와 경보벨을 작동시키고 긴급차단밸브를 자동 또는 수동으로 차단하게 한다.

(2) 가스의 연소성(웨버지수, Weber Index : WI)

① 웨버지수는 가스연료의 단위시간당 방출되는 에너지를 정의하기 위한 변수, 즉 가스의 연소성을 나타내는 변수이다.
② 동일한 노즐압력에서 동일한 WI를 갖는 가스를 사용하면 동일한 출력을 얻을 수 있다.

CHAPTER 03 출제예상문제

Section 01 기초적인 사항

01 베르누이(Bernoulli)의 정리를 가장 올바르게 표현한 것은? <u>기 16④</u>

① 유체가 갖고 있는 운동에너지는 흐름 내 어디에서나 일정하다.
② 유체가 갖고 있는 운동에너지, 중력에 의한 위치에너지의 총합은 흐름 내 어디에서나 일정하다.
③ 유체가 갖고 있는 운동에너지, 중력에 의한 위치에너지의 총합은 흐름 내 어디에서나 압력에너지와 같다.
④ 유체가 갖고 있는 운동에너지, 중력에 의한 위치에너지 및 압력에너지의 총합은 흐름 내 어디에서나 일정하다.

해설

베르누이의 정리
- 정상류, 비점성, 비압축성의 유체가 유선운동을 할 때 같은 유선상의 각 지점에서의 압력수두(압력에너지), 속도수두(운동에너지), 위치수두(위치에너지)의 합은 일정하다는 법칙이다.
- 베르누이 방정식

$$압력수두 + 속도수두 + 위치수두 = \frac{P}{\rho} + \frac{V^2}{2} + Zg = 일정$$

02 다음 그림과 같이 관경이 20mm에서 10mm로 축소되는 원형관에서 유속 V의 값은 다음 중 어느 것인가? <u>산 13①</u>

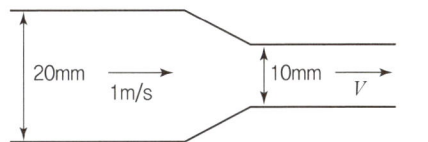

① 1m/s
② 2m/s
③ 3m/s
④ 4m/s

해설

연속방정식을 활용하여 해결하는 문제이다.
유량 $Q = A_1 V_1 = A_2 V_2$

$$Q = \frac{\pi d_1^2}{4} V_1 = \frac{\pi d_2^2}{4} V_2$$

※ 관경의 단면적 $A = \frac{\pi d^2}{4}$, d : 관경(mm)

- 관경 20mm일 때, 관경과 속도가 주어져 있으므로 유량 산출 가능

$$Q = \frac{\pi d_1^2}{4} V_1 = \frac{\pi \times 0.02^2}{4} \times 1\text{m/s} = 0.000314\text{m}^3/\text{s}$$

- 관경 10mm일 때의 속도 산출
속도로 식을 정리하여 풀면,

$$V_2 = \frac{4Q}{\pi d_2^2} = \frac{4 \times 0.000314}{\pi \times (0.010)^2} = 4\text{m/s}$$

03 다음 중 관경이 100mm인 주택의 급수관 내에 15L/sec의 물이 흐를 때 관 내 유속은? <u>산 13③</u>

① 1.5m/sec
② 1.9m/sec
③ 2.4m/sec
④ 2.8m/sec

해설

유량을 구하는 공식을 활용하여 계산하는 문제이다.

$$Q = AV \Leftrightarrow V = \frac{Q}{A} = \frac{Q}{\frac{\pi d^2}{4}}$$

여기서, Q : 유량[m³/s], A : 단면적[m²]
V : 유속[m/s], d : 관경[m]

$$V = \frac{Q}{\frac{\pi d^2}{4}} = \frac{0.015}{\frac{0.1^2 \pi}{4}} = 1.9\text{m/s}$$

정답 01 ④ 02 ④ 03 ②

04 보일러의 스케일(Scale)에 관한 설명으로 옳지 않은 것은? <small>산 16①</small>

① 워터해머를 일으킨다.
② 보일러 전열면의 과열원인이 된다.
③ 열의 전도를 방해하고 보일러 효율을 불량하게 한다.
④ 수처리장치 등을 이용하여 발생을 방지할 수 있다.

해설
워터해머(Water Hammer, 수격현상)현상은 관 속을 충만하게 흐르는 액체(물)의 속도를 정지시키는 등 물의 운동상태를 급격히 변화시켰을 때 일어나는 압력파 현상으로서, 보일러의 스케일(Scale)과는 상관없다.

05 길이 20m, 지름 400mm인 덕트에 평균속도 12m/s로 공기가 흐를 때 발생하는 마찰저항은?(단, 덕트의 마찰저항계수는 0.02, 공기의 밀도는 1.2kg/m³이다.) <small>기 15④</small>

① 7.3Pa   ② 8.6Pa
③ 73.2Pa ④ 86.4Pa

해설
덕트의 마찰저항

$$\Delta P = f \cdot \frac{l}{d} \cdot \frac{V^2}{2} \cdot \rho = 0.02 \cdot \frac{20}{0.4} \cdot \frac{12^2}{2} \cdot 1.2 = 86.4\text{Pa}$$

여기서, ΔP : 덕트의 마찰저항(Pa)
f : 덕트의 마찰저항계수
d : 관의 지름(m)
l : 관의 길이(m)
V : 공기의 이동속도(m/s)
ρ : 공기의 밀도(kg/m³)

06 밸브의 종류와 사용개소의 연결이 옳지 않은 것은? <small>산 15①</small>

① 볼밸브 - 가스배관
② 게이트밸브 - 바이패스배관
③ 풋밸브 - 양수펌프 흡입구
④ 체크밸브 - 양수펌프 토출구

해설
게이트밸브
- 마찰저항손실이 적고, 일반배관의 개폐용 밸브에 주로 사용
- 증기수평관에서 드레인이 고이는 것을 방지하기 위해 사용

07 다음 중 유량조절을 할 수 없는 밸브는 어느 것인가? <small>산 17①</small>

① 앵글밸브
② 체크밸브
③ 글로브밸브
④ 버터플라이밸브

해설
체크밸브는 역류방지용 밸브로서, 유량조절 기능은 없다.

08 앵글밸브(Angle Valve)에 관한 설명으로 옳지 않은 것은? <small>산 15③</small>

① 유량조절이 가능하다.
② 옥내소화전의 개폐밸브로 이용한다.
③ 게이트밸브(Gate Valve)의 일종이다.
④ 유체의 흐름을 직각으로 바꿀 때 사용한다.

해설
앵글밸브(Angle Valve)
유체의 흐름을 직각으로 바꾸는 역할을 하며, 유량조절이 가능하다. 스톱밸브의 일종으로서 옥내소화전의 개폐밸브로 이용한다.

09 일반적으로 지름이 큰 대형관에서 배관조립이나 관의 교체를 손쉽게 할 목적으로 이용하는 이음방식은? <small>산 15③, 19①</small>

① 신축이음   ② 용접이음
③ 나사이음   ④ 플랜지이음

정답 04 ① 05 ④ 06 ② 07 ② 08 ③ 09 ④

> 해설

플랜지이음과 유니언이음
배관의 수리 및 교체를 용이하게 하기 위해 이용하는 이음에는 플랜지이음과 유니언이음이 있다. 플랜지이음은 50A 이상의 대형관, 유니언은 50A 미만에 적당하다.

10 다음 중 배관을 직선으로 연결하는 데 쓰이는 배관부속류로만 구성된 것은? <u>산 17③</u>

① 플러그, 캡
② 엘보, 벤드
③ 크로스, 티
④ 소켓, 플랜지

> 해설

- 소켓 : 배관을 직선연결(이경소켓, 암수소켓, 편심이경소켓)
- 플랜지 : 배관의 최종 조립, 분해 시 이용(직선연결)

11 배관공사에서 동관과 스테인리스강관과 같이 서로 다른 재질의 배관을 접합할 경우 반드시 수행해야 하는 것은? <u>산 15①</u>

① 보온　　　　② 절연
③ 탈산소　　　④ 탈기포

> 해설

서로 다른 배관접합 시 안전 확보를 위해 절연조치를 반드시 수행하여야 한다.

12 원심식 펌프의 일종으로 다수의 임펠러가 케이싱 내에서 고속회전하는 방식으로 일반건물의 급수·공조용으로 많이 사용하는 것은 다음 중 어느 것인가? <u>산 15①</u>

① 축류펌프
② 제트펌프
③ 기어펌프
④ 벌류트펌프

> 해설

벌류트펌프(Volute Pump)
- 축에 날개차(Impeller)가 달려 있어 원심력으로 양수한다.
- 임펠러의 수에 따라 단단벌류트펌프와 다단벌류트펌프로 구분된다.
- 주로 20m 이하의 저양정에 사용한다.

13 다음 중 양수량 2m³/min, 전양정 50m, 효율 60%인 펌프의 축동력은?(단, 유체의 밀도는 1,000kg/m³이다.) <u>기 15④</u>

① 2.77kW
② 9.82kW
③ 16.33kW
④ 27.22kW

> 해설

펌프의 축동력[kW] = $\dfrac{QH}{102E}$

- 양수량 Q(L/s) : 2m³/min → 33.33L/s
- 전양정 H(mAq) : 50m
- 효율 E : 0.60

∴ 펌프의 축동력[kW] = $\dfrac{33.33 \times 50}{102 \times 0.60}$ = 22.23kW

(0.01 정도의 오차는 환산과정에서 일어날 수 있는 오차이므로 가장 근접한 것을 답으로 선택하면 된다.)

14 다음과 같은 조건에 있는 양수펌프의 축동력은 어느 것인가? <u>기 16① 20①②통합</u>

[조건]
- 양수량 : 490L/min
- 전양정 : 30m
- 펌프의 효율 : 60%

① 약 3kW
② 약 4kW
③ 약 5kW
④ 약 6kW

정답　10 ④　11 ②　12 ④　13 ④　14 ②

해설

펌프의 축동력[kW] = $\dfrac{QH}{102E}$

- 양수량 Q(L/s) : 490L/min → 8.17L/s
- 전양정 H(mAq) : 30m
- 효율 E : 0.60

∴ 펌프의 축동력[kW] = $\dfrac{8.17 \times 30}{102 \times 0.60}$ = 4.01kW ≒ 4kW

---

15 펌프로 옥상탱크에 24m³/h의 물을 양수하고자 할 때 펌프에 필요한 축동력은?(단, 펌프의 흡입양정은 2m, 토출양정은 29m, 펌프의 효율은 55%, 배관의 전마찰손실은 펌프실양정의 35%로 가정한다.) 산 13①

① 약 1.4kW
② 약 5.0kW
③ 약 9.4kW
④ 약 12.5kW

해설

펌프의 축동력[kW] = $\dfrac{QH}{102E}$

- 양수량 Q(L/s) : 24m³/h → 6.67L/s
- 전양정 H(mAq)
  흡입양정 + 토출양정 + {(흡입양정 + 토출양정)×마찰손실}
  = 2 + 29 + {(2 + 29)×0.35} = 41.85m
- 효율 E : 0.55

∴ 펌프의 축동력[kW] = $\dfrac{6.67 \times 41.85}{102 \times 0.55}$ = 4.98kW
≒ 5.0kW

---

16 다음 중 펌프의 전양정이 100m, 양수량이 12m³/h일 때, 펌프의 축동력은?(단, 펌프의 효율은 60%이다.) 산 15③ 20①②통합

① 약 3.5kW
② 약 4.0kW
③ 약 4.5kW
④ 약 5.5kW

해설

펌프의 축동력[kW] = $\dfrac{QH}{102E}$

- 양수량 Q(L/s) : 12m³/h → 3.333L/s
- 전양정 H(mAq) : 100m
- 효율 E : 0.60

∴ 펌프의 축동력[kW] = $\dfrac{3.333 \times 100}{102 \times 0.60}$ = 5.45kW ≒ 5.5kW

---

17 다음 중 펌프의 양수량이 10m³/min, 전양정이 10m, 효율이 80%일 때, 이 펌프의 소요동력은?(단, 여유율은 10%로 한다.) 기 15②

① 22.5kW
② 26.5kW
③ 30.6kW
④ 32.4kW

해설

펌프의 축동력[kW] = $\dfrac{QH}{102E}$

- 양수량 Q(L/s) : 10m³/min → 166.67L/s
- 전양정 H(mAq) : 10m
- 효율 E : 0.80, 여유율 : 0.10

∴ 펌프의 소요동력[kW] = $\dfrac{166.67 \times 10}{102 \times 0.80} \times 1.1$
= 22.47kW ≒ 22.5kW

---

18 펌프의 회전수를 2배로 증가시켰을 때, 펌프 양정의 변화는? 산 13③

① 1/2로 감소
② 2배 증가
③ 4배 증가
④ 8배 증가

해설

상사의 법칙을 이용하여 푸는 문제로서, 회전수 증가에 따라 양정은 제곱의 형태로 늘어나므로 회전수를 2배 증가시켰을 때, 양정은 4배가 증가한다.

정답 15 ② 16 ④ 17 ① 18 ③

19 펌프의 회전수가 100rpm일 때 전양정이 40m인 펌프가 있다. 회전수를 50rpm으로 감소시켰을 때 전양정은? 산 14①

① 10m
② 20m
③ 40m
④ 80m

해설

상사의 법칙을 이용하여 푸는 문제로서, 회전수 감소에 따라 양정은 제곱의 형태로 감소하므로 회전수를 1/2배 감소시켰을 때, 양정은 기존의 양정에 1/4로 감소하여 10m가 된다.

20 펌프에서 발생하는 공동현상(Cavitation)의 방지대책으로 가장 알맞은 것은 다음 중 어느 것인가? 기 17② 산 20③

① 펌프의 설치위치를 높인다.
② 펌프의 흡입양정을 낮춘다.
③ 펌프의 토출양정을 높인다.
④ 펌프의 토출구경을 확대한다.

해설

공동현상의 원인과 대책

발생원인	방지대책
펌프의 흡입양정이 클 경우	흡입양정을 작게 한다.(설비에서 얻는 유효흡입양정이 펌프의 필요흡입양정보다 커야 한다.)
펌프의 마찰손실이 과대할 경우	부속류를 적게 하여 마찰손실수두를 줄인다.
펌프의 임펠러 속도가 클 경우	펌프의 임펠러속도, 즉 회전수를 낮게 한다.
펌프의 흡입관경이 작을 경우	펌프의 흡입관경을 양수량에 맞추어 크게 설계한다.
펌프의 흡입수온이 높을 경우	펌프의 흡입수온을 낮게 한다.

Section 02 급수 및 급탕설비

21 급수기구의 부하단위수를 결정할 때 기준이 되는 위생기구는? 산 15①

① 욕조
② 소변기
③ 대변기
④ 세면기

해설

급수기구의 부하단위수를 결정할 때 기준은 세면기를 기준으로 산정하며, 1FU=30L/min(7.5gal/min)를 단위로 각 기구의 급수기구 부하단위수를 산출한다.

22 다음과 같은 조건에 있는 사무소의 1일당 급수량(사용수량)은? 산 17②

[조건]
- 연면적 : 2,000m²
- 유효면적비율 : 56%
- 거주인원 : 0.2인/m²
- 1인 1일당 급수량 : 150L/d

① 3.36m³/d
② 4.36m³/d
③ 33.6m³/d
④ 40.6m³/d

해설

급수량(m³/d)
= 건물 연면적(m²)×건물의 유효면적비×유효면적당인원(인/m²)×1인 1일당 급수량(m³)
= 2,000(m²)×0.56×0.2(인/m²)×150(L/d)÷1,000
= 33.6m³/d

23 한 시간당 급탕량이 5m³일 때 급탕부하는 얼마인가?(단, 물의 비열은 4.2kJ/kg·K, 급탕온도는 70℃, 급수온도는 10℃이다.) 기 15②

① 35kW
② 126kW
③ 350kW
④ 1,260kW

정답 19 ① 20 ② 21 ④ 22 ③ 23 ③

해설

급탕부하(kW)
= 급탕량 × 비열 × 온도차(급탕온도 − 급수온도)
= 5m³/h × 1,000 ÷ 3,600 × 4.2kJ/kg · K × (70 − 10)
= 350kW

24 1시간당 급탕량이 500L/h일 때 급탕부하는?(단, 급수온도는 10℃, 급탕온도는 60℃, 물의 비열은 4.2kJ/kg · K이다.) 〈산 13②〉

① 15.7kW   ② 20.2kW
③ 29.2kW   ④ 34.8kW

해설

급탕부하(kW)
= 급탕량 × 비열 × 온도차(급탕온도 − 급수온도)
= 500L/h ÷ 3,600 × 4.2kJ/kg · K × (60 − 10)
= 29.17kW ≒ 29.2kW

25 급탕배관계통에서 총 손실열량이 30,000W이고 급탕온도가 80℃, 반탕온도가 70℃라면 순환수량은?(단, 물의 비열은 4.2kJ/kg · K, 물의 밀도는 1kg/L이다.) 〈기 14④〉

① 약 43L/min   ② 약 56L/min
③ 약 66L/min   ④ 약 72L/min

해설

$W = \dfrac{Q}{\rho C \Delta t}$

여기서, W : 순환수량(L/min)
  Q : 총 손실열량(W)
  ρ : 물의 밀도(1kg/L)
  C : 물의 비열(4.19kJ/kg · K)
  Δt : 급탕 및 반탕 온도차(℃)

$Q = \dfrac{30,000 \times 60}{1,000 \times 1 \times 4.19 \times (80-70)}$
= 42.96L/min ≒ 43L/min

26 용량 1kW의 커피포트로 1L의 물을 10℃에서 100℃까지 가열하는 데 걸리는 시간은?(단, 열손실은 없으며, 물의 비열은 4.2kJ/kg · K, 밀도는 1kg/L이다.) 〈산 16③〉

① 3.6분   ② 4.8분
③ 6.3분   ④ 12.2분

해설

물을 가열하는 데 걸리는 시간은 커피포트의 용량과 물을 가열하는 데 필요한 열량 간의 관계를 가지고 산정한다.
• 물을 가열하는 데 필요한 열량
  $Q = m$(질량) $\times C$(비열) $\times \Delta t$(온도차)
  = 1kg × 4.2kJ/kg · K × (100 − 10) = 378kJ
• 커피포트의 용량이 1kW이므로 1kJ/s, 즉 1초당 1kJ의 열을 생산한다 할 수 있다. 물을 가열하는 데 필요한 열량이 378kJ이므로, 378초의 시간 동안 가열이 필요하다. 378초를 분으로 환산하면 6.3분이다.

27 급수방식 중 수도직결방식에서 수도본관의 압력은 다음의 식을 만족하여야 한다. 다음 식의 P_1, P_2, P_3의 구성에 속하지 않는 것은?(단, P는 수도본관의 압력이다.) 〈기 14④〉

$$P \geq P_1 + P_2 + P_3$$

① 제일 높은 수도꼭지까지의 높이
② 제일 높은 수도꼭지까지의 배관길이
③ 제일 높은 수도꼭지까지의 관마찰손실
④ 제일 높은 수도꼭지에서 필요로 하는 압력

해설

수도직결방식에서의 수도본관의 압력(P)
$P \geq P_1 + P_2 + P_3$
여기서, P_1(kPa) : 낙차압력 − 제일 높은 수도꼭지까지의 높이
  P_2(kPa) : 배관, 밸브류 등의 마찰손실수두압력 − 제일 높은 수도꼭지까지의 관마찰손실
  P_3(kPa) : 기구의 최소필요압력 − 제일 높은 수도꼭지에서 필요로 하는 압력

정답 24 ③   25 ①   26 ③   27 ②

28 수도본관에서 가장 높은 곳에 있는 수전까지의 높이가 30m인 경우, 수도본관의 최저필요압력은 다음 중 어느 것인가?(단, 수전은 샤워기로 최소필요압력은 70kPa, 배관 중 마찰손실은 5mAq이다.) 산 17③

① 약 105kPa
② 약 210kPa
③ 약 420kPa
④ 약 630kPa

해설

수도본관의 최저필요압력(P_0)

$P_0 \geq P_1 + P_2 + 10h$

여기서, P_1 : 기구별 최저소요압력(kPa)
P_2 : 관 내 마찰손실수두(kPa)
h : 수전고(수도본관과 최고층 수전까지의 높이)(m) → $10h$ (kPa)

$P_0 \geq P_1 + P_2 + 10h$
$= 70\text{kPa} + 10 \times 5\text{m} + 10 \times 30\text{m} = 420\text{kPa}$

29 다음 중 수질오염 가능성이 가장 낮은 급수방식은? 산 14③ 18②

① 수도직결방식
② 고가탱크방식
③ 압력탱크방식
④ 펌프직송방식

해설

수도직결방식은 상수도에서 공급받은 수원을 저수과정 없이 직접 세대(부하측)로 공급하므로 수질오염 가능성이 가장 낮다.

30 급수방식 중 고가수조방식에 관한 설명으로 옳은 것은? 기 17④

① 상향급수배관방식이 주로 사용된다.
② 3층 이상의 고층으로의 급수가 어렵다.
③ 압력수조방식에 비해 급수압 변동이 크다.
④ 펌프직송방식에 비해 수질오염 가능성이 크다.

해설

고가수조방식은 옥상탱크에 물을 저수한 후 건물에 하향급수하는 방식이다. 옥상탱크에 물 저수 시 온습도환경에 따라 수질이 오염될 수 있다.

31 급수방식 중 고가탱크방식에 관한 설명으로 옳지 않은 것은? 산 13③

① 급수압력의 변화가 심하다.
② 하향급수배관방식이 사용된다.
③ 단수 시에도 일정량의 급수가 가능하다.
④ 물탱크에서 물이 오염될 가능성이 있다.

해설

고가탱크방식은 중력에 의해 하향급수되는 방식으로서 항상 일정한 수압을 얻을 수 있다.

32 급수방식 중 고가탱크방식에 관한 설명으로 옳지 않은 것은? 산 14①

① 급수압력이 일정하다.
② 물탱크에서 물이 오염될 가능성이 있다.
③ 일반적으로 상향급수배관방식이 사용된다.
④ 단수 시에도 일정량의 급수를 계속할 수 있다.

해설

고가탱크방식은 옥상의 고가수조에서 아래로 급수하는 것으로서, 하향급수배관방식이 사용된다.

33 급수방식 및 고가수조방식에 관한 설명으로 옳지 않은 것은? 산 14②

① 급수압력이 일정하다.
② 대규모의 급수수요에 쉽게 대응할 수 있다.
③ 단수 시에도 일정량의 급수를 계속할 수 있다.
④ 위생 및 유지·관리 측면에서 가장 바람직한 방식이다.

정답 28 ③ 29 ① 30 ④ 31 ① 32 ③ 33 ④

해설
고가수조방식은 옥상탱크에 물을 저수한 후 건물에 하향급수하는 방식이다. 옥상탱크에 물 저수 시 온습도환경에 따라 수질이 오염될 수 있다.

34 최고층에 설치된 플러시밸브의 최소필요압력이 70kPa인 경우, 밸브로부터 고가수조의 최저수면까지의 연직거리는 최소 얼마 이상 확보하여야 하는가?(단, 고가수조로부터 기구까지 발생되는 마찰손실수두는 1m로 한다.) 산 15③ 19①

① 5m
② 6m
③ 7m
④ 8m

해설
고가탱크의 설치높이(H)
$H \geq H_1 + H_2 + h(m)$
여기서, H_1 : 최고층 급수전 또는 기구에서의 소요압력에 상당하는 높이(m)
H_2 : 관 내 마찰손실수두(m)
h : 지상에서 최고층에 있는 수전까지의 높이(m)

본 문제에서 $H_1 = 70\text{kPa} = 7\text{m}$, $H_2 = 1\text{m}$, h는 고려하지 않음

※ 문제에서 최고층 기구로부터의 높이를 요구하였으므로 지반에서 최고층 기구까지의 높이 h는 고려하지 않는다.

∴ $H \geq H_1 + H_2 = 7 + 1 = 8\text{m}$로 산출된다.

35 급수방식에 관한 설명으로 옳지 않은 것은 어느 것인가? 기 15④

① 상수도직결방식은 위생성 측면에서 바람직한 방식이다.
② 고가탱크방식은 중력으로 필요한 곳에 급수하는 방식이다.
③ 펌프직송방식 중 변속방식은 토출압력을 감지하여 펌프의 회전수를 제어하는 방식이다.
④ 압력탱크방식은 대규모의 급수수요에 쉽게 대응할 수 있어 고층건물에 주로 사용한다.

해설
압력탱크방식은 저수조의 물을 압력탱크로 보내어 컴프레서의 압력을 통해 급수하는 방식으로, 수압부분이 일정하지 않아 대규모 고층건물의 급수부하에 대응이 어렵다.

36 압력탱크급수방식에 관한 설명으로 옳지 않은 것은? 기 17②

① 정전 시 급수가 곤란하다.
② 급수압력을 일정하게 유지할 수 있다.
③ 단수 시 저수조의 물을 사용할 수 있다.
④ 탱크를 높은 곳에 설치하지 않아도 된다.

해설
압력탱크방식은 저수조의 물을 압력탱크로 보내어 컴프레서의 압력을 통해 급수하는 방식으로, 수압부분이 일정하지 않아 대규모 고층건물의 급수부하에 대응이 어렵다.

37 압력수조식 급수설계에서 최고층 수전까지의 수직높이가 9m이고 관 내 마찰손실수두가 5m일 때 최고층 수전의 급수에 필요한 최저필요압력은 다음 중 얼마인가?(단, 최고층 수전의 소요압력은 70kPa이다.) 산 13②

① 약 70kPa
② 약 120kPa
③ 약 160kPa
④ 약 210kPa

해설
압력수조식(압력탱크방식)의 최저필요압력
$P_L = H + P + H_f$
여기서, H : 압력탱크에서 최고층 수전까지의 높이(m)
P : 기구별 필요압력(kPa)
H_f : 탱크에서 수전까지 마찰손실수두(kPa)
$P_L = 9\text{m} \times 10 + 70\text{kPa} + 5\text{m} \times 10 = 210\text{kPa}$
※ $1\text{mAq} = 10\text{kPa}$

정답 34 ④ 35 ④ 36 ② 37 ④

38 급수방식 중 펌프직송방식에 관한 설명으로 옳은 것은? 산 15①

① 수질오염의 가능성이 없다.
② 급수공급방향은 일반적으로 하향식이다.
③ 전력공급이 안 되는 경우에도 급수가 가능하다.
④ 배관 내 압력변동 등을 감지하여 펌프를 기동한다.

> **해설**
> ① 수질오염 가능성이 없는 방식은 수도직결방식이다.
> ② 급수공급방향이 하향식인 것은 고가수조방식이다.
> ③ 전력공급이 안 되는 경우에도 급수가 가능한 방식은 수도직결방식과 고가수조방식이다.

39 급수방식에 관한 설명으로 옳지 않은 것은 어느 것인가? 산 13②

① 고가탱크방식은 급수압력이 일정하다는 장점이 있다.
② 수도직결방식은 위생성 측면에서 가장 바람직한 방식이다.
③ 압력탱크방식은 국부적으로 고압이 필요한 경우에 유용하다.
④ 펌프직송방식 중 변속방식은 정속방식에 비해 압력변동이 심하기 때문에 아파트에서는 사용할 수 없다.

> **해설**
> 압력변동이 심한 방식은 압력탱크방식이다.

40 급수방식에 관한 설명으로 옳지 않은 것은 어느 것인가? 산 16①

① 수도직결방식은 2층 이하의 주택 등과 같이 소규모 건물에 주로 사용된다.
② 압력수조방식은 미관 및 구조상 유리하며 급수압력의 변동이 없는 특징이 있다.
③ 고가수조방식은 수전에 미치는 압력의 변동이 적으며 취급이 간단하고 고장이 적다.
④ 펌프직송방식은 고가수조의 설치가 요구되지는 않으나 펌프의 설비비가 높아진다.

> **해설**
> 압력수조방식은 고가수조를 두지 않아, 미관상에서는 유리할 수 있으나 급수 시 압력변동이 큰 것이 단점이다.

41 건물의 급수방식에 관한 설명으로 옳은 것은 어느 것인가? 산 17②

① 펌프직송방식은 정전 시 급수가 불가능하다.
② 수도직결방식은 건물의 높이에 관계가 없다.
③ 고가탱크방식은 급수압력의 변동이 가장 크다.
④ 압력탱크방식은 수질오염 가능성이 가장 작다.

> **해설**
> ① 펌프직송방식은 펌프의 전원(동력)으로 급수하는 방식이므로, 정전 시 급수가 불가하다.
> ② 수도직결방식은 수도본관의 상수도압에 의해서 급수하므로 건물의 높이와 밀접한 관계가 있다.
> ③ 고가탱크방식은 급수압력의 변동이 가장 적은 방식이다.
> ④ 수질오염 가능성이 가장 적은 방식은 수도직결방식이다.

42 위생설비에 설치되는 저수 및 고가탱크에 관한 설명으로 옳지 않은 것은? 산 13②

① 상수탱크의 천장·바닥 또는 주변 벽은 건축물의 구조부분과 겸용하도록 한다.
② 상수탱크에 설치하는 뚜껑은 유효안지름 1,000mm 이상의 것으로 한다.
③ 상수관 이외의 관은 상수용 탱크를 관통하거나 상부를 횡단해서는 안 된다.
④ 상수탱크는 청소 시 급수에 지장이 있을 경우 또는 기간에 따라 급수부하의 변동이 있는 경우에 대비하여 분할하여 설치하거나 또는 칸막이를 설치한다.

> **해설**
> 저수 및 고가탱크는 물을 저장하는 공간으로 유해물질의 침입 및 오염이 최소화되어야 하므로, 건축부분과의 겸용은 피해야 한다.

정답 38 ④ 39 ④ 40 ② 41 ① 42 ①

43 바닥이나 벽을 관통하는 배관에 슬리브(Sleeve)를 설치하는 가장 주된 이유는 다음 중 어느 것인가? _{산 15① 15② 기 20④}

① 방동, 방로를 위하여
② 수격작용을 방지하기 위하여
③ 관의 설치 및 교체·수리를 위하여
④ 배관 내 압력변동 등을 감지하여 펌프를 기동하기 위하여

> **해설**
> 벽의 관통 시 슬리브(Sleeve)를 설치하고 그 속으로 배관을 관통할 경우, 구조체와 배관을 분리(이격)시켜 관의 설치 및 수리, 교체를 용이하게 하여야 한다.

44 급수배관 내에서 수격작용(Water Hammer)이 발생하는 가장 주된 원인은? _{산 13①}

① 관경의 축소
② 관경의 확대
③ 배관 내의 온도변화
④ 배관 내의 압력변화

> **해설**
> 수격현상(Water Hammer)은 관 속을 충만하게 흐르는 액체(물)의 속도를 정지시키는 등 물의 운동상태를 급격히 변화시켰을 때 일어나는 압력파현상이다. 이에 배관 내의 압력변화가 수격작용의 가장 주된 요인이라 할 수 있다.

45 워터해머가 발생할 우려가 있어, 이에 대한 대책을 고려하여야 하는 지점으로 옳지 않은 것은 어느 것인가? _{산 14③}

① 물탱크 등에 설치된 볼탭
② 완폐쇄형 수도꼭지 사용개소
③ 펌프 토출 측 및 양수관 구간에 설치된 체크밸브 상단
④ 급수배관 계통의 전자밸브, 모터밸브 등 급폐형 밸브설치개소

> **해설**
> 완폐쇄형을 사용할 경우 완전폐쇄에 따른 수압의 급격한 변화 초래로 워터해머(수격작용) 발생의 원인이 될 수 있다.

46 급수배관 계통에 공기실(Air Chamber)을 설치하는 주된 이유는? _{산 14③ 15③}

① 이상충격압에 의한 수격작용을 방지하기 위하여
② 배관의 온도변화에 따른 신축을 흡수하기 위하여
③ 각 수전류에 공급되는 수압을 일정하게 조정하기 위하여
④ 배관 계통 내에 정체되어 있는 공기를 밖으로 배출하기 위하여

> **해설**
> 급수관 내 유속의 급변에 의해 일어나는 수격작용을 방지하기 위하여 압력의 완화 목적으로 급수배관에 공기실을 설치한다.

47 급수설비에서 크로스커넥션에 따른 수질오염의 방지방법으로 가장 적절한 것은? _{산 13③}

① 토수구공간을 설치한다.
② 차광성 FRP 재질의 고가탱크를 설치한다.
③ 배큐엄브레이커나 역류방지장치를 부착한다.
④ 각 계통의 배관을 색깔별로 구분하여 오접합을 방지한다.

> **해설**
> **크로스커넥션(Cross Connection)**
> • 음용수의 오염현상으로서, 수돗물에 수돗물 이외의 물질이 혼입되어 오염이 발생하는 현상이다.
> • 배관의 잘못된 연결에 의해 발생하므로, 각 계통의 배관을 색깔로 구분하여 크로스커넥션을 방지한다.

48 역류를 방지하여 오염으로부터 상수계통을 보호하기 위한 방법으로 옳지 않은 것은 다음 중 어느 것인가? _{산 14① 17②}

① 토수구공간을 둔다.
② 역류방지밸브를 설치한다.
③ 배관은 크로스커넥션이 되도록 한다.
④ 대기압식 또는 가압식 진공브레이커를 설치한다.

해설
크로스커넥션이 될 경우 배관의 오염이 가중된다.

49 급수의 오염원인과 가장 거리가 먼 것은 어느 것인가? 산 16①

① 워터해머　　　② 배관의 부식
③ 크로스커넥션　④ 저수탱크의 정체수

해설
워터해머(Water Hammer, 수격현상)현상은 관 속을 충만하게 흐르는 액체(물)의 속도를 정지시키는 등 물의 운동상태를 급격히 변화시켰을 때 일어나는 압력파현상으로서, 급수의 오염원인과는 상관없다.

50 국소식 급탕방식에 관한 설명으로 옳지 않은 것은? 산 15②

① 배관열손실이 크다.
② 설비비는 중앙식보다 저렴하고 유지관리도 용이하다.
③ 용도에 따라 필요온도의 온수를 간단히 얻을 수 있다.
④ 가열기의 종류는 가스 또는 전기순간온수기가 주로 사용된다.

해설
국소식 급탕방식의 경우 중앙식에 비해 사용 측과 공급 측 간의 배관길이가 짧으므로, 배관열손실이 작다.

51 중앙식 급탕법에 관한 설명으로 옳지 않은 것은? 기 16②

① 배관 및 기기로부터의 열손실이 많다.
② 급탕개소마다 가열기의 설치스페이스가 필요하다.

③ 일반적으로 열원장치는 공조설비와 겸용하여 설치된다.
④ 급탕기구의 동시사용률을 고려하기 때문에 가열장치의 전체용량을 줄일 수 있다.

해설
온수를 사용하는 급탕개소마다 가열장치가 설치되는 것은 국소식(개별식) 급탕방식이다.

52 간접가열식 급탕방식에 관한 설명으로 옳지 않은 것은? 기 17② 21②

① 저압보일러를 써도 되는 경우가 많다.
② 직접가열식에 비해 소규모 급탕설비에 적합하다.
③ 급탕용 보일러는 난방용 보일러와 겸용할 수 있다.
④ 직접가열식에 비해 보일러 내면에 스케일이 발생할 염려가 적다.

해설
간접가열식 급탕방식의 특징
- 난방보일러로 동시에 급탕이 가능하다.
- 건물높이에 따른 수압이 보일러에 작용하지 않으므로 저압보일러로도 가능하다.
- 대규모 설비에 적합하다.
- 스케일 형성이 적고 보일러 수명이 길다.

53 중앙식 급탕방식 중 간접가열식에 관한 설명으로 옳지 않은 것은? 산 14①

① 가열보일러는 난방용 보일러와 겸용할 수 있다.
② 직접가열식에 비해 가열보일러의 열효율이 낮다.
③ 가열보일러는 중압 또는 고압보일러를 사용해야 한다.
④ 저탕조는 가열코일을 내장하는 등 구조가 약간 복잡하다.

해설
간접가열식은 건물높이에 따른 수압이 보일러에 작용하지 않으므로 저압보일러로도 가능하다.

정답 49 ① 50 ① 51 ② 52 ② 53 ③

54 간접가열식 급탕방법에 관한 설명으로 옳지 않은 것은? 산 17①

① 직접가열식에 비해 열효율이 떨어진다.
② 급탕용 보일러는 난방용 보일러와 겸용할 수 있다.
③ 저장탱크에는 서모스탯(Thermostat)을 설치하여 온도를 조절할 수 있다.
④ 열원을 증기로 사용하는 경우에는 저장탱크에 스팀사일런서(Steam Silencer)를 설치하여야 한다.

해설
스팀사일런서(Steam Silencer)는 보일러에서 생긴 증기를 급탕용의 물속에 직접 불어 넣어서 온수를 얻는 방식인 기수혼합식 탕비방식에서 설치한다.

55 급탕설비에 관한 설명으로 옳지 않은 것은 어느 것인가? 산 16①

① 직접가열식은 열효율이 좋다.
② 강제순환식 급탕법은 순환펌프로 순환시킨다.
③ 중력식 급탕법은 탕의 순환이 온도차에 의해 이루어진다.
④ 직접가열식은 대형 건축물의 급탕설비에 가장 적합하다.

해설
대형 건축물의 경우 간접가열식의 급탕설비로 채용하는 것이 효과적이다.

56 급탕설비에 관한 설명으로 옳지 않은 것은 어느 것인가? 기 16④ 19②

① 냉수, 온수를 혼합 사용해도 압력차에 의한 온도 변화가 없도록 한다.
② 배관은 적정한 압력손실상태에서 피크 시를 충족시킬 수 있어야 한다.
③ 도피관에는 압력을 도피시킬 수 있도록 밸브를 설치하고 배수는 직접배수로 한다.
④ 밀폐형 급탕시스템에는 온도 상승에 의한 압력을 도피시킬 수 있는 팽창탱크 등의 장치를 설치한다.

해설
도피관(팽창관) 도중에는 절대 밸브를 달아서는 안 되며, 도피관(팽창관)의 배수는 간접배수로 한다.

57 급탕설비의 안전장치 중 보일러, 저탕조 등 밀폐가열장치 내의 압력 상승을 도피시키기 위해 사용하는 것은? 산 13① 17③

① 팽창관
② 용해전
③ 신축이음
④ 온도조절밸브

해설
팽창관(Expansion Pipe) 또는 안전관(Escape Pipe)
• 온수난방배관에서 발생하는 온수의 체적팽창을 팽창탱크로 도출시키기 위한 역할을 한다.
• 보일러에서 온수가 과열하여 증기가 발생되었을 경우에 도출을 위해 팽창탱크 수면으로 돌출시킨 관으로, 팽창관 또는 안전관(도피관)이라고도 한다.

58 급탕배관에 관한 설명으로 옳지 않은 것은 어느 것인가? 기 17④

① 관의 신축을 고려하여 굽힘부분에는 스위블이음 등으로 접합한다.
② 관의 신축을 고려하여 건물의 벽 관통부분의 배관에는 슬리브를 사용한다.
③ 역구배나 공기정체가 일어나기 쉬운 배관 등 온수의 순환을 방해하는 것은 피한다.
④ 배관재로 동관을 사용하는 경우 관 내 유속을 느리게 하면 부식되기 쉬우므로 2.5m/s 이상으로 하는 것이 바람직하다.

해설
관 내 유속을 빠르게 하면 부식의 원인이 될 수 있다. 유속은 1.5m/s 이하로 제어하는 것이 부식 방지에 좋다.

정답 54 ④ 55 ④ 56 ③ 57 ① 58 ④

59 급탕배관의 신축이음 종류에 속하지 않는 것은 어느 것인가? 기 17①

① 루프형   ② 칼라형
③ 슬리브형   ④ 벨로스형

[해설]
급탕배관의 신축이음에는 스위블형, 슬리브형, 루프형, 벨로스형 등이 있다.

60 2개 이상의 엘보를 사용하여 나사회전을 이용해서 신축을 흡수하는 신축이음쇠는 다음 중 어느 것인가? 산 13②

① 루프형   ② 스위블형
③ 슬리브형   ④ 벨로스형

[해설]
스위블형
- 2개 이상의 엘보를 이용하여 나사부의 회전으로 신축을 흡수한다.
- 방열기 주변 배관에 많이 이용된다.
- 누수의 염려가 있다.

Section 03 배수 및 통기설비

61 대변기의 세정방식 중 바닥으로부터 1.6m 이상 높은 위치에 탱크를 설치하고, 볼탭을 통하여 공급된 일정량의 물을 저장하고 있다가 핸들 또는 레버의 조작에 의해 낙차에 의한 수압으로 대변기를 세척하는 방식은? 산 13①

① 로탱크식   ② 하이탱크식
③ 플러시밸브식   ④ 사이펀제트식

[해설]
하이탱크식
- 개념
  하이탱크식은 바닥으로부터 1.6m 이상 높은 위치(탱크 표준높이는 1.9m, 표준용량은 15L임)에 탱크를 설치하고, 볼탭을 통하여 공급된 일정량의 물을 저장하고 있다가 핸들 또는 레버의 조작에 의해 낙차에 의한 수압으로 대변기를 세척하는 방식이다.
- 특징
  - 설치면적이 작다.
  - 세정 시 소리가 크다.
  - 탱크 내에 고장이 났을 때 불편하다.
  - 급수관경은 15A, 세정관경은 32A이다.

62 세정밸브식 대변기의 최소급수관경은 어느 것인가? 기 17① 산 17③

① 15A   ② 20A
③ 25A   ④ 32A

[해설]
세정밸브식(플러시밸브, Flush Valve)
- 한 번 밸브를 누르면 일정량의 물이 나오고 잠긴다.
- 수압이 0.7MPa(70kPa) 이상이어야 한다.
- 급수관의 최소관경은 25A이다.
- 레버식, 버튼식, 전자식이 있다.
- 소음이 크고, 연속사용이 가능하며, 단시간에 다량의 물이 필요하다.(일반 가정용으로는 사용이 곤란)
- 점유면적이 작다.

63 대변기에 설치한 세정밸브(Flush Valve)의 최저필요압력은? 기 17④

① 10kPa 이상
② 30kPa 이상
③ 50kPa 이상
④ 70kPa 이상

[해설]
세정밸브식(Flush Valve)
- 최저필요압력은 70kPa 이상이다.
- 급수관의 관경은 25mm 이상이다.
- 세정 시 소음이 가장 크나, 점유면적은 가장 작다.
- 크로스커넥션(Cross Connection)을 방지하기 위해 진공방지기(Vacuum Breaker)를 설치한다.

정답 59 ② 60 ② 61 ② 62 ③ 63 ④

64 대변기의 세정방식에 관한 설명으로 옳지 않은 것은? 산 14①

① 플러시밸브식은 로탱크식에 비해 화장실 내를 넓게 사용할 수 있다는 장점이 있다.
② 로탱크식은 탱크로의 급수압력에 관계없이 대변기로의 공급수량이나 압력이 일정하다.
③ 하이탱크식은 낙차에 의해 대변기를 세척하는 방식으로 연속사용이 가능하다는 장점이 있다.
④ 플러시밸브식은 소음이 크고 다량의 물이 필요하기 때문에 일반 가정용으로는 사용이 곤란하다.

[해설]
연속사용이 가능한 대변기는 세정밸브식(Flush Valve System)이다.

65 대변기의 세정방식 중 배큐엄브레이커의 설치가 요구되는 것은? 산 16③ 19③

① 세라식
② 로탱크식
③ 하이탱크식
④ 세정밸브식

[해설]
오수가 급수관으로 역류하는 것을 방지하기 위해 진공방지기(Vacuum Breaker)를 설치한다.

66 배수트랩에 관한 설명으로 옳지 않은 것은 어느 것인가? 산 17①

① 유효봉수깊이가 너무 낮으면 봉수가 손실되기 쉽다.
② 유효봉수깊이는 일반적으로 50mm 이상, 100mm 이하이다.
③ 유효봉수깊이가 너무 크면 유수의 저항이 증가하여 통수능력이 감소한다.
④ 배수관계통의 환기를 도모하여 관 내를 청결하게 유지하는 역할을 한다.

[해설]
배수관계통의 환기를 도모하여 관 내를 청결하게 유지하는 역할을 하는 것은 통기관이다.

67 배수트랩에 관한 설명으로 옳지 않은 것은 어느 것인가? 기 14④

① 내부 치수가 동일한 S트랩은 사용하지 않는 것이 좋다.
② 하나의 배수관에 직렬로 2개 이상의 트랩을 설치하지 않는다.
③ 수봉식 트랩은 중력식 배수방식에서 하수가스의 침입방지장치로서 안전하고 신뢰성이 높다.
④ 유수의 힘으로 가동부분이 열리고 유수가 끝나면 자동으로 닫히게 되는 구조의 것이 좋다.

[해설]
트랩에 가동부분이 있을 경우 봉수파괴의 원인이 된다.

68 트랩의 필요조건으로 옳지 않은 것은 어느 것인가? 기 15④

① 가동부분이 있을 것
② 자정작용이 가능할 것
③ 청소가 용이한 구조일 것
④ 봉수깊이는 50mm 이상 100mm 이하일 것

[해설]
트랩에 가동부분이 있을 경우 봉수파괴의 원인이 된다.

69 다음 중 일반적으로 사용이 금지되는 트랩에 속하지 않는 것은? 기 16① 산 19①

① 2중 트랩
② 격벽트랩
③ 수봉식 트랩
④ 가동부분이 있는 트랩

> [해설]
>
> **수봉식 트랩**
> 물을 통해 역류를 방지하는 즉, 트랩에 봉수를 적용한 것이라고 쉽게 이해하면 된다.

70 배수트랩의 유효봉수깊이로 옳은 것은 어느 것인가? <u>산 17②</u>

① 10~40mm
② 50~100mm
③ 120~150mm
④ 200~250mm

> [해설]
>
> 배수트랩의 유효봉수깊이는 50~100mm 정도로 한다.

71 배수용 트랩에 속하지 않는 것은? <u>산 14①</u>

① 관트랩
② 벨트랩
③ 드럼트랩
④ 벨로스트랩

> [해설]
>
> 벨로스트랩은 증기난방에서 증기와 응축수를 분리하는 증기트랩의 일종이다.

72 관트랩에 속하지 않는 것은? <u>산 14②</u>

① P트랩
② S트랩
③ U트랩
④ 벨트랩

> [해설]
>
> - 관트랩은 사이펀작용을 이용하여 배수하는 트랩으로서, 종류에는 S트랩, P트랩, U트랩 등이 있으며, 주로 세면기, 소변기, 대변기 등에 적용되고 있다.
> - 벨트랩은 욕실 등 바닥배수에 이용하는 것으로, 종모양으로 다량의 물을 배수하는 트랩이다.

73 옥내 수평주관에 사용하며, 공공하수관으로부터의 유독가스를 차단하기 위해 사용하는 트랩은? <u>산 16①</u>

① S트랩
② U트랩
③ 벨트랩
④ 드럼트랩

> [해설]
>
> **U트랩**
> - 일명 가옥트랩(House Trap) 또는 메인트랩(Main Trap)이라 한다.
> - 가옥배수 본관과 공공하수관의 연결부위에 설치한다.
> - 배수관 최말단에 위치하여 유속을 저하시키는 단점이 있다.

74 배수트랩의 봉수파괴원인에 해당하지 않는 것은 어느 것인가? <u>산 13① 19①</u>

① 증발작용
② 서징현상
③ 모세관현상
④ 유도사이펀현상

> [해설]
>
> **서징현상**
> - 서징현상이란, 산형(山形) 특성의 양정곡선을 갖는 펌프의 산형 왼쪽부분에서 유량과 양정이 주기적으로 변동하는 현상이다.
> - 펌프와 송풍기 등이 운전 중에 한숨을 쉬는 것과 같은 상태가 되어, 펌프의 경우 입구와 출구의 진공계, 압력계의 침이 흔들리고 동시에 송출유량이 변하는 현상, 즉 송출압력과 송출유량 사이에 주기적인 변동이 일어나는 현상을 말한다.

75 증발에 따른 트랩의 봉수파괴를 방지하기 위한 방법으로 가장 적절한 것은? <u>산 15②</u>

① 헝겊조각 등을 제거한다.
② 급수보급장치를 설치한다.
③ 배수구에 격자를 설치한다.
④ 트랩 주변에 통기관을 설치한다.

정답 70 ② 71 ④ 72 ④ 73 ② 74 ② 75 ②

> [해설]
>
> **증발에 의한 트랩의 봉수파괴**
> - 원인 : 오랫동안 사용하지 않은 베란다, 다용도실 바닥 배수에서 봉수가 증발하여 파괴
> - 대책 : 트랩에 물을 공급하거나, 파라핀유를 뿌림

76 기구배수단위의 산정기준이 되는 것은 어느 것인가? 기 13②

① 싱크
② 세면기
③ 소변기
④ 대변기

> [해설]
>
> 세면기의 배수량인 28.5L/min을 배수기구단위(DFU, Drain Fixture Unit) 1로 정하여 다른 기구의 배수량을 그 배수로 표시한다.

77 배수배관에서 일반적으로 청소구(Clean Out)의 설치가 요구되는 곳에 속하지 않는 것은 어느 것인가? 산 16②

① 배수수평주관의 기점
② 배수수직관의 최상부
③ 배수수직관의 최하부 또는 그 부근
④ 수평관에서 45°를 넘는 각도에서 방향을 전환하는 개소

> [해설]
>
> 배수수직관의 최하단부에 설치가 필요하다.

78 통기관의 설치목적과 가장 관계가 먼 것은 어느 것인가? 산 14① 20①②통합

① 배수의 흐름을 원활히 한다.
② 배수관 내의 환기를 도모한다.
③ 사이펀작용에 의한 봉수파괴를 방지한다.
④ 모세관현상에 의한 봉수파괴를 방지한다.

> [해설]
>
> 모세관현상에 의한 봉수파괴는 트랩에 걸레조각이나 머리카락이 낀 경우 모세관현상에 의하여 봉수가 빠져 나가는 것으로, 배수 시 압력조절을 하는 통기관의 역할과는 연관이 없다.

79 통기관을 설치하는 목적과 가장 거리가 먼 것은? 산 15③

① 수격작용의 방지
② 배수관 내의 흐름 원활
③ 배수관 내의 환기와 청결 유지
④ 사이펀작용 및 배압으로부터 트랩 내 봉수 보호

> [해설]
>
> 수격현상(Water Hammer)은 관 속을 충만하게 흐르는 액체(물)의 속도를 정지시키는 등 물의 운동상태를 급격히 변화시켰을 때 일어나는 압력파현상으로서, 통기관과는 상관없다.

80 각 기구의 트랩마다 통기관을 설치하여 트랩마다 통기되기 때문에 가장 안정도가 높은 통기방식은? 산 13② 16① 20①②통합

① 루프통기방식
② 신정통기방식
③ 각개통기방식
④ 결합통기방식

> [해설]
>
> 각 위생기구마다 통기관을 접속하는 방법을 각개통기방식이라 한다.

81 배수수직관 상부를 연장하여 대기에 개구한 통기관은? 산 17③ 19②

① 신정통기관
② 습윤통기관
③ 각개통기관
④ 결합통기관

> [해설]
>
> **신정통기관**
> 배수수직관 상부를 그대로 연장하여 옥상 등에 개구시킨 것이다.

82 2개 이상의 기구트랩의 봉수를 모두 보호하기 위하여 설치하는 통기관으로 최상류의 기구배수관이 배수수평지관에 접속하는 위치의 직하에서 입상하여 통기수직관 또는 신정통기관에 접속하는 것은?   산 17②

① 습통기관　　　　② 결합통기관
③ 루프통기관　　　④ 도피통기관

> 해설
>
> **루프(회로, 환상)통기방식**
> 2개 이상의 기구트랩에 공통으로 하나의 통기관을 설치하는 통기방식으로서, 루프통기 1개당 최대 담당 기구수는 8개 이내(세면기 기준)이며 통기수직관까지는 7.5m 이내가 되게 한다.

83 배수수직관 내의 압력변화를 방지 또는 완화하기 위해 배수수직관으로부터 분기·입상하여 통기수직관에 접속하는 도피통기관은 다음 중 어느 것인가?   기 16④ 산 18②

① 각개통기관　　　② 신정통기관
③ 결합통기관　　　④ 루프통기관

> 해설
>
> **결합통기관**
> 고층건물에서 원활한 통기를 목적으로 5개층마다 통기수직관과 입상오배수관에 연결된 통기관이다.

84 오배수입상관으로부터 취출하여 위쪽의 통기관에 연결되는 배관으로, 오배수입상관 내의 압력을 같게 하기 위한 도피통기관은 다음 중 어느 것인가?   산 14③ 16③ 18③

① 습통기관　　　　② 각개통기관
③ 결합통기관　　　④ 공용통기관

> 해설
>
> **결합통기관**
> 고층건물에서 원활한 통기를 목적으로 5개층마다 통기수직관과 입상오배수관에 연결된 통기관이다.

85 배수, 통기 양 계통 간의 공기유통을 원활히 하기 위해 설치하는 통기관으로, 루프통기의 효과를 높이는 역할도 하는 것은?   산 13③ 18①

① 습식통기관　　　② 도피통기관
③ 각개통기관　　　④ 공용통기관

> 해설
>
> **도피통기관**
> 도피통기관은 배수, 통기 양 계통 간의 공기유통을 원활히 하기 위해 설치하는 통기관으로서, 루프통기관에서 8개 이상의 기구를 담당하거나 대변기가 3개 이상 있는 경우 통기능률을 향상시키기 위하여 배수횡지관의 최하류와 통기수직관을 연결하여 통기역할을 한다.

86 통기배관에 관한 설명으로 옳지 않은 것은 어느 것인가?   산 15②

① 오물정화조의 통기관은 단독으로 한다.
② 통기관과 실내환기덕트는 서로 연결해서는 안 된다.
③ 통기수직관과 빗물수직관은 겸용으로 하는 것이 좋다.
④ 신정통기관은 배수수직관의 상단을 연장하여 대기 중에 개구한다.

> 해설
>
> 통기수직관을 우수수직관과 연결해서 겸용배관해서는 안 된다.

Section 04 오수정화설비

87 수질관련용어 중 BOD가 의미하는 것은 어느 것인가?   산 16③ 19①

① 용존산소량
② 수소이온농도
③ 화학적 산소요구량
④ 생물화학적 산소요구량

정답　82 ③　83 ③　84 ③　85 ②　86 ③　87 ④

> **해설**

BOD(Biochemical Oxygen Demand : 생물화학적 산소요구량)
- 오수 중의 유기물이 이와 공존하는 미생물에 의해 분해되어 안정화하는 과정에서 소비되는 수중에 녹아 있는 산소의 감소를 나타내는 값이다.
- 물의 오염정도를 나타낸다.

88 수질과 관련된 용어 중 부유물질로서 오수 중에 현탁되어 있는 물질을 의미하는 것은? 기 14④

① BOD
② COD
③ SS
④ 염소이온

> **해설**

오수정화조 관련용어

구분	내용
BOD (Biochemical Oxygen Demand : 생물화학적 산소요구량)	• 오수 중의 유기물이 이와 공존하는 미생물에 의해 분해되어 안정화하는 과정에서 소비되는 수중에 녹아 있는 산소의 감소를 나타내는 값 • 물의 오염정도를 나타냄
COD (Chemical Oxygen Demand : 화학적 산소요구량)	• 용존유기물을 화학적으로 산화시키는 데 필요한 산소량 • 일반적으로 공장폐수는 무기물을 함유하고 있어, BOD 측정이 불가능하여 COD로 측정 • 값이 적을수록 수질이 좋음
DO (Dissolved Oxygen : 용존(溶存)산소)	• 물속에 용해되어 있는 산소를 ppm으로 나타낸 것 • 깨끗한 물은 7~14ppm의 산소가 용존되어 있음 • 오염도가 높은 물은 산소가 용존되어 있지 않음 • 정화조의 폭기조 내에는 2ppm의 용존산소가 필요
SS (Suspended Solids : 부유물질)	탁도의 정도로 입경 2mm 이하의 불용성의 뜨는 물질을 ppm으로 표시한 것
스컴(Scum)	정화조 내의 오수 표면 위에 떠오르는 오물찌꺼기
활성오니 (Activated Sludge)	폭기조 내에 용해되어 있는 유기물질과 그에 따라 세포가 증식되는 미생물의 덩어리(Flock)

89 오수정화조로 유입되는 오수의 BOD농도가 150ppm이고 방류수의 BOD농도가 60ppm일 때 이 정화조의 BOD제거율은? 기 16②

① 40%
② 60%
③ 75%
④ 90%

> **해설**

BOD제거율(%)
$$= \frac{\text{유입수BOD} - \text{유출수BOD}}{\text{유입수BOD}} \times 100(\%)$$
$$= \frac{150-60}{150} \times 100(\%) = 60\%$$

90 주택의 1인 1일 오수량이 $0.05m^3$/인·일이고, 오수의 BOD농도가 $260g/m^3$일 때 1인 1일당 BOD부하량은? 기 17②

① 5g/인·일
② 13g/인·일
③ 26g/인·일
④ 50g/인·일

> **해설**

BOD부하량(g/인·일)
= 1인 1일 오수량×오수의 BOD농도(g/m^3)
= 0.05×260 = 13g/인·일

91 오수정화조의 설치에 관한 설명으로 옳지 않은 것은? 산 14③

① 주변의 공지는 녹화하는 것이 좋다.
② 배수의 수위 변동에 의한 소우의 역류가 없도록 한다.
③ 건물로부터의 배수가 펌프에 의해 유입될 수 있도록 한다.
④ 환경문제가 발생하지 않도록 건물로부터 멀리 설치하는 것이 좋다.

> **해설**

건물에서 정화조로의 오수의 유입은 기계식(펌프)이 아닌, 자연(중력)배수로 한다.

정답 88 ③ 89 ② 90 ② 91 ③

92 정화조에서 호기성(好氣性)균을 필요로 하는 곳은? 산 15② 18③ 19② 20①②통합

① 부패조
② 여과조
③ 산화조
④ 소독조

> 해설

정화조 구성
부패조(혐기성 처리) → 여과조(부유물이나 잡물 제거) → 산화조(호기성 처리) → 소독조(소독제 적용)

Section 05 소방시설

93 소방시설에 속하지 않는 것은? 산 16①

① 소화설비
② 피난설비
③ 경보설비
④ 방화설비

> 해설

소방시설은 소화설비, 경보설비, 피난설비, 소화용수설비, 소화활동설비로 분류되며, 방화설비는 소방시설의 분류에 해당하지 않는다.

94 다음의 소방시설 중 소화설비에 속하지 않는 것은? 산 15①

① 옥내소화전설비
② 스프링클러설비
③ 연결송수관설비
④ 물분무등소화설비

> 해설

연결송수관설비는 소화활동설비에 속한다.

95 소방시설은 소화설비, 경보설비, 피난설비, 소화용수설비, 소화활동설비로 구분할 수 있다. 소화설비에 해당하지 않는 것은 다음 중 어느 것인가? 산 13①

① 제연설비
② 포소화설비
③ 옥내소화전설비
④ 스프링클러설비

> 해설

제연설비는 화재를 진압하거나 인명구조활동을 위하여 사용하는 소화활동설비에 해당한다.

96 화재안전기준에 따라 소화기구를 설치하여야 하는 특정소방대상물의 연면적기준은 어느 것인가? 기 15④ 21①

① 10m² 이상
② 25m² 이상
③ 33m² 이상
④ 50m² 이상

> 해설

화재안전기준에 따라 소화기구를 설치하여야 하는 특정소방대상물의 연면적기준은 33m² 이상이다.

97 옥내소화전설비에 관한 설명으로 옳지 않은 것은? 기 16① 21②

① 옥내소화전방수구는 바닥으로부터의 높이가 1.5m 이하가 되도록 설치한다.
② 옥내소화전설비의 송수구는 소방차가 쉽게 접근할 수 있는 잘 보이는 장소에 설치한다.
③ 전동기에 따른 펌프를 이용하는 가압송수장치를 설치하는 경우, 펌프는 전용으로 하는 것이 원칙이다.
④ 당해 층의 옥내소화전을 동시에 사용할 경우 각 소화전의 노즐선단에서의 방수압력은 최소 0.7MPa 이상이 되어야 한다.

> 해설

옥내소화전의 노즐방수압력은 최소 0.17MPa 이상 최대 0.7MPa 이하이다.

정답 92 ③ 93 ④ 94 ③ 95 ① 96 ③ 97 ④

98 옥내소화전설비에 관한 설명으로 옳은 것은 어느 것인가? <small>산 14① 18①</small>

① 송수구는 지면으로부터 높이가 0.5m 이상 1m 이하의 위치에 설치한다.
② 옥내소화전의 노즐선단 방수압력은 0.1MPa 이상이어야 한다.
③ 옥내소화전용 펌프의 토출량은 옥내소화전이 가장 많이 설치된 층의 설치개수에 100L/min를 곱한 양 이상이어야 한다.
④ 수원은 그 저수량이 옥내소화전의 설치개수가 가장 많은 층의 설치개수에 1.3m³를 곱한 양 이상이 되도록 하여야 한다.

[해설]
② 노즐의 방수압력 : 최소 0.17MPa 이상, 최대 0.7MPa 이하
③ 옥내소화전용 펌프의 토출량은 옥내소화전이 가장 많이 설치된 층의 설치개수에 130L/min를 곱한 양 이상이어야 한다.
④ 수원은 그 저수량이 옥내소화전의 설치개수가 가장 많은 층의 설치개수에 2.6m³(130L/min×20min)를 곱한 양 이상이 되도록 하여야 한다.
(여기서, 1m³ = 1,000L)

99 옥내소화전설비에 관한 설명으로 옳지 않은 것은? <small>산 15②</small>

① 가압송수장치의 주펌프는 전동기에 따른 펌프로 설치한다.
② 옥내소화전방수구는 바닥으로부터의 높이가 1.5m 이하가 되도록 한다.
③ 수원의 유효저수량은 소화전의 설치개수가 가장 많은 층의 소화전수에 2.3m³를 곱한 값 이상이 되도록 한다.
④ 해당 특정소방대상물의 각 부분으로부터 하나의 옥내소화전방수구까지의 수평거리가 25m 이하가 되도록 한다.

[해설]
수원은 그 저수량이 옥내소화전의 설치개수가 가장 많은 층의 설치개수에 2.6m³(130L/min×20min)를 곱한 양 이상이 되도록 하여야 한다. (여기서 1m³ = 1,000L)

100 옥내소화전설비에 관한 설명으로 옳지 않은 것은? <small>산 15③</small>

① 송수구는 구경 65mm의 쌍구형 또는 단구형으로 한다.
② 송수구는 소방차가 쉽게 접근할 수 있는 잘 보이는 장소에 설치한다.
③ 각 소화전의 노즐선단에서의 방수량은 분당 50L 이상이 되도록 한다.
④ 건축물의 각 층에 옥내소화전이 2개씩 설치될 경우 저수량은 최소 5.2m³ 이상이 되도록 한다.

[해설]
옥내소화전설비는 분당 130L의 물을 20분 동안 분사하여 화재의 진압에 사용되는 소화설비이다. 이에 각 소화전 노즐선단에서의 방수량은 분당 130L 이상이 되도록 한다.

101 다음의 옥내소화전설비에 관한 설명 중 ( ) 안에 알맞은 것은? <small>기 16④ 18②</small>

> 옥내소화전방수구는 특정소방대상물의 층마다 설치하되, 해당 특정소방대상물의 각 부분으로부터 하나의 옥내소화전방수구까지의 수평거리가 ( )m 이하가 되도록 할 것

① 25　　　　② 30
③ 35　　　　④ 40

[해설]
옥내소화전설비는 해당 특정소방대상물의 각 부분으로부터 하나의 옥내소화전방수구까지의 수평거리가 25m 이하가 되게 한다.

102 해당 특정소방대상물에 설치된 2개의 옥외소화전을 동시에 사용할 경우 각 옥외소화전의 노즐선단에서의 방수압력은 다음 중 최소 얼마 이상이어야 하는가?(단, 전동기 또는 내연기관에 따른 펌프를 이용하는 가압송수장치를 사용하는 경우이다.) 산 13③

① 0.07MPa   ② 0.17MPa
③ 0.25MPa   ④ 0.34MPa

[해설]
옥외소화전의 표준방수압력은 0.25MPa 이상이다.

103 스프링클러설비의 배관에 관한 설명으로 옳지 않은 것은? 산 14② 20①②통합

① 가지배관은 각 층을 수직으로 관통하는 수직배관이다.
② 급수배관은 수원 및 옥외송수구로부터 스프링클러헤드에 급수하는 배관이다.
③ 교차배관이란 직접 또는 수직배관을 통하여 가지배관에 급수하는 배관이다.
④ 신축배관은 가지배관과 스프링클러헤드를 연결하는 구부림이 용이하고 유연성을 가진 배관이다.

[해설]
스프링클러설비의 계통 흐름
주배관(각 층을 수직으로 관통하는 수직배관) → 교차배관(수직배관을 통하여 가지배관의 물을 공급하는 배관) → 가지배관(스프링클러헤드가 설치되어 있는 배관) → 스프링클러헤드(물의 분사 – 물분사 시 세분시키는 역할은 헤드 내 디플렉터에서 진행)

104 스프링클러헤드의 디플렉터(Deflector)에 관한 설명으로 옳은 것은? 산 16②

① 방수구에 물을 보내어 압력을 가하게 하는 부분이다.
② 방수구에 수압이 가해지게 하여 하중이 걸리게 하는 부분이다.
③ 방수구에서 유출되는 물을 확산시키는 작용을 하는 부분이다.
④ 방수구에서 유출되는 물에 혼합된 공기를 분류하는 부분이다.

[해설]
스프링클러헤드의 디플렉터(Deflector)는 방수구에서 유출되는 물을 세분하여 확산시키는 작용을 하는 부분이다.

105 물과 오리피스가 분리되어 동파를 방지할 수 있는 스프링클러헤드로 정의되는 것은? 기 15②

① 조기반응형 헤드
② 건식 스프링클러헤드
③ 폐쇄형 스프링클러헤드
④ 개방형 스프링클러헤드

[해설]
건식 스프링클러헤드
평소에 관 내에 공기가 채워져 있다가 화재 시 공기가 빠지고 살수가 되는 방식으로서, 평소에 관 내에 물이 없어서 동파를 방지할 수 있다는 장점이 있다.

106 스프링클러 설치장소가 아파트인 경우, 스프링클러헤드의 기준개수는?(단, 폐쇄형 스프링클러헤드를 사용하는 경우) 기 14④ 19①

① 10개   ② 20개
③ 30개   ④ 40개

[해설]
용도별 스프링클러헤드 설치기준개수

용도	설치개수
아파트	10개
판매시설, 복합상가 및 11층 이상인 소방대상물	30개

정답 102 ③ 103 ① 104 ③ 105 ② 106 ①

107 다음의 스프링클러설비의 화재안전기준 내용 중 ( ) 안에 알맞은 것은? 기 17②

> 전동기에 따른 펌프를 이용하는 가압송수장치의 송수량은 0.1MPa의 방수압력기준으로 ( ) 이상의 방수성능을 가진 기준개수의 모든 헤드의 방수량을 충족시킬 수 있는 양 이상으로 할 것

① 80L/min
② 90L/min
③ 110L/min
④ 130L/min

[해설]
스프링클러는 초기 화재 진화를 위하여 사용되는 설비로서, 헤드마다 분당 80L의 물을 20분간 분사할 수 있는 수원을 확보하고 있어야 한다.

108 외부로부터의 화재에 의하여 탈 염려가 있는 건물의 외벽이나 지붕을 수막으로 덮어 연소를 방지하는 설비는? 산 17②

① 드렌처설비
② 포소화설비
③ 옥외소화전설비
④ 옥내소화전설비

[해설]
드렌처(Drencher)설비
건축물의 창, 외벽, 지붕 등에 설치하여 인접건물 화재 시 방수로 인해 수막을 형성하여 화재를 방지하는 설비

109 다음 중 자동화재탐지설비의 감지기 중 주위의 온도가 일정한 온도 이상이 되었을 때 작동하는 것은? 기 15② 16④ 17① 17④ 20③ 21② 산 20③

① 차동식 감지기
② 정온식 감지기
③ 광전식 감지기
④ 이온화식 감지기

[해설]
① 차동식 : 주변온도의 일정한 온도상승에 의한 감지
② 정온식 : 주변온도가 일정온도에 달하였을 때 감지
③ 광전식 : 연기에 의해 반응하는 것으로 광전효과를 이용하여 감지
④ 이온화식 : 연기에 의해 이온농도가 변화되는 것으로 감지

110 자동화재탐지설비의 감지기 중 설치된 감지기의 주변온도가 일정한 온도상승률 이상으로 되었을 경우에 작동하는 것은? 기 18④ 산 14① 19②

① 차동식
② 정온식
③ 광전식
④ 이온화식

[해설]
① 차동식 : 주변온도의 일정한 온도상승에 의해 감지
② 정온식 : 주변온도가 일정온도에 달하였을 때 감지
③ 광전식 : 연기에 의해 반응하는 것으로 광전효과를 이용하여 감지
④ 이온화식 : 연기에 의해 이온농도가 변하는 것으로 감지

111 소방시설은 소화설비, 경보설비, 피난설비, 소화용수설비, 소화활동설비로 구분할 수 있다. 다음 중에서 소화활동설비에 속하는 것은 어느 것인가? 기 16② 19②

① 제연설비
② 비상방송설비
③ 스프링클러설비
④ 자동화재탐지설비

[해설]
② 비상방송설비 – 경보설비
③ 스프링클러설비 – 소화설비
④ 자동화재탐지설비 – 경보설비

정답 107 ① 108 ① 109 ② 110 ① 111 ①

112 연결송수관설비의 방수구에 관한 설명으로 옳지 않은 것은? 기 17①

① 방수구의 위치표시는 표시등 또는 축광식 표지로 한다.
② 호스접결구는 바닥으로부터 0.5m 이상 1m 이하의 위치에 설치한다.
③ 개폐기능을 가진 것으로 설치하여야 하며, 평상시 닫힌 상태를 유지하도록 한다.
④ 연결송수관설비의 전용 방수구 또는 옥내소화전 방수구로서 구경 50mm의 것으로 설치한다.

해설

연결송수관설비의 설치기준
- 송수구, 방수구 구경 : 65mm
- 방수구 방수압력 : 0.35MPa 이상
- 표준방수량 : 450L/min
- 방수구 설치 : 3층 이상의 계단실, 비상승강기의 로비 부근 등에 방수구를 중심으로 50m 이내
- 수직주관 구경 : 100mm
- 설치기준 : 7층 이상의 건축물 또는 5층 이상의 연면적 6,000m² 이상의 건물에 배치
- 설치높이 : 바닥으로부터 0.5~1m

Section 06 가스설비

113 LPG에 관한 설명으로 옳지 않은 것은 어느 것인가? 기 17④ 산 20①②통합

① 비중이 공기보다 작다.
② 액화석유가스를 말한다.
③ 액화하면 그 체적은 약 1/250로 된다.
④ 상압에서는 기체이지만 압력을 가하면 액화된다.

해설

LPG는 공기보다 비중이 높아 누설 시 환기가 잘 되지 않고 바닥에 가라앉게 되어 폭발의 위험성이 높다.

114 LPG와 LNG에 관한 설명으로 옳은 것은 어느 것인가? 산 16①

① LPG는 LNG보다 비중이 작다.
② LNG는 가스공급을 위해 큰 투자가 들지 않는다.
③ LPG의 가스누출검지기는 반드시 천장에 설치해야 한다.
④ LNG는 도시가스용으로 널리 사용되고 주성분은 메탄가스이다.

해설

① LPG는 LNG보다 비중이 커서 바닥에 가라앉게 되고 누설 시 폭발의 위험이 있다.
② LNG는 가스공급을 위해 배관 등의 설치가 필요하므로 큰 초기 투자비용이 들어간다.
③ LPG는 공기보다 무거워 누설 시 바닥에 가라앉게 되므로 바닥 근처에 가스누출검지기를 설치해야 한다.

115 액화석유가스(LPG)의 가스용기(봄베) 보관온도는? 산 16② 18②

① 최대 10℃ 이하
② 최대 20℃ 이하
③ 최대 30℃ 이하
④ 최대 40℃ 이하

해설

LPG용기(봄베)는 40℃ 이하로 보관하고, 용기 2m 이내에는 화기 접근을 금한다.

116 압력에 따른 도시가스의 분류에서 중압의 인력범위로 옳은 것은? 기 19① 산 13② 17③ 20③

① 0.1MPa 이상 1MPa 미만
② 0.1MPa 이상 10MPa 미만
③ 0.5MPa 이상 5MPa 미만
④ 0.5MPa 이상 10MPa 미만

> [해설]

공급압력에 따른 도시가스의 분류

분류	공급압력
저압	0.1MPa 이하
중압	0.1MPa 이상 ~ 1.0MPa 미만
고압	1.0MPa 이상

117 가스배관의 경로 선정 시 주의하여야 할 사항으로 옳지 않은 것은? 기 15① 20③

① 장래의 증설 및 이설을 고려한다.
② 주요 구조부를 관통하지 않도록 한다.
③ 옥내배관은 매립하는 것을 원칙으로 한다.
④ 손상이나 부식 및 전식을 받지 않도록 한다.

> [해설]

옥내배관의 경우 배관 시 관리, 검사가 용이하도록 노출배관을 원칙으로 한다.

118 가스설비에 관한 설명으로 옳지 않은 것은 어느 것인가? 산 13③

① 저압은 일반적으로 0.1MPa 미만의 압력을 말한다.
② 가스계량기와 전기점멸기는 30cm 이상의 거리를 유지하여야 한다.
③ 가스계량기와 전기계량기는 60cm 이상의 거리를 유지하여야 한다.
④ 가스공급방식 중 저압공급은 다량의 가스를 원거리에 수송할 경우 주로 사용된다.

> [해설]

다량의 가스를 원거리로 수송할 경우 고압공급방식을 적용한다.

119 가스사용시설의 가스계량기에 관한 설명으로 옳지 않은 것은? 기 14④

① 공동주택의 경우 가스계량기는 일반적으로 대피공간이나 주방에 설치한다.
② 가스계량기와 전기계량기와의 거리는 60cm 이상 유지하여야 한다.
③ 가스계량기와 전기개폐기와의 거리는 60cm 이상 유지하여야 한다.
④ 가스계량기와 화기(그 시설 안에서 사용하는 자체 화기는 제외) 사이에 유지하여야 하는 거리는 2m 이상이어야 한다.

> [해설]

가스계량기는 화기와의 거리 유지가 중요하다. 이에 화기를 쓰는 주방 등에 적용하는 것은 옳지 않다.

120 가스사용시설의 지상배관은 어떤 색으로 도색하는 것이 원칙인가? 산 14① 기 18④

① 백색
② 황색
③ 적색
④ 청색

> [해설]

가스배관의 표면색상은 지상배관은 황색으로, 매설배관은 최고사용압력이 저압인 경우에는 황색, 중압인 배관은 적색으로 한다.

121 가스의 연소성을 나타내는 것은? 기 16②

① 비열비
② 가버너
③ 웨버지수
④ 단열지수

> [해설]

웨버지수(Weber Index, WI)
- 웨버지수는 가스연료의 단위시간당 방출되는 에너지를 정의하기 위한 변수, 즉 가스의 연소성을 나타내는 변수이다.
- 동일한 노즐압력에서 동일한 WI를 갖는 가스를 사용하면 동일한 출력을 얻을 수 있다.

정답 117 ③ 118 ④ 119 ① 120 ② 121 ③

Engineer Architecture

CHAPTER 04

공기조화설비

01 기초적인 사항
02 환기 및 배연설비
03 난방설비
04 공기조화용 기기
05 공기조화방식

CHAPTER 04 공기조화설비

SECTION 01 기초적인 사항

1. 공기의 기본구성

공기는 건공기와 수증기로 구성되며, 공기 내 수증기의 포함여부에 따라 아래와 같이 분류된다.
① 건공기 : 수증기를 전혀 포함하고 있지 않은 공기
② 습공기(건공기 + 수증기) : 건공기와 수증기로 구성된 공기

2. 습공기의 성질 및 습공기선도

(1) 습공기의 성질

① 온도에 따라 일정한 부피의 공기에 포함될 수 있는 수증기량은 한계가 있는데, 최대한도의 수증기를 포함한 공기를 포화습공기라 하며, 이때의 수증기량을 포화수증기량이라고 한다.
② 포화습공기는 상대습도 100% 선에 상태점이 있는 공기를 의미한다.
  - 상대습도 100% 초과 : 과포화공기
  - 상대습도 100% 미만 : 불포화공기
③ 온도 상승(가열) : 포화수증기량 증가
④ 온도 하강(냉각) : 포화수증기량 감소

(2) 습공기선도

1) 일반사항
  ① 습공기의 상태를 표시한 그래프를 습공기선도라고 한다.
  ② 습공기상태값인 건구온도, 습구온도, 노점온도, 절대습도, 상대습도, 수증기분압, 엔탈피, 비체적 등의 관련성을 나타낸 것이다.
  ③ 위의 8가지 습공기상태값 중에서 두 가지의 상태값을 알게 되면 그 습공기의 다른 상태값들을 알 수 있다.

2) 구성요소

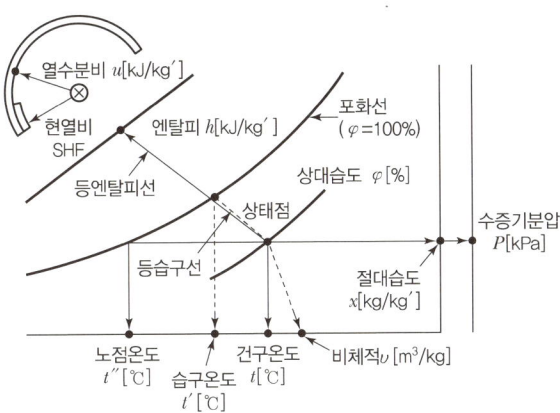

┃ 습공기선도 ┃

구성요소	개념 및 특징
건구온도(DB : Dry Bulb temperature, t)[℃]	• 보통의 온도계로 측정한 온도이다. • 건구온도가 높을수록 대기 중에 포함되는 수증기량은 많아진다.
습구온도(WB : Wet Bulb temperature, t')[℃]	• 온도계의 감온부를 물에 젖은 천으로 감싸고 바람이 부는 상태에서 측정한 온도이다. • 습구온도는 대기 중의 수증기량과 관계가 있으며, 수증기량이 많으면 젖은 천의 증발속도가 느려져 건구온도보다 온도가 낮게 된다.
노점온도(DP : Dew Point temperature, t'')[℃]	• 응축이 시작되는 온도이다. • 응축이 시작되어 구조체에 이슬이 맺히는 것을 결로라고 한다. • 노점온도는 결로가 발생하기 시작하는 온도로서 어떠한 상태의 공기가 결로상태가 되면, 노점온도, 습구온도, 건구온도는 같은 값을 갖게 된다. • 결로 발생 시를 제외하고 건구온도>습구온도>노점온도 순으로 수치가 높다.
절대습도(SH : Specific Humidity, AH : Absolute Humidity, x)	• 건조공기 1kg 중에 포함되어 있는 수증기의 양이다. • 절대습도(x) $= \dfrac{수증기량(kg)}{건조공기의 중량(kg')}$ [kg/kg′, kg/kg(DA)]
상대습도(RH : Relative Humidity, ϕ)[%]	• 현재 공기의 수증기량(수증기압)과 동일 온도에서의 포화공기수증기량(수증기압)의 비이다. • 상대습도(ϕ) = $\dfrac{현 포화공기의 수증기량}{포화공기의 수증기량} \times 100(\%)$

핵심문제 ●●○

습공기의 엔탈피를 가장 올바르게 표현한 것은?   기 16①

① 공기 1m³의 중량
② 건공기에 포함된 수증기의 중량
❸ 건공기와 수증기에 포함된 열량
④ 공기 중의 수분량과 포화수증기량의 비율

해설
습공기 엔탈피(전열)
= 건공기에 포함된 열량 + 수증기에 포함된 열량

구성요소	개념 및 특징
수증기분압(VP : Vapor Pressure, P)[kPa]	습공기 속에서 수증기가 갖는 압력으로 수증기압이라고도 한다.
엔탈피(Enthalpy, h, i) [kJ/kg]	엔탈피는 전열을 의미하며, 건공기의 엔탈피(h_a)와 수증기의 엔탈피(h_v)의 합이다. 또한 이는 현열과 잠열의 합을 의미한다. $$h = h_a + xh_v = C_p \cdot t + x(r + C_{vp} \cdot t)$$ $$= 1.01t + x(2{,}501 + 1.85t)$$ 여기서, C_p : 건공기 정압비열(1.01kJ/kg·K) t : 건공기의 온도(℃) x : 습공기의 절대습도(kg/kg′) r : 0℃에서 포화수의 증발잠열(2,501kJ/kg) C_{pv} : 수증기의 정압비열(1.85kJ/kg·K)
비체적(SV : Specific Volume, 비용적)	• 습공기 중에 포함되어 있는 건공기 1kg에 대한 습공기의 체적 • 비체적$(v) = \dfrac{\text{습공기 체적}(m^3)}{\text{건공기 질량}(kg)}[m^3/kg]$
현열비	• 현열비란 전열량에 대한 현열량의 비를 말한다. • 현열비(SHF) $= \dfrac{\text{현열부하}}{\text{전열부하}} = \dfrac{\text{현열부하}}{\text{현열부하} + \text{잠열부하}}$
열수분비	• 열수분비란 공기의 상태 변화 시 엔탈피 변화량과 절대습도 변화량의 비를 말한다. • 열수분비$(u) = \dfrac{\text{엔탈피의 변화량}}{\text{절대습도의 변화량}}$

핵심문제 ●●○

다음 중 습공기를 가열할 경우 상태값이 변하지 않는 것은?   기 13② 18④

① 엔탈피   ❷ 절대습도
③ 상대습도   ④ 습구온도

해설
습공기의 가열은 현열가열을 의미하므로, 절대습도에 대한 변화는 없다. 단, 상대습도는 현열가열 시 감소하게 된다.

3) 습공기선도의 해석

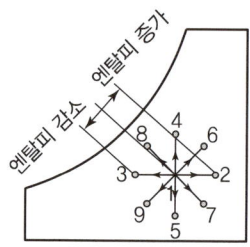

1→2 : 현열가열(Sensible Heating)
1→3 : 현열냉각(Sensible Cooling)
1→4 : 가습(Humidification)
1→5 : 감습(Dehumidification)
1→6 : 가열 가습(Heating and Humidifying)
1→7 : 가열 감습(Heating and Dehumidifying)
1→8 : 냉각 가습(Cooling and Humidifying)
1→9 : 냉각 감습(Cooling and Dehumidifying)

▎상태점의 변화에 따른 해석 ▎

① 공기를 냉각하면 상대습도는 높아지고, 공기를 가열하면 상대습도는 낮아진다.
② 공기를 냉각 또는 가열하여도 절대습도는 변하지 않는다.
③ 습구온도와 건구온도가 같다는 것은 상대습도가 100%인 포화공기임을 뜻한다.
④ 결로 발생 시를 제외하고는 습구온도가 건구온도보다 높을 수는 없다.

4) 공기조화기의 바이패스팩터(BF), 콘택트팩터(CF), 장치노점온도(ADP)

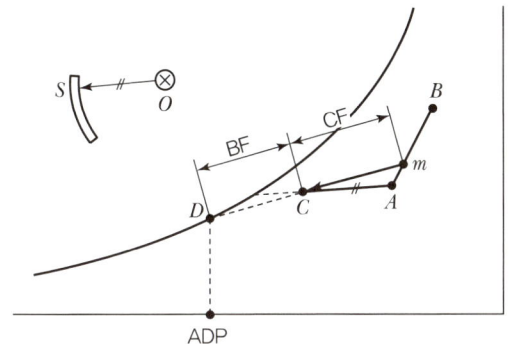

| 습공기선도에서의 BF, CF, ADP |

구분	개념
바이패스팩터 (BF : By-pass Factor)	가열 · 냉각코일을 통과하는 공기 중 코일 표면에 접촉하지 않고 그대로 통과하는 공기의 비율을 말한다.
콘택트팩터 (CF : Contact Factor)	• 바이패스팩터의 반대개념으로 가열 · 냉각코일을 통과하는 공기 중 코일 표면에 완전히 접촉하면서 통과한 공기의 비율을 말한다. • 바이패스팩터와 콘택트팩터를 더하면 1이 된다.
장치노점온도 (ADP : Apparatus Dew Point)	냉각코일을 통과하는 공기가 100% 열교환했을 때의 온도이다.

핵심문제 ●●○

공기조화기 설계에서 사용되는 바이패스팩터(Bypass Factor)의 의미로 옳은 것은 어느 것인가? 기 17②

① 급기팬을 통과하는 공기 중 건공기의 비율
② 공기조화기의 도입 외기와 환기(Return Air)의 비율
③ 실내로부터의 환기(Return Air) 중 공기조화기로 도입되는 공기의 비율
❹ 냉 · 온수코일의 통과 공기 중 냉 · 온수코일과 접촉하지 않고 통과하는 공기의 비율

[해설] 바이패스팩터(BF : Bypass Factor)
공기조화기에서 냉 · 온수코일의 통과 공기 중 냉 · 온수코일과 접촉하지 않고 통과하는 공기의 비율을 의미한다. 이와 반대로 접촉하고 통과하는 비율을 콘택트팩터(CF : Contact Factor)라고 하며 바이패스팩터와 콘택트팩터의 합은 1이 된다.

3. 공기조화(냉난방)부하

(1) 공기조화부하에 대한 의미

① 공기조화부하란, 실내의 온도와 습도를 유지하기 위하여 냉난방설비를 통해 실내로 공급되는 열량을 말한다.
② 여름철 실내의 냉방부하를 줄이기 위해 냉각(현열부하 감소) · 감습(잠열부하 감소)을 한다.
③ 겨울철 실내의 난방부하를 줄이기 위해 가열(현열부하 감소) · 가습(잠열부하 감소)을 한다.

(2) 냉방부하

1) 일반사항
① 여름철에 실내의 온습도를 일정하게 유지하기 위하여 실내의 획득열량을 제거하는 데 필요한 열량을 말한다.

핵심문제 ●●●

냉방부하의 종류 중 현열만을 포함하고 있는 것은? 기 16②

① 인체의 발생열량
❷ 유리로부터의 취득열량
③ 극간풍에 의한 취득열량
④ 외기의 도입으로 인한 취득열량

해설
유리로부터의 취득열량은 관류 및 일사에 의한 취득열량으로서, 현열부하만 해당이 된다.

핵심문제 ●●●

공조부하 계산 시 현열과 잠열이 동시에 발생하는 것은? 기 14④

❶ 인체의 발생열량
② 벽체로부터의 취득열량
③ 유리로부터의 취득열량
④ 덕트로부터의 취득열량

해설
인체는 복사열 등의 현열과 땀 등에 의한 수증기에 의한 증발잠열 등이 복합적으로 발생한다.

핵심문제 ●●●

다음 중 난방부하 계산에서 일반적으로 고려하지 않는 것은? 산 14③

① 외벽을 통한 관류부하
② 유리창을 통한 관류부하
③ 도입외기에 의한 외기부하
❹ 인체의 발생열량에 의한 인체부하

해설
인체의 발생열량은 난방부하를 낮춰줄 수 있지만 난방부하 계산 시 고려되지 않는다.(단, 냉방부하 계산 시에는 고려된다)

핵심문제 ●●●

35℃의 공기 300m³와 27℃의 공기 700m³를 단열혼합하였을 경우, 혼합공기의 온도는?
기 16① 산 14① 17②

① 28.2℃   ❷ 29.4℃
③ 30.6℃   ④ 32.6℃

해설
혼합공기와의 온도(℃)
$= \dfrac{35 \times 300 + 27 \times 700}{300 + 700} = 29.4℃$

② 실내에서 제거해야 할 열량 중 현열은 냉각을 통해 잠열은 감습을 통해 제거한다.

2) 냉방부하의 종류

구분		세부사항	열 종류
실부하	외피부하	• 전열부하(온도차에 의하여 외벽, 천장, 유리, 바닥 등을 통한 관류열량)	현열
		• 일사에 의한 부하	현열
		• 틈새바람에 의한 부하	현열, 잠열
	내부부하	• 조명기구 발생열	현열
		• 인체 발생열	현열, 잠열
장치부하		• 환기부하(신선 외기에 의한 부하)	현열, 잠열
		• 송풍 시 부하	현열
		• 덕트의 열손실	현열
		• 재열부하	현열
		• 혼합손실(이중덕트의 냉온풍 혼합손실)	현열
열원부하		• 배관열손실	현열
		• 펌프에서의 열취득	현열

3) 상당외기온도차

① 벽체 또는 지붕은 일사가 표면에 닿아 표면온도가 상승하는데 이를 상당외기온도라 하며 실내온도와의 차를 상당외기온도차(ETD : Equivalent Temperature Difference)라고 한다.
② 냉방부하의 외피부하 중 유리관류열량을 제외한 외피부하에는 실내외온도차가 아닌 상당외기온도차를 적용한다.

(3) 난방부하

1) 일반사항

① 겨울철에 실내의 온습도를 일정하게 유지하기 위하여, 실내의 손실열량을 보충하는 데 필요한 열량을 말한다.
② 실내에 보충해야 할 열량 중 현열은 가열을 통해 잠열은 가습을 통해 보충한다.

2) 난방부하의 종류

난방부하	개념	열 종류
외부부하	구조체 관류에 의한 손실열량	현열
	틈새바람에 의한 손실열량	현열·잠열
장치부하	덕트 등에서 손실되는 열량	현열
환기부하(외기부하)	환기로 인한 손실열량	현열·잠열

4. 공기조화계산식

(1) 혼합공기의 온도 산출

$$혼합공기의\ 온도(℃) = \frac{t_1 \times m_1 + t_2 \times m_2}{m_1 + m_2}$$

여기서, t_1, t_2 : 공기의 온도(℃)
m_1, m_2 : 공기의 부피 혹은 질량(m³ 혹은 kg)

(2) 현열비의 산출

$$현열비(SHF) = \frac{현열부하}{전열부하} = \frac{현열부하}{현열부하 + 잠열부하}$$

(3) 현열부하의 산출

$$q = Q \cdot \rho \cdot C_p \cdot \Delta t$$

여기서, q : 실내발열량(현열부하)(kJ/h)
Q : 틈새바람에 의한 침기량(m³/h)
ρ : 공기의 밀도(1.2kg/m³)
C_p : 공기의 정압비열(1.01kJ/kg·K)
Δt : 실내외 온도차(℃)

(4) 침입외기량 산출방법

구분	내용
틈새법 (Crack Method)	창 및 문의 틈새길이를 계산하여 틈새바람의 양을 계산하는 방법으로, 풍속 및 창문의 형식과 재질에 따라 다르다.
면적법	침입외기량은 창 및 문의 총면적에 풍속과 문의 형식에 따른 단위면적, 단위시간당의 침입외기량을 곱하여 구한다.
환기횟수법	환기횟수란 1시간당 순환공기량을 실의 용적으로 나눈 값으로, 실이 외기와 접하는 창 및 문의 면이 많고 적음에 따라 결정된다.

핵심문제 ●●●

냉방부하 계산 결과 현열부하가 620W, 잠열부하가 155W일 경우 현열비는 어느 것인가? 기 14① 19①

① 0.2　　② 0.25
③ 0.4　　❹ 0.8

해설

현열비 = $\frac{현열부하}{현열부하 + 잠열부하}$
= $\frac{620W}{620W + 155W}$ = 0.8

핵심문제 ●●●

다음과 같은 조건에 있는 실의 틈새바람에 의한 현열부하는? 산 15①
기 14② 17② 18④ 20③ 21②

[조건]
• 실의 체적 : 400m³
• 환기횟수 : 0.5회/h
• 실내온도 : 20℃, 외기 온도 : 0℃
• 공기의 밀도 : 1.2kg/m³
　　비열 : 1.01kJ/kg·K

① 약 654W　　② 약 972W
❸ 약 1,347W　④ 약 1,654W

해설

$q = Q \cdot \rho \cdot C_p \cdot \Delta t$
여기서,
q : 실내발열량(현열부하)(kJ/h)
Q : 틈새바람에 의한 침기량(m³/h)
ρ : 공기의 밀도(1.2kg/m³)
C_p : 공기의 정압비열(1.01kJ/kg·K)
Δt : 실내외 온도차(℃)
∴ $q = 400 \times 0.5 \times 1.2 \times 1.01$
　　$\times (20 - 0)$
　= 4,848kJ/h = 1,347W

핵심문제 ●●○

침입외기량의 산정방법에 속하지 않는 것은? 산 17①

❶ 인원수에 의한 방법
② 창 면적에 의한 방법
③ 환기횟수에 의한 방법
④ 창문의 틈새길이에 의한 방법

해설

인원수에 의한 방법은 환기부하(의도한 환기량)를 설정할 때 쓰이는 방식이며, 침입외기량(극간풍량-의도하지 않은 환기량)을 산출하는 방식이 아니다.

SECTION 02 환기 및 배연설비

1. 오염물질의 종류 및 필요환기량

(1) 오염물질의 종류

종류	특징
미세먼지	• 미세먼지는 대기 중에 부유하거나 하강하는 미세한 고체상의 입자성 물질을 의미한다. • 미세먼지는 그 입자의 크기에 따라 PM10(미세먼지, 직경 $10\mu m$ 이하)과 PM2.5(초미세먼지, 직경 $2.5\mu m$ 이하)로 구분한다.
이산화탄소 (CO_2)	• 우리나라의 실내 CO_2 허용농도는 1,000ppm 이하이다. • 일반적으로 CO_2의 농도변화는 다른 오염물질의 농도변화와 유사한 패턴을 가지고 있어, 환기량 등의 산출 시 오염물질들을 대표하여 적용한다.
일산화탄소 (CO)	• 무색, 무취의 기체로 각종 유류나 석탄과 같이 탄소를 포함한 물질의 불완전연소과정에서 발생한다. • 실내에서는 취사, 난방, 연소과정에서 주로 발생한다.
포름알데히드 (HCHO)	• 무색의 수용성 기체로서 건축자재, 단열재, 가구 등에서 발생한다. • 새집증후군 등과 밀접한 관계가 있다.
석면 (Asbestos)	• 과거에 단열재나 흡음재 또는 내부마감재료로 많이 사용되었다. • 현재는 법적으로 적용이 금지되어 있다.(발암물질 지정)
라돈(Radon)	방사능물질로서, 건축자재에서 방출된다.

(2) 필요환기량

1) CO_2농도 제거

$$Q = \frac{M}{C_i - C_o}$$

여기서, Q : 필요환기량(m^3/h)
M : 실내에서 발생한 CO_2량(m^3/h)
C_i : 실내 CO_2허용농도(m^3/m^3)
C_i : 실외 신선외기 CO_2농도(m^3/m^3)

2) 발열량 제거

$$Q = \frac{H_s}{C_p \cdot \rho \cdot (t_i - t_o)}$$

핵심문제 ●●○

일반적으로 실내환기량의 기준이 되는 것은?　　기 17②

① 공기온도　② NO_2농도
❸ CO_2농도　④ SO_2농도

해설
CO_2농도는 실내에서 발생할 수 있는 여러 유해물질의 농도 상승 시 함께 상승하는 특징이 있어, CO_2농도를 기준으로 실내환기량을 설정한다.

핵심문제 ●●●

900명을 수용하는 극장에서 실내 CO_2량을 0.1%로 유지하기 위해 필요한 환기량은?(단, 외기 CO_2량은 0.04%, 1인당 CO_2 토출량은 18L/h이다.)　　기 14④ 18①

❶ 27,000m^3/h　② 30,000m^3/h
③ 60,000m^3/h　④ 66,000m^3/h

해설
Q(필요환기량, m^3/h)
$= \dfrac{CO_2 \text{발생량}(m^3)}{C_i(\text{실내허용}\,CO_2\text{농도}) - C_o(\text{신선외기}\,CO_2\text{농도})}$

$Q = \dfrac{900 \times 0.018}{0.001 - 0.0004} = 27,000 m^3/h$

여기서, Q : 필요환기량(m³/h)
H_s : 발열량(현열)(kJ/h)
C_p : 정압비열(kJ/kg·K)
ρ : 공기의 밀도(kg/m³)
t_i : 실내 허용온도(℃)
t_o : 실외 신선외기온도(℃)

3) 수증기량 제거

$$Q = \frac{W}{\rho(X_i - X_o)}$$

여기서, Q : 필요환기량(m³/h)
W : 수증기 발생량(kg/h)
ρ : 공기의 밀도(kg/m³)
X_i : 실내 허용 절대습도(kg/kg′)
X_o : 실외 신선외기 절대습도(kg/kg′)

4) 환기횟수

$$n = \frac{Q}{V}$$

여기서, Q : 필요환기량(m³/h)
n : 환기횟수(회/h)
V : 실체적(m³)

(3) 환기에 따른 손실열량

1) 현열손실량

$$q_s = C_p \cdot \rho \cdot Q \cdot (t_i - t_o) = 1.21 \cdot Q \cdot (t_i - t_o)$$

여기서, q_s : 틈새바람에 의한 손실현열량(kJ/h)
Q : 틈새바람(m³/h)
t_i : 실내온도(℃)
t_o : 실외온도(℃)
ρ : 공기의 밀도(kg/m³)
C_p : 정압비열(kJ/kg·K)

2) 잠열손실량

$$q_L = 2{,}501 \cdot \rho \cdot Q \cdot (x_i - x_o)$$

여기서, q_L : 틈새바람에 의한 손실잠열량(kJ/h)
2,501 : 0℃ 포화수의 증발잠열(kJ/kg)
x_i : 실내 절대습도(kg/kg′)
x_o : 실외 절대습도(kg/kg′)

핵심문제 ●●●

실내온도 20℃, 외기온도 −10℃인 방의 환기량이 60m³/h인 경우, 환기로 인한 손실현열량은?(단, 공기의 밀도는 1.2kg/m³, 비열은 1.01kJ/kg·K이다.) 산 15②

① 0.3kW　❷ 0.6kW
③ 0.9kW　④ 1.2kW

해설
$q = Q \cdot \rho \cdot C_p \cdot \Delta t$
여기서,
q : 실내 발열량(현열부하)(kJ/h)
Q : 틈새바람에 의한 침기량(m³/h)
ρ : 공기의 밀도(1.2kg/m³)
C_p : 공기의 정압비열(1.01kJ/kg·K)
Δt : 실내외 온도차(℃)
∴ $q = 60 \times 1.2 \times 1.01 \times (20 - (-10))$
　　$= 2{,}181.6$ kJ/h
　　$= 0.6$ kW

2. 환기설비의 종류 및 특징

(1) 환기설비 설치 시 고려사항

① 환기는 복수의 실을 각각 단일 계통으로 하여, 각 실별로 환기 필요조건을 파악하여 환기해야 한다.
② 필요환기량은 실의 이용목적과 사용상황을 충분히 고려하여 결정한다.
③ 외기를 받아들이는 경우에는 외기의 오염도에 따라서 공기청정장치를 설치한다.
④ 전열교환기에서 열회수를 하는 배기계통에는 악취나 배기가스 등 오염물질을 수반하는 배기는 사용하지 않는다.

(2) 자연환기

구분	개념 및 특징
풍력환기	풍력환기는 바람에 의한 환기로서, 풍력환기에 의한 환기량은 유량계수와 통기율, 유출부와 유입부 간의 압력차 등에 비례한다.
중력환기	• 공기의 온도차에 의해 발생하는 밀도차에 의한 환기현상이다. • 이를 연돌효과(Stack Effect)라고도 한다. • 실내외 온도차가 커지면, 실내외 압력차도 커지므로 환기량은 커지게 된다.(고온 측이 저기압, 저온 측이 고기압의 특성을 갖는다.)

(3) 기계환기

1) 1종 환기

① 송풍기와 배풍기를 사용하여 환기하는 방식으로 실내는 일정압을 갖는다.
② 일반공조, 보일러실, 변전실 등에 적용한다.

2) 2종 환기

① 급기구에 송풍기를 설치하여 강제급기를 하고, 배기는 자연배기한다.
② 실내압을 정압(+)으로 유지하여 유해물질의 유입이 방지되어야 하는 곳(수술실 등)에 적용한다.

3) 3종 환기

① 급기는 자연급기하고, 배기구에 배풍기를 설치하여 강제배기를 한다.

핵심문제

환기에 관한 설명으로 옳지 않은 것은 어느 것인가?

① 외부풍속이 커지면 환기량은 많아진다.
❷ 실내외의 온도차가 크면 환기량은 작아진다.
③ 중성대란 중력환기에서 실내외의 압력이 같아지는 위치이다.
④ 자연환기량은 중성대로부터 공기 유입구 또는 유출구까지의 높이가 클수록 많아진다.

[해설]
실내외의 온도차가 커지면 실내외 압력차도 커지므로 환기량은 커지게 된다.(고온 측이 저기압, 저온 측이 고기압의 특성을 갖음)

핵심문제

실내에서 발생하는 취기와 수증기 등이 다른 공간으로 유출되지 않도록 실내가 부압이 되도록 하는 환기방식은 어느 것인가?

① 자연환기
② 급기팬과 배기팬의 조합
③ 급기팬과 자연배기의 조합
❹ 자연급기와 배기팬의 조합

[해설]
3종 환기(실내 부압) - 자연급기/배기팬의 조합

② 실내압을 부압(−)으로 유지하여 실내의 오염물질이 외부로 배출되지 말아야 하는 곳(화장실, 조리장, 음압격리병실 등)에 적용한다.

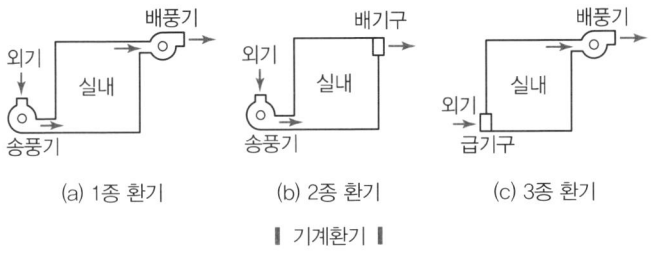

(a) 1종 환기   (b) 2종 환기   (c) 3종 환기

∥ 기계환기 ∥

(4) 배연설비기준

1) 일반사항

① 건축물이 방화구획으로 구획된 경우에는 그 구획마다 1개소 이상의 배연창을 설치하되, 배연창의 상변과 천장 또는 반자로부터 수직거리가 0.9m 이내일 것. 다만, 반자높이가 바닥으로부터 3m 이상인 경우에는 배연창의 하변이 바닥으로부터 2.1m 이상의 위치에 놓이도록 설치하여야 한다.

② 배연창의 유효면적은 산정기준에 의하여 산정된 면적이 $1m^2$ 이상으로서 그 면적의 합계가 당해 건축물 바닥면적의 100분의 1 이상일 것. 이 경우 바닥면적의 산정에 있어서 거실바닥면적의 20분의 1 이상으로 환기창을 설치한 거실의 면적은 이에 산입하지 아니한다.

③ 배연구는 연기감지기 또는 열감지기에 의하여 자동으로 열 수 있는 구조로 하되, 손으로도 열고 닫을 수 있도록 할 것

④ 기계식 배연설비를 하는 경우에는 소방관계법령의 규정에 적합하도록 할 것

2) 특별피난계단 및 비상용 승강기의 승강장에 설치하는 배연설비 구조

① 배연구 및 배연풍도는 불연재료로 하고, 화재가 발생한 경우 원활하게 배연시킬 수 있는 규모로서 외기 또는 평상시에 사용하지 아니하는 굴뚝에 연결할 것

② 배연구에 설치하는 수동개방장치 또는 자동개방장치(열감지기 또는 연기감지기에 의한 것)는 손으로도 열고 닫을 수 있도록 할 것

③ 배연구는 평상시에는 닫힌 상태를 유지하고, 연 경우에는 배연에 의한 기류로 인하여 닫히지 아니하도록 할 것

④ 배연구가 외기에 접하지 아니하는 경우에는 배연기를 설치할 것
⑤ 배연기는 배연구의 열림에 따라 자동적으로 작동하고, 충분한 공기배출 또는 가압능력이 있을 것
⑥ 배연기에는 예비전원을 설치할 것
⑦ 공기유입방식을 급기가압방식 또는 급배기방식으로 하는 경우에는 소방관계법령의 규정에 적합하게 할 것

SECTION 03 난방설비

1. 난방설비의 종류 및 특징

(1) 난방방식의 분류

핵심문제 ● ● ○

중앙난방식을 직접난방과 간접난방으로 구분할 경우 다음 중 직접난방에 해당하지 않는 것은? 산 13①
① 온수난방 ② 증기난방
❸ 온풍난방 ④ 복사난방

해설 난방방식의 분류
1) 개별난방 : 난로, 온풍로, 개별보일러
2) 중앙난방
 • 직접난방 : 증기난방, 온수난방, 복사난방
 • 간접난방 : 온풍난방

분류	특징	종류
개별 난방	• 열원기기를 각각의 부하발생장소(실내)에 설치하여 난방하는 방식이다. • 난방시설의 초기 투자비용이 적게 들며, 조작성이 편리한 특성을 가진다. • 주택 등 소규모 건물의 난방에 적합하다.	난로, 온풍기, 화로 등
중앙식 난방	• 중앙기계실의 보일러를 통해 열원을 각 실로 공급하여 난방하는 방식이다. • 이용이 편리하고 열효율이 높다. • 대규모 건물에서 주로 이용하며, 열원의 반송과정에서 열손실이 높다.	• 직접난방 : 고 · 저온수 난방, 증기난방, 복사난방 • 간접난방 : 온풍난방, 공기조화에 의한 난방
지역 난방	• 지역의 대규모 플랜트에서 열원을 각 단지로 공급하여 난방하는 방식이다. • 배관의 길이가 길어져, 반송과정에서 열손실이 큰 단점이 있다. • 플랜트의 열원생산방식이 열병합형태로 이루어지므로, 에너지 절약적이다.	증기난방, 고온수난방

(2) 증기난방

1) 일반사항
① 증기난방은 기계실에 설치한 증기보일러에서 증기를 발생시켜 이것을 배관을 통해 각 실에 설치된 방열기에 공급한다.
② 증기난방에서는 주로 증기가 갖고 있는 잠열(潛熱), 즉 증발열을 이용하므로 방열기 출구에는 거의 증기트랩이 설치된다.

2) 장단점

장점	• 증기순환이 빠르고 열의 운반능력이 크다. • 예열시간이 온수난방에 비해 짧다. • 방열면적과 관경을 온수난방보다 작게 할 수 있다. • 설비비 및 유지비가 저렴하다. • 한랭지에서 동결의 우려가 적다.
단점	• 외기온도 변화에 따른 방열량 조절이 곤란하다. • 방열기 표면온도가 높아 화상의 우려가 있다. • 대류작용으로 먼지가 상승하여 쾌감도가 낮다. • 응축수의 환수관 내 부식으로 장치의 수명이 짧다. • 열용량이 작아서 지속난방보다는 간헐난방에 사용한다.

핵심문제

증기난방에 관한 설명으로 옳지 않은 것은? 기 13④

① 예열시간이 짧다.
② 계통별 용량 제어가 곤란하다.
③ 온수난방에 비해 한랭지에서 동결의 우려가 적다.
❹ 온수난방에 비해 부하변동에 따른 실내 방열량의 제어가 용이하다.

해설
증기난방(Steam Heating System)은 잠열을 활용하기 때문에 열량의 변동 폭이 크며, 이에 따라 부하변동에 따른 실내 방열량의 정밀한 제어가 온수난방에 비해 난해하다.

3) 증기트랩

① 증기트랩이란 증기와 응축수를 공학적 원리 및 내부구조에 의해 구별하여 응축수만을 자동적으로 배출하는 일종의 자동조절밸브이다.

② 증기트랩의 분류

구분	응축수 회수원리	종류
기계식 트랩	증기와 응축수의 비중차 이용	플로트트랩, 버킷트랩
열동식 트랩	증기와 응축수의 온도차 이용	바이메탈식 트랩, 벨로스트랩
열역학적 트랩	증기와 응축수의 열역학적 특성인 운동에너지 차이 이용	디스크트랩, 피스톤, 오리피스, Y형 트랩

4) 응축수 환수방식에 의한 분류

환수방식	특징
중력환수식	• 중력작용에 의해 응축수를 보일러로 유입시키는 방식이다. • 방열기는 보일러의 수면보다 높게 하여야 한다. • 건식 환수배관 : 환수주관이 보일러보다 높은 위치에 설치되고, 트랩을 설치해야 한다. • 습식 환수배관 : 보일러의 수면보다 환수주관이 아래에 설치되고, 트랩을 설치하지 않는다.
기계환수식	• 응축수탱크에 응축수를 모아 펌프로 보일러에 환수시키는 방식이다. • 방열기 설치위치에 제한을 받지 않는다.
진공환수식	• 진공펌프로 장치 내의 공기를 제거하면서 환수관 내의 응축수를 보일러에 환수하는 방식이다. • 응축수 순환이 가장 빠르다. • 보일러, 방열기의 설치위치에 제한을 받지 않는다.

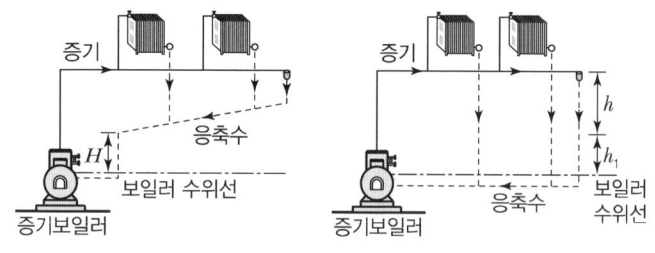

| 중력환수식 |

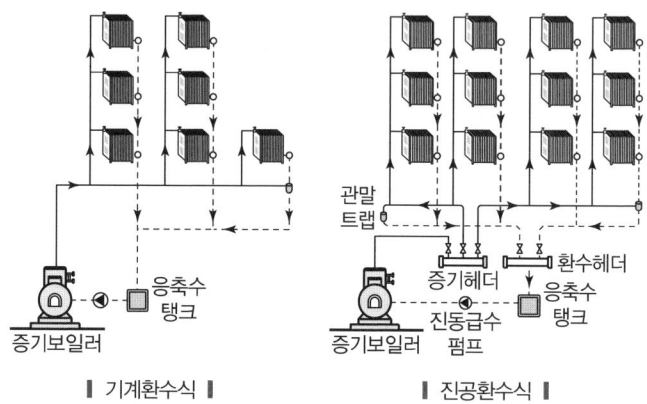

| 기계환수식 | | 진공환수식 |

5) 증기난방의 배관방법

　① 냉각다리(Cooling Leg, 냉각테)
　　• 증기주관에 생긴 증기나 응축수를 냉각시킨다.
　　• 냉각다리와 환수관 사이에 트랩을 설치한다.
　　• 완전한 응축수를 트랩에 보내는 역할을 한다.
　　• 노출배관하고 보온피복을 하지 않는다.
　　• 증기주관보다 한 치수 작게 한다.
　　• 냉각면적을 넓히기 위해 최소 1.5m 이상의 길이로 한다.

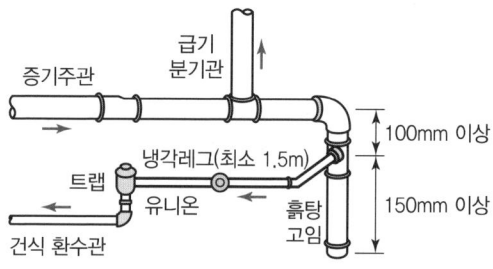

| 냉각레그배관법 |

② 리프트이음(Lift Fitting)
- 진공환수식 난방장치에 사용한다.
- 환수주관보다 높은 위치로 응축수를 끌어올릴 때 사용하는 배관법이다.
- 가능한 한 환수주관 말단의 진공펌프 가까이에 설치한다.
- 수직관(리프트관)은 주관(환수관)보다 한 치수 작은 관을 사용한다.
- 흡상높이는 1.5m 이내로 한다.

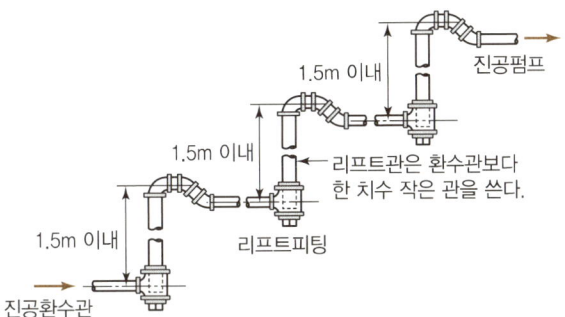

| 리프트이음 |

③ 하트퍼드접속법(Hartford Connection)
- 저압증기난방장치에서 환수주관이 보일러 하단에 위치하여 환수하면 보일러 수면이 낮아져 보일러가 빈불때기가 되고 이는 사고위험이 있으므로 이것을 방지하여 주는 일종의 안전장치이다.
- 보일러 수면이 안전수위 이하로 내려가지 않게 하기 위해 안전수면보다 높은 위치에 환수관을 접속하는 방법이다.
- 보일러의 안전수위를 확보하기 위한 안전장치의 일종이다.
- 환수압과 증기압의 균형을 유지한다.
- 빈불때기를 방지한다.
- 화상이나 소음을 방지한다.
- 환수주관 안의 침적된 찌꺼기가 보일러로 유입되는 것을 방지한다.

핵심문제

진공환수식 난방장치에 있어서 부득이 방열기보다 높은 곳에 환수관을 배관하지 않으면 안 될 때 또는 환수주관보다 높은 위치에 진공펌프를 설치할 때 환수관에 응축수를 끌어올리기 위해 사용하는 것은? 산 13②

① 볼조인트 ❷ 리프트이음
③ 루프형 이음 ④ 슬리브형 이음

해설 리프트이음(Lift Joint)
- 진공환수식 난방장치에 있어서 환수주관보다 아래에 난방기기를 설치 시 응축수를 환수하기 위한 방식
- 저압일 경우 흡상높이 : 1.5m 이내
- 고압일 경우 흡상높이 : 100kPa에 대해 5m 정도

핵심문제 ●●●

증기난방방식과 비교한 온수난방방식의 특징으로 옳지 않은 것은?

기 13②

❶ 예열시간이 짧다.
② 난방의 쾌감도가 높다.
③ 난방부하변동에 따른 온도조절이 용이하다.
④ 한랭지에서 운전 정지 중에 동결의 위험이 있다.

[해설]
열용량 관점에서 증기난방은 열용량이 낮은 증기 이용, 온수난방은 열용량이 상대적으로 높은 온수를 이용한다. 즉, 열용량이 크다는 것은 적정 온도까지 예열하는 데 많은 시간이 걸린다는 것을 의미한다. 반대로 난방을 끄더라도 열기가 식는 데 많은 시간이 소요된다고 볼 수 있다.

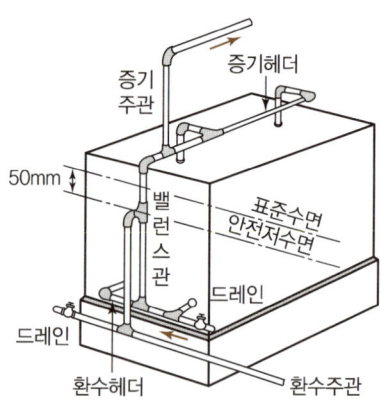

| 하트퍼드 배관접속관 |

④ 스팀헤더(Steam Header)

스팀헤더(Steam Header)는 증기를 각 계통별로 필요한 만큼 송기하는 설비이다.

(3) 온수난방

1) 일반사항

① 온수난방은 온수보일러에서 만들어진 65~85℃ 정도의 온수를 배관을 통해 실내의 방열기에 공급하여 열을 방산(放散)시키고, 온수의 온도강하에 수반하는 현열을 이용하여 실내를 난방하는 방식이다.
② 온수난방장치의 배관 내에는 항상 만수되어 있으므로 물의 온도상승에 따른 체적팽창량을 흡수하기 위해 최상부에 팽창탱크를 설치한다.

핵심문제 ●●●

온수난방에 관한 설명으로 옳지 않은 것은?

산 14①

① 강제순환식은 중력순환식보다 관경이 작아도 된다.
② 중력순환식 온수난방에서 방열기는 보일러보다 높은 장소에 설치한다.
❸ 고온수방식에서는 개방형 팽창탱크를 사용하여 밀폐형 팽창탱크는 사용할 수 없다.
④ 단관식 배관방식은 온수의 공급과 환수를 하나의 관으로 사용하는 방식이다.

[해설] 온수온도에 따른 팽창탱크의 적용
• 보통온수식 : 100℃ 이하의 온수 – 개방형 팽창탱크
• 고온수식 : 100℃ 이상 고온수 – 밀폐형 팽창탱크

2) 장단점

장점	• 난방부하의 변동에 대한 온도조절이 용이하다. • 열용량이 크므로 보일러를 정지시켜도 실온은 급변하지 않는다. • 실내의 쾌감도는 실내공기의 상하 온도차가 작아 증기난방보다 좋다. • 환수배관의 부식이 적고, 수명이 길다. • 소음이 작다.
단점	• 열용량이 크므로 온수의 순환시간과 예열에 장시간이 필요하고, 연료소비량도 많다. • 증기난방에 비해 방열면적과 관경이 커진다. • 증기난방과 비교하여 설비비가 높아진다. • 한랭지에서는 난방 정지 시 동결의 우려가 있다. • 일반 저온수용 보일러는 사용압력에 제한이 있으므로 고층건물에는 부적당하다.

3) 온수난방의 분류

① 온수온도에 따른 분류

온수온도	특징
저온수식	• 100℃ 이하(보통 80℃ 이하)의 온수를 사용한다. • 개방형 팽창탱크를 설치한다.
고온수식	• 100℃ 이상의 고온수를 사용한다. • 밀폐식 팽창탱크를 설치한다.

② 배관방식에 따른 분류

배관방식	특징
단관식	• 1개의 관으로 공급관과 환수관을 겸하는 방식이다. • 설비비가 저렴하나 효율이 나쁘다.
복관식	• 온수의 공급관과 환수관을 별도로 설치하여 공급하는 방식이다. • 설비비가 많이 드나 효율이 좋다.

③ 온수순환방식에 따른 분류

순환방식	특징
중력순환식 (Gravity Circulation System)	• 온수의 온도차에 의해서 생기는 대류작용으로 자연순환시키는 방식이다. • 방열기는 보일러보다 높은 위치에 설치한다.
강제(기계)순환식 (Forced Circulation System)	• 환수주관 보일러 측 말단에 순환펌프를 설치하여 강제로 순환시킨다. • 온수순환이 신속하며 균등하게 이루어진다. • 방열기 설치위치에 제한을 받지 않는다. • 강제순환식은 직접순환식과 역순환방식으로 구분된다. - 직접환수방식 : 보일러와 가장 가까운 방열기의 공급관 및 환수관의 길이가 가장 짧고, 가장 먼 거리에 있는 방열기일수록 관의 길이가 길어지는 배관을 하게 되므로 방열기로의 저항이 각각 다르게 되는 방식이다. - 역환수방식 : 보일러와 가장 가까운 방열기는 공급관이 가장 짧고 환수관은 가장 길게 배관한 것으로 각 방열기의 공급관과 환수관의 합은 각각 동일하게 되며, 동일저항으로 온수가 순환하므로 방열기에 온수를 균등히 공급할 수 있는 방식이다.

핵심문제

온수의 순환방식에 따른 온수난방방식의 분류에서 온수의 밀도차를 이용하는 방식은? 산 13② 19③

① 단관식　② 하향식
③ 개방식　❹ 중력식

해설
중력식 방식을 의미하는 것으로서 온도에 따른 밀도차에 의해 순환시키는 방식이다.

핵심문제 ●●●

온수난방배관에서 역환수방식(Reverse Return System)을 채택하는 가장 주된 이유는? 산 15② 18③

① 배관의 신축을 조정하기 위해
② 펌프의 양정을 작게 하기 위해
③ 배관의 길이를 짧게 하기 위해
❹ 온수의 유량분배를 균일하게 하기 위해

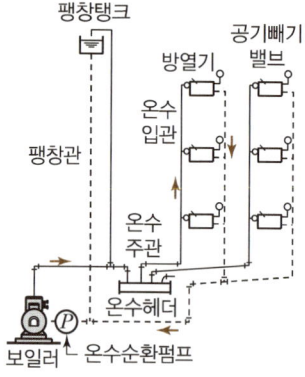

| 강제환수식 |

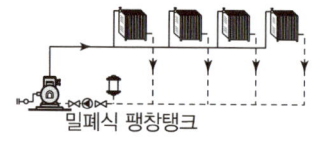

| 직접환수방식 |

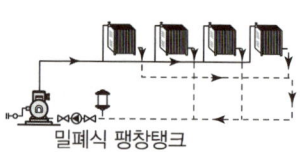

| 역환수방식 |

④ 온수공급방식에 따른 분류

공급방식	특징
상향식	온수주관을 건물의 하부에 설치하고 수직관에 의해 공급하는 방식이다.
하향식	온수주관을 건물의 상부에 설치하고 수직관에 의해 공급하는 방식이다.

4) 팽창탱크

① 팽창탱크는 온수난방 시 온수의 체적팽창을 흡수하며 배관계 내의 수온의 포화증기압 유지, 대기압 이하로 되지 않게 정수두 확보를 위하여 사용한다.

② 적용
 • 보통온수식 : 100℃ 이하의 온수 – 개방형 팽창탱크
 • 고온수식 : 100℃ 이상 고온수 – 밀폐형 팽창탱크

③ 온수의 체적팽창량(Δv)

$$\Delta v = \left(\frac{1}{\rho_2} - \frac{1}{\rho_1} \right) V$$

여기서, Δv : 온수의 체적팽창량(L)
 ρ_1 : 온도 변화 전(급수)의 물의 밀도(kg/L)
 ρ_2 : 온도 변화 후(급탕)의 물의 밀도(kg/L)
 V : 장치 내의 전수량(L)

④ 팽창탱크의 용량
 • 개방식 팽창탱크용량

$$V = (2 \sim 2.5)\Delta V$$

핵심문제 ●●●

온수난방설비에 사용되는 팽창탱크의 기능에 관한 설명으로 가장 알맞은 것은? 산 14②

① 기포가 온수의 흐름과 같은 방향으로 흐르도록 한다.
② 온수의 저장소로 급탕수전을 열었을 때 온수가 즉시 나오도록 한다.
❸ 운전 중 장치 내의 온도상승으로 생기는 물의 체적팽창과 그 압력을 흡수한다.
④ 공급관과 환수관의 마찰저항값을 유사하게 하여 순환온수가 균등하게 흐르도록 한다.

[해설]
팽창탱크 운전 중 장치 내의 온도상승으로 생기는 물의 체적팽창과 그 압력을 흡수하는 용도로 적용되며, 온수온도에 따른 팽창탱크의 적용사항은 아래와 같다.
 • 보통온수식 : 100℃ 이하의 온수 – 개방형 팽창탱크
 • 고온수식 : 100℃ 이상 고온수 – 밀폐형 팽창탱크

- 밀폐식 팽창탱크용량

$$V = \frac{\Delta V}{P_a \left(\dfrac{1}{P_o} - \dfrac{1}{P_m} \right)}$$

여기서, P_a : 팽창탱크의 가압력(절대압력)
P_o : 장치 만수 시의 절대압력
P_m : 팽창탱크의 최고사용압력(절대압력)

(4) 복사난방

1) 개념

   복사난방은 건축물 구조체(천장, 바닥, 벽 등)에 Coil을 매설하고, Coil에 열매를 공급하여 가열면의 온도를 높여서 복사열에 의해 난방하는 방식이다.

2) 바닥복사난방의 장단점

장점	단점
• 방열기가 필요치 않아 바닥의 이용도가 높음 • 실내의 수직적 온도분포가 균등하여 천장고가 높은 방의 난방에 유리(쾌감도 양호) • 동일 방열량에 대하여 손실열량이 적음 • 방을 개방상태로 놓아도 난방열의 손실이 적음 • 대류가 적으므로 바닥의 먼지가 상승하지 않음	• 배관매설에 따른 시공 시 주의 요망 • 외기온도 급변에 따른 방열량 조절이 난해 • 열손실을 막기 위한 단열층 필요 • 유지 · 보수 불편 • 설비비가 고가

(5) 지역난방

1) 개념

   일정지역 내에 대규모 중앙열원플랜트에서 생산한 열매(증기, 고온수)를 배관을 통해 지역 내의 여러 건물에 공급하여 난방하는 방식이다.

핵심문제 •••

바닥복사난방에 관한 설명으로 옳지 않은 것은? 기 17①

❶ 천장이 높은 실의 난방에는 사용할 수 없다.
② 실내의 온도분포가 비교적 균등하고 쾌감도가 높다.
③ 예열시간이 길어 일시적인 난방에는 바람직하지 않다.
④ 방열기를 설치하지 않아 실내 바닥면의 이용도가 높다.

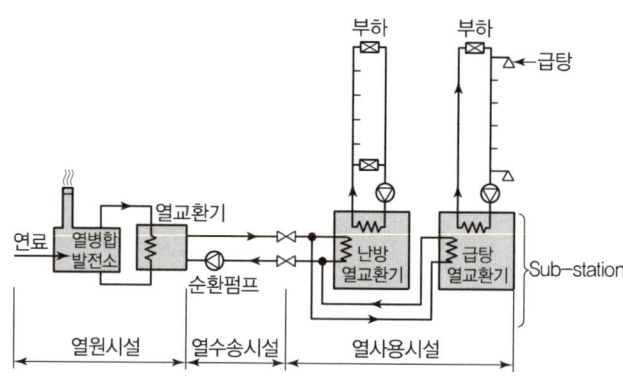

▎지역난방 계통도 ▎

2) 장단점

장점	단점
• 에너지의 이용효율 상승	• 배관이 길어져 열손실이 큼
• 도시환경 개선효과	• 초기의 시설투자비가 고가
• 인력 및 공간 절약	• 열원기기의 용량 제어 난해
• 세대별 보일러, 냉동기 등의 설치 불필요	• 고도의 숙련된 기술자 필요
• 방화(防火)효과가 증대	• 지역의 사용량이 적을수록 한 세대가 분담해야 할 기본요금 상승
• 설비비 경감	• 시간적·계절적 변동이 큼

핵심문제 ●●○

지역난방에 관한 설명으로 옳지 않은 것은?　　　　산 13①

❶ 초기투자비는 저렴하지만 사용요금의 분배가 곤란하다.
② 설비의 고도화에 따라 도시의 매연을 경감시킬 수 있다.
③ 각 건물의 설비면적을 줄이고 유효면적을 넓힐 수 있다.
④ 각 건물마다 보일러시설을 할 필요가 없으나 배관 중의 열손실이 많다.

[해설]
지역난방은 지역의 대형 Plant로부터 열원을 각 단지(세대)에 분배하여 난방하는 방식으로, 초기 대형 Plant의 건립과 배관의 설치 등 초기 투자비가 많이 들어가게 된다. 또한, 배관이 길어짐에 따른 배관열손실이 많아지고, 요금의 분배가 어려운 단점이 있다.

2. 난방설비의 구성요소 및 특징

(1) 보일러의 종류 및 특징

1) 원통형(둥근) 보일러

① 수직형(입형) 보일러
   • 수직으로 세운 드럼 내에 연관 또는 수관이 있는 소규모의 패키지형으로 되어 있다.
   • 설치면적이 작고 취급이 용이하다.
   • 사용압력 : 증기 0.05MPa 이하, 온수 0.3MPa 이하
   • 용도 : 주택 등

장점	단점
• 설치면적이 작아, 협소한 장소에 설치가 가능하다.	• 전열면적이 작고, 전체적인 열효율이 낮다.
• 소용량 용도로 사용되며, 구조가 매우 간단하다.	• 내부 청소가 까다롭다.
	• 연소실이 작아서 불완전연소의 우려가 있다.

② 노통연관보일러
- 횡형 원통 내부에 파형 노통의 연소실과 다수의 연관(Smoke Tube)을 조합한 내분식 보일러이다.
- 사용압력 : 0.4~0.7MPa
- 용도 : 학교, 사무소, 아파트, 백화점 등

장점	단점
• 보유수량이 많아 부하변동에 대한 대응력이 좋다. • 구조가 간단하고 제작이 간편하다.	• 파열 시 보유수량이 많아 피해가 크다. • 고압이나 대용량 적용 시에는 문제가 있다.

2) 수관식 보일러
① 복사열이 크게 전달되도록 상부는 기수드럼, 하부는 물드럼 및 여러 개의 수관으로 구성된 외분식 보일러이다.
② 사용압력 : 1MPa 이상
③ 용도 : 대규모 건물, 상업용 등

장점	단점
• 크기에 비해 전열면적이 크다. • 열효율이 좋다. • 증기발생이 빠르고 대용량이다. • 보유수량이 적어 파열 시 비산에 의한 피해가 적다.	• 보유수량이 적어 급수에 대한 수위변동이 크고, 수위조절이 용이하지 못하다. • 고도의 수처리가 필요하다. • 수명이 짧고 압력변화가 심하다.

3) 관류식 보일러
① 급수가 드럼 없이 긴 관을 통과할 동안 예열, 증발, 과열되어 소요의 과열증기를 발생시키는 초고압용 외분식 보일러이다.
② 가동시간이 짧고 증기발생속도가 빠르다.
③ 수처리가 복잡하고 스케일처리에 유의해야 한다.
④ 부하변동에 대한 응답이 빠르다.
⑤ 보일러효율이 매우 높다.
⑥ 수처리공법과 자동제어장치가 발달함에 따라 널리 사용된다.

4) 주철제보일러
① 주물로 제작된 섹션(Section, 쪽수)을 조립하여 본체를 구성한 저압용 보일러이다.
② 사용압력 : 증기 0.1MPa 이하, 온수 0.3MPa 이하
③ 용도 : 소규모 주택 등

핵심문제 ●●○

각종 보일러에 관한 설명으로 옳은 것은 어느 것인가? 기 16①

① 관류보일러는 보유수량이 많아 예열시간이 길다.
② 주철제보일러는 사용내압이 높아 고압용으로 주로 사용되며 용량도 크다.
③ 수관보일러는 소용량으로 소규모 건물에 적합하며 지역난방으로는 사용이 불가능하다.
❹ 노통연관보일러는 부하변동에 잘 적응하며, 보유수면이 넓어서 급수용량 제어가 쉽다.

[해설]
- 관류보일러는 보유수량이 적어, 예열시간이 짧은 특징이 있다.
- 주철제보일러는 내압, 충격에 약해 대용량, 고압에 부적합하다.
- 수관보일러는 보유수량이 적어 증기발생이 빠르고 대용량이며, 대규모 건물에 주로 적용한다.

핵심문제 ●●○

보일러 하부의 물드럼과 상부의 기수드럼을 연결하는 다수의 관을 연소실 주위에 배치한 구조로, 상부의 기수드럼 내의 증기를 사용하는 보일러는?
기 17④

❶ 수관보일러
② 관류보일러
③ 주철제보일러
④ 노통연관보일러

장점	단점
• 조립식 구조로서 분할 · 반입이 용이하며, 용량 증감이 간편하다. • 내식성 및 내열성이 우수하다. • 협소한 장소에도 설치가 가능하다.	• 충격에 약하고 취성의 특성이 있어 대용량, 고압에는 부적당하다. • 구조가 복잡하여, 청소나 검사 시 불편하다. • 전열효율 및 연소효율이 좋지 않다.

(2) 보일러의 효율 및 용량

1) 보일러의 효율(η)

$$\eta = \frac{W \times C \times (t_2 - t_1)}{G \times H_L}$$

여기서, W : 온수출탕량(kg/h)
C : 물의 비열(4.19kJ/kg · K)
t_2 : 온수의 평균출구온도(℃)
t_1 : 온수의 평균입구온도(℃)
G : 연료소비량(kg)
H_L : 연료의 저위발열량(kJ/kg)

2) 보일러의 출력

① **정미출력** : 난방부하 + 급탕부하
② **상용출력** : 난방부하 + 급탕부하 + 배관부하
③ **정격출력** : 난방부하 + 급탕부하 + 배관부하 + 예열부하
④ **과부하출력** : 정격출력의 10~20% 정도 증가하여 운전할 때의 출력을 과부하출력이라 한다.

3) 보일러 마력(BHP : Boiler Horse Power)

100℃의 물 15.65kg을 1시간 동안 100℃의 증기로 바꿀 수 있는 능력을 1BHP(보일러마력)이라고 한다.(1BHP ≒ 35,222kJ/h ≒ 9.8kW)

4) 상당증발량(Equivalent Evaporation)

보일러의 능력을 나타내는 것의 하나로, 실제 증발량을 기준상태의 증발량으로 환산한 것이다. 즉, 실제 증발량과 그에 따른 엔탈피의 변화량을 증발잠열(100℃의 포화수를 100℃의 증기로 만드는 데 소요되는 열량)로 나눈 값을 의미한다.

$$G_e = \frac{G(h_2 - h_1)}{2,256}$$

핵심문제

다음의 보일러출력 표시방법 중 그 값이 가장 큰 것은? 기14②

① 정미출력 ② 정격출력
③ 상용출력 ❹ 과부하출력

[해설]
정격출력의 10~20% 정도 증가하여 운전할 때의 출력을 과부하출력이라 한다.
(값의 크기 : 과부하출력 > 정격출력 > 상용출력 > 정미출력)

여기서, G : 실제 증발량(kg/h)
h_1 : 급수의 엔탈피(kJ/kg)
h_2 : 발생증기의 엔탈피(kJ/kg)
2,256 : 100℃ 물의 증발잠열(kJ/kg)

(3) 방열기

1) 방열기의 개념
증기나 온수의 공급을 받아 대류 등에 의해 열을 발산시키는 난방장치를 말한다.

2) 방열기의 표준방열량
① 표준상태에서 방열면적 1m²당 방열되는 방열량이다.
② 온수난방 : 0.523kW/m²(표준상태 온수 80℃, 실온 18.5℃)
③ 증기난방 : 0.756kW/m²(표준상태 증기 102℃, 실온 18.5℃)

3) 상당방열면적(EDR : Equivalent Direct Radiation)
① 보일러방열기 면적을 계산하기 위한 방법 중 하나로, 보일러의 출력(능력, 전체발열량 등)을 방열기의 표준방열량으로 나누어 방열면적으로 환산한 것이다.

② 상당방열면적 산정공식

$$EDR(m^2) = \frac{\text{총 손실열량 (전체발열량 또는 난방부하)(kW)}}{\text{표준방열량(kW/m}^2\text{)}}$$

여기서, 표준방열량 : 증기난방 − 0.756kW/m²
온수난방 − 0.523kW/m²

4) 방열기의 온수순환량

$$G = \frac{q}{C\Delta t}$$

여기서, G : 온수순환량(kg/h)
q : 방열기방열량(난방부하)(kJ/h)
C : 물의 비열(4.2kJ/kg · K)
Δt : 온수 입출구의 온도차(℃)

5) 실내에 방열기 설치 시 고려사항
① 응축수량이 적을 것
② 사용하는 열매종류에 적합할 것
③ 실내온도 분포가 균일하게 될 것
④ 설치장소에 적합한 디자인과 견고성을 가질 것

핵심문제 ●●○

방열기의 용량표시와 관계있는 EDR이 의미하는 것은? 산 15①
① 중량
② 상당증발량
③ 실제증발량
❹ 상당방열면적

핵심문제 ●●●

다음과 같은 조건에서 난방부하가 3,500W인 실을 온수난방으로 할 때 방열기의 온수순환수량은? 기 15④

[조건]
• 방열기의 입구수온 : 90℃
• 방열기의 출구수온 : 85℃
• 물의 비열 : 4.2kJ/kg · K

① 300kg/h ❷ 600kg/h
③ 900kg/h ④ 1,200kg/h

해설

$G = \frac{q}{C\Delta t}$

여기서, G : 온수순환량(kg/h)
q : 방열기방열량(난방부하)(kJ/h)
C : 물의 비열(4.2kJ/kg · K)
Δt : 온수 입출구의 온도차(℃)

$\therefore G = \frac{3,500 \times 3,600}{1,000 \times 4.2 \times (90-85)}$
$= 600 \text{kg/h}$

SECTION 04 공기조화용 기기

1. 공기조화기(Air Handling Unit)의 구성요소

(1) 공기여과기(Filter, 필터)

1) 개념

   공기여과기는 공조기 내에 설치되어 공기 중의 분진(粉塵), 유해가스 등을 제거하는 공기정화장치이다.

2) 고성능공기여과기의 분류

분류	특징
HEPA Filter (High Efficiency Particulate Air Filter)	직경 $0.3\mu m$ 인 입자에 대해 99.97%의 포집효율을 갖는 고성능필터이다.
ULPA Filter (Ultra Low Particulate Air Filter)	직경 $0.1\mu m$ 인 입자에 대해 99.9995%의 포집효율을 갖는 초고성능필터이다.

(2) 공기 냉각 및 가열코일

1) 냉각코일

   냉각코일은 관 속의 냉수 등의 열매와 공기를 접촉시켜 간접적으로 공기를 냉각하는 장치를 말한다.

2) 가열코일

   가열코일은 관 속의 증기, 온수 등의 열매와 공기를 접촉시켜 간접적으로 공기를 가열하는 장치를 말한다.

(3) 제습기(감습기, Dehumidifier)와 가습기(Air Washer, Humidifier)

1) 제습기

   제습기는 하절기 냉방 시 공기가 냉각됨에 따라 증가하는 상대습도를 쾌적수준으로 낮춰 주기 위해 제습(감습)을 하는 장치이다.

2) 가습기

   가습기는 동절기 난방 시 공기가 가열됨에 따라 감소하는 상대습도를 쾌적수준으로 높여 주기 위해 가습을 하는 장치이다.

핵심문제 ●●○

HEPA필터에 관한 설명으로 옳지 않은 것은? <u>산 17②</u>

① 필터유닛 시공 시 공기 누설이 없어야 한다.
② 클린룸이나 방사성물질을 취급하는 시설에 사용된다.
❸ $0.1\mu m$의 미세한 분진까지 높은 포집률로 포집할 수 있다.
④ HEPA필터의 수명연장을 위해 HEPA필터의 앞에 프리필터를 설치한다.

[해설]

HEPA Filter(High Efficiency Particulate Air Filter)는 직경 $0.3\mu m$ 인 입자에 대해 99.97%의 포집효율을 갖는 고성능필터이다.

2. 덕트와 부속기구

(1) 덕트(Duct)의 일반사항

1) 덕트의 개념
   ① 덕트란 송풍기와 연결하여 공기를 흐르게 하는 풍도를 말한다.
   ② 일반적으로 아연철판을 많이 사용하며, 외면은 보온재로 단열한다.

2) 덕트의 종류
   ① 형상에 따른 분류

덕트의 형상	특징
장방형 덕트	• 단면의 형상이 자유로우나 강도에 약하다. • 일반공조용 저속덕트에 주로 사용한다. • 종횡비(Aspect Ratio)는 최대 8 : 1, 보통 4 : 1 이하가 적당하다.
원형 덕트	• 단면의 형상이 원형으로 강도에 강하다. • 고속덕트에 적합하다.
스파이럴덕트	• 원형 덕트를 발전시켜 스파이럴 형태의 홈을 만들어 강도를 높인 덕트이다. • 이음매가 없고 길이가 긴 고속덕트 제작이 가능하다. • 주차장 배기에 사용한다. • 가요성(可撓性, Flexibility : 휘는 성질)이 부족하다.
플렉시블덕트	• 저속덕트에 적합하다. • 덕트와 박스 혹은 취출구 사이에 접속용으로 사용한다. • 가요성이 있다.

   ② 풍속에 따른 분류

구분\풍속	저속덕트	고속덕트
풍속	15m/s 이하	15~25m/s
소음	적음	큼(소음장치 필요)
용도	일반건물용, 공조용, 환기용	송풍용, 분체·분진 이송
형상	주로 각형 덕트를 사용	주로 원형 덕트를 사용

3) 덕트의 압력
   ① 덕트 내 압력은 정압과 동압으로 이루어져 있으며, 정압과 동압의 합을 전압이라고 한다.
   ② 전압 = 정압 + 동압(속도압)

핵심문제 ●●○

고속덕트에 관한 설명으로 옳지 않은 것은? 기 13④ 19①

❶ 원형 덕트의 사용이 불가능하다.
② 동일한 풍량을 송풍할 경우 저속덕트에 비해 송풍기동력이 많이 든다.
③ 공장이나 창고 등과 같이 소음이 별로 문제가 되지 않는 곳에서 사용한다.
④ 동일한 풍량을 송풍할 경우 저속덕트에 비해 덕트의 단면치수가 작아도 된다.

해설
• 고속덕트(풍속 20~25m/s) – 원형 덕트 적용
• 저속덕트(풍속 10~15m/s) – 각형(장방형) 덕트 적용

핵심문제	●●○

공조시스템의 소음방지대책으로 옳지 않은 것은? 기14①

❶ 덕트의 도중에 댐퍼를 설치한다.
② 덕트의 내부에 흡음재를 부착한다.
③ 송풍기의 출구 부근에 플리넘 체임버를 설치한다.
④ 덕트의 적당한 장소에 셀형이나 플레이트형의 흡음장치를 설치한다.

해설
덕트 도중에 댐퍼를 설치할 경우 공기흐름 유동에 대한 댐퍼의 제어에 따른 소음 등의 유발이 가중된다.

4) 덕트의 소음방지대책
① 덕트에 흡음재를 부착한다.
② 송풍기 출구 부근에 소음 체임버(Chamber)를 설치한다.
③ 덕트의 적당한 장소에 소음을 위한 흡음장치를 설치한다.
④ 댐퍼 취출구에 흡음재를 부착한다.

(2) 덕트(Duct)의 설계

1) 덕트의 설계 순서

부하 계산(현열, 잠열) → 송풍량 결정 → 취출구 및 흡입구의 위치 결정(형식, 크기, 수량) → 덕트의 경로 결정 → 덕트의 치수 결정 → 덕트의 전저항 결정(정압계산) → 송풍기 선정 → 설계도 작성 → 시공사양 결정

2) 설계 시 고려사항
① 일반적으로 공조기가 단열공간 외부에 있을 때, 급기·환기 덕트에 단열을 실시하며 외기의 급기덕트, 배기덕트에는 결로의 우려가 없을 경우에는 단열하지 않아도 된다.
② 덕트 내의 허용풍속은 가급적 권장풍속으로 한다.
③ 덕트의 재료로 아연철판 이외의 것을 사용할 경우 표면의 거칠기에 따라 마찰저항손실을 보정해야 한다.
④ 덕트의 종횡비(Aspect Ratio)는 최대 8 : 1 이상을 넘지 않도록 하고 가능한 4 : 1 이하로 한다.
⑤ 덕트의 수밀과 기밀을 유지하며 급확대, 급축소 시 압력손실이 커지지 않도록 한다.
⑥ 덕트의 분기부에는 풍량조절댐퍼를 설치한다.

3) 덕트의 치수 결정방식

구분	내용
정압법 (Equal Friction Method)	• 등마찰손실법이라고도 하며 선도나 덕트 설계용 계산치(Duct Measure)를 이용하여 덕트의 크기를 결정한다. • 공조덕트 설계의 대부분이 정압법에 의해 이루어지며, 각형 및 저속덕트 설계 시 적용한다.
정압재취득법 (Static Pressure Regain Method)	베르누이정리에 의하여 풍속이 감소하면 그 동압의 차만큼 정압이 상승하기 때문에 정압의 상승분을 다음 구간의 덕트압력손실에 재이용하는 방법이다.

구분	내용
등속법 (Equal Velocity Method)	덕트의 주관이나 분기관의 풍속을 권장풍속치 내로 정하여 덕트치수를 결정하며 주로 분체, 분진의 이송 등에 사용하고 원형 및 고속덕트 설계 시 적용한다.
전압법 (Total Pressure Method)	각 취출구까지의 전압력손실이 같아지도록 덕트의 단면을 결정하는 방식이다.

4) 덕트의 배치방식

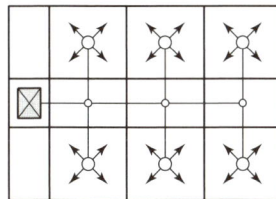 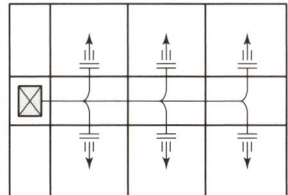

(a) 간선덕트(천장 취출)   (b) 간선덕트(벽 취출)

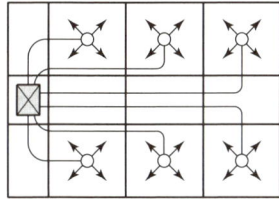 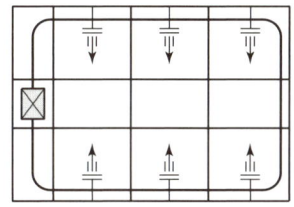

(c) 개별덕트(천장 취출)   (d) 환상덕트(벽 취출)

▮ 덕트의 배치방식 ▮

배치방식	특징
간선덕트방식	• 가장 간단한 방식으로 설비비가 저렴하다. • 덕트 면적이 작아도 된다. • 말단으로 갈수록 풍속이 줄어든다.
개별덕트방식	• 취출구마다 덕트를 단독으로 설치하는 것으로, 풍량조절이 용이하다. • 설비비가 비싸고 덕트면적을 많이 차지한다. • 개별 제어가 용이하다.
환상덕트방식	• 덕트 끝을 연결하여 루프를 만드는 방식이다. • 말단 취출구에서 압력조절이 용이하며, 말단 덕트의 풍속저하가 없다. • VAV 방식의 외주부에서 많이 사용한다.

(3) 덕트(Duct)의 이음

1) 각형 덕트의 가로방향 조립법

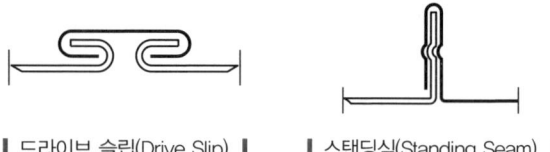

2) 각형 덕트의 세로방향 조립법

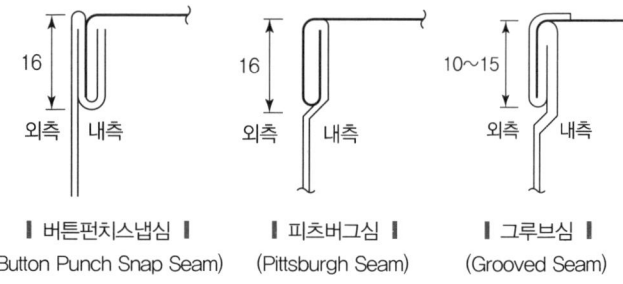

3) 원형 덕트 조립방법

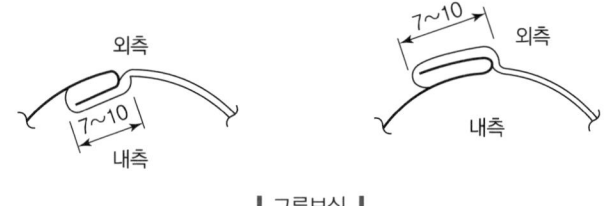

(4) 덕트의 부속기구

1) 댐퍼

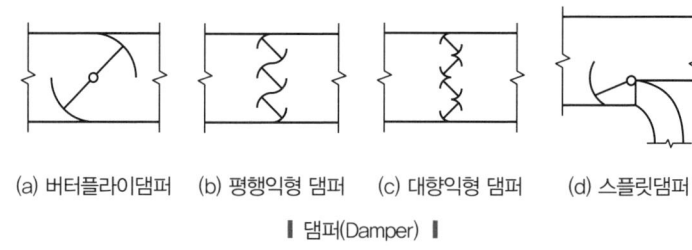

종류		특징
풍량조절용 (Volume Damper)	버터플라이 댐퍼	• 단익댐퍼로 소형 덕트에 사용 • 덕트 내의 풍량을 조절하거나 폐쇄하기 위하여 사용 • 복잡한 환기장치에 설치 시 풍량조절기능이 떨어지고 소음 발생
	루버댐퍼	• 다익댐퍼(날개수 2개 이상)로 대형 덕트에 사용 • 평형 익형 : 대형 덕트 개폐용 • 대향 익형 : 공조기의 풍량 조절용
	슬라이드댐퍼	전체의 개폐를 목적으로 사용
풍량분배용 댐퍼 (스플릿댐퍼, Split Damper)		• 덕트 분기부에서 풍량조절에 사용 • 개수에 따라 싱글형과 더블형으로 구분
역류방지용 댐퍼 (릴리프댐퍼, Relief Damper)		• 실내의 정압을 일정하게 유지하고 실내외 또는 인접실과의 공기 차압을 제어하는 기기 • 공기의 역류를 방지하여 클린룸의 오염을 방지
방화댐퍼 (Fire Damper)		• 화재 발생 시 다른 실로 연소되는 것을 방지하기 위한 댐퍼 • 건축물의 방화구역에 설치 • 댐퍼 내 퓨즈를 부착하여 일정 이상의 온도 상승 시 퓨즈가 녹아 댐퍼가 닫히는 구조
방연댐퍼 (Smoke Damper)		• 화재 발생 시 폐쇄하여 덕트 내에 연기가 전해지는 것을 방지하는 댐퍼 • 실내에 설치한 연기감지기와 연동하여 화재 초기에 댐퍼를 폐쇄

2) 가이드베인(Guide Vane)

① 기류를 안정시켜 저항을 줄이기 위한 장치이다.

② 덕트 내측의 굴곡된 부분에 조밀하게 부착한다.

3. 취출구 · 흡입구와 기류분포

(1) 취출구의 일반사항

1) 개념

공기취출구(Diffuser, 토출구)란 공조기에서 조화공기를 덕트에서 실내에 반출하기 위한 개구부를 말한다.

핵심문제

덕트의 분기부에 설치하여 풍량 조절용으로 사용하는 댐퍼는?

기 13④ 기 16② 산 14③

❶ 스플릿댐퍼
② 평행익형 댐퍼
③ 대향익형 댐퍼
④ 버터플라이댐퍼

해설

덕트의 분기점에서 풍량을 조절하는 댐퍼는 스플릿댐퍼(Split Damper)이다.

2) 주요 용어

용어	개념 및 특징
종횡비 (Aspect Ratio)	• 각형 덕트에서 덕트의 장변을 단변으로 나눈 값이다. • 장변 : 단변이 4 : 1 이하가 표준이며, 최대 8 : 1 이하로 계획하여야 한다. • 애스펙트 비가 너무 클 경우 풍속 및 소음, 열손실이 증가하고 풍량의 분배가 고르지 못하게 되는 특징이 있다.
유효면적	취출구에서 공기가 실제 통과하는 면적이다.
퍼짐각	취출되는 공기가 확산작용에 의해 퍼지는 18~20° 정도의 각도를 말한다.
도달거리 (Throw)	• 취출구에서 취출기류의 풍속이 0.25m/s가 되는 위치까지의 거리이다. • 냉풍을 취출할 때, 도달거리에 도달할 때까지 생긴 기류의 강하를 강하도(Drop)라고 한다. • 온풍을 취출할 때, 도달거리에 도달할 때까지 생긴 기류의 상승을 상승도(Rise)라고 한다.

(2) **취출구의 종류**

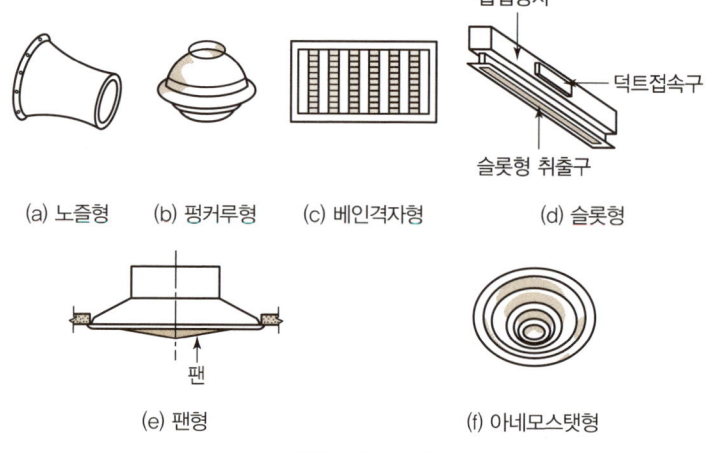

(a) 노즐형 (b) 펑커루형 (c) 베인격자형 (d) 슬롯형

(e) 팬형 (f) 아네모스탯형

| 취출구의 종류 |

1) 축류(縮流)취출구(Axial Flow Diffuser)

한 방향으로 취출되는 방식으로 실내의 대류를 유발시키고 도달거리를 길게 할 수 있으며, 종류로는 노즐형 취출구(Nozzle Type), 펑커루버(Punkah Louver), 베인격자취출구(Universal Type), 슬롯취출구(Slot Type) 등이 있다.

종류	특징
노즐형 취출구 (Nozzle Type)	• 도달거리가 길다. • 소음 발생이 적다. • 극장, 로비 등 도달거리가 길 때 사용한다.
펑커루버 (Punkah Louver)	• 목을 움직여 기류방향을 자유로이 조절한다. • 풍량 조절이 용이하다. • 취출풍량에 비해 공기저항이 크다. • 공장, 주방 등의 국소냉난방 시 사용한다.
베인격자취출구 (Universal Type)	• 가장 널리 사용한다. • 셔터가 없는 것을 그릴(Grill), 셔터가 있는 것을 레지스터(Register)라 한다.
슬롯취출구 (Slot Type)	• 종횡비가 큰 띠 모양의 취출구로 평면기류를 분출한다. • 외관이 아름다워 최근에 많이 사용한다.

2) 복류(輻流)취출구(Double Flow Diffuser)

여러 방향으로 취출되는 방식으로 확산반경이 크고 도달거리가 짧아 천장취출구로 이용하며, 종류로는 팬형 취출구(Pan Type), 아네모스탯형 취출구(Anemostat Type) 등이 있다.

종류	특징
팬형 취출구 (Pan Type)	• 구조가 간단하지만 기류방향의 균등성을 얻기가 힘들다. • 난방 시에는 온풍이 천장면에만 체류해 실내에 온도차가 발생한다.
아네모스탯형 취출구 (Anemostat Type)	• 팬형의 단점을 보완한 것이다. • 콘(Cone)이라 불리는 여러 개의 동심원추 또는 각추형의 날개로 되어 있다. • 풍량을 광범위하게 조절할 수 있다. • 확산반경이 크고 도달거리가 짧다.

핵심문제

아네모스탯형 취출구에 관한 설명으로 옳지 않은 것은? 산 14①

① 천장취출구로 많이 사용한다.
② 확산반경이 크고 도달거리가 짧다.
③ 몇 개의 콘(Cone)이 있어서 1차 공기에 의한 2차 공기의 유인성능이 좋다.
④ 라인형 취출구의 일종으로 선의 개념을 통하여 인테리어 디자인에서 미적인 감각을 살릴 수 있다.

해설
아네모스탯형은 확산형 취출구로서 천장에 주로 설치하며, 형상에 의한 분류는 원형(Round Diffuser)과 각형(Square Diffuser)으로 분류할 수 있다.

(3) **취출기류의 분포 4역**

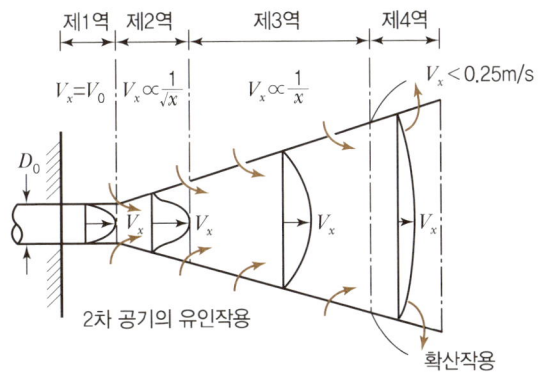

1) 제1역 ($V_x = V_0$)

   중심풍속이 취출풍속과 같은 영역으로 토출구에서 토출구경 D_0의 2~6배 범위이다.

2) 제2역 ($V_x \propto \dfrac{1}{\sqrt{x}}$)

   중심풍속이 취출구에서의 거리 x의 평방근에 역비례하는 영역이다.

3) 제3역 ($V_x \propto \dfrac{1}{x}$)

   공기조화기에서 이용되는 기류영역(x) = 10~100D_0

4) 제4역 ($V_x < 0.25\mathrm{m/s}$)

   중심풍속이 벽체나 실내의 일반기류에 영향을 받는 부분으로 기류 최대풍속은 급격히 저하하여 정체한다.

(4) 공기흡입구의 개념 및 종류

1) 공기흡입구의 개념

   공기흡입구는 오염된 실내공기를 배기하기 위한 장치이다.

2) 공기흡입구의 종류

(a) 도어그릴형   (b) 루버형   (c) 매시룸형

❙ 공기흡입구의 종류 ❙

종류	특징
도어그릴형 (Door Grill)	• 문의 하부에 부착되는 고정식 베인격자형의 흡입구이다. • 환기덕트를 절약할 수 있다.
루버형 (Louver)	외기도입구나 각 층 유닛방식에서 공조기실로의 환기구 등에 사용한다.
매시룸형 (Mash Room Type)	• 바닥의 먼지 등을 함께 흡입하게 된다. • 흡입공기를 재순환하는 경우에는 적합하지 않다. • 극장 등의 좌석 밑에 설치하여 사용한다.

4. 열원기기

(1) 보일러

SECTION 03 난방설비 참고

(2) 냉동기

1) 개념

냉동기(Refrigerator)란 냉매에 의하여 저온을 얻어 액체를 냉각 또는 냉동시키는 기계이다.

2) 압축식 냉동기

① 압축식 냉동기는 전기에너지를 압축기에서 기계적 에너지로 전환하여 냉동효과를 얻는 방식이다.

② 냉매 : 프레온가스(R-11, 123)

③ 압축식 냉동사이클 : 압축기 → 응축기 → 팽창밸브 → 증발기

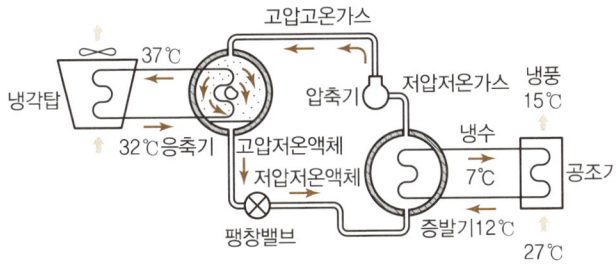

┃ 압축식 냉동사이클 ┃

> **핵심문제** ●●●
>
> 압축식 냉동기의 냉동사이클로 옳은 것은? 기 17④ 21① 산 20①②통합
>
> ❶ 압축 → 응축 → 팽창 → 증발
> ② 압축 → 팽창 → 응축 → 증발
> ③ 응축 → 증발 → 팽창 → 압축
> ④ 팽창 → 증발 → 응축 → 압축
>
> [해설]
> • 압축식 냉동기 : 압축 → 응축 → 팽창 → 증발
> • 흡수식 냉동기 : 발생기(재생기) → 응축기 → 증발기 → 흡수기

④ 종류별 특징

종류 구분	원심식(터보식)	왕복(동)식	회전식
원리	임펠러의 고속회전에 의해 압축	피스톤의 왕복운동에 의해 압축	로터의 회전에 의해 압축
회전수	4,000rpm 이상	200~3,600rpm	1,000rpm 이상
냉동능력	중~대용량	소~중용량	소~대용량
적용	• 대형 냉동장치 • 공조시스템	에어컨 및 냉동기	• 소형 냉동장치 • 룸에어컨 (소용량)

> **핵심문제** ●●●
>
> 다음의 냉동기 중 기계적 에너지가 아닌 열에너지에 의해 냉동효과를 얻는 것은? 기 13② 15④ 산 16③
>
> ① 원심식 냉동기
> ❷ 흡수식 냉동기
> ③ 스크루식 냉동기
> ④ 왕복동식 냉동기
>
> **해설**
> 원심식, 스크루식, 왕복동식은 압축식 냉동기로서 전기에너지를 압축기에서 기계적 에너지로 전환하여 냉동효과를 얻는 방식이고, 흡수식 냉동기는 열에너지를 통해 냉동효과를 얻는 방식이다. 이에 흡수식 냉동기는 압축식 냉동기에 비해 COP값이 상대적으로 열세하지만 전기에너지가 아닌 열에너지를 사용하므로, 전기사용 절감을 위해 권장하고 있다.

3) 흡수식 냉동기

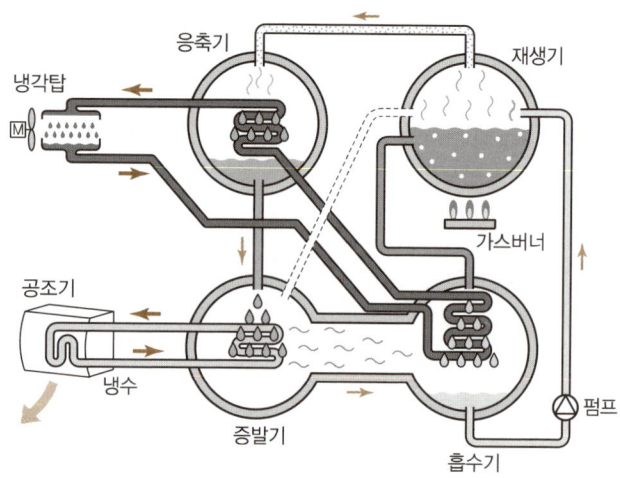

| 흡수식 냉동사이클 |

① 흡수식 냉동기는 저온상태에서는 서로 용해되는 두 물질을 고온에서 분리시켜 그 중 한 물질이 냉매작용을 하여 냉동하는 방식을 말한다.
② 흡수식의 재생기(발생기)는 원심식의 압축기 역할로, 가스로 가열하여 냉매물질(H_2O)과 흡수액(LiBr)을 분리시킨다.(열에너지를 활용한 냉동효과 구현)
③ 냉매 : 물(H_2O), 흡수액 : 리튬브로마이트 용액(LiBr)
④ 흡수식 냉동사이클 : 흡수기 → 재생기(발생기) → 응축기 → 증발기
⑤ 장단점

장점	• 압축기가 없고 도시가스를 주에너지원으로 사용하여 에너지원의 사용을 분산시키는 효과가 있다.(전기 → 전기, 도시가스) • 하절기에 발생하는 전력피크(Peak)부하가 저하되고 전기요금이 절감된다. • 증기, 고온수, 폐열 등의 에너지원으로도 운전이 가능하다. • 부분부하 시 기기효율이 높아 에너지 절약적이다. • 부하변동에 안정적이고, 소음이나 진동이 작다. • 낮은 온도에서 냉매가 증발할 수 있도록 진공상태에서 운전되므로 폭발에 안전하다.
단점	• 낮은 온도(6℃ 이하)의 냉수를 얻기가 어렵다. • 여름에도 보일러를 가동해야 한다. • 원심식에 비해 예냉시간이 길고, 설치면적 및 높이, 중량이 크며, 냉각탑을 크게 해야 한다.

⑥ 2중 효용 흡수식 냉동기

2중 효용 흡수식 냉동기는 발생기를 저온발생기와 고온발생기로 구성한 것을 말하며, 단효용 흡수식에 비해 높은 효율을 나타내는 것이 특징이다.

4) 압축식 냉동기와 흡수식 냉동기 비교

구분 \ 종류	압축식 냉동기	흡수식 냉동기
에너지원	전기	도시가스 (증기, 고온수, 폐열)
냉매	프레온가스	물
소음, 진동	크다.	적다.

5) 냉동능력

① 냉동능력이란 단위시간에 증발기에서 흡수하는 열량을 말하며, 냉동톤(RT, Refrigeration Ton, 국제냉동톤 : CGS RT)과 미국냉동톤(USRT)이 있다.
 • 냉동톤(RT) : 0℃의 순수한 물 1ton을 24시간 동안에 0℃의 얼음으로 만드는 데 필요한 냉각능력(시간당 열량)이다.(1RT ≒ 3.86kW)
 • 미국냉동톤(USRT) : 32°F의 순수한 물 1ton(= 2,000lb)을 24시간 동안에 32°F의 얼음으로 만드는 데 필요한 냉각능력(시간당 열량)이다.(1USRT ≒ 3.52kW)

(3) 냉각탑

1) 개념

냉각탑은 응축기용 냉각수를 재사용하기 위해 대기와 접속시켜 물을 냉각하는 장치이다.

2) 냉각탑의 종류별 특징

① 개방식 냉각탑 : 냉각수가 냉각탑 내에서 대기에 노출되는 개방회로방식으로, 공기조화에서 일반적으로 채용하고 있는 방식이다.
② 밀폐식 냉각탑 : 냉각수배관이 밀폐된 것으로서 순환수의 오염을 방지하고 연중 사용하는 전산실 등의 운전에 적합하다.

3) 설치 시 주의사항

① 통풍이 잘 되는 곳에 설치할 것
② 진동, 소음이 주거환경에 영향을 미치지 않을 것

핵심문제

응축기용 냉각수를 재사용하기 위하여 대기와 접촉하여 물을 냉각시키는 장치는? 기 15①
① 냉동기 ② 냉각기
❸ 냉각탑 ④ 냉각코일

③ 물의 비산작용으로 인접건물에 피해가 발생하지 않을 것
④ 겨울철 사용 시 동파방지용 Heater(전기식) 설치
⑤ 건물옥상에 설치 시 운전중량이 건축구조 계산에 반영되었는지 여부 검토

(4) 히트펌프(Heat Pump, 열펌프)

1) 개념
   ① 펌프가 물을 낮은 위치에서 높은 위치로 퍼 올리는 기계라는 의미와 마찬가지로 히트펌프는 열을 온도가 낮은 곳에서 높은 곳으로 이동시킬 수 있는 장치라는 의미이다.
   ② 히트펌프의 구성 및 사이클은 압축식 냉동기와 마찬가지로 압축기, 응축기, 팽창밸브, 증발기로 구성되고 냉동사이클을 따른다.

2) 특징
   냉동기는 저온 측으로부터 열을 흡열하는 것(증발기의 냉각효과)을 이용해 냉방에 쓰이고, 히트펌프는 고온 측에 방열하는 것(응축기의 방열)을 동시에 이용해 냉난방이 가능하다.

(5) 축열시스템

1) 개념
   축열시스템은 열원설비와 공기조화기 사이에 축열조를 둔 열원방식으로, 값이 저렴한 심야전력을 이용하여 축열조에 에너지를 축열하고 최대부하 때 활용하기 때문에 설비용량을 작게 하며 에너지 절약적이다.

2) 종류
   ① 수(水)축열시스템 : 수축열시스템이란 야간에 심야전력(오후 11시~오전 9시)으로 냉동기를 가동하여 냉수를 생성한 뒤 축열 및 저장하였다가 주간에 이 냉수를 이용하여 건물의 냉방에 활용하는 방식이다.
   ② 빙(氷)축열시스템 : 빙축열시스템이란 야간에 심야전력(오후 11시~오전 9시)으로 냉동기를 가동하여 얼음을 생성한 뒤 축열 및 저장하였다가 주간에 이 얼음을 녹여서 건물의 냉방에 활용하는 방식이다.

핵심문제 ●●○

냉동기의 압축기에서 토출된 고온·고압의 냉매증기는 응축기에서 방열하고 액화된다. 이때 방열되는 응축열로 물이나 공기를 가열하여 난방에 이용하는 장치는? 산 15②

❶ 열펌프   ② 냉각탑
③ 전열교환기   ④ 공기조화기

해설 열펌프(Heat Pump)
냉동기의 응축기 발열을 가열원으로 이용하여 난방에 적용하며, 열원으로는 공기, 물, 폐열 등을 이용한다.

핵심문제 ●●○

빙축열시스템에 관한 설명으로 옳지 않은 것은? 산 15③

① 저온용 냉동기가 필요하다.
② 얼음을 축열매체로 이용하여 냉열을 얻는다.
❸ 주간의 피크부하에 해당하는 전력을 사용한다.
④ 응고 및 융해열을 이용하므로 저장 열량이 크다.

(6) 전열교환기

1) 목적

   공조기의 환기에 의한 열손실을 최소화하기 위하여 사용한다.

2) 방법

   외기(OA)덕트와 배기(EA)덕트에 설치하여 외기와 배기가 간접접촉하게 함으로써 전열(현열+잠열)을 교환한다.

3) 특징

   ① 전열교환기는 "전열"을 교환하는 것으로서 현열뿐만 아니라 잠열교환이 가능하다.
   ② 공조기는 물론 보일러나 냉동기의 용량을 줄일 수 있다.
   ③ 공기방식의 중앙공조시스템이나 공장 등에서 환기에서의 에너지회수방식으로 사용한다.
   ④ 전열교환기를 사용한 공조시스템에서 중간기(봄, 가을)를 제외한 냉방기와 난방기의 열회수량은 실내외의 온도차가 클수록 많다.

5. 송풍기

(1) 개념 및 종류

1) 개념

   송풍기란 공기를 수송하기 위한 기계장치로, 공기의 흐름을 일으키는 날개(Impeller, 임펠러)와 공기를 안내하는 케이싱(Casing)으로 구성된다.

2) 송풍기의 종류

   ① 원심형(Centrifugal Fan) : 터보형(Turbo Fan), 익형[에어포일팬(Airfoil Fan), 리미트로드팬(Limit Lord Fan)], 다익형(Siroco Fan), 방사형(Radial Fan), 관류형(Tubular Fan)
   ② 축류형(Axial Fan) : 프로펠러형(Propeller Fan), 튜브형(Tube Axial Fan), 베인형(Vane Axial Fan)
   ③ 사류형(혼류형, Mixed Flow Type)
   ④ 횡류형(직교류식, Cross Flow Type)

(2) 풍량 제어방법

   ① 토출댐퍼에 의한 제어
   ② 흡입댐퍼에 의한 제어

③ 흡입베인에 의한 제어
④ 가변피치에 의한 제어
⑤ 회전수에 의한 제어
⑥ 에너지절약효과가 큰 풍량 제어방법 순서
- 에너지절약효과 : 회전수 제어 – 가변 Pitch – 흡인 Vane – 흡인 Damper – 토출 Damper
- 송풍기의 풍량 변화에 따라 송풍기의 동력 또는 축동력이 급격하게 변동하는 것이 에너지절약효과가 높은 풍량적용 방식이다.
- 아래 그래프에서 송풍기의 풍량이 감소할 때 소비하는 동력이 더욱 많이 작아지는 제어방식이 에너지 효율이 높은 방식이라 할 수 있다.

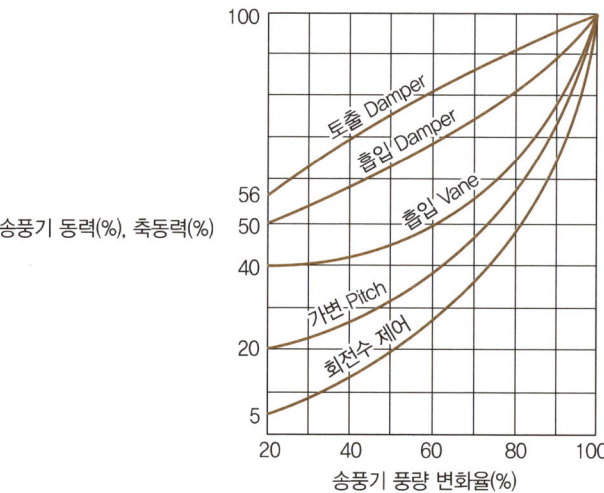

┃ 에너지 절약효과가 큰 순서 ┃

(3) 송풍기 상사의 법칙

구분	회전수(rpm) $N_1 \rightarrow N_2$	날개직경(mm) $D_1 \rightarrow D_2$
송풍량 Q(m³/min) 변화	$Q_2 = \left(\dfrac{N_2}{N_1}\right) Q_1$	$Q_2 = \left(\dfrac{D_2}{D_1}\right)^3 Q_1$
압력 P(Pa) 변화	$P_2 = \left(\dfrac{N_2}{N_1}\right)^2 P_1$	$P_2 = \left(\dfrac{D_2}{D_1}\right)^2 P_1$
송풍기 동력 L(kW) 변화	$L_2 = \left(\dfrac{N_2}{N_1}\right)^3 L_1$	$L_2 = \left(\dfrac{D_2}{D_1}\right)^5 L_1$

SECTION 05 공기조화방식

1. 공기조화방식의 분류

(1) 일반사항

공조기의 설치방법에 따라 중앙식과 개별식으로 나눌 수 있으며 열매체에 따라 전공기방식, 공기-수방식, 전수방식으로 나뉜다.

(2) 공기조화방식의 분류

공조기의 설치방법	열(냉)매	공기조화방식
중앙식	전공기방식	단일덕트정풍량방식, 단일덕트변풍량방식, 이중덕트방식, 멀티존유닛방식, 바닥급기공조방식
	공기-수방식	각층유닛방식, 유인유닛방식, 덕트병용 팬코일유닛(FCU)방식, 복사냉난방방식
	전수방식	팬코일유닛방식
개별식	냉매방식	패키지유닛방식

1) 중앙식(중앙집중식, 중앙냉난방방식)

중앙식은 1차 열원기기(냉동기, 보일러 등)를 중앙기계실에 집중설치하여 2차 측 공조시스템(공조기 등)으로 펌프를 통해 열매를 공급하는 방식으로, 대규모 건물에서는 일반적으로 이 방식을 사용한다.

장점	• 비교적 대용량이고, 효율이 좋은 기기를 사용하기 때문에 운전효율이 좋다. • 부하특성에 맞게 기기 대수를 분할설치하여 부분부하에 대응할 수 있다. • 축열조를 사용하여 열원기기의 용량을 줄일 수 있다. • 열회수 히트펌프(Heat Pump System) 사용이 가능하여 에너지를 유효하게 사용할 수 있다. • 각종 기기류가 집중설치되므로 보수·유지관리가 용이하다.
단점	• 넓은 기계실이 필요하다. • 기기의 하중이 크고, 발생소음이 크기 때문에 사람이 거주하는 실과 인접하여 설치할 때에는 차음 및 방진에 세심한 배려가 필요하다.

2) 개별식(개별 냉난방방식)

개별식은 부하가 발생하는 장소(실내)에 별도의 열원기기(패키지 에어컨 등)를 설치하여 발생하는 부하를 처리하는 방식으로, 종전에는 주로 중·소규모의 건물에만 사용하였으나, 최근에는 기종이 다양해지고 성능도 많이 향상되어 대규모 건물에서도 많이 사용하고 있다.

장점	• 각 유닛마다 별도의 운전, 온도 제어가 가능하다.(개별제어의 측면에서 유리하다) • 별도의 냉온수배관이 필요 없으므로 시공이 간편하다. • 펌프, 팬 등의 열반송기기가 필요 없다. • 전용기계실이 필요 없다.
단점	• 기기가 분산설치되므로 유지관리가 어렵다. • 기기 설치공간을 줄이기 위해 천장 속에 설치하는 경우가 있는데, 이때는 소음처리가 어렵고, 필터의 청소나 유지관리도 힘들다. • 가습기가 내장된 기기가 있기는 하나 일반적으로 별도의 가습장치가 필요하다. • 기기의 능력은 외기온도, 냉매배관 길이 등에 따라서 큰 영향을 받으므로 기기 선정 시에는 설치장소의 조건을 충분히 반영하여 검토가 필요하다.(외기온도가 낮거나 배관길이가 길면 냉동능력이 떨어진다)

2. 각종 공조방식 및 특징

(1) 전공기방식

정의	공기만을 열매로 하여 실내유닛으로 공기를 냉각·가열하는 방식
장점	• 온습도 및 공기청정 제어 용이 • 실내기류 분포 좋음 • 공조되는 실내에 수배관이 필요 없어 누수 우려 없음 • 외기냉방이 가능하고, 폐열회수 용이 • 공조되는 실내에 설치되는 기기가 없으므로 실 유효면적 증가 • 운전 및 유지관리 집중화 가능 • 동계 가습이 용이하고, 자동으로 계절전환 가능
단점	• 존마다 공기밸런스를 장착하지 않으면 공기밸런스가 잘 맞지 않음 • 덕트스페이스가 커짐 • 송풍동력이 커서 다른 방식에 비해 반송동력이 많이 소요됨 • 공조기계실스페이스가 많이 필요함
용도	사무소 건물, 병원의 수술실, 극장

핵심문제 ●●●

공기조화방식 중 전공기방식에 관한 설명으로 옳지 않은 것은?
① 중간기에 외기냉방이 가능하다.
② 실의 유효스페이스가 증대된다.
③ 실내공기의 질을 높일 수 있는 가능성이 크다.
❹ 수방식에 비해 열의 운송동력이 적게 소요된다.

[해설]
전공기방식은 공기를 통해 열을 반송하므로 반송동력이 크게 작용한다.

1) 단일덕트정풍량방식(CAV : Constant Air Volume System)
   ① 송풍량은 항상 일정하게 하고 실내의 열부하에 따라 송풍의 온습도를 변화시켜 1대의 공조기에 1개의 덕트를 통하여 건물 전체에 냉온풍을 송풍하는 방식이다.
   ② 중·소규모 건물, 극장, 공장 등 바닥면적이 크고 천장이 높은 곳에 적합하다.
   ③ 장단점

장점	• 외기냉방이 가능하여 청정도가 높다. • 유지관리가 용이하다. • 고성능 공기정화장치가 가능하다. • 소규모에서 설치비가 저렴하다.
단점	• 비교적 덕트면적이 크게 요구된다. • 변풍량방식에 비해 에너지가 많이 든다. • 각 실에서의 온습도 조절이 곤란하다. • 실이 많은 경우 부적합하다.

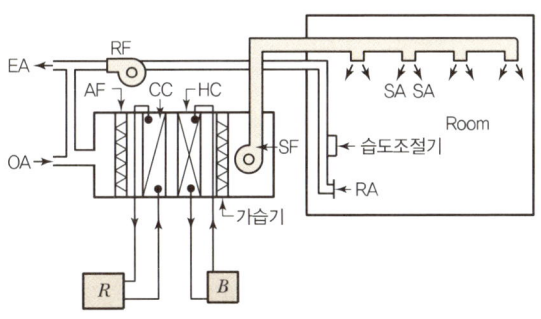

▮ 단일덕트정풍량방식 ▮

2) 단일덕트변풍량방식(VAV : Variable Air Volume System)
   ① 송풍온도는 일정하게 하고 실내부하의 변동에 따라 송풍량을 변화시키는 방식으로 여러 방식 중 가장 에너지가 절약되는 방식이다.
   ② 대규모 사무소의 내부 존이나 인텔리전트빌딩, 점포 등 연간 냉방부하가 발생하는 공간에 적합하다.
   ③ 장단점

장점	• 실온을 유지하므로 에너지 손실이 가장 적다. • 각 실별 또는 존별로 개별적 제어 가능하다. • 토출공기의 풍량조절이 용이하다. • 칸막이 등 부하변동에 대응하기 쉽다. • 설치비가 저렴하고, 외기냉방이 가능하다. • 설비용량이 적어서 경제적인 운전이 가능하다. • 부분부하 시 송풍기 동력절감이 가능하다.

핵심문제 •••

공기조화방식 중 단일덕트변풍량방식에 관한 설명으로 옳지 않은 것은?
기 14④

① 전공기방식의 특성이 있다.
② 각 실이나 존의 온도를 개별 제어할 수 있다.
❸ 단일덕트정풍량방식보다 설비비가 적게 든다.
④ 실내부하가 작아지면 송풍량을 줄일 수 있으므로 에너지절감효과가 크다.

해설
단일덕트변풍량방식은 말단에서의 풍량변화에 대한 제어설비 등이 별도로 필요하며, 정풍량방식에 비해서 초기 설비비가 많이 들어간다. 단, 유지관리 시 에너지절감 측면에서는 변풍량 방식이 유리하다.

단점	• 설비비가 비싸다. • 송풍량을 변화시키기 위한 기계적 어려움이 있다. • 부하가 감소하면 송풍량이 작아져 환기량 확보가 어렵다. • 실내공기가 오염될 수 있다. • 토출공기온도를 제어하기 어렵다.

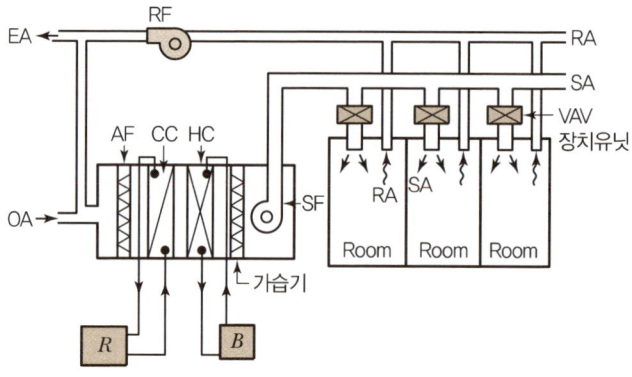

| 단일덕트변풍량방식 |

3) 이중덕트방식

① 1대의 공조기에 의해 냉풍과 온풍을 각각의 덕트로 보낸 후 말단의 혼합상자에서 혼합하여 각 실에 송풍하는 방식으로 에너지 과소비형 공조방식이다.

② 고층건축물, 회의실, 병원식당 등 냉난방부하의 분포가 복잡한 건물에 사용한다.

③ 장단점

장점	• 각 실별로 개별 제어가 양호하다. • 계절마다 냉난방 전환이 필요하지 않다. • 전공기방식이므로 냉온수관이 필요 없다. • 공조기가 집중되어 운전, 보수가 용이하다. • 칸막이 변경에 따라 임의로 계획을 바꿀 수 있다.
단점	• 운전비가 높아지기 쉬운 에너지 과소비형이다. • 혼합상자, 설비비가 고가이다. • 덕트면적을 많이 차지한다. • 습도 조절이 어렵다. • 여름에도 보일러를 가동해야 한다.

핵심문제 ●●●

공기조화방식 중 2중덕트방식에 관한 설명으로 옳지 않은 것은? 기13④

① 전공기식방식이다.
② 덕트가 2개의 계통이므로 설비비가 많이 든다.
③ 부하특성이 다른 다수의 실이나 존에도 적용할 수 있다.
❹ 냉풍과 온풍을 혼합하는 혼합상자가 필요 없으므로 소음과 진동도 적다.

해설 2중덕트방식(Double Duct System)
1대의 공조기에 의해 냉풍과 온풍을 각각의 덕트로 보낸 후 말단의 혼합상자에서 혼합하여 각 실에 송풍하는 방식이다.

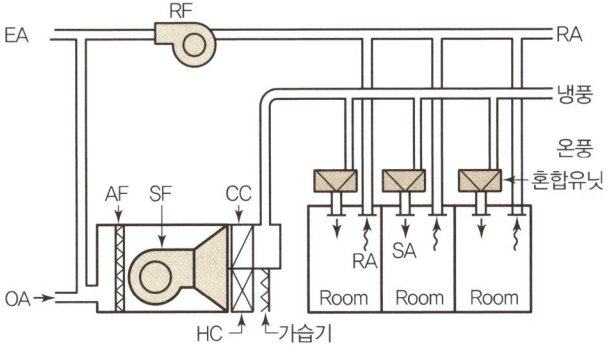

┃ 이중덕트방식 ┃

4) 멀티존유닛방식

① 공조기 1대로 냉온풍을 동시에 만들어 공급하고 공조기 출구에서 각 존마다 필요한 냉온풍을 혼합하여 각각의 덕트로 송풍하는 방식이다.

② 중간규모 이하의 건물에 사용한다.(존이 아주 많은 경우에는 덕트의 분할수에 한도가 있으므로, 중소규모의 공조스페이스를 조닝하는 경우에 사용)

③ 장단점

장점	• 배관이나 조절장치 등을 집중시킬 수 있다. • 존(Zone) 제어가 가능하다. • 여름, 겨울의 냉난방 시 에너지 혼합손실이 적다.
단점	• 냉동기부하가 크다. • 변동이 심하면 각 실의 송풍불균형이 발생할 수 있다. • 중간기에 혼합손실이 발생하여 에너지손실이 크다.

핵심문제

냉풍과 온풍을 혼합하여 부하조건이 다른 계통에 공기를 공급하는 공기조화방식은? 산 15①

① 팬코일유닛방식
❷ 멀티존유닛방식
③ 변풍량단일덕트방식
④ 정풍량단일덕트방식

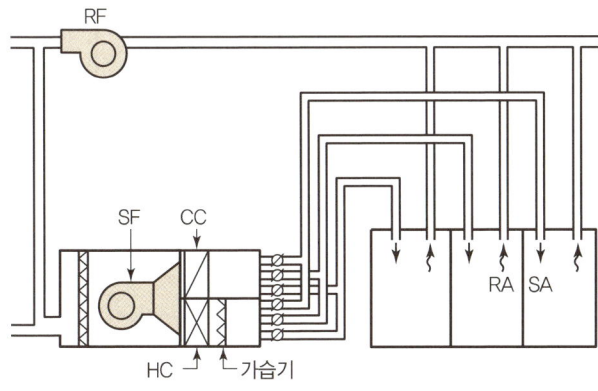

┃ 멀티존유닛방식 ┃

(2) 공기 – 수방식(Air – Water System)

정의	공기와 물을 열매로 하여 실내유닛으로 공기를 냉각 · 가열하는 방식
장점	• 유닛 1대로 소규모설비가 가능하다. • 전공기방식보다 반송동력이 적게 든다. • 전공기방식보다 덕트설치공간을 작게 차지한다. • 각 실의 온도 제어가 용이하다.
단점	• 저성능필터를 사용하므로 실내공기의 청정도가 낮다. • 실내수배관으로 인한 누수 염려가 있다. • 폐열회수가 어렵다. • 정기적으로 필터를 청소해야 한다.
용도	사무소, 병원, 호텔 등의 다실건축물의 외부존에 주로 사용

1) 각층유닛방식

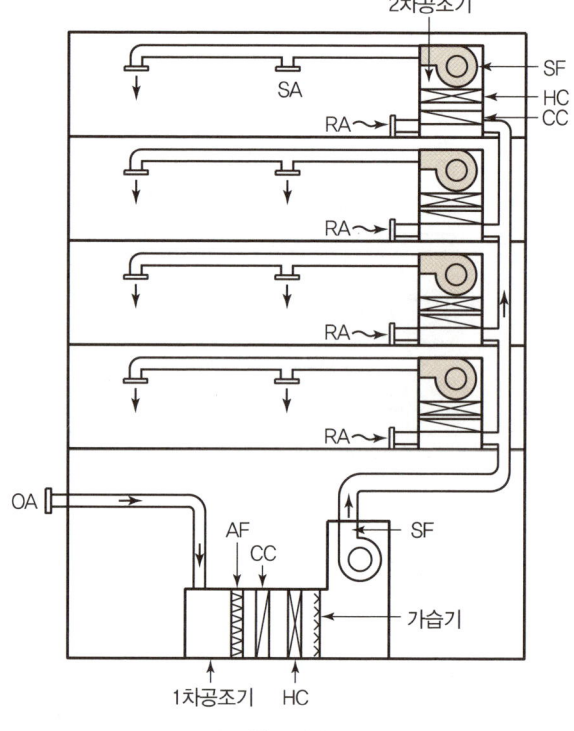

| 각층유닛방식 |

① 외기처리용 1차중앙공조기에서 처리된 외기를 각 층의 2차 공조기(유닛)로 보내어 부하에 따라 가열 또는 냉각하여 송풍하는 방식이다.

② 장단점

장점	• 각 층, 각 실을 구획하여 온습도 조절이 가능 • 각 층마다 부분운전이 가능 • 중간에 외기를 도입하여 외기냉방이 가능 • 덕트가 작아도 됨
단점	• 공조기 대수가 많아지므로 설비비가 많이 소요됨 • 공조기가 분산되어 유지관리가 어려움 • 각 층 공조기로부터 소음이나 진동이 발생 • 각 층마다 공조기 설치공간이 필요

2) 유인유닛방식

① 중앙의 1차공조기에서 가열, 냉각, 가습, 감습처리한 공기를 고속·고압으로 각 실 유닛으로 공급하면 유닛의 노즐에서 불어내어, 그 불어낸 입력으로 실내의 2차공기를 유인하여 혼합·분출한다.

② 장단점

장점	• 부하변동에 대응하기 쉽다. • 각 실별로 개별 제어가 가능하다. • 유닛에 송풍기나 전동기 등의 동력장치가 없어 전기배선이 없어도 된다. • 공조기가 소형으로 기계실면적 및 덕트면적이 작다.
단점	• 유닛의 실내설치로 건축계획상 지장이 있다. • 유닛의 수량이 많아져 유지관리가 어렵다.

(3) **전수방식(All Water System) – 팬코일유닛방식**

1) 정의

① 물만을 열매로 하여 실내유닛으로 공기를 냉각·가열하는 방식이다.

② 냉온수 코일 및 필터가 구비된 소형 유닛을 각 실에 설치하고 중앙기계실에서 냉수 또는 온수를 공급받아 공기조화를 하는 방식이다.

2) 용도

여관, 주택, 경비실 등 극간풍에 의한 외기 침입이 가능한 건물

핵심문제 ●●●

각종 공기조화방식에 관한 설명으로 옳지 않은 것은? 기 13②

① 단일덕트방식은 전공기방식이다.
② 2중덕트방식은 냉온풍의 혼합으로 인한 혼합손실이 있다.
❸ 팬코일유닛방식은 전공기방식으로 수배관으로 인한 누수의 우려가 없다.
④ 단일덕트방식은 부하특성이 다른 여러 개의 실이나 존이 있는 건물에는 적용하기가 곤란하다.

해설
팬코일유닛방식은 적용방법에 따라 수 – 공기방식 또는 전수방식에 해당하는 공기조화방식으로서, 배관을 사용하므로 수배관으로 인한 누수의 우려가 있다.

3) 장단점

장점	• 각 유닛마다의 조절, 운전이 가능하고, 개별 제어를 할 수 있다. • 덕트면적이 필요하지 않다. • 열운반동력이 적게 든다. • 나중에 부하가 증가해도 유닛을 증설하여 대처할 수 있다. • 1차 공기를 사용하는 경우에는 페리미터방식이 가능하다.
단점	• 공급외기량이 적으므로 실내공기가 오염되기 쉽다. • 필터를 매월 1회 정도 세정, 교체해야 한다. • 외기냉방이 곤란하고, 실내수배관이 필요하다. • 실내배관에 의한 누수의 염려가 있다. • 실내유닛의 방음이나 방진에 유의해야 한다.

(4) 냉매방식 – 패키지유닛방식

1) 정의

패키지유닛방식이란 압축식 원리의 냉동기와 송풍기, 필터, 자동제어 및 케이싱 등으로 유닛화된 기기를 이용하는 방식이다.

2) 용도

① 주택, 레스토랑, 다방, 상점, 소규모 건물 등에 주로 사용
② 대규모 건물에서도 24시간 운전하는 수위실 등의 관리실과 시간 외 운전이 필요한 회의실 혹은 특수한 온도조건을 필요로 하는 전산실 등에 사용

3) 장단점

장점	• 공장에서 다량 생산하므로 가격이 저렴하고 품질이 보증된다. • 설치와 조립이 간편하고 공사기간이 짧다. • 비교적 취급이 간편할 뿐만 아니라 증축, 개축, 유닛의 증설에 따른 유연이 있다. • 유닛별 단독운전과 제어가 가능하다.
단점	• 동시부하율 등을 고려한 저감처리가 가능하지 않으므로 열원 전체 용량은 중앙식보다 커지게 되는 경향이 있다. • 중앙식에 비해 냉동기, 보일러의 내용연수가 짧다. • 압축기, 팬, 필터 등의 부품수가 많아 보수비용이 증대된다. • 온습도 제어성이 떨어진다. • 외기냉방이 불가능하다.

3. 조닝계획과 에너지절약계획

(1) 조닝(Zoning)계획

종류	조닝계획
실내환경별 조닝	• 온습도별 조닝 • 공기청정도별 조닝 • 개실 제어조닝
열부하특성별 조닝	• 페리미터(외주부)조닝 · 인테리어(내주부)조닝 • 방위별 조닝(외부 존에 대한 조닝)

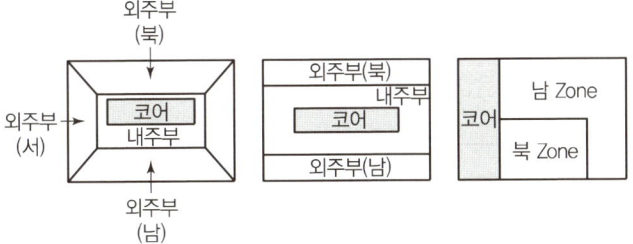

▎조닝(Zoning)의 예 ▎

(2) 에너지절약계획

1) 열원설비

① 열원설비는 부분부하 및 전부하의 운전효율이 좋은 것을 선정한다.
② 난방기기, 냉방기기, 냉동기, 송풍기, 펌프 등은 부하조건에 따라 최고의 성능을 유지할 수 있도록 대수분할 또는 비례제어운전이 되도록 한다.
③ 난방기기 및 냉방기기는 고효율인증제품 또는 이와 동등 이상의 것 또는 에너지소비효율등급이 높은 제품을 설치한다.
④ 보일러의 배출수 · 폐열 · 응축수 및 공조기의 폐열, 생활배수 등의 폐열을 회수하기 위한 열회수설비를 설치한다. 폐열회수를 위한 열회수설비를 설치할 때에는 중간기에 대비한 바이패스(By-pass)설비를 설치한다.
⑤ 냉방기기는 전력피크부하를 줄일 수 있도록 하여야 하며, 상황에 따라 심야전기를 이용한 축열 · 축랭시스템, 가스 및 유류를 이용한 냉방설비, 집단에너지를 이용한 지역냉방방식, 소형열병합발전을 이용한 냉방방식, 신 · 재생에너지를 이용한 냉방방식을 채택한다.

≫ 이코노마이저시스템은 중간기 또는 동계에 발생하는 실내의 냉방부하를, 실내엔탈피보다 낮은 외기를 도입하여 냉방설비의 가동 없이 자연냉방하는 시스템을 말한다.

2) 공조설비
① 중간기 등에 외기도입에 의하여 냉방부하를 감소시키는 경우에는 실내공기질을 저하시키지 않는 범위 내에서 이코노마이저시스템 등 외기냉방시스템을 적용한다. 다만, 외기 냉방시스템의 적용이 건축물의 총에너지비용을 감소시킬 수 없는 경우에는 그러하지 아니한다.
② 공기조화기 팬은 부하변동에 따른 풍량 제어가 가능하도록 가변익축류방식, 흡입베인제어방식, 가변속제어방식 등 에너지절약적 제어방식을 채택한다.

3) 반송설비
① 난방순환수펌프는 운전효율을 증대시키기 위해 가능한 한 대수 제어 또는 가변속 제어방식을 채택하여 부하상태에 따라 최적의 운전상태가 유지될 수 있도록 한다.
② 열원설비 및 공조용의 송풍기, 펌프는 효율이 높은 것을 채택한다.

4) 환기 및 제어설비
① 청정실 등 특수용도의 공간 외에는 실내공기의 오염도가 허용치를 초과하지 않는 범위 내에서 최소한의 외기도입이 가능하도록 계획한다.
② 환기 시 열회수가 가능한 폐열회수형 환기장치 등을 설치한다.
③ 기계환기설비를 사용하여야 하는 지하주차장의 환기용 팬은 대수 제어 또는 풍량 조절(가변익, 가변속도), 일산화탄소(CO)의 농도에 의한 자동(On-off)제어 등의 에너지절약적 제어방식을 도입한다.

5) 위생설비
위생설비의 급탕용 저탕조 설계온도는 55℃ 이하로 한다.

6) 자동제어
① 공조설비, 전력, 조명, 승강기 등의 에너지이용효율을 향상시키기 위해 중앙관제식 자동제어시스템을 채택한다.
② 팬코일유닛이 설치되는 경우에는 전원의 방위별, 실의 용도별로 통합 제어가 가능하도록 한다.
③ 건물에너지관리시스템(BEMS)을 채택한다.

핵심문제 ●●○

건축물에너지절약을 위한 기계부문의 권장사항으로 옳지 않은 것은?
기 16④

① 냉방기기는 전력피크부하를 줄일 수 있도록 한다.
② 난방순환수펌프는 가능한 한 대수 제어 또는 가변속 제어방식을 채택한다.
③ 폐열회수를 위한 열회수설비를 설치할 때에는 중간기에 대비한 바이패스(By-pass)설비를 설치한다.
❹ 위생설비의 급탕용 저탕조 설계온도는 65℃ 이하로 하고 필요한 경우에는 부스터히터 등으로 승온하여 사용한다.

해설
건축물에너지절약 설계기준 "기계부문 권장사항"에 따르면, 위생설비의 급탕용 저탕조 설계온도는 55℃ 이하로 하고, 필요한 경우에는 부스터히터 등으로 승온하여 사용토록 권장하고 있다.

(3) **에너지절약 관련설비**

1) 전열교환기

① 목적

공조기의 환기에 의한 열손실을 최소화하기 위하여 사용한다.

② 방법

외기(OA)덕트와 배기(EA)덕트에 설치하여 외기와 배기가 간접접촉하게 함으로써 전열(현열 + 잠열)을 교환한다.

CHAPTER 04 출제예상문제

Section 01 기초적인 사항

01 습공기선도에 나타나는 사항이 아닌 것은 어느 것인가? 산 13①

① 노점온도 ② 습구온도
③ 절대습도 ④ 열관류율

해설
습공기선도는 습공기의 성질을 나타내는 선도로서, 건구온도, 습구온도, 노점온도, 절대습도, 상대습도, 수증기분압, 비용적, 엔탈피, 현열비, 열수분비 등을 나타낸다. 열관류율은 습공기선도에 나타내는 사항이 아니다.

02 습공기의 건구온도와 습구온도를 알 때 습공기선도를 사용하여 구할 수 있는 상태값이 아닌 것은 어느 것인가? 기 16② 20④

① 엔탈피 ② 비체적
③ 기류속도 ④ 절대습도

해설
기류속도는 습공기선도상에서 구할 수 없는 값이다.

03 습공기가 냉각되어 포함되어 있던 수증기가 응축되기 시작하는 온도를 의미하는 것은 어느 것인가? 기 17④

① 노점온도 ② 습구온도
③ 건구온도 ④ 절대온도

해설
노점온도는 수증기가 응축되기 시작하는 온도를 의미하며, 일상에서 볼 수 있는 결로가 시작되는 온도이기도 하다.

04 어떤 상태의 습공기를 절대습도의 변화없이 건구온도만 상승시킬 때, 습공기의 상태변화로 옳은 것은? 기 15① 20①②통합

① 엔탈피는 증가한다.
② 비체적은 감소한다.
③ 노점온도는 낮아진다.
④ 상대습도는 증가한다.

해설
현열변화 시 엔탈피 증가, 비체적 증가, 노점온도는 변화가 없으며, 상대습도는 감소한다.

05 습공기의 상태변화에 관한 설명으로 옳지 않은 것은? 기 16④ 19②

① 가열하면 엔탈피는 증가한다.
② 냉각하면 비체적은 감소한다.
③ 가열하면 절대습도는 증가한다.
④ 냉각하면 습구온도는 감소한다.

해설
가열은 현열변화로서 절대습도의 변화를 가져오지 않으므로 절대습도는 일정하다.

06 습공기를 가열할 경우 증가하지 않는 상태값은? 기 19② 산 13② 14①

① 엔탈피 ② 비체적
③ 상대습도 ④ 습구온도

해설
습공기를 가열할 경우 상대습도는 낮아지게 된다. 겨울철 난방부하 제거를 위해 습공기를 가열할 경우, 상대습도가 낮아져 가습하여 실내로 취출하는 것이 일반적이다.

정답 01 ④ 02 ③ 03 ① 04 ① 05 ③ 06 ③

07 습공기선도상에서 별도의 수분 증가 및 감소 없이 건구온도만 상승시킬 경우 변화하지 않는 것은 어느 것인가? 산 15①

① 엔탈피
② 절대습도
③ 비체적
④ 습구온도

[해설]
습공기의 가열(건구온도 상승)은 현열가열을 의미하므로, 절대습도의 변화는 없다. 단, 상대습도는 현열가열 시 감소하게 된다.

08 습공기를 가습하는 경우 다음의 상대값 중 변화하지 않는 것은? 산 16③

① 건구온도
② 습구온도
③ 절대습도
④ 상대습도

[해설]
건구온도는 가습의 경우 변하지 않는다. 하지만, 실질적으로 가습을 할 경우 증발잠열에 의해 건구온도의 변화가 일어난다.

09 다음 중 상대습도(RH) 100%에서 그 값이 같지 않은 온도는? 기 17①

① 건구온도
② 효과온도
③ 습구온도
④ 노점온도

[해설]
효과온도(Operative Temperature)
작용온도라고도 하며, 기온, 기류 및 주위벽 복사열 등의 종합적 효과를 나타낸 것으로 쾌적정도 등 체감도를 나타내는 척도이다.

10 난방용 열매 중 증기에 관한 설명으로 옳지 않은 것은? 산 14②

① 증기의 포화온도는 압력의 변화에 따라 변한다.
② 포화증기의 비체적은 증기의 압력이 증가할수록 증가한다.
③ 증기의 압력이 증가하면 포화증기가 갖게 되는 잠열은 감소하게 된다.
④ 건포화증기를 다시 가열하면 증기의 온도는 포화온도보다 높아지며 체적은 더욱 증가한다.

[해설]
포화증기압력이 증가하면 동일 질량에 대한 부피가 감소하므로, 비체적(m^3/kg)은 감소한다.

11 냉방부하 계산 시 현열과 잠열을 모두 고려하여야 하는 부하의 종류에 속하지 않는 것은 어느 것인가? 산 13③

① 인체의 발생열
② 벽체로부터의 취득열
③ 극간풍에 의한 취득열
④ 외기의 도입으로 인한 취득열

[해설]
벽체로부의 취득열은 온도변화에만 관여하는 현열부하이다.

12 다음 중 공기조화설계에서 현열부하와 잠열부하를 모두 고려하여야 하는 것에 속하지 않는 것은 어느 것인가? 산 15②

① 재열부하
② 인체발생열
③ 틈새바람에 의한 취득열량
④ 외기도입에 의한 취득열량

[해설]
재열부하는 장마철 등에 실내습도가 높아졌을 때, 냉각감습에 의한 제습 후 다시 가열을 진행할 때 발생하는 부하로서 현열부하에만 해당한다.

정답 07 ② 08 ① 09 ② 10 ② 11 ② 12 ①

13 다음의 냉방부하의 종류 중 잠열부하가 발생하는 것은? 산 16②

① 덕트로부터의 취득열량
② 송풍기에 의한 취득열량
③ 외기의 도입으로 인한 취득열량
④ 일사에 의한 유리로부터의 취득열량

> **해설**
> 잠열부하는 수증기(습기)의 유입에 의해 발생하며, 보기 중에 잠열부하가 발생할 수 있는 것은 외기의 도입으로 인한 취득열량이다.

14 냉방부하의 산정 시 외벽 또는 지붕에서의 일사의 영향을 고려한 온도는? 산 17③

① 유효온도
② 평균복사온도
③ 상당외기온도
④ 대수평균온도

> **해설**
> 벽체 또는 지붕은 일사가 표면에 닿아 표면온도가 상승하는데 이를 상당외기온도라 하며 실내온도와의 차를 상당외기온도차(ETD : Equivalent Temperature Difference)라고 한다.

15 상당외기온도차에 관한 설명으로 옳지 않은 것은? 산 17①

① 난방부하의 계산에는 적용하지 않는다.
② 건물의 방위와 계산시각에 따라 달라진다.
③ 일사량이 클수록 상당외기온도차는 작아진다.
④ 외벽 및 지붕의 구조체 종류에 따라 달라진다.

> **해설**
> 벽체 또는 지붕은 일사가 표면에 닿아 표면온도가 상승하는데 이를 상당외기온도라 하며 실내온도와의 차를 상당외기온도차(ETD : Equivalent Temperature Difference)라고 한다. 그러므로 상당외기온도차는 일사량이 클수록 커지게 된다.

16 건구온도가 26℃인 실내공기 8,000m³/h와 건구온도가 32℃인 외부공기 2,000m³/h를 단열혼합하였을 때 혼합공기의 건구온도는 어느 것인가? 기 13② 17① 19②

① 27.2℃ ② 27.6℃
③ 28.0℃ ④ 29.0℃

> **해설**
> 혼합공기의 온도(℃) $= \dfrac{26 \times 8,000 + 32 \times 2,000}{8,000 + 2,000} = 27.2℃$

17 실내 냉방부하 중에서 현열량이 3,000W, 잠열량이 500W일 때 현열비는? 산 13① 18③

① 0.74 ② 0.68
③ 0.86 ④ 0.92

> **해설**
> 현열비 $= \dfrac{\text{현열부하}}{\text{현열부하} + \text{잠열부하}} = \dfrac{3,000}{3,000 + 500} = 0.86$

18 건구온도 20℃, 상대습도 50%인 습공기 1,000m³/h를 30℃로 가열하였을 때 가열량(현열)은?(단, 습공기의 밀도는 1.2kg/m³, 비열은 1.01kJ/kg·K이다.) 산 16①

① 1.7kW ② 2.5kW
③ 3.4kW ④ 4.3kW

> **해설**
> $q = Q \cdot \rho \cdot C_p \cdot \Delta t$
> 여기서, q : 가열량(현열부하)(kJ/h)
> Q : 습공기량(m³/h)
> ρ : 공기의 밀도(1.2kg/m³)
> C_p : 공기의 정압비열(1.01kJ/kg·K)
> Δt : 실내외 온도차(℃)
> ∴ $q = 1,000 \times 1.2 \times 1.01 \times (30 - 20)$
> $= 12,120$ kJ/h $= 3.37$ kW ≒ 3.4 kW

정답 13 ③ 14 ③ 15 ③ 16 ① 17 ③ 18 ③

19 건구온도 30℃, 상대습도 60%인 공기를 냉수코일에 통과시켰을 때 공기의 상태변화로 옳은 것은?(단, 코일 입구수온은 5℃, 코일 출구수온은 10℃) 기 17②

① 건구온도는 낮아지고 절대습도는 높아진다.
② 건구온도는 높아지고 절대습도는 낮아진다.
③ 건구온도는 높아지고 상대습도는 높아진다.
④ 건구온도는 낮아지고 상대습도는 높아진다.

해설
냉수코일을 통과시켰으므로 이론상 냉각의 현열변화이다. 냉각의 현열변화 시 건구온도는 낮아지고, 상대습도는 올라가게 된다. 절대습도는 변함없다.

20 건구온도 18℃, 상대습도 60%인 공기가 여과기를 통과한 후 가열코일을 통과하였다. 통과 후의 공기상태는? 산 14②

① 건구온도 증가, 비체적 감소
② 건구온도 증가, 엔탈피 감소
③ 건구온도 증가, 상대습도 증가
④ 건구온도 증가, 습구온도 증가

해설
가열코일 통과 시 건구온도 및 습구온도, 엔탈피, 비체적은 증가하고, 상대습도는 감소하게 된다.

Section 02 환기 및 배연설비

21 환기에 관한 설명으로 옳지 않은 것은 어느 것인가? 산 17③

① 온도차에 의해 환기가 이루어질 수 있다.
② 환기지표로는 이산화탄소가 사용되기도 한다.
③ 오염원이 있는 실은 급기 위주 방식을 사용한다.
④ 급기만을 송풍기로 하는 방식은 실내압이 정압이 된다.

해설
오염원이 있는 실은 배기 위주로 하여, 부압(-압)을 형성시켜 그 실의 오염물질이 밖으로 유출되지 않게 한다.

22 다음 중 환기설비에 관한 설명으로 옳지 않은 것은? 산 14③ 19①

① 환기는 복수의 실을 동일 계통으로 하는 것을 원칙으로 한다.
② 필요환기량은 실의 이용목적과 사용상황을 충분히 고려하여 결정한다.
③ 외기를 받아들이는 경우에는 외기의 오염도에 따라서 공기청정장치를 설치한다.
④ 전열교환기에서 열회수를 하는 배기계통에는 악취나 배기가스 등 오염물질을 수반하는 배기는 사용하지 않는다.

해설
환기는 복수의 실을 각각 단일 계통으로 하여, 각 실별로 환기 필요조건을 파악하여 환기해야 한다.

23 자연환기에 관한 설명으로 옳은 것은?

① 풍력환기에 의한 환기량은 풍속에 반비례한다.
② 풍력환기에 의한 환기량은 유량계수에 비례한다.
③ 중력환기에 의한 환기량은 공기의 입구와 출구가 되는 두 개구부의 수직거리에 반비례한다.
④ 중력환기에서는 실내온도가 외기온도보다 높을 경우, 공기는 건물 상부의 개구부에서 들어와서 하부의 개구부로 나간다.

해설
풍력환기는 바람에 의한 환기로서 풍력환기에 의한 환기량은 유량계수와 통기율, 유출부와 유입부 간의 압력차 등에 비례한다.

정답 19 ④ 20 ④ 21 ③ 22 ① 23 ②

24 환기방식에 관한 설명으로 옳지 않은 것은 어느 것인가? 산 14①

① 기계환기는 환기풍량의 제어가 가능하다.
② 자연환기는 외기의 풍속, 풍향 및 온도에 의해 영향을 받는다.
③ 강제급기와 자연배기의 조합은 화장실, 욕조 등의 환기에 주로 사용된다.
④ 자연환기에서는 건물의 외벽체에 설치된 급기구와 배기구의 기능이 바뀔 수 있다.

[해설]
강제급기와 자연배기의 조합은 2종 환기로서 2종 환기는 실내를 정압(+압)으로 만들어 외부에서 실내로의 유해성 물질의 침입을 방지하는 환기방식이다. 이 방식은 클린룸, 수술실 등에 적용한다.

25 2,000명을 수용하는 극장에서 실온을 20℃로 유지하기 위한 필요환기량은?(단, 외기온도=10℃, 1인당 발열량(현열)=60W, 공기의 정압비열=1.01kJ/kg·K, 공기의 밀도=1.2kg/m³, 전등 및 기타 부하는 무시한다.) 기 15① 21①

① 11,110m³/h
② 21,222m³/h
③ 30,444m³/h
④ 35,644m³/h

[해설]
$$Q = \frac{q}{\rho C_p \Delta t}$$

여기서, Q : 필요 환기량(m³/h)
q : 실내 발열량(kJ/h)
ρ : 공기의 밀도(1.2kg/m³)
C_p : 공기의 정압비열(1.01kJ/kg·K)
Δt : 실내외 온도차(℃)

$$\therefore Q = \frac{2,000 \times 60 \times 3,600}{1,000 \times 1.2 \times 1.01 \times (20-10)} = 35,644 \text{m}^3/\text{h}$$

26 100명을 수용하고 있는 회의실에서 1인당 CO_2배출량이 17L/h일 때 실내의 CO_2농도를 1,000ppm 이하로 유지시키기 위한 필요환기량은 어느 것인가?(단, 외기의 CO_2농도는 300ppm이다.) 기 15④

① 약 1,120m³/h
② 약 1,750m³/h
③ 약 2,140m³/h
④ 약 2,430m³/h

[해설]
Q(필요환기량, m³/h)
$$= \frac{CO_2 \text{발생량(m}^3\text{)}}{C_i(\text{실내허용 }CO_2\text{농도}) - C_o(\text{신선외기 }CO_2\text{농도})}$$

$$\therefore Q = \frac{100 \times 0.017}{0.001 - 0.0003} = 2,428.6 ≒ 2,430 \text{m}^3/\text{h}$$

27 다음과 같은 조건에 있는 크기가 가로 10m, 세로 7m, 높이 3m인 교실에서 환기를 시간당 2회로 행할 때 환기로 인한 손실현열량은? 산 15③

[조건]
• 실내온도 : 20℃, 외기온도 : −5℃
• 공기의 밀도 : 1.2kg/m³
• 공기의 비열 : 1.01kJ/kg·K

① 2.0kW
② 2.5kW
③ 3.0kW
④ 3.5kW

[해설]
$q = Q \cdot \rho \cdot C_p \cdot \Delta t$

여기서, q : 손실현열량(현열부하)(kJ/h)
Q : 환기량(m³/h)
ρ : 공기의 밀도(1.2kg/m³)
C_p : 공기의 정압비열(1.01kJ/kg·K)
Δt : 실내외 온도차(℃)

$\therefore q = (10 \times 7 \times 3 \times 2) \times 1.2 \times 1.01 \times \{20-(-5)\}$
$= 12,726 \text{kJ/h}$
$= 3.54 \text{kW}$
$≒ 3.5 \text{kW}$

28 다음과 같은 조건에서 냉방 시 외기 3,000 m³/h가 실내로 인입될 때 외기에 의한 현열부하는 어느 것인가?

[조건]
- 실내온도 : 26℃
- 외기온도 : 31℃
- 공기의 밀도 : 1.2kg/m³
- 공기의 정압비열 : 1.01kJ/kg · K

① 840W
② 3,500W
③ 5,050W
④ 8,720W

해설

$q = Q \cdot \rho \cdot C_p \cdot \Delta t$

여기서, q : 현열부하량(현열부하)(kJ/h)
Q : 환기량(m³/h)
ρ : 공기의 밀도(1.2kg/m³)
C_p : 공기의 정압비열(1.01kJ/kg · K)
Δt : 실내외 온도차(℃)

∴ $q = 3,000 \times 1.2 \times 1.01 \times (31 - 26)$
   $= 18,180$ kJ/h
   $= 5,050$ W

Section 03 난방설비

29 증기난방에 관한 설명으로 옳지 않은 것은 어느 것인가? 기 14④

① 계통별 용량 제어가 곤란하다.
② 응축수 환수관 내에 부식이 발생하기 쉽다.
③ 방열기를 바닥에 설치하므로 복사난방에 비해 실내 바닥의 유효면적이 줄어든다.
④ 온수난방에 비해 예열시간이 길어서 충분한 난방감을 느끼는 데 시간이 걸린다.

해설

증기난방(Steam Heating System)은 온수난방에 비해 예열시간이 짧아 실내 목표온도에 빨리 도달할 수 있다.

30 증기난방에 관한 설명으로 옳지 않은 것은 어느 것인가? 기 17② 18① 19④

① 계통별 용량 제어가 곤란하다.
② 한랭지에서 동결의 우려가 적다.
③ 예열시간이 온수난방에 비하여 짧다.
④ 부하변동에 따른 실내방열량의 제어가 용이하다.

해설

증기난방(Steam Heating System)은 잠열에 의한 난방을 하기 때문에 부하변동에 따른 방열량 조절이 온수난방에 비해 어렵다.

31 온수난방과 비교한 증기난방의 설명으로 옳은 것은? 기 17④ 21①

① 예열시간이 길다.
② 한랭지에서 동결의 우려가 있다.
③ 부하변동에 따른 방열량 제어가 용이하다.
④ 열매온도가 높으므로 방열기의 방열면적이 작아진다.

해설

증기난방은 증기를 열매로 하므로, 열매온도 및 표준방열량이 높아 방열기의 방열면적이 작아진다.

32 온수난방에 관한 설명으로 옳지 않은 것은 어느 것인가? 기 16④ 20③

① 증기난방에 비하여 예열시간이 짧다.
② 온수의 현열을 이용하여 난방하는 방식이다.
③ 한랭지에서 운전 정지 중에 동결의 우려가 있다.
④ 온수의 순환방식에 따라 중력식과 강제식으로 구분할 수 있다.

해설

열용량 관점에서 증기난방은 열용량이 낮은 증기 이용, 온수난방은 열용량이 상대적으로 높은 온수를 이용한다. 즉, 열용량이 크다는 것은 적정온도까지 예열하는 데 많은 시간과 부하가 걸린다는 것을 의미한다. 반대로 난방을 끄더라도 열기가 식는 데 많은 시간이 소요된다고 볼 수 있다.

33 증기난방과 비교한 온수난방의 특징으로 옳지 않은 것은? 기 16①

① 열용량이 크다.
② 예열부하가 적다.
③ 유량제어가 용이하다.
④ 배관부식의 우려가 적다.

> **해설**
> 열용량 관점에서 증기난방은 열용량이 낮은 증기 이용, 온수난방은 열용량이 상대적으로 높은 온수를 이용한다. 즉, 열용량이 크다는 것은 적정온도까지 예열하는 데 많은 시간과 부하가 걸린다는 것을 의미한다. 반대로 난방을 끄더라도 열기가 식는 데 많은 시간이 소요된다고 볼 수 있다.

34 증기난방과 비교한 온수난방의 특징으로 옳지 않은 것은? 산 16① 기 20④

① 소요방열면적이 작아 설비비가 낮다.
② 열용량이 커서 예열시간이 길게 소요된다.
③ 한랭지에서 장시간 운전정지 시 동결우려가 있다.
④ 방열면의 온도가 낮아서 비교적 높은 쾌감도를 얻을 수 있다.

> **해설**
> 온수난방은 소요방열면적과 관경이 커서 초기 설비비가 많이 들어간다.

35 복사난방방식에 관한 설명으로 옳지 않은 것은 어느 것인가? 기 15② 19②

① 열용량이 커서 예열시간이 짧다.
② 대류난방에 비하여 설비비가 비싸다.
③ 방을 개방상태로 하여도 난방효과가 있다.
④ 수직온도 분포가 균일하고 실내가 쾌적하다.

> **해설**
> 복사난방방식은 일반적으로 수배관을 매립하여 난방하므로 열용량이 크다. 열용량이 클 경우 예열시간이 길어지며, 이에 따라 지속난방을 하는 장소에 적합한 난방방식이다.

36 복사난방에 관한 설명으로 옳지 않은 것은 어느 것인가? 산 13③ 19② 기 20③

① 열용량이 작아 간헐난방에 적합하다.
② 매립코일이 고장나면 수리가 어렵다.
③ 외기침입이 있는 곳에서도 온열감을 얻을 수 있다.
④ 실내에 방열기를 설치하지 않으므로 바닥을 유용하게 이용할 수 있다.

> **해설**
> 복사난방은 열용량이 커서 지속난방에 적합한 난방방식이다.

37 복사난방에 관한 설명으로 옳지 않은 것은 어느 것인가? 산 14②

① 복사열에 의해 난방하므로 쾌감도가 높다.
② 온수관이 매입되므로 시공, 보수가 용이하다.
③ 열용량이 크기 때문에 방열량 조절에 시간이 걸린다.
④ 실내에 방열기를 설치하지 않으므로 바닥이나 벽면을 유용하게 이용할 수 있다.

> **해설**
> 복사난방은 온수관을 바닥에 매립함에 따라 보수 시 바닥의 상층마감을 해체해야 하는 번거로움이 있으며, 이에 따른 보수비용도 많이 소요된다.

38 복사난방에 관한 설명으로 옳지 않은 것은 어느 것인가? 산 14③ 18③

① 방이 개방상태에서도 난방효과가 있다.
② 실내의 온도 분포가 균등하고 쾌감도가 높다.
③ 방열기가 필요치 않으며 바닥면의 이용도가 높다.
④ 열용량이 작아 외기변화에 따른 방열량 조절이 용이하다.

> **해설**
> 복사난방은 열용량이 커서 외기변화에 따른 방열량 조절이 용이하다.

정답 33 ② 34 ① 35 ① 36 ① 37 ② 38 ④

39 바닥복사난방에 관한 설명으로 옳지 않은 것은 어느 것인가? 산 16②

① 실내바닥면의 이용도가 높다.
② 하자 발견이 어렵고 보수가 어렵다.
③ 천장이 높은 방의 난방은 불가능하다.
④ 방이 개방상태에서도 난방효과가 있다.

해설
실내의 수직적 온도 분포가 균등하여 천장고가 높은 방의 난방에 유리하다.

40 배관의 연결방법 중 리프트이음(Lift Fitting)이 사용되는 곳은? 산 17②

① 오수정화조에서 부패조
② 급수설비에서 펌프의 토출 측
③ 난방설비에서 보일러의 주위
④ 배수설비에서 수평관과 수직관의 연결부위

해설
리프트이음(Lift Fitting)
• 진공환수식 난방장치에 있어서 환수주관보다 아래에 난방기기 설치 시 응축수를 환수하기 위해 보일러 주위에 설치하는 방식
• 저압일 경우 흡상높이 : 1.5m 이내
• 고압일 경우 흡상높이 : 100kPa에 대해 5m 정도

41 증기난방설비에서 스팀헤더(Steam Header)를 사용하는 주된 이유는? 산 15③

① 응축수를 배출하기 위해서
② 증기의 압력을 보충하기 위해서
③ 각 계통으로 분류송기하기 위해서
④ 관의 신축조절을 용이하도록 하기 위해서

해설
스팀헤더(Steam Header)는 증기를 각 계통별로 필요한 만큼 송기하는 설비이다.

42 증기난방의 방열기트랩에 속하지 않는 것은 어느 것인가? 산 17①

① U트랩　　　　② 버킷트랩
③ 플로트트랩　　④ 벨로스트랩

해설
U트랩은 배수트랩의 일종이다.

43 다음 중 기계식 증기트랩에 속하는 것은 어느 것인가? 산 17②

① 버킷트랩　　　② 드럼트랩
③ 벨로스트랩　　④ 바이메탈트랩

해설
기계식 증기트랩
• 버킷트랩 : 부력에 의해 작동
• 플로트트랩 : 응축수 유량에 의해 작동

44 증기난방설비에서 방열기나 증기코일 및 배관 내에 공기가 고였을 경우에 관한 설명으로 옳지 않은 것은? 산 13③

① 증기나 응축수의 흐름을 방해한다.
② 장치 내에 있는 공기가 열전달을 저하시켜 예열이 지연된다.
③ 방열기나 증기코일의 내벽 면에 공기막을 형성하여 전열을 저해한다.
④ 공기의 분압만큼 증기의 실질압력이 높아져 증기의 온도가 내려간다.

해설
공기의 분압만큼 증기의 실질압력이 높아질 경우 증기의 온도가 올라가게 된다. 증기코일 및 배관 내에 공기가 고일 경우 증기나 응축수의 흐름을 방해하고, 배관의 부식을 촉진하게 되므로 적절한 개소에 공기빼기밸브를 설치하거나 진공펌프로 강제흡인하여 배관계통 밖으로 배출하도록 한다.

정답　39 ③　40 ③　41 ③　42 ①　43 ①　44 ④

45 리버스리턴(Reverse Return)배관방식에 관한 설명으로 옳은 것은? 산 17②

① 증기난방설비에 주로 이용되는 배관방식이다.
② 계통별로 마찰저항을 균등하게 하기 위한 배관방식이다.
③ 배관의 온도변화에 따른 신축을 흡수하기 위한 배관방식이다.
④ 물의 온도차를 크게 하여 밀도차에 의한 자연순환을 원활하게 하기 위한 배관방식이다.

해설

리버스리턴(Reverse Return, 역환수)방식
- 온수의 유량을 균일하게 분배하기 위하여 각 기기(방열기, FCU, 기타 난방기기)의 배관회로 길이를 같게 하는 방식이다.
- 공급관과 환수관의 길이 합이 모두 같아 각 기기의 마찰손실이 같게 되어 균일한 온도 분포가 가능하다.

46 온수난방의 배관계통에서 물의 온도 변화에 따른 체적증감을 흡수하기 위하여 설치하는 것은 어느 것인가? 산 15①

① 컨벡터
② 감압밸브
③ 팽창탱크
④ 열교환기

해설

온수난방의 배관계통에서 물의 온도 변화에 따른 체적증감을 흡수하기 위해 설치하는 것은 팽창탱크이다.

47 4℃의 물 1,000L를 100℃로 가열할 경우 온도 변화에 따른 체적팽창량은?(단, 4℃ 물의 밀도는 1kg/L이고, 100℃ 물의 밀도는 0.958kg/L이다.) 산 13③

① 약 15L
② 약 25L
③ 약 35L
④ 약 44L

해설

온수의 체적팽창량(Δv)

$$\Delta v = \left(\frac{1}{\rho_2} - \frac{1}{\rho_1}\right) \times V$$

여기서, Δv : 온수의 체적팽창량(L)
ρ_1 : 온도 변화 전(급수)의 물의 밀도(kg/L)
ρ_2 : 온도 변화 후(급탕)의 물의 밀도(kg/L)
V : 장치 내의 전수량(L)

$$\therefore \Delta v = \left(\frac{1}{0.958} - \frac{1}{1}\right) \times 1,000 = 44L$$

48 4℃의 물 800L를 100℃로 가열하면 체적팽창량은?(단, 물의 밀도는 4℃일 때 1kg/L, 100℃일 때 0.9586kg/L이다.) 산 15①

① 약 35L
② 약 40L
③ 약 45L
④ 약 50L

해설

온수의 체적팽창량(Δv)

$$\Delta v = \left(\frac{1}{\rho_2} - \frac{1}{\rho_1}\right) \times V$$

여기서, Δv : 온수의 체적팽창량(L)
ρ_1 : 온도 변화 전(급수)의 물의 밀도(kg/L)
ρ_2 : 온도 변화 후(급탕)의 물의 밀도(kg/L)
V : 장치 내의 전수량(L)

$$\therefore \Delta v = \left(\frac{1}{0.9586} - \frac{1}{1}\right) \times 800 = 34.55L ≒ 35L$$

49 수관보일러에 관한 설명으로 옳지 않은 것은 어느 것인가? 산 16②

① 지역난방에 사용이 가능하다.
② 보일러 상부와 하부에 드럼이 있다.
③ 노통연관식보다 수처리가 용이하다.
④ 고압증기를 다량 사용하는 곳에 적합하다.

해설

수관식 보일러는 열효율이 좋으나 고도의 수처리가 필요하고, 수명이 짧으며 압력의 변화가 심하다는 단점이 있다.

정답 45 ② 46 ③ 47 ④ 48 ① 49 ③

50 같은 크기의 다른 보일러에 비해 전열면적이 크고 증기발생이 빠르며 고압증기를 만들기 쉬워서 대용량의 보일러로서 적당한 것은 다음 중 어느 것인가? 산 17③

① 입형 보일러　　② 수관보일러
③ 노통보일러　　④ 관류보일러

해설

수관보일러의 특징
- 대규모 건물, 상업용 등에 사용한다.
- 보유수량이 적어 증기발생이 빠르고 대용량이다.
- 드럼 속의 관 내에 물을 흐르게 하여 가열한다.
- 열효율이 좋으나 수명이 짧고 압력변화가 심하다.
- 고도의 수처리가 필요하다.

51 주철제보일러에 관한 설명으로 옳지 않은 것은 어느 것인가? 기 16④ 19④

① 재질이 약하여 고압으로는 사용이 곤란하다.
② 섹션(Section)으로 분할되므로 반입이 용이하다.
③ 재질이 주철이므로 내식성이 약하여 수명이 짧다.
④ 규모가 비교적 작은 건물의 난방용으로 사용된다.

해설

주철제보일러는 내식성이 우수하고 수명이 긴 장점이 있으나 대용량 및 고압에 부적합하여 소규모 주택에 주로 적용된다.

52 주철제보일러에 관한 설명으로 옳지 않은 것은 어느 것인가? 산 16③

① 내식성이 우수하다.
② 조립식이므로 분할 반입이 용이하다.
③ 재질이 약하여 고압으로 사용이 곤란하다.
④ 대형건물이나 지역난방 등에 주로 사용된다.

해설

주철제보일러는 내식성이 우수하고 수명이 긴 장점이 있으나 대용량 및 고압에 부적합하여 소규모 주택에 주로 적용된다.

53 다음의 보일러 출력표시방법 중 가장 작은 값으로 나타나는 것은? 산 13② 16②

① 정격출력　　② 상용출력
③ 정미출력　　④ 과부하출력

해설

보일러 출력표시방법
① 정격출력 : 난방부하+급탕부하+배관부하+예열부하
② 상용출력 : 난방부하+급탕부하+배관부하
③ 정미출력 : 난방부하+급탕부하
④ 과부하출력 : 운전 초기 혹은 과부하가 발생하여 정격출력의 10~20% 정도 증가하여 운전할 때의 출력을 과부하출력이라 한다.

54 보일러의 상용출력을 올바르게 나타낸 것은 어느 것인가? 산 15② 20①②통합

① 난방부하+급탕부하
② 난방부하+급탕부하+예열부하
③ 난방부하+급탕부하+배관손실
④ 난방부하+급탕부하+예열부하+배관손실

해설

보일러의 출력표시방법
- 정미출력 : 난방부하+급탕부하
- 상용출력 : 난방부하+급탕부하+배관부하(손실)
- 정격출력 : 난방부하+급탕부하+배관부하(손실)
　　　　　＋예열부하
- 과부하출력 : 운전 초기 혹은 과부하가 발생하여 정격출력의 10~20% 정도 증가하여 운전할 때의 출력을 과부하출력이라 한다.

55 방열기 입구의 온수온도가 85℃이고 출구온도가 80℃일 때 온수의 순환량은?(단, 방열기의 방열량은 5,000W, 물의 비열은 4.2kJ/kg·K이다.) 산 15③

① 857.1kg/h　　② 914.2kg/h
③ 957.4kg/h　　④ 998.5kg/h

해설

$$G = \frac{q}{C\Delta t}$$

여기서, G : 온수순환량(kg/h)
　　　 q : 방열기방열량(kJ/h)
　　　 C : 물의 비열(4.2kJ/kg·K)
　　　 Δt : 온수 입출구의 온도차(℃)

$$\therefore G = \frac{5,000 \times 3,600}{1,000 \times 4.2 \times (85-50)} = 857.1 \text{kg/h}$$

56 실내에 설치할 방열기기의 선정 시 고려할 사항과 가장 거리가 먼 것은?　　산 16②

① 응축수량이 많을 것
② 사용하는 열매종류에 적합할 것
③ 실내온도 분포가 균일하게 될 것
④ 설치장소에 적합한 디자인과 견고성을 가질 것

해설
실내에 방열기 설치 시 응축수량을 최소화할 수 있는 것으로 선정하는 것이 좋다.

57 열매가 증기인 경우 방열기의 표준방열량은 얼마인가?　　산 16③ 19③ 20③

① 0.450kW/m²　　② 0.523kW/m²
③ 0.650kW/m²　　④ 0.756kW/m²

해설
• 증기방열기의 표준방열량 : 0.756kW/m²
• 온수방열기의 표준방열량 : 0.523kW/m²

58 증기난방방식을 채용한 실의 손실열량이 25kW일 경우 필요한 방열면적은?(단, 표준상태이며, 표준방열량은 756W/m²이다.)　　산 15②

① 29.8m²　　② 33.1m²
③ 47.6m²　　④ 55.6m²

해설

$$\text{방열면적}(\text{m}^2) = \frac{\text{손실열량(W)}}{\text{표준방열량(W/m}^2)}$$
$$= \frac{25 \times 1,000}{756} = 33.1 \text{m}^2$$

59 어떤 방의 전열에 의한 손실열량이 3,000W, 환기에 의한 손실열량이 1,500W일 때, 이 방에 설치하는 온수방열기의 상당방열면적은 어느 것인가?(단, 표준상태이며, 표준방열량은 523W/m²이다.)　　산 15③

① 4.3m²　　② 5.2m²
③ 8.6m²　　④ 10.4m²

해설

$$\text{방열면적}(\text{m}^2) = \frac{\text{손실열량(W)}}{\text{표준방열량(W/m}^2)}$$
$$= \frac{3,000 + 1,500}{523} = 8.6 \text{m}^2$$

Section 04 공기조화용 기기

60 공기조화설비에서 사용하는 고속덕트에 관한 설명으로 옳은 것은?　　기 16④

① 소음 및 진동이 발생하지 않는다.
② 공기혼합상자를 설치하여야 한다.
③ 덕트설치공간을 적게 할 수 있다.
④ 공장이나 창고에는 적용할 수 없다.

해설
Q(풍량) $= A$(단면적) $\times V$(속도), 동일 풍량에 대해 속도가 커지면 덕트의 단면적은 작아져도 된다. 즉, 고속덕트를 적용하면 덕트설치공간을 작게 할 수 있다.

정답　56 ①　57 ④　58 ②　59 ③　60 ③

61 다음 보기들은 공기조화용 공급덕트 내 압력을 나타낸 것이다. 일반적으로 그 값이 가장 큰 것은? 산 16③

① 전압
② 정압
③ 동압
④ 대기압

[해설]
덕트 내 압력은 정압과 동압으로 이루어져 있으며, 정압과 동압의 합을 전압이라고 한다. 그러므로 가장 큰 값은 전압이 된다.

62 덕트의 치수 결정방법에 속하지 않는 것은 어느 것인가? 기 17④

① 균등법
② 등속법
③ 등마찰법
④ 정압재취득법

[해설]
덕트의 치수 결정법에는 정압법(Equal Friction Method, 등마찰법, 등마찰손실법), 정압재취득법(Static Pressure Regain Method), 등속법(Equal Velocity Method), 전압법(Total Pressure Method) 등이 있다.

63 취출구 방향을 상하좌우 자유롭게 조절할 수 있어 주방, 공장 등의 국부냉방에 적용되는 취출구는? 산 17③

① 팬형
② 라인형
③ 펑커루버
④ 아네모스탯형

[해설]
펑커루버(Punkah Louver)
기류의 방향을 자유롭게 조절할 수 있으며, 열부하가 많아서 국부냉방의 적용이 필요한 주방, 공장 등에서 특정한 방향으로 국부취출할 때 사용하는 방식이다.

64 압축식 냉동기의 주요구성요소에 속하지 않는 것은? 기 18② 산 16②

① 흡수기
② 응축기
③ 증발기
④ 팽창밸브

[해설]
흡수기는 흡수식 냉동기에 적용되는 구성요소이다.

65 터보식 냉동기에 관한 설명으로 옳지 않은 것은? 산 16①

① 흡수식에 비해 소음 및 진동이 심하다.
② 피스톤의 왕복운동에 의해 냉매증기를 압축한다.
③ 출력이 지나치게 낮은 경우 서징현상이 발생한다.
④ 대용량에서는 압축효율이 좋고 비례 제어가 가능하다.

[해설]
피스톤의 왕복운동에 의해 냉매증기를 압축하는 것은 왕복식 냉동기이다.

66 2중 효용 흡수식 냉동기에 관한 설명으로 옳은 것은? 기 14④

① 냉매로써 LiBr 수용액을 사용한다.
② LiBr 수용액의 농축을 위하여 증발기를 사용한다.
③ 발생기, 압축기, 흡수기, 증발기로 구성되어 있다.
④ 발생기는 저온발생기와 고온발생기로 구성되어 있다.

[해설]
① 냉매로써 물을 사용한다.
② LiBr 수용액의 농축을 위하여 발생기를 사용한다.
③ 흡수식 냉동기는 발생기(재생기) – 응축기 – 증발기 – 흡수기로 구성된다.

정답 61 ① 62 ① 63 ③ 64 ① 65 ② 66 ④

67 흡수식 냉동기에 관한 설명으로 옳지 않은 것은? 기 16②

① 열에너지가 아닌 기계적 에너지에 의해 냉동효과를 얻는다.
② 증발기, 흡수기, 재생기(발생기), 응축기 등으로 구성되어 있다.
③ 냉방용의 흡수식 냉동기는 물과 브롬화리튬의 혼합용액을 사용한다.
④ 2중 효용 흡수식 냉동기는 단효용 흡수식 냉동기보다 에너지 절약적이다.

해설

터보식, 스크루식, 왕복동식은 압축식 냉동기로서 전기에너지를 압축기에서 기계적 에너지로 전환하여 냉동효과를 얻는 방식이고, 흡수식 냉동기는 열에너지를 통해 냉동효과를 얻는 방식이다. 이에 흡수식 냉동기는 압축식 냉동기에 비해 COP값이 상대적으로 열세하지만, 전기에너지가 아닌 열에너지를 사용하므로 전기사용 절감을 위해 권장하고 있다.

68 다음 중 압축기가 필요 없는 냉동기는 어느 것인가? 기 15②

① 흡수식 냉동기   ② 원심식 냉동기
③ 회전식 냉동기   ④ 왕복동식 냉동기

해설

압축기가 필요한 냉동방식을 압축식이라 하며, 원심식, 회전식, 왕복동식은 압축식 냉동기에 속한다. 흡수식은 압축기가 필요 없으며, 증발기 – 흡수기 – 재생기 – 응축기로 구성된다.

69 공기조화설비에 관한 설명으로 옳지 않은 것은 어느 것인가? 산 17②

① 변풍량방식은 정풍량방식에 비해 부하변동에 대한 제어응답이 빠르다.
② 필요축열량이 같은 경우 빙축열방식은 수축열방식에 비해 축열조 크기가 작다.
③ 흡수식 냉동기는 크게 증발기, 압축기, 발생기, 응축기의 4개 부문으로 구성되어 있다.
④ 팬코일유닛방식에서 각 실의 유닛은 수동으로도 제어할 수 있고, 개별 제어가 쉽다.

해설

흡수식은 압축기가 필요 없으며, 증발기, 흡수기, 재생기, 응축기로 구성된다.

70 다음 중 냉각탑에 관한 설명으로 옳은 것은 어느 것인가? 기 17① 20④

① 고압의 액체냉매를 증발시켜 냉동효과를 얻게 하는 설비이다.
② 증발기에서 나온 수증기를 냉각시켜 물이 되도록 하는 설비이다.
③ 대기 중에서 기체냉매를 냉각시켜 액체냉매로 응축하기 위한 설비이다.
④ 냉매를 응축시키는 데 사용된 냉각수를 재사용하기 위하여 냉각시키는 설비이다.

해설

냉각탑(Cooling Tower)
냉각탑은 냉동기의 냉각수를 재활용하기 위해 응축기의 응축열을 대기 중에 방출하여 냉각시키는 장치이다.

71 공기조화설비의 에너지 절약방법 중 배열을 회수하여 이용하는 방식은? 기 17①

① 변유량방식
② 외기냉방방식
③ 전열교환방식
④ 전력수요제어방식

해설

전열교환기
- 목적 : 공조기의 환기에 의한 열손실을 최소화
- 방법 : 외기(OA)덕트와 배기(EA)덕트에 설치하여 외기와 배기가 간접접촉하게 함으로써 전열(현열 + 잠열)을 교환한다.

72 공조시스템의 전열교환기에 관한 설명으로 옳지 않은 것은? 기 19①

① 공기 대 공기의 열교환기로서 현열만 교환이 가능하다.
② 공조기는 물론 보일러나 냉동기의 용량을 줄일 수 있다.
③ 공기방식의 중앙공조시스템이나 공장 등에서 환기에서의 에너지회수방식으로 사용한다.
④ 전열교환기를 사용한 공조시스템에서 중간기(봄, 가을)를 제외한 냉방기와 난방기의 열회수량은 실내외의 온도차가 클수록 많다.

해설
전열교환기는 "전열"을 교환하는 것으로서 현열뿐만 아니라 잠열 교환이 가능하다.

Section 05 공기조화방식

73 공기조화방식 중 전공기방식에 속하지 않는 것은? 기 16① 18② 산 17① 19③

① 이중덕트방식 ② 팬코일유닛방식
③ 멀티존유닛방식 ④ 변풍량단일덕트방식

해설
팬코일유닛방식은 적용방법에 따라 수-공기방식 또는 전수방식에 해당하는 공기조화방식이다.

74 공기조화방식 중 전공기방식에 속하는 것은 어느 것인가? 기 17②

① 패키지방식 ② 이중덕트방식
③ 유인유닛방식 ④ 팬코일유닛방식

해설
이중덕트방식(Double Duct System)
1대의 공조기에 의해 냉풍과 온풍을 각각의 덕트로 보낸 후 말단의 혼합상자에서 혼합하여 각 실에 송풍하는 전공기방식의 공기조화방식이다.

75 다음의 공기조화방식 중 전공기방식에 해당하는 것은? 산 14② 20③

① 유인유닛방식
② 멀티존유닛방식
③ 팬코일유닛방식
④ 패키지유닛방식

해설
멀티존유닛방식
- 전공기방식으로, 공조기 1대로 냉온풍을 동시에 만들어 공급하고 공조기 출구에서 각 존마다 필요한 냉온풍을 혼합하여 각각의 덕트로 송풍하는 방식이다.
- 중간규모 이하의 건물에 사용한다.(서로 상이한 실에 냉난방을 동시에 해야 하는 경우 적합)

76 공기조화방식 중 전공기방식에 관한 설명으로 옳지 않은 것은? 산 14①

① 팬코일유닛방식 등이 있다.
② 중간기에 외기냉방이 가능하다.
③ 송풍량이 많아서 실내공기의 오염이 적다.
④ 대형 덕트로 인한 덕트스페이스가 요구된다.

해설
팬코일유닛방식은 적용방법에 따라 수-공기방식 또는 전수방식에 해당하는 공기조화방식이다.

77 공기조화방식 중 전공기방식에 관한 설명으로 옳지 않은 것은? 산 13① 20①②

① 중간기에 외기냉방이 가능하다.
② 실내에 배관으로 인한 누수의 염려가 있다.
③ 덕트스페이스가 필요 없으며 공조실의 면적이 작다.
④ 팬코일유닛과 같은 기구의 노출이 없어 실내 유효면적을 넓힐 수 있다.

해설
전공기방식은 공기를 활용한 조화방식이므로, 물을 사용하는 배관이 실내에 설치되지 않으며, 이에 누수의 염려는 없다.

정답 72 ① 73 ② 74 ② 75 ② 76 ① 77 ③

78 공기조화방식 중 전공기방식에 관한 설명으로 옳지 않은 것은? 산 16①

① 반송동력이 적게 든다.
② 겨울철 가습이 용이하다.
③ 실내의 기류 분포가 좋다.
④ 실의 유효스페이스가 증대된다.

해설
전공기방식은 공기를 통해 열을 반송하므로, 반송동력이 크게 작용한다.

79 공기조화방식 중 단일덕트방식에 관한 설명으로 옳지 않은 것은? 기 15④

① 전공기방식의 특성이 있다.
② 냉온풍의 혼합손실이 없다.
③ 각 실이나 존의 부하변동에 즉시 대응할 수 있다.
④ 2중덕트방식에 비해 덕트스페이스를 적게 차지한다.

해설
단일덕트방식은 온풍과 냉풍을 하나의 덕트를 통해 공급함에 따라, 온풍과 냉풍을 각각의 덕트를 통해 송풍하여 혼합하는 2중덕트방식에 비해 각 실이나 존의 부하변동에 즉각 대응하는 능력이 떨어진다.

80 정풍량단일덕트공조방식에 관한 설명으로 옳은 것은? 산 17③

① 공조 대상실의 부하변동에 따라 송풍량을 조절하는 전공기식 공조방식
② 실내에 설치한 팬코일유닛에 냉수 또는 온수를 공급하여 공조하는 방식
③ 송풍량을 일정하게 하고 공조 대상실의 부하변동에 따라 송풍온도를 조절하는 전공기식 공조방식
④ 냉풍과 온풍의 2개 덕트를 사용하여 말단의 혼합유닛으로 냉풍과 온풍을 혼합해 송풍하는 전공기식 공조방식

해설
단일덕트방식
• 정풍량방식(CAV방식) : 풍량을 고정하고, 온도를 가변하는 방식
• 변풍량방식(VAV방식) : 풍량을 가변하고, 온도를 고정하는 방식

81 급기온도를 일정하게 하고 송풍량을 변화시켜서 실내온도를 조절하는 공기조화방식은 어느 것인가? 기 17④

① FCU방식
② 이중덕트방식
③ 정풍량단일덕트방식
④ 변풍량단일덕트방식

해설
단일덕트방식
• 정풍량방식(CAV방식) : 풍량을 고정하고, 온도를 가변하는 방식
• 변풍량방식(VAV방식) : 풍량을 가변하고, 온도를 고정하는 방식

82 공기조화방식 중 가변풍량단일덕트방식에 관한 설명으로 옳은 것은? 산 15②

① 환기성능이 떨어질 염려가 없다.
② 공조 대상실의 부하변동에 따라 송풍량을 조절하는 전공기식 공조방식이다.
③ 냉난방을 동시에 할 수 있으므로 계절마다 냉난방의 전환이 필요하지 않다.
④ 일정온도로 송풍되므로 부하특성이 비교적 고른 사무소 건물의 내부 존에 적합하다.

해설
① 부하량이 적어질 경우 취출량이 적어져 환기성능이 저하될 우려가 있다.
③ 단일덕트형태로서, 계절에 따라 냉방과 난방의 전환 공급이 필요하다.
④ 부하특성이 비교적 고른 사무소 건물의 경우 정풍량 공조가 적합하다.

정답 78 ① 79 ③ 80 ③ 81 ④ 82 ②

83 단일덕트변풍량방식에 사용되는 공기조화기의 송풍기에 인버터를 설치하는 이유는 다음 중 어느 것인가? 산 17②

① 소음발생 방지
② 필요외기량 확보
③ 급기덕트의 압력 감지
④ 송풍기의 회전수 제어

해설

변풍량방식은 실의 부하에 따라 풍량을 변화시켜 공급해야 한다. 이때 실의 풍량을 변화시키기 위해 인버터를 이용하여 송풍기의 회전수를 제어한다.

84 이중덕트방식에 관한 설명으로 옳은 것은 어느 것인가? 기 17①

① 부하감소에 따라 송풍량이 감소한다.
② 부하변동에 따른 적응속도가 느리다.
③ 혼합손실로 인한 에너지소비량이 크다.
④ 부하특성이 다른 여러 실에 적용하기 곤란하다.

해설

2중덕트방식의 특징
• 1대의 공조기에 의해 냉풍과 온풍을 각각의 덕트로 보낸 후 말단의 혼합상자에서 혼합하여 각 실에 송풍하는 방식이다. 이때 혼합손실이 발생하게 된다.
• 에너지과소비형 공조방식이다.
• 고층건축물, 회의실, 병원식당 등 냉난방부하 분포가 복잡한 건물에 사용한다.

85 공기조화방식 중 2중덕트방식에 관한 설명으로 옳지 않은 것은? 산 13② 19①

① 혼합상자에서 소음과 진동이 생긴다.
② 덕트가 1개의 계통이므로 설비비가 적게 든다.
③ 부하특성이 다른 다수의 실이나 존에도 적용할 수 있다.
④ 냉온풍의 혼합으로 인해 혼합손실이 있어서 에너지소비량이 많다.

해설

2중덕트는 냉풍과 온풍을 각각 반송(운반)하는 2개의 덕트를 가지고 있다.

86 다음 중 서로 상이한 실에 냉난방을 동시에 해야 하는 경우 가장 적절한 공조방식은 다음 중 어느 것인가? 기 15②

① VAV방식
② CAV방식
③ 유인유닛방식
④ 멀티존유닛방식

해설

멀티존유닛방식
• 공조기 1대로 냉온풍을 동시에 만들어 공급하고 공조기 출구에서 각 존마다 필요한 냉온풍을 혼합하여 각각의 덕트로 송풍하는 방식이다.
• 중간규모 이하의 건물에 사용한다.(서로 상이한 실에 냉난방을 동시에 해야 하는 경우 적합)

87 공기조화방식 중 팬코일유닛방식에 관한 설명으로 옳지 않은 것은? 기 16④

① 전수방식에 속한다.
② 덕트샤프트와 스페이스가 반드시 필요하다.
③ 각 실의 수배관으로 인한 누수의 우려가 있다.
④ 각 실의 유닛은 수동으로도 제어할 수 있고, 개별제어가 쉽다.

해설

팬코일유닛방식은 적용방식에 따라 수-공기방식 또는 전수방식으로 적용된다. 이에 전공기방식의 필수요건인 덕트샤프트와 스페이스가 반드시 필요한 것은 아니다.

88 공기조화방식 중 팬코일유닛방식에 관한 설명으로 옳지 않은 것은?

① 각 실 유닛의 개별 제어가 용이하다.
② 각 실의 수배관으로 인한 누수의 우려가 없다.
③ 덕트방식에 비해 유닛의 위치 변경이 용이하다.
④ 덕트샤프트나 스페이스가 필요 없거나 작아도 된다.

정답 83 ④ 84 ③ 85 ② 86 ④ 87 ② 88 ②

해설

팬코일유닛방식은 적용방법에 따라 수-공기방식 또는 전수방식에 해당하는 공기조화방식으로서 배관을 사용하므로 수배관으로 인한 누수의 우려가 있다.

89 다음의 공기조화방식 중 반송동력이 가장 적게 소요되는 방식은? 산 16②

① 팬코일유닛방식
② 정풍량단일덕트방식
③ 변풍량단일덕트방식
④ 덕트병용 팬코일유닛방식

해설

팬코일유닛방식은 적용방법에 따라 수-공기방식 또는 전수방식에 해당하는 공기조화방식으로서 공기반송동력이 적게 소모된다.

90 공기조화계획에서 내부 존의 조닝방법에 속하지 않는 것은? 기 15①

① 방위별 조닝
② 부하특성별 조닝
③ 온습도 설정별 조닝
④ 용도에 따른 시간별 조닝

해설

방위별 조닝은 방위에 따른 열적 특성을 반영한 조닝으로 내부가 아닌 외부 존의 조닝에 관한 사항이다.

91 중간기 또는 동계에 발생하는 냉방부하를 실내엔탈피보다 낮은 도입외기에 의하여 제거 또는 감소시키는 시스템은? 산 13③

① 축열·축랭시스템
② 이코노마이저시스템
③ 빙축열식 냉방시스템
④ 잠열축열식 냉방시스템

해설

이코노마이저시스템
이코노마이저시스템은 중간기 또는 동계에 발생하는 실내의 냉방부하를, 실내엔탈피보다 낮은 외기를 도입하여 냉방설비의 가동 없이 자연냉방하는 시스템을 말한다.

92 공기조화설비에서 에너지절약을 위한 방법으로 옳지 않은 것은? 산 16①

① 열교환기를 청소한다.
② 전열교환기를 설치한다.
③ 적절한 조닝을 실시한다.
④ 예열운전 시에 외기도입을 최대한 늘린다.

해설

공조설비의 가동 시 외기도입은 실내의 공기질 기준치에 준하여, 최소한으로 도입하여야 에너지절약에 유리하다.

CHAPTER 05

승강설비

01 엘리베이터설비
02 에스컬레이터설비
03 기타 수송설비

CHAPTER 05 승강설비

SECTION 01 엘리베이터설비

1. 엘리베이터의 종류 및 특징

(1) 속도별 분류

구분	운행속도	구동방식	용도
저속도	45m/min 이하	교류1단, 교류2단	소규모 아파트
중속도	60~105m/min	교류2단, 직류기어	중건물 상업용, 병원
고속도	120m/min 이상	직류기어리스	대형 사무실, 백화점 등

(2) 권상전동기의 전원별 분류

구분	운행속도	특징
교류 엘리베이터	60m/min 이하	• 기동토크가 작다. • 속도를 임의적으로 선택, 제어가 불가능하다. • 승강 시 기분이 좋지 않다. • 가격이 저렴하다.
직류 엘리베이터	90m/min 이상	• 기동토크가 크다. • 속도를 임의적으로 선택, 제어가 가능하다. • 승강 시 기분이 좋다. • 가격이 고가이다.

(3) 운전방식에 의한 분류

분류	특징
카스위치방식	운전원이 조작반의 핸들로 시동을 조작
신호운전방식	• 시동은 운전원의 조작반 핸들조작으로 이루어진다. • 정지는 조작반이 목적층 단추를 누르는 것과 승강장의 호출신호에 의해 층의 순서대로 자동적으로 정지
기록운전방식	운전원이 승객의 목적층과 승강장으로부터의 호출신호를 보고, 조작반의 목적층 단추를 누르면 목적층 순서대로 자동적으로 정지하는 방식
승합전자동식	• 승객 자신이 운전하는 엘리베이터 목적층 단추나 승강장으로부터 호출신호로 시동, 정지를 이루는 조작방식 • 누른 순서에 관계없이 각 호출에 응하여 자동적으로 정지하는 방식

핵심문제

승객 스스로 운전하는 전자동 엘리베이터로 카버튼이나 승강장의 호출신호로 기동, 정지를 이루는 엘리베이터 조작방식은? 기 15④

❶ 승합전자동식
② 카스위치방식
③ 시그널컨트롤방식
④ 레코드컨트롤방식

(4) 권상형태에 의한 분류

1) 로프식

로프식 엘리베이터는 로프와 도르래의 마찰력에 의해 카(Car)를 승강시키는 방식으로서 기계실이 상부에 위치한다.

2) 유압식

① 유압식 엘리베이터는 유압펌프에서 토출된 작동유로 플런저를 작동시켜 카(Car)를 승강시키는 방식으로서 기계실이 하부에 위치한다.

② 장단점

장점	• 기계실의 배치가 자유롭다. • 건물 최상부에 하중이 걸리지 않는다. • 승강로 꼭대기 틈새가 작아도 무방하다.
단점	• 행정거리와 속도에 한계가 있다. • 전동기의 소요동력이 커진다.(균형추가 설치되지 않음)

2. 엘리베이터의 대수산정

(1) 승용승강기

1) 건축물의 용도별 승용승강기 설치대수

구분	6층 이상의 바닥면적 합계	
	3,000m² 이하	3,000m² 초과
의료시설, 판매시설, 관람 및 집회시설(전시시설 제외)	2대	2대 + (6층 이상의 바닥면적 합계 − 3,000)/2,000
전시시설, 숙박시설, 위락시설, 업무시설	1대	1대 + (6층 이상의 바닥면적 합계 − 3,000)/2,000
기타	1대	1대 + (6층 이상의 바닥면적 합계 − 3,000)/2,000

2) 피크시간(Peak Hour) 적용대수 산정

$$엘리베이터\ 대수(N) = \frac{피크시간대\ 5분간\ 수송인원}{엘리베이터\ 1대의\ 5분간\ 수송능력}$$

>>> 엘리베이터의 일주시간(sec) = 승객출입시간 + 문의 개폐시간 + 주행시간

>>> 산출예

높이 31m를 넘는 건축물의 층 중 바닥면적이 최대인 층의 바닥면적이 5,000m²일 경우 1,500m² 기본 1대+초과하는 3,500m²/3,000m²
= 1대 + 1.17대 = 2.27대
≒ 3대[올림처리함]

(2) 비상용 승강기

① 높이 31m를 넘는 건축물에는 비상용 승강기를 설치하여야 한다.
② 높이 31m를 넘는 건축물의 층 중 바닥면적이 최대인 층의 바닥면적을 기준으로 하며, 1,500m² 이하 시 기본 1대로 산정하고, 1,500m²를 초과 시 3,000m²마다 1대씩 가산한다.

3. 엘리베이터의 배치

배치방식	개념도	특징
직선형		1뱅크는 4대 이하로 한다.
알코브형	3.5~4.5m	1뱅크는 4~6대로 하고, 대면거리는 3.5~4.5m로 한다.
대면형	3.5~4.5m	1뱅크는 4~8대의 대면배치로 하고, 대면거리는 3.5~4.5m로 한다.
대면혼용형	저층용 고층용 / 6m 이상	저층용과 고층용을 대면배치 하는 경우에는 거리를 충분히 확보한다.

4. 엘리베이터 설치 시 고려사항

(1) 일반사항

① 직렬배치는 4대 한도로 하며 5대 이상은 대면배치, 알코브배치한다.
② 8대를 초과할 경우 2개 그룹으로 한다.
③ 대면배치 시 홀이 관통통로가 되지 않도록 한다.
④ 대면거리는 6m 이상이 되지 않도록 설계한다.

(2) 엘리베이터 기계실 설치기기

구분	개념
권상기 (Traction Machine)	전동기의 회전력을 로프에 전달하는 기기이다.
전동기(Motor)	교류와 직류가 이용되며, 90m/min 이상에서는 직류용이 사용된다.
제동기	엘리베이터에 제동을 거는 장치이다.
감속기	속도를 조절하는 것으로서 무음, 무충격을 요한다.
견인구차	로프(Rope)를 감는 차바퀴로 로프의 마찰력을 크게 하고, 미끄럼을 방지하기 위해 V형과 U형 홈을 파서 사용한다.
균형추 (Counter Weight)	기계실의 권상기부하를 줄이고, 전기의 절약을 위해서 사용되는 장치이다.
로프(Rope)	내구성면에서 안전율을 20 이상 적용한다.

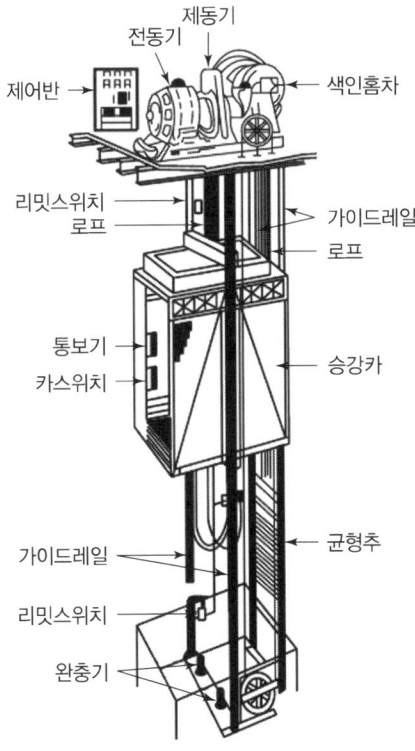

┃ 엘리베이터 구조 및 각부 명칭 ┃

핵심문제 ●●●

엘리베이터의 안전장치에 속하지 않는 것은?   기 14② 21②

❶ 균형추   ② 완충기
③ 조속기   ④ 전자브레이크

[해설] 균형추(Counter Weight)
기계실의 권상기부하를 줄이고, 전기의 절약을 위해서 사용되는 장치이다.
※ 권상기(Traction Machine) : 전동기의 회전력을 로프에 전달하는 기기

핵심문제 ●●●

엘리베이터 카(Car)가 최상층이나 최하층에서 정상운행위치를 벗어나 그 이상으로 운행하는 것을 방지하기 위해 설치하는 전기적 안전장치는?
기 14④ 16④ 17② 20④

① 조속기
② 가이드레인
③ 전자브레이크
❹ 최종리밋스위치

[해설] 최종(파이널)리밋스위치
스토핑스위치가 작동하지 않을 때 제2단의 작동으로 주회로를 차단하는 것으로서 카(Car)가 최하층이나 최상층에서 정상운행위치를 벗어나 그 이상으로 운행하는 것을 방지하기 위한 안전장치로 적용되고 있으며, 제한스위치라고도 한다.

(3) 각종 안전장치의 설치

구분	내용
조속기 (Governor)	엘리베이터의 정격속도가 120%를 초과하였을 때 동작하는 것으로서 권상기의 전원을 끊어지게 하는 것이다.
비상멈춤장치	엘리베이터가 정격속도의 130%를 초과하였을 때 조속기의 동작에 따라 레일을 움켜잡아 카의 낙하를 방지한다.
완충기 (Buffer)	비상멈춤이 작동되지 않고 카가 미끄러져 떨어진다든지, 초과부하로 브레이크가 듣지 않고 카가 미끄러질 때 승강로 저부에서 충돌하는 것을 방지한다.
전자브레이크 (Magnetic Brake)	전동기의 토크(Torque) 손실 시 엘리베이터를 정지시킨다.
종점스위치	최상, 최하층에서 카정지스위치를 잊은 경우 자동정지시키는 장치이다.
제한스위치	종점스위치가 고장났을 때를 대비하는 것으로 카를 자동으로 급정지시킨다.
안전스위치	카 위에 위치하며, 보수점검 시 사용한다.
파이널(최종) 리밋스위치	• 과승강 방지장치로서 카가 최상층이나 최하층에서 정상운행위치를 벗어나 그 이상으로 운행하는 것을 방지한다. • 파이널리밋스위치와 일반 종단정지장치는 독립적으로 작동되어야 한다. • 파이널리밋스위치의 작동은 완충기가 압축되어 있는 동안 유지되어야 한다. • 우발적인 작동의 위험 없이 가능한 최상층 및 최하층에 근접하여 작동하도록 설치되어야 한다. • 파이널리밋스위치의 작동 후에는 엘리베이터의 정상운행을 위해 수동으로 복귀되어야 한다.

SECTION 02 에스컬레이터설비

1. 에스컬레이터의 구조 및 특징

(1) 에스컬레이터의 구조

1) 에스컬레이터의 설치규정
   ① 사람 또는 물건이 시설의 부분 사이에 끼거나 부딪치지 않도록 안전한 구조로 설치
   ② 경사도는 30° 이하로 설치할 것(단, 공칭속도가 0.5m/s 이하인 경우에는 경사도를 35°까지 증가시킬 수 있다)
   ③ 디딤바닥 양측에 난간을 설치하고, 난간 상부가 디딤바닥과 동일한 속도로 움직일 수 있는 구조일 것
   ④ 에스컬레이터 디딤바닥의 정격속도는 30m/min 이하로 할 것

2) 에스컬레이터 폭에 따른 수송능력(시간당)
   ① 60(cm)형 : 4,000명/h
   ② 90(cm)형 : 6,000명/h
   ③ 120(cm)형 : 8,000명/h

(2) 에스컬레이터의 장단점

장점	• 수송력에 비해 점유면적이 작다. • 방문객을 기다리게 하지 않는다.
단점	• 설비비가 고가이다. • 구조계획 시 층높이 및 보간격에 주의가 필요하다.

(3) 에스컬레이터의 안정장치

안전장치	개념
비상정지버튼과 조작스위치 (E-Stop Run Switch)	에스컬레이터를 운행시키거나 즉시 정지시켜야 할 경우에 사용한다.
구동체인안전장치	구동체인이 파손되면 즉시 모터의 작동을 정지시켜 주는 장치이다.
핸드레일인입안전장치	핸드레일인입구에 이물질이 들어가는 것을 방지하는 장치로 손 또는 이물질이 끼었을 경우 즉시 작동하여 에스컬레이터를 정지시키는 역할을 한다.
스텝체인안전장치	스텝체인이 파손되거나 과도하게 늘어날 때 즉시 작동하여 에스컬레이터를 정지시키는 장치이다.
이상속도안전장치	스텝과 스텝 사이에 이물질이 낀 경우나 스텝의 이상주행 시 에스컬레이터를 정지시키는 장치이다.

핵심문제 ●●●

에스컬레이터의 경사도는 최대 얼마를 초과하지 않도록 하여야 하는가? (단, 공칭속도가 0.5m/s를 초과하는 경우이며 기타 조건은 무시)
기 13② 18④

① 25° ❷ 30°
③ 35° ④ 40°

해설 에스컬레이터의 설치규정
• 사람 또는 물건이 시설의 부분 사이에 끼거나 부딪치지 않도록 안전한 구조로 설치
• 경사도는 30° 이하로 설치할 것(단, 공칭속도가 0.5m/s 이하인 경우에는 경사도를 35°까지 증가시킬 수 있다)
• 디딤바닥 양측에 난간을 설치하고, 난간 상부가 디딤바닥과 동일한 속도로 움직일 수 있는 구조일 것
• 에스컬레이터 디딤바닥의 정격속도는 30m/min 이하로 할 것

핵심문제 ●●●

에스컬레이터에 관한 설명으로 옳지 않은 것은? 기 16④

① 수송량에 비해 점유면적이 작다.
❷ 수송능력이 엘리베이터보다 작다.
③ 대기시간이 없고 연속적인 수송설비이다.
④ 연속운전되므로 전원설비가 부담이 적다.

해설
에스컬레이터는 단시간에 많은 인원을 수용하는 수송설비로서, 엘리베이터보다 수송능력이 크다.

≫ 스텝체인은 에스컬레이터의 좌우에 설치되어, 스텝을 주행시키는 역할을 한다.

> **핵심문제** ●●○
>
> 수송설비에 사용되는 밀도율에 관한 설명으로 옳지 않은 것은? 기14④
>
> ① 건물 내 수송설비에 의한 서비스등급을 판정하는 데 사용된다.
> ❷ 밀도율이 높을수록 서비스수준이 양호하다는 것을 나타낸다.
> ③ 백화점과 같이 승객의 서비스를 주목적으로 하는 건축물에 사용된다.
> ④ 1시간의 수송능력에 대한 2층 이상 유효바닥면적의 비율로 산정한다.
>
> [해설] 밀도율(R)
> $$\frac{2층\ 이상\ 바닥면적합계(m^2) \times 11}{1시간당\ 수송능력}$$
> • R의 값이 20~25이면 양호하고 그 이상이면 불량하다고 판정한다.
> • 밀도율이 높을수록 서비스수준이 불량한 것으로 판단한다.

2. 에스컬레이터의 대수산정 및 배열

(1) 에스컬레이터의 대수산정

① 에스컬레이터 대수는 밀도율로 판정할 수 있다.

② 밀도율$(R) = \dfrac{2층\ 이상\ 바닥면적합계(m^2) \times 11}{1시간당\ 수송능력}$

③ 밀도율(R) 값이 20~25이면 양호하고 그 이상이면 불량하다고 판정한다.

(2) 에스컬레이터의 배열

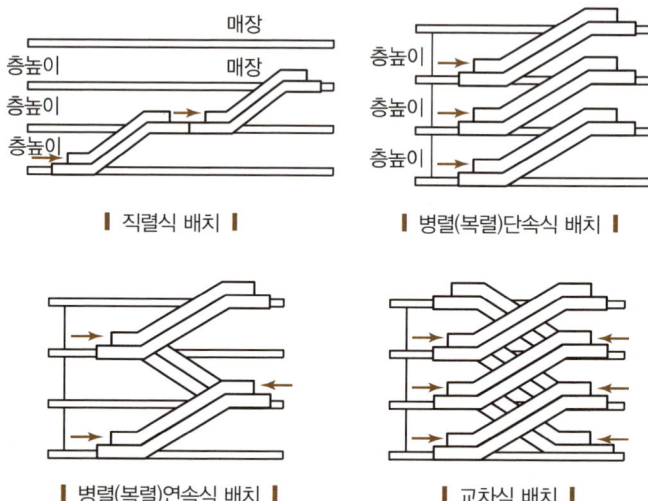

| 직렬식 배치 | 병렬(복렬)단속식 배치 |
| 병렬(복렬)연속식 배치 | 교차식 배치 |

배열방식	특징
직렬식	• 승객의 시야가 가장 넓다. • 점유면적이 넓다. • 손님의 시선이 한방향으로 고정 된다.
병렬(복렬)단속식	• 승객의 시계가 좋다. • 연속적으로 승강할 수 없고 걸어야 한다.
병렬(복렬)연속식	• 승객의 시계가 좋다. • 오르기와 내리기를 연속적으로 할 수 있다. • 많은 스페이스를 필요로 한다.
교차식	• 점유면적이 작다. • 연속적으로 승강할 수 있다. • 손님의 시계가 좋지 않다. • 에스컬레이터 측면이 매장의 전망을 나쁘게 한다.

SECTION 03 기타 수송설비

1. 덤웨이터(Dumb Waiter)
① 사람은 타지 않고 물품만을 승강시키는 장치이다.
② 케이지의 바닥면적은 1m² 이하, 천장높이는 1.2m 이하로 설치한다.

2. 이동보도
① 승객을 수평으로 수송하는 데 사용되며 주로 역이나 공항 등에 이용된다.
② 수평에 대하여 경사 10~15°의 범위 내에서 승객을 수평방향으로 수송하는 장치이다.
③ 속도는 용도와 이동거리에 따라 30, 35, 40m/min, 구동방식은 교류 1단으로 설계한다.

3. 컨베이어
백화점, 공장, 물류창고 등에서 동력을 이용하여 연속으로 물품 등을 운반하는 장치이다.

CHAPTER 05 출제예상문제

01 다음 중 운행속도가 가장 높은 엘리베이터 방식은? 기 15②

① 교류1단
② 교류2단
③ 직류기어드
④ 직류기어리스

[해설]
엘리베이터의 운행속도 순서
직류기어리스 > 직류기어드 > 교류2단 > 교류1단

02 유압식 엘리베이터에 관한 설명으로 옳지 않은 것은? 기 15②

① 오버헤드가 작다.
② 기계실의 위치가 자유롭다.
③ 큰 적재량으로 승강행정이 짧은 경우에는 적용할 수 없다.
④ 지하주차장 엘리베이터와 같이 지하층만 운전하는 경우 적용할 수 있다.

[해설]
유압으로 플런저를 밀어 올려 카를 승강시키는 방식으로서 행정거리와 속도에 한계가 있다. 따라서 행정이 긴 경우에는 적용이 어렵다. 행정이 긴 경우에는 로프식 엘리베이터의 적용이 필요하다.

03 엘리베이터의 조작방식 중 무운전원방식으로 다음과 같은 특징을 갖는 것은? 기 16① 19①

> 승객 스스로 운전하는 전자동엘리베이터로, 승강장으로부터의 호출신호로 기동, 정지를 이루는 조작방식이며, 누른 순서에 상관없이 각 호출에 응하여 자동적으로 정지한다.

① 단식 자동방식
② 키스위치방식
③ 승합전자동방식
④ 시그널컨트롤방식

[해설]
승합전자동식
승객이 직접 운전하는 전자동엘리베이터로서 목적층버튼이나 승강장의 호출신호로 시동·정지하는 방식으로, 누른 순서와는 관계없이 각 호출에 반응하여 자동적으로 정지한다.

04 엘리베이터의 안전장치 중에서 카가 최상층이나 최하층에서 정상운행위치를 벗어나 그 이상으로 운행하는 것을 방지하는 것은? 기 17② 21①

① 완충기(Buffer)
② 조속기(Governor)
③ 리밋스위치(Limit Switch)
④ 카운터웨이트(Counter Weight)

[해설]
리밋스위치(Limit Switch)
스토핑스위치가 작동하지 않을 때 제2단의 작동으로 주회로를 차단하는 것으로서 카(Car)가 최하층이나 최상층에서 정상운행위치를 벗어나 그 이상으로 운행하는 것을 방지하기 위한 안전장치로 적용되고 있으며, 제한스위치라고도 한다.

05 엘리베이터의 안전장치 중 일정 이상의 속도가 되었을 때 브레이크 등을 작동시키는 기능을 하는 것은? 기 17④ 20①②통합

① 조속기
② 권상기
③ 완충기
④ 가이드슈

정답 01 ④ 02 ③ 03 ③ 04 ③ 05 ①

해설

조속기
조속기는 엘리베이터의 안전장치 중 하나로서 속도가 일정 이상이 되었을 때 브레이크나 안전장치를 작동시키는 기능을 하는 장치이다.

06 엘리베이터의 기계실에 있는 주요설비에 속하지 않는 것은? 기 16②

① 조속기
② 권상기
③ 완충기
④ 전자브레이크

해설

완충기(Buffer)는 안전장치로서 카가 미끄러질 때 승강로 저부에서 충돌을 방지하는 장치이다.

07 에스컬레이터에 관한 설명으로 옳지 않은 것은 어느 것인가? 기 15①

① 엘리베이터에 비해 수송능력이 크다.
② 대기시간이 없고 연속적인 수송설비이다.
③ 건축적으로 점유면적이 크고, 건물에 걸리는 하중이 집중된다는 단점이 있다.
④ 에스컬레이터의 수송은 공칭수송능력의 80% 정도를 설계수송능력으로 하여 계산한다.

해설

에스컬레이터는 점유면적이 작고, 기계실이 필요 없으며 피트가 간단하다는 특징을 가지고 있다.

08 1,200형 에스컬레이터의 공칭수송능력은 어느 것인가? 기 15④ 16②

① 4,800인/h
② 6,000인/h
③ 7,200인/h
④ 9,000인/h

해설

에스컬레이터 1,200형은 난간유효너비가 1.2m로서 설계수송능력은 7,200인/h, 공칭수송능력은 9,000인/h이다.

09 에스컬레이터의 안전장치에 속하지 않는 것은 어느 것인가? 기 16①

① 리타이어링캠
② 비상정지스위치
③ 구동체인안전장치
④ 핸드레일인입안전장치

해설

리타이어링캠(Retiring Cam)
승장도어의 인터로크를 풀어 주는 가동캠

10 에스컬레이터의 좌우에 설치되어 있으며, 스텝을 주행시키는 역할을 하는 것은? 기 17①

① 스텝체인
② 핸드레일
③ 스커트가드
④ 가이드레일

해설

스텝체인은 에스컬레이터의 좌우에 설치되어 스텝을 주행시키는 역할을 한다.

11 백화점에서의 밀도율 산정방법으로 옳은 것은?(단, A : 2층 이상 매장면적 합계(m²), C_{TU} : 수송능력 합계(엘리베이터, 에스컬레이터 총 수송능력)(인/h)이다.) 산 16①

① C_{TU}/A
② A/C_{TU}
③ $C_{TU}/(A+C_{TU})$
④ $(A+C_{TU})/C_{TU}$

정답 06 ③ 07 ③ 08 ④ 09 ① 10 ① 11 ②

> **해설**

밀도율$(R) = \dfrac{A}{C_{TU}}$

$= \dfrac{2\text{층 이상 바닥면적합계}(\text{m}^2) \times 11}{1\text{시간당 수송능력}}$

- R의 값이 20~25이면 양호하고 그 이상이면 불량하다고 판정한다.
- 밀도율이 높을수록 서비스수준이 불량한 것으로 판단한다.

12 이동식 보도에 관한 설명으로 옳지 않은 것은 어느 것인가? 기 18②

① 속도는 60~70m/min이다.
② 주로 역이나 공항 등에 이용된다.
③ 승객을 수평으로 수송하는 데 사용된다.
④ 수평으로부터 10° 이내의 경사로 되어 있다.

> **해설**

이동보도의 경우 속도는 용도와 이동거리에 따라 30, 35, 40m/min 정도로 설정된다.

정답 12 ①

Engineer Architecture

APPENDIX

과년도 출제문제 및 해설

2017년   건축기사/건축산업기사
2018년   건축기사/건축산업기사
2019년   건축기사/건축산업기사
2020년   건축기사/건축산업기사
2021년   건축기사

※ 건축산업기사는 2020년 4회 시험부터
CBT(Computer-Based Test)로 전면 시행됩니다.

건축기사 (2017년 3월 시행)

01 가스사용시설에서 가스계량기의 설치에 관한 설명으로 옳지 않은 것은?

① 전기접속기와의 거리가 최소 30cm 이상이 되도록 한다.
② 전기점멸기와의 거리가 최소 60cm 이상이 되도록 한다.
③ 전기개폐기와의 거리가 최소 60cm 이상이 되도록 한다.
④ 전기계량기와의 거리가 최소 60cm 이상이 되도록 한다.

해설
가스계량기와 전기점멸기(스위치)는 최소 30cm 이상 이격하여 설치하여야 한다.

02 2중덕트방식에 관한 설명으로 옳은 것은?

① 부하감소에 따라 송풍량이 감소한다.
② 부하변동에 따른 적응속도가 느리다.
③ 혼합손실로 인한 에너지소비량이 크다.
④ 부하특성이 다른 여러 실에 적용하기 곤란하다.

해설
2중덕트는 냉풍과 온풍을 각각 반송(운반)하는 2개의 덕트를 가지고 있다.

2중덕트방식의 특징
- 1대의 공조기에 의해 냉풍과 온풍을 각각의 덕트로 보낸 후 말단의 혼합상자에서 혼합하여 각 실에 송풍하는 방식이다.
- 에너지과소비형 공조방식이다.
- 고층건축물, 회의실, 병원식당 등 냉난방부하 분포가 복잡한 건물에 사용한다.

03 세정밸브식 대변기의 최소급수관경은?

① 15A   ② 20A
③ 25A   ④ 32A

해설
세정밸브식(Flush Valve)
- 급수관의 관경은 25mm 이상이다.
- 세정 시 소음이 가장 크나, 점유면적은 가장 작다.

04 에스컬레이터의 좌우에 설치되어 있으며, 스텝을 주행시키는 역할을 하는 것은?

① 스텝체인
② 핸드레일
③ 스커트가드
④ 가이드레일

해설
스텝체인은 에스컬레이터의 좌우에 설치되어 스텝을 주행시키는 역할을 한다.

05 연결송수관설비의 방수구에 관한 설명으로 옳지 않은 것은?

① 방수구의 위치표시는 표시등 또는 축광식 표지로 한다.
② 호스접결구는 바닥으로부터 0.5m 이상 1m 이하의 위치에 설치한다.
③ 개폐기능을 가진 것으로 설치하여야 하며, 평상시 닫힌 상태를 유지하도록 한다.
④ 연결송수관설비의 전용방수구 또는 옥내소화전 방수구로서 구경 50mm의 것으로 설치한다.

정답 01 ② 02 ③ 03 ③ 04 ① 05 ④

[해설]

연결송수관설비 설치기준
- 송수구, 방수구 구경 : 65mm
- 방수구 방수압력 : 0.35MPa 이상
- 표준방수량 : 450L/min
- 방수구 설치 : 3층 이상의 계단실, 비상승강기의 로비 부근 등에 방수구를 중심으로 50m 이내
- 수직주관 구경 : 100mm
- 설치기준 : 7층 이상의 건축물 또는 5층 이상의 연면적 6,000m² 이상의 건물에 배치
- 설치높이 : 바닥으로부터 0.5~1m

06 변전실의 위치에 관한 설명으로 옳지 않은 것은?

① 습기와 먼지가 적은 곳일 것
② 전기기기의 반출입이 용이한 곳일 것
③ 가능한 한 부하의 중심에서 먼 곳일 것
④ 외부로부터 전원의 인입이 쉬운 곳일 것

[해설]
변전실은 가능한 한 부하의 중심에서 가까운 곳에 설치하여야 한다.

07 압력수조급수방식에 관한 설명으로 옳지 않은 것은?

① 정전 시 급수가 곤란하다.
② 고가수조가 필요 없어 미관상 좋다.
③ 고가수조방식에 비해 급수압의 변동이 크다.
④ 고가수조방식에 비해 수조의 설치위치에 제한이 많다.

[해설]
압력수조급수방식은 고가탱크방식과 같이 고가수조 등의 설치가 필요 없고, 수조에서 직송하지 않고 압력탱크를 거치기 때문에 수조의 설치위치에 대한 제한도 크지 않다.

08 어느 점광원과 1m 떨어진 곳의 수평면 조도가 200lx일 때, 이 광원에서 2m 떨어진 곳의 수평면 조도는?

① 25lx
② 50lx
③ 100lx
④ 200lx

[해설]
조도는 광도에 비례하고, 거리의 제곱에 반비례한다.

$$조도(E) = \frac{광도(I)}{거리(D)^2}$$

이에 광원과의 거리가 1 → 2m로 2배 멀어졌기 때문에 조도는 1/4배(200lx → 50lx)로 감소하게 된다.

09 공기조화설비의 에너지절약방법 중 배열을 회수하여 이용하는 방식은?

① 변유량방식
② 외기냉방방식
③ 전열교환방식
④ 전력수요 제어방식

[해설]
전열교환기
- 목적 : 공조기의 환기에 의한 열손실을 최소화
- 방법 : 외기(OA)덕트와 배기(EA)덕트에 설치하여 외기와 배기가 간접접촉하게 함으로써 전열(현열+잠열)을 교환한다.

10 냉각탑에 대한 설명으로 옳은 것은?

① 고압의 액체냉매를 증발시켜 냉동효과를 얻게 하는 설비이다.
② 증발기에서 나온 수증기를 냉각시켜 물이 되도록 하는 설비이다.
③ 대기 중에서 기체냉매를 냉각시켜 액체냉매로 응축하기 위한 설비이다.
④ 냉매를 응축시키는 데 사용한 냉각수를 재사용하기 위하여 냉각시키는 설비이다.

> **해설**

냉각탑(Cooling Tower)
냉각탑은 냉동기의 냉각수를 재활용하기 위해 응축기의 응축열을 대기 중에 방출하여 냉각시키는 장치이다.

11 220/380V 전원을 공급하는 빌딩 및 공장의 전등 및 동력용 간선으로 가장 많이 사용되는 배선 방식은?

① 단상 2선식
② 단상 3선식
③ 3상 3선식
④ 3상 4선식

> **해설**

3상 4선식
동력과 전등부하를 동시에 공급할 수 있어 대규모 건물에 적합하다.

12 환기에 관한 설명으로 옳지 않은 것은?

① 외부풍속이 커지면 환기량은 많아진다.
② 실내외의 온도차가 크면 환기량은 적어진다.
③ 중성대란 중력환기에서 실내외의 압력이 같아지는 위치이다.
④ 자연환기량은 중성대로부터 공기유입구 또는 유출구까지의 높이가 클수록 많아진다.

> **해설**

실내외 온도차가 커지면, 실내외 압력차도 커지므로 환기량은 커지게 된다.(고온 측이 저기압, 저온 측이 고기압의 특성을 갖음)

13 수량 $20m^3/h$를 양수하는 데 필요한 펌프의 구경은?(단, 양수펌프 내 유속은 2m/s로 한다.)

① 30mm
② 40mm
③ 50mm
④ 60mm

> **해설**

Q(수량) $= A$(단면적) $\times V$(유속)
A(단면적) $= \dfrac{\pi d^2}{4}$, d : 펌프의 구경(직경)
이에 따라 $Q = \dfrac{\pi d^2}{4} \times V$
$\Leftrightarrow d = \sqrt{\dfrac{4Q}{\pi V}} = \sqrt{\dfrac{4 \times 20m^3}{3,600 \times \pi \times 2m/s}}$
$= 0.0595m = 59.5mm ≒ 60mm$

14 양수량이 $1m^3/min$, 전양정이 50m인 펌프에서 회전수를 1.2배 증가시켰을 때 양수량은?

① 1.2배 증가
② 1.44배 증가
③ 1.73배 증가
④ 2.4배 증가

> **해설**

상사의 법칙에 의해 해결하는 문제로서, 회전수 증가에 따라 양수량(유량)은 비례하는 형태로 증가하므로 회전수를 1.2배 증가시켰을 때, 양수량(유량)은 기존의 양수량(유량)에 1.2배로 증가하게 된다.
※ 상사의 법칙(펌프의 회전수 변화 $N_1 \to N_2$, 임펠러의 직경 $D_1 \to D_2$)

• 유량(Q) : $Q_2 = Q_1 \dfrac{N_2}{N_1} = Q_1 \left(\dfrac{D_2}{D_1}\right)^3$

• 양정(H) : $H_2 = H_1 \left(\dfrac{N_2}{N_1}\right)^2 = H_1 \left(\dfrac{D_2}{D_1}\right)^2$

• 축동력(L) : $L_2 = L_1 \left(\dfrac{N_2}{N_1}\right)^3 = L_1 \left(\dfrac{D_2}{D_1}\right)^5$

15 바닥복사난방에 관한 설명으로 옳지 않은 것은 어느 것인가?

① 천장이 높은 실의 난방에는 사용할 수 없다.
② 실내의 온도 분포가 비교적 균등하고 쾌감도가 높다.
③ 예열시간이 길어 일시적인 난방에는 바람직하지 않다.
④ 방열기를 설치하지 않아 실내바닥면의 이용도가 높다.

정답 11 ④ 12 ② 13 ④ 14 ① 15 ①

해설

복사난방은 건축물 구조체(천장, 바닥, 벽 등)에 Coil을 매설하고, Coil에 열매를 공급하여 가열면의 온도를 높여서 복사열에 의해 난방하는 방식이다.

복사난방의 장단점

장점	단점
• 방열기가 필요치 않아 바닥의 이용도가 높음 • 실내의 수직적 온도 분포가 균등하여 천장고가 높은 방의 난방에 유리하다.(쾌감도 양호) • 동일 방열량에 대하여 손실열량이 적음 • 방을 개방상태로 놓아도 난방열의 손실이 적음 • 대류가 적으므로 바닥의 먼지가 상승하지 않는 특성이 있음	• 배관매설에 따른 시공 시 주의 요망 • 외기온도 급변에 따른 방열량 조절이 난해 • 열손실을 막기 위한 단열층 필요 • 유지, 보수 불편 • 설비비가 고가

16 건구온도가 25℃인 실내공기 8,000m³/h와 건구온도가 31℃인 외부공기 2,000m³/h를 단열혼합하였을 때 혼합공기의 건구온도는?

① 24.8℃ ② 26.2℃
③ 27.5℃ ④ 29.8℃

해설

혼합공기의 온도(℃) $= \dfrac{25 \times 8,000 + 31 \times 2,000}{8,000 + 2,000}$
$= 26.2℃$

17 다음 중 상대습도(R.H) 100%에서 그 값이 같지 않은 온도는?

① 건구온도 ② 효과온도
③ 습구온도 ④ 노점온도

해설

상대습도 100% 상태는 노점상태로서 노점온도, 건구온도, 습구온도가 같아지게 된다. 효과온도는 쾌적도를 평가하는 척도로서 위 세 가지 온도와 그 성격이 다르다.

18 다음 설명에 알맞은 접지의 종류는?

기능상 목적이 서로 다르거나 동일한 목적의 개별접지들을 전기적으로 서로 연결하여 구현한 접지시스템

① 단독접지 ② 공통접지
③ 통합접지 ④ 종별접지

해설

통합접지
전기기기뿐만 아니라 수도관, 가스관, 철근, 철골 등과 같이 전기와 무관한 도체도 모두 함께 접지하여 그들 간에 전위차가 없도록 함으로써 사람의 감전 우려를 최소화하는 접지방식

19 자동화재탐지설비의 감지기 중 감지기 주위의 온도가 일정한 온도 이상이 되었을 때 작동하는 것은?

① 차동식 감지기
② 정온식 감지기
③ 광전식 감지기
④ 이온화식 감지기

해설

① 차동식 : 주변온도의 일정한 온도상승에 의해 감지
② 정온식 : 주변온도가 일정온도에 달하였을 때 감지
③ 광전식 : 연기에 의해 반응하는 것으로 광전효과를 이용하여 감지
④ 이온화식 : 연기에 의해 이온농도가 변하는 것으로 감지

20 급탕배관의 신축이음 종류에 속하지 않는 것은 어느 것인가?

① 루프형 ② 칼라형
③ 슬리브형 ④ 벨로스형

해설

급탕배관의 신축이음에는 스위블형, 슬리브형, 루프형, 벨로스형 등이 있다.

정답 16 ② 17 ② 18 ③ 19 ② 20 ②

건축산업기사 (2017년 3월 시행)

01 결합통기관에 관한 설명으로 옳은 것은?

① 도피통기관과 습통기관을 연결하는 통기관이다.
② 배수입상관과 통기입상관을 연결하는 통기관이다.
③ 통기입상관과 배수횡지관을 연결하는 통기관이다.
④ 환상통기관과 배수횡지관을 연결하는 통기관이다.

[해설]

결합통기관
고층건물에서 원활한 통기를 목적으로 5개 층마다 통기수직관(통기입상관)과 입상 오배수관(배수입상관)에 연결된 통기관이다.

02 침입외기량 산정방법에 속하지 않는 것은?

① 인원수에 의한 방법
② 창 면적에 의한 방법
③ 환기횟수에 의한 방법
④ 창문의 틈새길이에 의한 방법

[해설]

인원수에 의한 방법은 환기부하(의도한 환기량)를 설정할 때 쓰이는 방식이며, 침입외기량(극간풍량-의도하지 하지 않은 환기량)을 산출하는 방식이 아니다.

03 증기난방의 방열기트랩에 속하지 않는 것은?

① U트랩   ② 버킷트랩
③ 플로트트랩   ④ 벨로스트랩

[해설]

U트랩은 배수트랩의 일종이다.
U트랩
㉠ 일명 가옥트랩(House Trap) 또는 메인트랩(Main Trap)이라 한다.
㉡ 가옥배수본관과 공공하수관의 연결부위에 설치한다.
㉢ 배수관 최말단에 위치하여 유속을 저하시키는 단점이 있다.

04 배수트랩에 관한 설명으로 옳지 않은 것은?

① 유효봉수깊이가 너무 낮으면 봉수가 손실되기 쉽다.
② 유효봉수깊이는 일반적으로 50mm 이상, 100mm 이하이다.
③ 유효봉수깊이가 너무 크면 유수의 저항이 증가하여 통수능력이 감소한다.
④ 배수관계통의 환기를 도모하여 관 내를 청결하게 유지하는 역할을 한다.

[해설]

배수관계통의 환기를 도모하여 관 내를 청결하게 유지하는 역할을 하는 것은 통기관이다.

05 급탕배관 설계 시 주의해야 할 사항으로 옳지 않은 것은?

① 배관구배는 강제순환방식의 경우 1/200 정도가 적합하다.
② 하향배관법에서 급탕관 및 반탕관은 모두 앞내림구배로 한다.
③ 직관부가 긴 횡주관에서는 신축이음을 강관인 경우 50m마다 1개 설치한다.
④ 상향배관법에서 급탕수평주관은 앞올림구배, 반탕관은 앞내림구배로 한다.

[해설]

강관일 경우 신축이음은 30m마다 1개씩 설치한다.

신축이음 설치간격

구분	동관(m)	강관(m)
수직	10	20
수평	20	30

정답 01 ② 02 ① 03 ① 04 ④ 05 ③

06 송풍온도를 일정하게 하고 송풍량을 변경하여 부하변동에 대응하는 공기조화방식은?

① 이중덕트방식
② 멀티존유닛방식
③ 단일덕트정풍량방식
④ 단일덕트변풍량방식

[해설]
단일덕트방식
- 정풍량방식(CAV방식) : 풍량을 고정하고, 온도를 가변하는 방식
- 변풍량방식(VAV방식) : 풍량을 가변하고, 온도를 고정하는 방식

07 저수조가 필요하고, 수전에서 압력변동이 크게 발생할 우려가 있는 급수방식은?

① 수도직결방식   ② 고가탱크방식
③ 펌프직송방식   ④ 압력탱크방식

[해설]
압력탱크방식은 저수조의 물을 압력탱크로 보내 컴프레서의 압력을 통하여 급수하는 방식으로, 수압부분이 일정하지 않아 대규모 고층 건물의 급수부하에 대응하기 어렵다.

08 상당외기온도차에 관한 설명으로 옳지 않은 것은?

① 난방부하의 계산에는 적용하지 않는다.
② 건물의 방위와 계산시각에 따라 달라진다.
③ 일사량이 클수록 상당외기온도차는 작아진다.
④ 외벽 및 지붕의 구조체 종류에 따라 달라진다.

[해설]
벽체 또는 지붕은 일사가 표면에 닿아 표면온도가 상승하는데 이를 상당외기온도라 하며 실내온도와의 차를 상당외기온도차(ETD : Equivalent Temperature Difference)라고 한다. 그러므로 상당외기온도차는 일사량이 클수록 커지게 된다.

09 LPG에 관한 설명으로 옳지 않은 것은?

① 공기보다 무겁다.
② 액화석유가스를 말한다.
③ 액화하면 용적은 1/250이 된다.
④ 상압에서는 액체이지만 압력을 가하면 기화된다.

[해설]
LPG는 상압에서는 기체이지만 압력을 가하면 액화된다.

10 4층 사무소 건물에서 옥내소화전이 1, 2층에는 3개씩, 3, 4층에는 2개씩 설치되어 있다. 옥내소화전설비 수원의 저수량은 최소 얼마 이상이 되도록 하여야 하는가? [문제변형]

① $5.2m^3$
② $7.8m^3$
③ $13.0m^3$
④ $15.6m^3$

[해설]
옥내소화전설비는 분당 130L의 물을 20분 동안 분사하여 화재의 진압에 사용하는 소화설비이다. 문제 해결 시 옥내소화전설비의 개수는 옥내소화전이 가장 많이 설치된 층에서의 옥내소화전 개수를 적용하며, 산출 시 최대옥내소화전 개수는 2개이므로, 2개를 적용한다.

옥내소화전설비 수원의 저수량(L)
$L = 130L/min \times 20min \times 2개 = 5,200L = 5.2m^3$

11 증기난방에서 응축수환수를 위해 사용하는 장치는?

① 리턴콕
② 인젝터
③ 증기트랩
④ 플러시밸브

[해설]
증기트랩은 증기난방에서 응축수를 환수하기 위해 사용하는 장치이다.

정답 06 ④ 07 ④ 08 ③ 09 ④ 10 ① 11 ③

12 다음 중 유량 조절을 할 수 없는 밸브는?

① 앵글밸브　　② 체크밸브
③ 글로브밸브　④ 버터플라이밸브

> **해설**
> 체크밸브는 역류방지용 밸브로서 유량 조절기능은 없다.

13 공기조화방식 중 전공기방식에 속하지 않는 것은?

① 단일덕트방식　　② 이중덕트방식
③ 팬코일유닛방식　④ 멀티존유닛방식

> **해설**
> 팬코일유닛방식은 적용방식에 따라 수-공기방식 또는 전수방식으로 적용한다.

14 보일러의 출력 중 상용출력의 구성에 속하지 않는 것은?

① 난방부하　② 급탕부하
③ 예열부하　④ 배관부하

> **해설**
> **보일러 출력표시방법**
> - 정미출력 : 난방부하+급탕부하
> - 상용출력 : 난방부하+급탕부하+배관부하
> - 정격출력 : 난방부하+급탕부하+배관부하+예열부하

15 축전지에 관한 설명으로 옳지 않은 것은?

① 연축전지의 공칭전압은 1.5V/셀이다.
② 연축전지는 충방전전압의 차이가 적다.
③ 알칼리축전지의 공칭전압은 1.2V/셀이다.
④ 알칼리축전지는 과방전, 과전류에 대해 강하다.

> **해설**
> 연축전지의 공칭전압은 2.0V/셀이다.

16 간선의 배선방식 중 평행식에 관한 설명으로 옳은 것은?

① 공급 신뢰도가 낮아 중요부하에 적용이 곤란하다.
② 나뭇가지식에 비해 배선이 단순하며 설비비가 저렴하다.
③ 용량이 큰 부하에 대하여는 단독의 간선으로 배선할 수 없다.
④ 사고 발생 시 타 부하에 파급효과를 최소한으로 억제할 수 있다.

> **해설**
> 평행식은 각 분전반마다 배전반으로부터 1 : 1 단독으로 배선하여 사고 발생 시 그 범위를 좁힐 수 있다.

17 각종 광원에 관한 설명으로 옳지 않은 것은?

① 형광램프는 점등장치를 필요로 한다.
② 고압수은램프는 큰 광속과 긴 수명이 특징이다.
③ 형광램프는 백열전구에 비해 효율이 낮으며 수명도 짧다.
④ 나트륨램프는 연색성이 나쁘며 해안도로조명에 사용한다.

> **해설**
> 형광램프는 백열전구에 비해 낮은 열발산 특성을 가지며, 효율의 측면에서는 백열전구보다 양호하고 수명이 길다.

18 다음 자동화재탐지설비의 감지기 중 열감지기에 속하지 않는 것은?

① 보상식　② 정온식
③ 차동식　④ 광전식

> **해설**
> **광전식**
> 연기에 의해 반응하는 것으로 광전효과를 이용하여 감지

19 간접가열식 급탕방법에 관한 설명으로 옳지 않은 것은?

① 직접가열식에 비해 열효율이 떨어진다.
② 급탕용 보일러는 난방용 보일러와 겸용할 수 있다.
③ 저장탱크에는 서모스탯(Thermostat)을 설치하여 온도를 조절할 수 있다.
④ 열원을 증기로 사용하는 경우에는 저장탱크에 스팀사일런서(Steam Silencer)를 설치하여야 한다.

해설

스팀사일런서(Steam Silencer)는 보일러에서 생긴 증기를 급탕용의 물속에 직접 불어 넣어 온수를 얻는 방식인 기수혼합식 탕비방식에 설치한다.

간접가열식의 특징
- 난방보일러로 동시에 급탕이 가능하다.
- 건물높이에 따른 수압이 보일러에 작용하지 않으므로 저압보일러로도 가능하다.
- 대규모 설비에 적합하다.

20 다음과 같이 구성되어 있는 벽체의 열관류율은?(단, 내표면 열전달률은 8W/m²·K, 외표면 열전달률은 20W/m²·K이다.)

재료	두께 (m)	열전도율 (W/m·K)	열저항 (m²·K/W)
모르타르	0.02	0.93	—
벽돌	0.1	0.53	—
공기층	—	—	0.21
벽돌	0.21	0.53	—
모르타르	0.02	0.93	—

① 0.99W/m³·K
② 1.18W/m³·K
③ 1.22W/m³·K
④ 1.28W/m³·K

해설

R(열저항)을 구한 후 역수를 취하여 K(열관류율)를 구한다.

$R = \dfrac{1}{\alpha_i} + \sum \dfrac{t}{\lambda} + \dfrac{1}{\alpha_o}$

$= \dfrac{1}{8} + \dfrac{0.02}{0.93} + \dfrac{0.1}{0.53} + 0.21 + \dfrac{0.21}{0.53} + \dfrac{0.02}{0.93} + \dfrac{1}{20}$

$= 1.01 \mathrm{m^2 K/W}$

$K = \dfrac{1}{R} = \dfrac{1}{1.01} = 0.99 \mathrm{W/m^2 \cdot K}$

정답 19 ④ 20 ①

건축기사 (2017년 5월 시행)

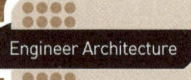

01 다음의 스프링클러설비의 화재안전기준 내용 중 ( ) 안에 알맞은 것은?

> 전동기에 따른 펌프를 이용하는 가압송수장치의 송수량은 0.1MPa의 방수압력기준으로 ( ) 이상의 방수성능을 가진 기준개수의 모든 헤드로부터의 방수량을 충족시킬 수 있는 양 이상으로 할 것

① 80L/min ② 90L/min
③ 110L/min ④ 130L/min

[해설]
스프링클러는 초기 화재 진화를 위하여 사용하는 설비로서 헤드마다 분당 80L의 물을 20분간 분사할 수 있는 수원을 확보하고 있어야 한다.

02 3상 대칭 성형(Y) 결선에서 상전압이 220V일 때 선간전압은 얼마인가?

① 110V ② 220V
③ 380V ④ 440V

[해설]
3상 4선식에서의 선간전압과 상전압 산출 공식
$V_{ab} = \sqrt{3}\,E = \sqrt{3} \times 220V = 381.1V ≒ 380V$
여기서, V_{ab} : 선간전압, E : 상전압

03 공기조화기 설계에서 사용하는 바이패스팩터(Bypass Factor)의 의미로 옳은 것은?

① 급기팬을 통과하는 공기 중 건공기의 비율
② 공기조화기의 도입외기와 환기(Return Air)의 비율
③ 실내로부터의 환기(Return Air) 중 공기조화기로 도입되는 공기의 비율
④ 냉온수코일의 통과 공기 중 냉온수코일과 접촉하지 않고 통과하는 공기의 비율

[해설]
바이패스팩터(BF : Bypass Factor)
공기조화기에서 냉온수코일의 통과 공기 중 냉온수코일과 접촉하지 않고 통과하는 공기의 비율을 의미한다. 이와 반대로 접촉하고 통과하는 비율을 콘택트팩터(CF : Contact Factor)라고 하며 바이패스팩터와 콘택트팩터의 합은 1이 된다.

04 다음과 같은 조건에 있는 실의 틈새바람에 의한 현열부하량은?

- 실의 체적 : 400m³
- 환기횟수 : 0.5회/h
- 실내공기 건구온도 : 20℃
- 외기 건구온도 : 0℃
- 공기의 밀도 : 1.2kg/m³
- 공기의 비열 : 1.01kJ/kg·K

① 986W ② 1,124W
③ 1,347W ④ 1,542W

[해설]
$q = Q \cdot \rho \cdot C_p \cdot \Delta t$
여기서, q : 실내발열량(현열부하)(kJ/h)
  Q : 틈새바람에 의한 침기량(m³/h)
  ρ : 공기의 밀도(1.2kg/m³)
  C_p : 공기의 정압비열(1.01kJ/kg·K)
  Δt : 실내외 온도차(℃)
∴ $q = 400 \times 0.5 \times 1.2 \times 1.01 \times (20-0)$
  $= 4,848$ kJ/h $= 1,347$ W

05 인터폰설비의 통화망 구성방식에 속하지 않는 것은?

① 모자식 ② 상호식
③ 복합식 ④ 프레스토크식

정답 01 ① 02 ③ 03 ④ 04 ③ 05 ④

[해설]

통화망방식에 따른 분류

방식	특징
모자식	• 1대의 모기에 2대 이상의 자기를 접속하여 모기와 자기가 서로 호출해서 통화하는 방식이다. • 자기끼리의 통화는 모기를 통해서 한다.
상호식	• 설치하는 각 기기의 구조와 사용법이 전부 동일하다. • 서로 어느 기기에서든지 임의의 다른 기기를 자유롭게 호출하여 통화할 수 있다. • 통화 중인 기기의 통화에는 혼선되지 않고 별도로 몇 쌍의 통화가 가능하다.
복합식	• 몇 대의 자기를 접속한 모기그룹이 몇 개 있는 경우 모자 간은 모자식으로, 모기끼리는 상호식으로 호출하여 통화한다. • 모자식과 상호식의 조합에 의한 통화망이다.

06 공기조화방식 중 전공기방식에 속하는 것은 어느 것인가?

① 패키지방식
② 이중덕트방식
③ 유인유닛방식
④ 팬코일유닛방식

[해설]

이중덕트방식(Double Duct System)
1대의 공조기에 의해 냉풍과 온풍을 각각의 덕트로 보낸 후 말단의 혼합상자에서 혼합하여 각 실에 송풍하는 전공기방식의 공기조화방식이다.

07 압력탱크급수방식에 관한 설명으로 옳지 않은 것은?

① 정전 시 급수가 곤란하다.
② 급수압력을 일정하게 유지할 수 있다.
③ 단수 시 저수조의 물을 사용할 수 있다.
④ 탱크를 높은 곳에 설치하지 않아도 된다.

[해설]

압력탱크방식은 저수조의 물을 압력탱크로 보내어 컴프레서의 압력을 통해 급수하는 방식으로, 수압부분이 일정하지 않아 대규모 고층건물의 급수부하에 대응이 어렵다.

08 3상 유도전동기의 속도 제어방법으로 옳지 않은 것은?

① 인버터를 사용하여 주파수를 변화시킨다.
② 2선의 접속을 바꿔 회전자계의 방향이 반대로 되도록 한다.
③ 회전자에 접속되어 있는 저항을 변화시켜 비례추이의 원리로 제어한다.
④ 독립된 2조에 극수가 서로 다른 고정자권선을 감아 놓고 필요에 따라 극수를 선택하여 극수를 변화시킨다.

[해설]

2선의 접속을 바꿔 회전자계의 방향이 같은 방향이 되도록 한다.

09 건구온도 30℃, 상대습도 60%인 공기를 냉수코일에 통과시켰을 때 공기의 상태변화로 옳은 것은?(단, 코일입구수온 5℃, 코일출구수온 10℃)

① 건구온도는 낮아지고 절대습도는 높아진다.
② 건구온도는 높아지고 절대습도는 낮아진다.
③ 건구온도는 높아지고 상대습도는 높아진다.
④ 건구온도는 낮아지고 상대습도는 높아진다.

[해설]

• 냉수코일을 통과시켰으므로 이론상 냉각의 현열변화이다.
• 냉각의 현열변화 시 건구온도는 낮아지고, 상대습도는 올라가게 된다. 그러나 절대습도는 변함없다.

10 간접가열식 급탕방식에 관한 설명으로 옳지 않은 것은?

① 저압보일러를 써도 되는 경우가 많다.
② 직접가열식에 비해 소규모 급탕설비에 적합하다.
③ 급탕용 보일러는 난방용 보일러와 겸용할 수 있다.
④ 직접가열식에 비해 보일러 내면에 스케일이 발생할 염려가 적다.

정답 06 ② 07 ② 08 ② 09 ④ 10 ②

> [해설]
> **간접가열식의 특징**
> - 난방보일러로 동시에 급탕이 가능하다.
> - 건물높이에 따른 수압이 보일러에 작용하지 않으므로 저압보일러로도 가능하다.
> - 대규모 설비에 적합하다.
> - 스케일 형성이 적고 보일러 수명이 길다.

11 증기난방에 관한 설명으로 옳지 않은 것은?

① 계통별 용량 제어가 곤란하다.
② 한랭지에서 동결의 우려가 적다.
③ 예열시간이 온수난방에 비하여 짧다.
④ 부하변동에 따른 실내방열량의 제어가 용이하다.

> [해설]
> **증기난방(Steam Heating System)**
> 증기난방은 증기보일러에서 발생한 증기를 배관을 통해 각 실에 설치된 난방기기로 보내어 증기의 잠열로 난방한다.
>
> | 장점 | 단점 |
> | --- | --- |
> | • 예열시간이 짧음
• 열의 운반능력이 큼
• 방열면적과 환수관경이 작음
• 설비비와 유지비가 적음
• 동파의 우려가 없음 | • 부하변동에 따른 방열량 조절이 곤란
• 방열기 표면온도가 높아 쾌감도가 좋지 않음
• 환수관의 부식이 비교적 심하여 수명이 짧음
• 시스템 가동 초기 스팀해머(Steam Hammer)에 의한 소음 발생
• 보일러 취급이 난해 |

12 실내열환경지표 중 공기의 습도가 고려되지 않는 것은?

① 작용온도
② 유효온도
③ 등온지수
④ 신유효온도

> [해설]
> **작용온도(Operative Temperature)**
> 효과온도라고도 하며, 기온·기류 및 주위벽 복사열 등의 종합적 효과를 나타낸 것으로 쾌적정도 등 체감도를 나타내는 척도이다. 그러나 습도는 고려되지 않는다.

13 주택의 1인 1일 오수량이 $0.05m^3$/인·일이고 오수의 BOD농도가 $260g/m^3$일 때 1인 1일당 BOD부하량은?

① 5g/인·일
② 13g/인·일
③ 26g/인·일
④ 50g/인·일

> [해설]
> BOD부하량(g/인·일)
> = 1인 1일 오수량 × 오수의 BOD농도(g/m^3)
> = 0.05 × 260
> = 13g/인·일

14 조명기구를 배광에 따라 분류할 경우, 다음과 같은 특징을 갖는 것은?

> 발산광속 중 상향광속이 60~90% 정도이고, 하향광속이 10~40% 정도이며 천장을 주광원으로 이용한다.

① 직접조명기구
② 반직접조명기구
③ 반간접조명기구
④ 전반확산조명기구

> [해설]
> **반간접조명기구**
> 발산광속의 대부분을 상향광속으로 하여 천장을 통한 간접조명(반사광)이 주가 되고, 일부를 하향광속(직사광)으로 조명하는 기구형식이다.

15 유체의 흐름을 한방향으로만 흐르게 하고 반대방향으로는 흐르지 못하게 하는 밸브는?

① 콕
② 체크밸브
③ 게이트밸브
④ 글로브밸브

> [해설]
> **체크밸브**
> - 유체의 흐름을 한쪽 방향으로만 흐르게 하는 일종의 역류방지밸브이다.
> - 종류에는 스윙형(수직, 수평배관에 사용)과 리프트형(수평배관에 사용)이 있다.
> - 유량에 대한 조정은 불가하다.

정답 11 ④ 12 ① 13 ② 14 ③ 15 ②

16 펌프에서 발생하는 공동현상(Cavitation)의 방지대책으로 가장 알맞은 것은?

① 펌프의 설치위치를 높인다.
② 펌프의 흡입양정을 낮춘다.
③ 펌프의 토출양정을 높인다.
④ 펌프의 토출구경을 확대한다.

해설

공동현상(Cavitation)
㉠ 발생원인
- 해발이 높은 고지역에 대기압이 낮은 경우
- 수온이 높아져 포화증기압 이하로 되었을 때
- 배관이 좁아지는 부분(유속이 빨라지는 부분)

㉡ 방지대책
- 흡입양정을 낮춘다.
- 펌프 흡입 측에 공기유입을 방지한다.
- 수온상승을 방지한다.
- 배관 내(흡입) 유속을 낮게 한다.

17 엘리베이터의 안전장치 중에서 카가 최상층이나 최하층에서 정상운행위치를 벗어나 그 이상으로 운행하는 것을 방지하는 것은?

① 완충기(Buffer)
② 조속기(Governor)
③ 리밋스위치(Limit Switch)
④ 카운터웨이트(Counter Weight)

해설

리밋스위치(Limit Switch)
스토핑스위치가 작동하지 않을 때 제2단의 작동으로 주회로를 차단하는 것으로서 카(Car)가 최하층이나 최상층에서 정상운행위치를 벗어나 그 이상으로 운행하는 것을 방지하기 위한 안전장치로 적용하고 있으며, 제한스위치라고도 한다.

18 옥내배선의 전선굵기 결정요소에 속하지 않는 것은?

① 허용전류
② 배선방식
③ 전압강하
④ 기계적 강도

해설

전선굵기 산정 결정요소
허용전류, 전압강하, 기계적 강도

19 가스설비에 사용하는 거버너(Governor)에 관한 설명으로 옳은 것은?

① 실내에서 발생하는 배기가스를 외부로 배출시키는 장치
② 연소가 원활히 이루어지도록 외부로부터 공기를 받아들이는 장치
③ 가스가 누설되거나 지진이 발생했을 때 가스공급을 긴급히 차단하는 장치
④ 가스공급회사로부터 공급받은 가스를 건물에서 사용하기에 적합한 압력으로 조정하는 장치

해설

거버너(Governor)
각 건물에서 사용하는 가스기기에 필요한 가스압력이 서로 다를 경우에는 높은 압력으로 공급을 받아서 그대로 사용하거나 기기에 따라서는 필요한 압력으로 낮추어서 사용하기도 하는데, 이때 압력을 조정하는 데 사용하는 기기를 말한다.

20 일반적으로 실내환기량의 기준이 되는 것은?

① 공기온도
② NO_2농도
③ CO_2농도
④ SO_2농도

해설

CO_2농도는 실내에서 발생할 수 있는 여러 유해물질의 농도 상승 시 함께 상승하는 특징이 있어, CO_2농도를 기준으로 실내환기량을 설정한다.

정답 16 ② 17 ③ 18 ② 19 ④ 20 ③

건축산업기사 (2017년 5월 시행)

01 35℃의 옥외공기 30kg과 27℃의 실내공기 70kg을 단열혼합하였을 때, 혼합공기의 온도는 어느 것인가?

① 28.2℃ ② 29.4℃
③ 30.6℃ ④ 32.6℃

[해설]

혼합공기의 온도(℃) $= \dfrac{35 \times 30 + 27 \times 70}{30 + 70} = 29.4℃$

02 2개 이상의 기구트랩의 봉수를 모두 보호하기 위하여 설치하는 통기관으로 최상류의 기구배수관이 배수수평지관에 접속하는 위치의 직하에서 입상하여 통기수직관 또는 신정통기관에 접속하는 것은?

① 습통기관 ② 결합통기관
③ 루프통기관 ④ 도피통기관

[해설]

루프(회로, 환상)통기방식
2개 이상의 기구트랩에 공통으로 하나의 통기관을 설치하는 통기방식으로서 루프통기 1개당 최대 담당 기구 수는 8개 이내(세면기기준)이며 통기수직관까지는 7.5m 이내가 되게 한다.

03 옥내소화전이 가장 많이 설치된 층의 설치개수가 3개인 경우, 펌프의 토출량은 최소 얼마 이상이 되도록 하여야 하는가?(단, 전동기 또는 내연기관에 따른 펌프를 이용하는 가압송수장치의 경우)

[문제변형]

① 260L/min ② 450L/min
③ 550L/min ④ 650L/min

[해설]

옥내소화전설비는 분당 130L의 물을 20분 동안 분사하여 화재의 진압에 사용하는 소화설비이다. 본 문제는 토출량(L/min)을 물어보았으므로 분당 살포필요량인 130L에 옥내소화전이 가장 많이 설치된 층의 설치개수(옥내소화전이 2개 이상 설치된 경우에는 2개)를 곱하여 문제를 해결해야 한다.
옥내소화전설비의 소화펌프 토출량 = 130L/min × 2개
= 260L/min

※ 본 문제 해결 시 옥내소화전설비의 개수는 옥내소화전이 가장 많이 설치된 층에서의 옥내소화전 개수를 적용하며, 산출 시 최대 옥내소화전 개수는 2개이다.

04 HEPA필터에 관한 설명으로 옳지 않은 것은?

① HEPA필터 유닛 시공 시 공기 누설이 없어야 한다.
② 클린룸이나 방사성물질을 취급하는 시설에 사용한다.
③ 0.1μm의 미세한 분진까지 높은 포집률로 포집할 수 있다.
④ HEPA필터의 수명연장을 위해 HEPA필터의 앞에 프리필터를 설치한다.

[해설]

- HEPA Filter(High Efficiency Particulate Air Filter)
  직경 0.3μm인 입자에 대해 99.97%의 포집효율을 갖는 고성능필터이다.
- ULPA Filter(Ultra Low Particulate Air Filter)
  직경 0.1μm인 입자에 대해 99.9995%의 포집효율을 갖는 초고성능필터이다.

05 단일덕트변풍량방식에 사용하는 공기조화기의 송풍기에 인버터를 설치하는 이유는?

① 소음 발생 방지 ② 필요외기량 확보
③ 급기덕트의 압력 감지 ④ 송풍기의 회전수 제어

정답 01 ② 02 ③ 03 ① 04 ③ 05 ④

[해설]
변풍량방식은 실의 부하에 따라 풍량을 변화시켜 공급해야 한다. 이때 실의 풍량을 변화시키기 위해 인버터를 이용하여 송풍기의 회전수 제어를 실시한다.

06 배수트랩의 유효봉수깊이로 옳은 것은?

① 10~40mm ② 50~100mm
③ 120~150mm ④ 200~250mm

[해설]
배수트랩의 유효봉수깊이는 50~100mm 정도로 한다.

07 다음 설명에 알맞은 자동화재탐지설비의 감지기는?

주위온도가 일정 온도 이상이 되면 작동하는 것으로 보일러실, 주방과 같이 다량의 열을 취급하는 곳에 설치한다.

① 정온식 ② 차동식
③ 광전식 ④ 이온화식

[해설]
① 정온식 : 주변온도가 일정온도에 달하였을 때 감지
② 차동식 : 주변온도의 일정한 온도상승에 의해 감지
③ 광전식 : 연기에 의해 반응하는 것으로 광전효과를 이용하여 감지
④ 이온화식 : 연기에 의해 이온농도가 변하는 것으로 감지

08 역류를 방지하여 오염으로부터 상수계통을 보호하기 위한 방법으로 옳지 않은 것은?

① 토수구공간을 둔다.
② 진공브레이커를 설치한다.
③ 역류방지밸브를 설치한다.
④ 배관은 크로스커넥션이 되도록 한다.

[해설]
크로스커넥션(Cross Connection)
급수기구 구조의 불비, 불량의 결과 급수관 내에 오수가 역출하여 음료수를 오염시키는 것

09 공기조화설비에 관한 설명으로 옳지 않은 것은 어느 것인가?

① 변풍량방식은 정풍량방식에 비해 부하변동에 대한 제어응답이 빠르다.
② 필요축열량이 같은 경우 빙축열방식은 수축열방식에 비해 축열조 크기가 작다.
③ 흡수식 냉동기는 크게 증발기, 압축기, 발생기, 응축기의 4개 부문으로 구성되어 있다.
④ 팬코일유닛방식에서 각 실의 유닛은 수동으로도 제어할 수 있고, 개별 제어가 쉽다.

[해설]
흡수식은 압축기가 필요 없으며, 증발기, 흡수기, 재생기, 응축기로 구성된다.

10 배선용 차단기에 관한 설명으로 옳지 않은 것은?

① 각 극을 동시에 차단하므로 결상의 우려가 없다.
② 과부하 및 단락사고 차단 후 재투입이 불가능하다.
③ 전기조작, 전기신호 등의 부속장치를 사용하여 자동 제어가 가능하다.
④ 개폐기구 및 트립장치 등이 절연물인 케이스에 내장되어 있어 안전하게 사용 가능하다.

[해설]
배선용 차단기(MCCB : Molded Case Circuit Breaker)
• 개폐기구, 트립장치 등을 절연물 용기 내에 일체화 조립한 것으로서 과부하 및 단로 등의 이상상태 시 자동으로 전류를 차단하는 기구
• 소형이며 조작이 안전하고 작동 후 퓨즈의 교체 없이 즉시 재사용이 가능

정답 06 ② 07 ① 08 ④ 09 ③ 10 ②

11 다음 중 기계식 증기트랩에 속하는 것은?

① 버킷트랩
② 드럼트랩
③ 벨로스트랩
④ 바이메탈트랩

> [해설]
> **기계식 증기트랩**
> 버킷트랩(부력에 의해 작동), 플로트트랩(응축수 유량에 의해 작동)

12 리버스리턴(Reverse Return)배관방식에 관한 설명으로 옳은 것은?

① 증기난방설비에 주로 이용하는 배관방식이다.
② 계통별로 마찰저항을 균등하게 하기 위한 배관방식이다.
③ 배관의 온도 변화에 따른 신축을 흡수하기 위한 배관방식이다.
④ 물의 온도차를 크게 하여 밀도차에 의한 자연 순환을 원활하게 하기 위한 배관방식이다.

> [해설]
> **리버스리턴(Reverse Return, 역환수)방식**
> - 온수의 유량을 균일하게 분배하기 위하여 각 기기(방열기, FCU, 기타 난방기기)의 배관회로길이를 같게 하는 방식이다.
> - 공급관과 환수관의 길이 합이 모두 같아 각 기기의 마찰손실이 같게 되어 균일한 온도 분포를 기할 수 있다.

13 난방배관의 신축이음에 속하지 않는 것은?

① 루프형
② 스프링형
③ 슬리브형
④ 벨로스형

> [해설]
> 난방배관의 신축이음에는 스위블형, 슬리브형, 루프형, 벨로스형 등이 있다.

14 외부로부터의 화재에 의하여 탈 염려가 있는 건물의 외벽이나 지붕을 수막으로 덮어 연소를 방지하는 설비는?

① 드렌처설비
② 포소화설비
③ 옥외소화전설비
④ 옥내소화전설비

> [해설]
> **드렌처(Drencher)설비**
> 건축물의 창, 외벽, 지붕 등에 설치하여 인접건물 화재 시 방수로 인해 수막을 형성하여 화재를 방지하는 설비

15 면적 100m², 천장높이 3.5m인 교실의 평균조도를 100lx로 하고자 한다. 다음과 같은 조건에서 필요한 광원의 개수는?

- 광원 1개의 광속 : 2,000lm
- 조명률 : 50%
- 감광보상률 : 1.5

① 8개
② 15개
③ 19개
④ 23개

> [해설]
> 소요램프의 수(N)
> $= \dfrac{E(조도) \cdot A(면적) \cdot D(감광보상률)}{F(램프 1개의 광속) \cdot U(조명률)}$
> $= \dfrac{100 \times 100 \times 1.5}{2,000 \times 0.5} = 15개$

16 다음 설명에 알맞은 건축화 조명방식은?

- 코너조명과 같이 천장과 벽면 경계에 건축적으로 둘레턱을 만든 후 내부에 등기구를 배치하여 조명하는 방식이다.
- 아래 방향의 벽면을 조명하는 방식으로, 형광램프를 이용하는 건축화 조명에 적당하다.

① 코퍼조명
② 광천장조명
③ 코니스조명
④ 다운라이트조명

정답 11 ① 12 ② 13 ② 14 ① 15 ② 16 ③

> [해설]

코니스조명
벽면의 상부에 위치하여 모든 빛이 아래로 비추도록 하는 조명방식

17 건물의 급수방식에 관한 설명으로 옳은 것은 어느 것인가?

① 펌프직송방식은 정전 시 급수가 불가능하다.
② 수도직결방식은 건물의 높이에 관계가 없다.
③ 고가탱크방식은 급수압력의 변동이 가장 크다.
④ 압력탱크방식은 수질오염 가능성이 가장 적다.

> [해설]

① 펌프직송방식은 펌프의 전원(동력)으로 급수하는 방식이므로, 정전 시 급수가 불가하다.
② 수도직결방식은 수도본관의 상수도압에 의해서 급수하므로 건물의 높이와 밀접한 관계가 있다.
③ 고가탱크방식은 급수압력의 변동이 가장 적은 방식이다.
④ 수질오염 가능성이 가장 적은 방식은 수도직결방식이다.

18 전기설비용 시설공간(실)에 관한 설명으로 옳지 않은 것은?

① 발전기실은 변전실과 인접하도록 배치한다.
② 중앙감시실은 일반적으로 방재센터와 겸하도록 한다.
③ 전기샤프트는 각 층에서 가능한 한 공급대상의 중심에 위치하도록 한다.
④ 주요 기기에 대한 반입, 반출통로를 확보하되, 외부로 직접 출입할 수 있는 반출입구를 설치하여서는 안 된다.

> [해설]

주요 기기에 대한 반출입이 용이해야 하며, 이를 위해서는 외부로 직접 출입할 수 있는 반출입구의 설치가 필요하다.

19 배관의 연결방법 중 리프트이음(Lift Fitting)이 사용되는 곳은?

① 오수정화조에서 부패조
② 급수설비에서 펌프의 토출 측
③ 난방설비에서 보일러의 주위
④ 배수설비에서 수평관과 수직관의 연결부위

> [해설]

리프트이음(Lift Fitting)
- 진공환수식 난방장치에 있어서 환수주관보다 아래에 난방기기 설치 시 응축수를 환수하기 위해 보일러 주위에 설치하는 방식
- 저압일 경우 흡상높이 : 1.5m 이내
- 고압일 경우 흡상높이 : 100kPa에 대해 5m 정도

20 다음과 같은 조건에 있는 사무실의 1일당 급수량(사용수량)은?

- 연면적 : 2,000m²
- 유효면적비율 : 56%
- 거주인원 : 0.2인/m²
- 1인 1일당 급수량 : 150L/d

① 3.36m³/d
② 4.36m³/d
③ 33.6m³/d
④ 40.6m³/d

> [해설]

급수량(m³/d) = 건물 연면적(m²)×건물의 유효면적비
   ×유효면적당 인원(인/m²)
   ×1인 1일당 급수량(m³)
 = 2,000(m²)×0.56×0.2(인/m²)
   ×150(L/d)÷1,000
 = 33.6m³/d

정답 17 ① 18 ④ 19 ③ 20 ③

건축기사 (2017년 9월 시행)

01 급탕배관에 관한 설명으로 옳지 않은 것은 어느 것인가?

① 관의 신축을 고려하여 굽힘부분에는 스위블이음 등으로 접합한다.
② 관의 신축을 고려하여 건물의 벽 관통부분의 배관에는 슬리브를 사용한다.
③ 역구배나 공기정체가 일어나기 쉬운 배관 등 온수의 순환을 방해하는 것은 피한다.
④ 배관재로 동관을 사용하는 경우 관 내 유속을 느리게 하면 부식되기 쉬우므로 2.5m/s 이상으로 하는 것이 바람직하다.

해설
관 내 유속을 빠르게 하면 부식의 원인이 될 수 있다. 유속은 1.5m/s 이하로 제어되는 것이 부식 방지에 좋다.

02 작업면의 필요조도가 400lx, 면적이 10m², 전등 1개의 광속이 2,000lm, 감광보상률이 1.5, 조명률이 0.6일 때 전등의 소요수량은?

① 3등   ② 5등
③ 8등   ④ 10등

해설
소요전등의 수(N)
$$= \frac{E(조도) \cdot A(면적) \cdot D(감광보상률)}{F(램프1개의 광속) \cdot U(조명률)}$$
$$= \frac{400 \times 10 \times 1.5}{2,000 \times 0.6} = 5개$$

03 알칼리축전지에 관한 설명으로 옳지 않은 것은 어느 것인가?

① 고율방전특성이 좋다.
② 공칭전압은 2V/셀이다.
③ 기대수명이 10년 이상이다.
④ 부식성의 가스가 발생하지 않는다.

해설
알칼리축전지의 공칭전압은 1.2V/셀이다.

04 급기온도를 일정하게 하고 송풍량을 변화시켜서 실내온도를 조절하는 공기조화방식은?

① FCU방식
② 이중덕트방식
③ 정풍량단일덕트방식
④ 변풍량단일덕트방식

해설
단일덕트방식
- 정풍량방식(CAV방식) : 풍량을 고정하고, 온도를 가변하는 방식
- 변풍량방식(VAV방식) : 풍량을 가변하고, 온도를 고정하는 방식

05 온수난방과 비교한 증기난방의 설명으로 옳은 것은?

① 예열시간이 길다.
② 한랭지에서 동결의 우려가 있다.
③ 부하변동에 따른 방열량 제어가 용이하다.
④ 열매온도가 높으므로 방열기의 방열면적이 작아진다.

해설
증기난방은 증기를 열매로 하므로, 열매온도가 높아 방열기의 방열면적이 작아진다.

정답   01 ④   02 ②   03 ②   04 ④   05 ④

06 옥내소화전설비의 설치기준으로 옳지 않은 것은? [문제변형]

① 방수구는 바닥으로부터의 높이가 1.5m 이하가 되도록 한다.
② 연결송수관설비의 배관과 겸용할 경우 주배관은 구경 100mm 이상으로 한다.
③ 특정소방대상물의 각 부분으로부터 하나의 옥내소화전 방수구까지의 수평거리가 30m 이하가 되도록 한다.
④ 수원은 그 저수량이 옥내소화전의 설치개수가 가장 많은 층의 설치개수(2개 이상 설치된 경우에는 2개)에 2.6m³를 곱한 양 이상이 되도록 한다.

해설
옥내소화전설비 설치기준
㉠ 설치간격 : 각 층마다 설치하되 유효반경 25m 이하가 되도록 한다.
㉡ 표준방수량 : 130L/min
㉢ • 노즐의 구경 : 13mm
　• 호스의 구경 : 40mm
　• 호스의 길이 : 15m × 2개
㉣ 소화전의 높이 : 바닥에서 1.5m 이내
㉤ 노즐의 방수압력
　• 최소 0.17MPa 이상
　• 최대 0.7MPa 이하
㉥ 저수조용량(Q)
　소화전 1개 표준방수량 × 20min × 동시사용개수

여기서의 동시사용개수는 각 층 소화전수 중 가장 많은 수를 택한다. 단, 2개 이상일 때는 2개를 기준으로 한다.

07 자동화재탐지설비의 열감지기 중 주위온도가 일정온도 이상일 때 작동하는 것은?

① 차동식　　② 정온식
③ 광전식　　④ 이온화식

해설
① 차동식 : 주변온도의 일정한 온도상승에 의해 감지
② 정온식 : 주변온도가 일정온도에 달하였을 때 감지
③ 광전식 : 연기에 의해 반응하는 것으로 광전효과를 이용하여 감지
④ 이온화식 : 연기에 의해 이온농도가 변하는 것으로 감지

08 덕트의 치수 결정방법에 속하지 않는 것은 어느 것인가?

① 균등법
② 등속법
③ 등마찰법
④ 정압재취득법

해설
덕트의 치수 결정법에는 등속법(정속법), 등압법(등마찰법), 정압재취득법 등이 있다.

09 다음 중 약전설비에 속하는 것은?

① 변전설비
② 전화설비
③ 축전지설비
④ 자가발전설비

해설
약전설비
전화설비, 인터폰설비, 전기시계설비, 안테나(공동수신) 설비 등

10 습공기가 냉각되어 포함되어 있던 수증기가 응축되기 시작하는 온도를 의미하는 것은?

① 노점온도
② 습구온도
③ 건구온도
④ 절대온도

해설
노점온도는 수증기가 응축되기 시작하는 온도를 의미하며, 일상에서 볼 수 있는 결로가 시작되는 온도이기도 하다.

정답　06 ③　07 ②　08 ①　09 ②　10 ①

11 급수방식 중 고가수조방식에 관한 설명으로 옳은 것은?

① 상향급수배관방식이 주로 사용된다.
② 3층 이상의 고층으로의 급수가 어렵다.
③ 압력수조방식에 비해 급수압변동이 크다.
④ 펌프직송방식에 비해 수질오염 가능성이 크다.

> 해설

고가수조방식은 옥상탱크에 물을 저수한 후 건물에 하향 급수하는 방식이다. 옥상탱크에 물 저수 시 온습도환경에 따라 수질이 오염될 수 있다.

12 광속이 2,000lm인 백열전구로부터 2m 떨어진 책상에서 조도를 측정하였더니 200lx였다. 이 책상을 백열전구로부터 4m 떨어진 곳에 놓고 측정하였을 때 조도는?

① 50lx
② 100lx
③ 150lx
④ 200lx

> 해설

조도는 광도에 비례하고, 거리의 제곱에 반비례한다.
$$조도(E) = \frac{광도(I)}{거리(D)^2}$$
이에 광원과의 거리가 2→4m로 2배 멀어졌기 때문에 조도는 1/4배(200lx → 50lx)로 감소하게 된다.

13 자연환기에 관한 설명으로 옳은 것은?

① 풍력환기에 의한 환기량은 풍속에 반비례한다.
② 풍력환기에 의한 환기량은 유량계수에 비례한다.
③ 중력환기에 의한 환기량은 공기의 입구와 출구가 되는 두 개구부의 수직거리에 반비례한다.
④ 중력환기에서는 실내온도가 외기온도보다 높을 경우, 공기는 건물 상부의 개구부에서 들어와서 하부의 개구부로 나간다.

> 해설

풍력환기는 바람에 의한 환기로서 풍력환기에 의한 환기량은 유량계수와 통기율, 유출부와 유입부 간의 압력차 등에 비례한다.

14 보일러 하부의 물드럼과 상부의 기수드럼을 연결하는 다수의 관을 연소실 주위에 배치한 구조로, 상부 기수드럼 내의 증기를 사용하는 보일러는?

① 수관보일러
② 관류보일러
③ 주철제보일러
④ 노통연관보일러

> 해설

수관보일러의 특징
- 대규모 건물, 상업용 등에 적용한다.
- 보유수량이 적어 증기 발생이 빠르고 대용량이다.
- 드럼 속의 관 내에 물을 흐르게 하여 가열한다.
- 열효율이 좋으나 수명이 짧고 압력 변화가 심하다.
- 고도의 수처리가 필요하다.

15 압축식 냉동기의 냉동사이클로 옳은 것은?

① 압축 → 응축 → 팽창 → 증발
② 압축 → 팽창 → 응축 → 증발
③ 응축 → 증발 → 팽창 → 압축
④ 팽창 → 증발 → 응축 → 압축

> 해설

- 압축식 냉동기 : 압축 → 응축 → 팽창 → 증발
- 흡수식 냉동기 : 발생기(재생기) → 응축기 → 증발기 → 흡수기

16 배수트랩의 구비조건으로 옳지 않은 것은?

① 가동부분이 있을 것
② 자기세정 기능을 가지고 있을 것
③ 봉수깊이는 50mm 이상 100mm 이하일 것
④ 오수에 포함된 오물 등이 부착 또는 침전하기 어려운 구조일 것

해설
트랩에 가동부분이 있을 경우 봉수파괴의 원인이 된다.

17 대변기에 설치한 세정밸브(Flush Valve)의 최저필요압력은?

① 10kPa 이상   ② 30kPa 이상
③ 50kPa 이상   ④ 70kPa 이상

해설
세정밸브식(Flush Valve)
- 최저필요압력 : 70kPa 이상
- 급수관의 관경 : 25mm 이상
- 세정 시 소음이 가장 크나, 점유면적은 가상 작다.
- 크로스커넥션(Cross Connection)을 방지하기 위해 진공방지기(Vacuum Breaker)를 설치한다.

18 엘리베이터의 안전장치 중 일정 이상의 속도가 되었을 때 브레이크 등을 작동시키는 기능을 하는 것은?

① 조속기   ② 권상기
③ 완충기   ④ 가이드슈

해설
조속기
조속기는 엘리베이터의 안전장치 중 하나로서 속도가 일정 이상이 되었을 때 브레이크나 안전장치를 작동시키는 기능을 하는 장치이다.

19 LPG에 관한 설명으로 옳지 않은 것은?

① 비중이 공기보다 작다.
② 액화석유가스를 말한다.
③ 액화하면 그 체적은 약 1/250이 된다.
④ 상압에서는 기체이지만 압력을 가하면 액화된다.

해설
LPG는 공기보다 비중이 높아 누설 시 환기가 잘 되지 않고 바닥에 가라앉게 되어 폭발의 위험성이 높다.

20 합성최대수용전력이 1,000kW, 부하율이 0.6일 때 평균전력[kW]은?

① 600   ② 800
③ 1,000   ④ 1,667

해설

$$부하율 = \frac{부하의\ 평균전력[kW]}{합성\ 최대수요전력[kW]} \times 100\%$$

문제에서 부하율을 0.6으로 백분율(%)로써 제시하지 않았으므로, 아래 식으로 부하의 평균전력을 구한다.
부하의 평균전력[kW]
= 부하율 × 합성최대수요전력[kW]
= 0.6 × 1,000 = 600kW

정답 17 ④ 18 ① 19 ① 20 ①

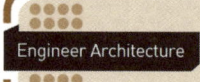

건축산업기사 (2017년 8월 시행)

01 수변전계통에서 지락 사고 발생 시 흐르는 영상전류를 검출하여 지락계전기에 의하여 차단기를 작동시키는 것은?

① 단로기
② 영상변압기
③ 영상변류기
④ 계기용 변류기

[해설]

영상변류기(Zero-phase-sequence Current Transformer)
- 비교적 낮은 송전전류의 접지보호를 위하여 사용하는 변류기
- 수변전계통에서 지락 사고 발생 시 흐르는 영상전류를 검출하여 지락계전기에 의하여 차단기를 작동시킴

02 배수수직관 상부를 연장하여 대기에 개구한 통기관은?

① 신정통기관
② 습윤통기관
③ 각개통기관
④ 결합통기관

[해설]

신정통기관
배수수직관 상부를 그대로 연장하여 옥상 등에 개구시킨 것

03 압력에 따른 도시가스의 분류에서 중압의 압력범위로 옳은 것은?

① 0.1MPa 이상 1MPa 미만
② 0.1MPa 이상 10MPa 미만
③ 0.5MPa 이상 5MPa 미만
④ 0.5MPa 이상 10MPa 미만

[해설]

공급압력에 따른 도시가스의 분류

분류	공급압력
저압	0.1MPa 이하
중압	0.1MPa 이상 ~ 1.0MPa 미만
고압	1.0MPa 이상

04 벽체를 구성하는 재료의 열전도율단위로 옳은 것은?

① $W/m \cdot K$
② $W/m \cdot h$
③ $W/m \cdot h \cdot K$
④ $W/m^2 \cdot K$

[해설]

열전도율의 단위는 $W/m \cdot K$이며, 열관류율의 단위는 $W/m^2 \cdot K$이다.

05 세정밸브식 대변기의 급수관관경은 최소 얼마 이상으로 하는가?

① 15A
② 20A
③ 25A
④ 30A

[해설]

세정밸브식(Flush Valve)
- 급수관의 관경은 25mm 이상이다.
- 세정 시 소음이 가장 크나, 점유면적은 가장 작다.
- 크로스커넥션(Cross Connection)을 방지하기 위해 진공방지기(Vacuum Breaker)를 설치한다.
※ 크로스커넥션(Cross Connection) : 급수기구 구조의 불비, 불량의 결과 급수관 내에 오수가 역출하여 음료수를 오염시키는 것

정답 01 ③ 02 ① 03 ① 04 ① 05 ③

06 같은 크기의 다른 보일러에 비해 전열면적이 크고 증기 발생이 빠르며 고압증기를 만들기 쉬워서 대용량의 보일러로 적당한 것은?

① 입형 보일러　　② 수관보일러
③ 노통보일러　　④ 관류보일러

해설

수관보일러의 특징
- 대규모 건물, 상업용 등에 적용한다.
- 보유수량이 적어 증기 발생이 빠르고 대용량이다.
- 드럼 속의 관 내에 물을 흐르게 하여 가열한다.
- 열효율이 좋으나 수명이 짧고 압력 변화가 심하다.
- 고도의 수처리가 필요하다.

07 전압 220V를 가하여 10A의 전류가 흐르는 전동기를 5시간 사용하였을 때 소비되는 전력량[kWh]은?

① 5　　② 11
③ 15　　④ 22

해설

전력량[kWh] = I(전류) × V(전압) × h(시간) ÷ 1,000
= 10A × 220V × 5h ÷ 1,000
= 11kWh

08 취출구 방향을 상하좌우 자유롭게 조절할 수 있어 주방, 공장 등의 국부냉방에 적용하는 취출구는?

① 팬형　　② 라인형
③ 펑커루버　　④ 아네모스탯형

해설

펑커루버(Punkah Louver)
기류의 방향을 자유롭게 조절할 수 있으며 열부하가 많아서 국부냉방의 적용이 필요한 주방, 공장 등에 특정한 방향으로 국부 취출할 때 쓰이는 방식이다.

09 다음 중 배관을 직선으로 연결하는 데 쓰이는 배관부속류로만 구성된 것은?

① 플러그캡　　② 엘보, 밸드
③ 크로스, 티　　④ 소켓, 플랜지

해설

- 소켓 : 배관을 직선연결(이경소켓, 암수소켓, 편심이경소켓)
- 플랜지 : 배관의 최종 조립, 분해 시 이용(직선연결)

10 금속관 배선공사에 관한 설명으로 옳지 않은 것은?

① 전선의 인입 및 교체가 어렵다.
② 철근콘크리트 매설공사에 사용한다.
③ 옥내, 옥외 등 사용장소가 광범위하다.
④ 외부적 응력에 대해 전선보호의 신뢰성이 높다.

해설

금속관 배선공사의 특징
- 건물의 종류와 장소에 구애받지 않고 시공이 가능하다.
- 주로 콘크리트의 매입배선에 사용한다.
- 화재에 대한 위험성이 적고 전선의 기계적 손상이 적다.
- 전선 교체가 용이하다.
- 전선은 접속점이 없는 절연전선을 사용한다.

11 생물화학적 산소요구량(BOD) 제거율을 나타내는 식은?

① $\dfrac{\text{유입수BOD} - \text{유출수BOD}}{\text{유입수BOD}} \times 100\%$

② $\dfrac{\text{유출수BOD} - \text{유입수BOD}}{\text{유입수BOD}} \times 100\%$

③ $\dfrac{\text{유출수BOD} - \text{유입수BOD}}{\text{유출수BOD}} \times 100\%$

④ $\dfrac{\text{유입수BOD} - \text{유출수BOD}}{\text{유출수BOD}} \times 100\%$

정답 06 ② 07 ② 08 ③ 09 ④ 10 ① 11 ①

> **해설**

산소요구량(BOD)제거율은 유입수BOD와 유출수BOD 간의 차를 유입수BOD로 나눈 것이다.

BOD(Biochemical Oxygen Demand : 생물화학적 산소요구량)
- 오수 중의 유기물이 이와 공존하는 미생물에 의해 분해되어 안정화하는 과정에서 소비되는 수중에 녹아 있는 산소의 감소를 나타내는 값
- 물의 오염 정도를 나타냄

12 수도본관에서 가장 높은 곳에 있는 수전까지의 높이가 30m인 경우, 수도본관의 최저필요압력은?(단, 수전은 샤워기로, 최소필요압력은 70kPa, 배관 중 마찰손실은 5mAq이다.)

① 약 105kPa ② 약 210kPa
③ 약 420kPa ④ 약 630kPa

> **해설**

수도본관의 최저필요압력(P_0)

$P_0 \geq P_1 + P_2 + 10h$

여기서, P_1 : 기구별 최저소요압력(kPa)
  P_2 : 관 내 마찰손실수두(kPa)
  h : 수전고(수도본관과 최고층 수전까지의 높이)(m) → $10h$(kPa)

$P_0 = 70\text{kPa} + 10 \times 5\text{m} + 10 \times 30\text{m}$
  $= 420\text{kPa}$

13 환기에 관한 설명으로 옳지 않은 것은?

① 온도차에 의해 환기가 이루어질 수 있다.
② 환기지표로는 이산화탄소가 사용되기도 한다.
③ 오염원이 있는 실은 급기 위주 방식을 사용한다.
④ 급기만을 송풍기로 하는 방식은 실내압이 정압이 된다.

> **해설**

오염원이 있는 실은 배기 위주로 하여, 부압(−압)을 형성시켜 그 실의 오염물질이 밖으로 유출되지 않게 한다.

14 정풍량단일덕트 공조방식에 관한 설명으로 옳은 것은?

① 공조 대상실의 부하변동에 따라 송풍량을 조절하는 전공기식 공조방식
② 실내에 설치한 팬코일유닛에 냉수 또는 온수를 공급하여 공조하는 방식
③ 송풍량을 일정하게 하고 공조 대상실의 부하 변동에 따라 송풍온도를 조절하는 전공기식 공조방식
④ 냉풍과 온풍의 2개 덕트를 사용하여 말단의 혼합유닛으로 냉풍과 온풍을 혼합해 송풍하는 전공기식 공조방식

> **해설**

단일덕트방식
- 정풍량방식(CAV방식) : 풍량을 고정하고, 온도를 가변하는 방식
- 변풍량방식(VAV방식) : 풍량을 가변하고, 온도를 고정하는 방식

15 다음은 옥내소화전설비의 가압송수장치에 관한 설명이다. ( ) 안에 알맞은 것은?(단, 전동기에 따른 펌프를 이용하는 가압송수장치의 경우)

[문제변형]

특정소방대상물의 어느 층에 있어서도 해당 층의 옥내소화전(2개 이상 설치된 경우에는 2개의 옥내소화전)을 동시에 사용할 경우 각 소화전의 노즐선단에서의 방수압력이 ( ) 이상이 되는 성능의 것으로 할 것

① 0.17MPa ② 0.26MPa
③ 0.35MPa ④ 0.45MPa

> **해설**

옥내소화전설비의 설치기준
㉠ 노즐의 방수압력
  - 최소 : 0.17MPa 이상
  - 최대 : 0.7MPa 이하
㉡ 표준방수량 : 130L/min

정답 12 ③ 13 ③ 14 ③ 15 ①

ⓒ • 노즐의 구경 : 13mm
  • 호스의 구경 : 40mm
  • 호스의 길이 : 15m × 2개
ⓔ 소화전의 높이 : 바닥에서 1.5m 이내
ⓜ 설치간격 : 각 층마다 설치하되 유효반경 25m 이하가 되게 한다.
ⓗ 저수조 용량(Q)
  소화전 1개 표준방수량 × 20min × 동시사용개수

여기서의 동시사용개수는 각 층 소화전수 중 가장 많은 수를 택한다. 단, 2개 이상일 때는 2개를 기준으로 한다.

16 급탕설비의 안전장치 중 보일러, 저탕조 등 밀폐가열장치 내의 압력 상승을 도피시키기 위해 설치하는 것은?

① 팽창관
② 용해전
③ 신축이음
④ 팽창밸브

[해설]

팽창관(Expansion Pipe) 또는 안전관(Escape Pipe)
• 온수난방배관에서 발생하는 온수의 체적팽창을 팽창탱크로 도출시키기 위한 역할
• 보일러에서 온수가 과열하여 증기가 발생하였을 경우에 도출을 위해 팽창탱크 수면으로 돌출시킨 관으로, 안전관 또는 도피관이라고도 함

17 빛을 발하는 점에서 어느 방향으로 향한 단위입체각당의 발산광속으로 정의되는 용어는?

① 광속
② 광도
③ 조도
④ 휘도

[해설]

① 광속 : 광원으로부터 발산되는 빛의 양
③ 조도 : 어떤 면의 입사광속의 면적당 밀도를 그 면의 조도라고 함
④ 휘도 : 표면밝기의 척도로서 휘도가 높으면 눈부심이 큼

18 냉방부하의 산정 시 외벽 또는 지붕에서 일사의 영향을 고려한 온도는?

① 유효온도
② 평균복사온도
③ 상당외기온도
④ 대수평균온도

[해설]

상당외기온도
외기온도에 태양열에 의한 일사 영향을 고려한 온도로서 외벽 및 지붕의 전도에 따른 냉방부하 계산 시 활용된다.

19 난방설비에서 온수난방과 비교한 증기난방의 특징으로 옳지 않은 것은?

① 배관구경이나 방열기가 작아진다.
② 예열시간이 짧고 간헐운전에 적합하다.
③ 건물높이에 관계없이 증기를 쉽게 운반할 수 있다.
④ 증기의 유량 제어가 용이하여 실내온도 조절이 쉽다.

[해설]

증기난방(Steam Heating System)
증기난방은 증기보일러에서 발생한 증기를 배관을 통해 각 실에 설치된 난방기기로 보내어 증기의 잠열로 난방한다.

증기난방의 장단점

장점	단점
• 예열시간이 짧음 • 열의 운반능력이 큼 • 방열면적과 환수관경이 작음 • 설비비와 유지비가 적음 • 동파의 우려가 없음	• 부하변동에 따른 방열량 조절이 곤란 • 방열기 표면온도가 높아 쾌감도가 좋지 않음 • 환수관의 부식이 비교적 심하여 수명이 짧음 • 시스템 가동 초기에 스팀해머(Steam Hammer)에 의한 소음 발생 • 보일러 취급이 난해

정답 16 ① 17 ② 18 ③ 19 ④

20 단효용 흡수식 냉동기와 비교한 2중효용흡수식 냉동기의 특징으로 옳은 것은?

① 저온흡수기와 고온흡수기가 있다.
② 저온발생기와 고온발생기가 있다.
③ 저온응축기와 고온응축기가 있다.
④ 저온팽창밸브와 고온팽창밸브가 있다.

> 해설
>
> 2중효용흡수식 냉동기는 발생기를 저온발생기와 고온발생기로 구성하고, 단효용 흡수식에 비해 높은 효율을 나타내는 것이 특징이다.

정답 20 ②

건축기사 (2018년 3월 시행)

01 직류엘리베이터에 관한 설명으로 옳지 않은 것은?

① 임의의 기동토크를 얻을 수 있다.
② 고속엘리베이터용으로 사용이 가능하다.
③ 원활한 가감속이 가능하여 승차감이 좋다.
④ 교류엘리베이터에 비하여 가격이 저렴하다.

해설

직류엘리베이터
㉠ 운행속도 : 90m/min 이상
㉡ 특징
 • 기동토크가 크다.
 • 속도를 임의적으로 선택, 제어가 가능하다.
 • 승강 시 기분이 좋다.
 • 가격이 고가이다.

02 다음 중 어떤 수조면의 일사량을 나타낸 값 중 그 값이 가장 큰 것은?

① 전천일사량   ② 확산일사량
③ 천공일사량   ④ 반사일사량

해설
전천일사량은 직달일사량과 천공복사량을 합친 것을 의미하므로 보기의 값 중 가장 큰 값을 갖는다.

03 다음은 옥내소화전설비에서 전동기에 따른 펌프를 이용하는 가압송수장치에 관한 설명이다. ( ) 안에 들어갈 말로 알맞은 것은?

특정소방대상물의 어느 층에서도 해당 층의 옥내소화전(2개 이상 설치된 경우에는 2개의 옥내소화전)을 동시에 사용할 경우 각 소화전의 노즐선단에서의 방수압력이 (㉠) 이상이고, 방수량이 (㉡) 이상이 되는 성능의 것으로 할 것

① ㉠ 0.17MPa, ㉡ 130L/min
② ㉠ 0.17MPa, ㉡ 250L/min
③ ㉠ 0.34MPa, ㉡ 130L/min
④ ㉠ 0.34MPa, ㉡ 250L/min

해설

옥내소화전설비 설치기준
㉠ 노즐의 방수압력
 • 최소 : 0.17MPa 이상
 • 최대 : 0.7MPa 이하
㉡ 표준방수량 : 130L/min
㉢ 노즐 및 호스의 구경·길이
 • 노즐의 구경 : 13mm
 • 호스의 구경 : 40mm
 • 호스의 길이 : 15m × 2개
㉣ 소화전의 높이 : 바닥에서 1.5m 이내
㉤ 설치간격 : 각 층마다 설치하되 유효반경이 25m 이하가 되게 한다.
㉥ 저수조용량(Q)
 소화전 1개 표준방수량 × 20min × 동시사용개수
 여기서의 동시사용개수는 각 층 소화전수 중 가장 많은 수를 택한다. 단, 2개 이상일 때는 2개를 기준으로 한다.

04 공기조화방식 중 팬코일유닛방식에 관한 설명으로 옳지 않은 것은?

① 덕트방식에 비해 유닛의 위치변경이 용이하다.
② 유닛을 창문 밑에 설치하면 콜드드래프트를 줄일 수 있다.
③ 전공기방식으로 각 실의 수배관으로 인한 누수의 염려가 없다.
④ 각 실의 유닛은 수동으로 제어할 수 있고, 개별 제어가 용이하다.

정답 01 ④ 02 ① 03 ① 04 ③

해설
팬코일유닛방식은 적용방법에 따라 수-공기방식 또는 전수방식에 해당하는 공기조화방식으로서 배관을 사용하므로 수배관으로 인한 누수의 우려가 있다.

05 냉난방부하에 관한 설명으로 옳지 않은 것은 어느 것인가?

① 틈새바람부하에는 현열부하요소와 잠열부하요소가 있다.
② 최대부하를 계산하는 것은 장치의 용량을 구하기 위한 것이다.
③ 냉방부하 중 실부하란 전열부하, 일사에 의한 부하 등을 말한다.
④ 인체발생열과 조명기구발생열은 난방부하를 증가시키므로 난방부하계산에 포함시킨다.

해설
인체발생열과 조명기구발생열은 실질적으로 난방부하를 일부 감소시키는 효과가 있으나 난방부하계산에는 포함시키지 않는다.

06 광원의 연색성에 관한 설명으로 옳지 않은 것은?

① 고압수은램프의 평균연색평가수(Ra)는 100이다.
② 연색성을 수치로 나타낸 것을 연색평가수라고 한다.
③ 평균연색평가수(Ra)가 100에 가까울수록 연색성이 좋다.
④ 물체가 광원에 의하여 조명될 때 그 물체 색의 보임을 정하는 광원의 성질을 말한다.

해설
고압수은램프의 평균연색평가수(Ra)는 약 25 정도이다.

07 900명을 수용하고 있는 극장에서 실내 CO_2 농도를 0.1%로 유지하기 위해 필요한 환기량은? (단, 외기 CO_2농도는 0.04%, 1인당 CO_2배출량은 18L/h이다.)

① 27,000m³/h
② 30,000m³/h
③ 60,000m³/h
④ 66,000m³/h

해설
Q(필요환기량, m³/h)
$= \dfrac{CO_2 \text{발생량}(m^3)}{C_i(\text{실내허용 } CO_2 \text{농도}) - C_o(\text{신선외기 } CO_2 \text{농도})}$
$= \dfrac{900 \times 0.018}{0.001 - 0.0004} = 27,000 \text{m}^3/\text{h}$

08 압력탱크식 급수설비에서 탱크 내의 최고압력이 350kPa, 흡입양정이 5m인 경우 압력탱크에 급수하기 위해 사용되는 급수펌프의 양정은?

① 약 3.5m
② 약 8.5m
③ 약 35m
④ 약 40m

해설
급수펌프양정 = 탱크 내 최고압력(350kPa)
　　　　　　＋ 흡입양정(5m → 50kPa)
　　　　　＝ 400kPa
1m ≒ 10kPa이므로 40m의 양정을 갖는다.

09 간접가열식 급탕법에 관한 설명으로 옳지 않은 것은?

① 대규모 급탕설비에 적합하다.
② 보일러 내부에 스케일의 발생 가능성이 높다.
③ 가열코일에 순환하는 증기는 저압으로도 된다.
④ 난방용 증기를 사용하면 별도의 보일러가 필요 없다.

해설
직접가열식에 비해 보일러 내면에 스케일이 발생할 염려가 적고 보일러 수명이 길다.

정답 05 ④ 06 ① 07 ① 08 ④ 09 ②

10 전기설비의 전압구분에서 저압기준으로 옳은 것은?

① 교류 400V 이하, 직류 400V 이하
② 교류 600V 이하, 직류 600V 이하
③ 교류 750V 이하, 직류 750V 이하
④ 교류 1,000V 이하, 직류 1,500V 이하

[해설]

전압의 분류

구분	교류	직류
저압	1,000V 이하	1,500V 이하
고압	1,000V 초과 7,000V 이하	1,500V 초과 7,000V 이하
특고압	7,000V 초과	

11 다음 중 약전설비(소세력전기설비)에 속하는 것은?

① 조명설비
② 전기음향설비
③ 감시제어설비
④ 주차관제설비

[해설]

약전설비는 일반적으로 약 24V 미만의 작은 전압이 흐르는 설비를 의미하며, 조명설비는 이러한 약전설비에 속한다.

12 벌류트펌프의 토출구를 지나는 유체의 유속이 2.5m/s, 유량이 1m³/min일 경우 토출구의 구경은?

① 75mm
② 82mm
③ 92mm
④ 105mm

[해설]

유량(Q) = 단면적(A) × 유속(V)

단면적 = $\dfrac{유량}{유속}$

토출구의 단면적(A) = $\dfrac{\pi d^2}{4}$

(여기서 d는 문제에서 구하고자 하는 구경)

$\dfrac{\pi d^2}{4} = \dfrac{Q}{V} \Leftrightarrow d = \sqrt{\dfrac{4 \times Q}{\pi \times V}}$

$= \sqrt{\dfrac{4 \times 1\text{m}^3/\text{min}}{60 \times \pi \times 2.5\text{m/s}}}$

$= 0.092\text{m} = 92\text{mm}$

(여기서 60으로 나눈 것은 min을 sec로 변환하기 위함)

13 겨울철 벽체를 통해 실내에서 실외로 빠져나가는 열손실량을 계산할 때 필요하지 않은 요소는 어느 것인가?

① 외기온도
② 실내습도
③ 벽체의 두께
④ 벽체 재료의 열전도율

[해설]

벽체를 통한 열손실은 온도 변화에 대한 열량인 현열로 판단하므로, 실내습도는 고려되지 않는다.

14 금속관공사에 관한 설명으로 옳지 않은 것은?

① 고조파의 영향이 없다.
② 저압, 고압, 통신설비 등에 널리 사용된다.
③ 사용목적과 상관없이 접지를 할 필요가 없다.
④ 사용장소로는 은폐장소, 노출장소, 옥측, 옥외 등 광범위하게 사용할 수 있다.

[해설]

금속관공사도 사용목적에 따라 접지가 필요한 사항이 있다.

15 급수관의 관경 결정과 관계가 없는 것은?

① 관균등표
② 동시사용률
③ 마찰저항선도
④ 동적부하해석법

[해설]

동적부하해석법은 건축물의 열환경분석시뮬레이션방법 중 하나이다.

정답 10 ④ 11 ① 12 ③ 13 ② 14 ③ 15 ④

16 3상 동력과 단상 전등, 전열부하를 동시에 사용할 수 있는 방식으로 사무소 건물 등 대규모 건물에 많이 사용하는 구내배전방식은?

① 단상 2선식　　② 단상 3선식
③ 3상 3선식　　④ 3상 4선식

> **해설**
> 3상 4선식
> 동력과 전등부하를 동시에 공급할 수 있어 대규모 건물에 적합하다.

17 다음과 같은 조건에서 실의 현열부하가 7,000W인 경우 실내 취출풍량은?

- 실내온도 : 22℃
- 취출공기온도 : 12℃
- 공기의 비열 : 1.01kJ/kg·K
- 공기의 밀도 : 1.2kg/m³

① 1,042m³/h　　② 2,079m³/h
③ 3,472m³/h　　④ 6,944m³/h

> **해설**
> $q = Q\rho C_p \Delta t \Leftrightarrow Q = \dfrac{q}{\rho C_p \Delta t}$
>
> 여기서, q : 열량
> 　　　　Q : 풍량
> 　　　　ρ : 밀도
> 　　　　C_p : 공기의 정압비열
> 　　　　Δt : 실내온도와 취출공기 온도의 차
>
> $Q = \dfrac{7{,}000\text{W} \times 3{,}600\text{sec}}{1.2\text{kg/m}^3 \times 1.01\text{kJ/kg·K} \times (22-12) \times 1{,}000}$
> 　　$= 2{,}079.21\text{m}^3/\text{h}$

18 주관적 온열요소 중 인체의 활동상태단위로 사용되는 것은?

① met　　② clo
③ lm　　④ cd

> **해설**
> 활동량(Activity, met)
> 인체의 열발생량단위를 말하며, 1met는 58W/m²에 상당하는 단위면적당 열량을 의미한다.

19 도시가스배관시공에 관한 설명으로 옳지 않은 것은?

① 건물 내에서는 반드시 은폐배관으로 한다.
② 배관 도중에 신축흡수를 위한 이음을 한다.
③ 건물의 주요 구조부를 관통하지 않도록 한다.
④ 건물의 규모가 크고 배관연장이 길 경우에는 계통을 나누어 배관한다.

> **해설**
> 건물 내에서는 가스의 누출 때문에 은폐배관시공이 난해하며, 은폐배관을 설치할 경우 다기능계량기를 설치하거나 보호관을 시공한 뒤 은폐공간의 가스누출을 가스누출검지기 등으로 확인할 수 있는 시스템을 갖추어야 한다.

20 구조체를 가열하는 복사난방에 관한 설명으로 옳지 않은 것은?

① 복사열에 의하므로 쾌적성이 좋다.
② 바닥, 벽체, 천장 등을 방열면으로 할 수 있다.
③ 예열시간이 길고 일시적인 난방에는 바람직하지 않다.
④ 방열기의 설치로 인해 실의 바닥면적 이용도가 낮다.

> **해설**
> 증기난방의 경우 방열기를 바닥에 설치하므로 복사난방에 비해 실내바닥의 유효면적이 줄어든다.

정답　16 ④　17 ②　18 ①　19 ①　20 ④

건축산업기사 (2018년 3월 시행)

01 지름이 100mm인 관 속을 통과하는 유체의 유량이 0.1m³/s인 경우, 이 유체의 유속은?

① 9.8m/s ② 10.7m/s
③ 11.5m/s ④ 12.7m/s

[해설]
유량을 구하는 공식을 활용하여 계산하는 문제이다.
$Q = AV \Leftrightarrow V = \dfrac{Q}{A} = \dfrac{Q}{\dfrac{\pi d^2}{4}}$

여기서, Q : 유량(m³/s), A : 단면적(m²)
V : 유속(m/s), d : 관경(m)

$V = \dfrac{Q}{\dfrac{\pi d^2}{4}} = \dfrac{0.1}{\dfrac{\pi 0.1^2}{4}} = 12.7\text{m/s}$

02 전기실에 설치된 변압기 등의 발열량은 46.5kW이다. 32℃의 외기를 이용하여 전기실 실내를 40℃로 유지하고자 할 경우 도입해야 할 필요외기량은?(단, 공기의 비열은 1.01kJ/kg·K, 공기의 밀도는 1.2kg/m³이다.)

① 약 5,000m³/h ② 약 17,265m³/h
③ 약 20,834m³/h ④ 약 25,100m³/h

[해설]
$Q = \dfrac{q}{\rho C_p \Delta t}$

여기서, Q : 필요환기량(m³/h)
  q : 실내발열량(kJ/h)
  ρ : 공기의 밀도(1.2kg/m³)
  C_p : 공기의 정압비열(1.01kJ/kg·K)
  Δt : 실내외 온도차(℃)

∴ $Q = \dfrac{46.5\text{kw} \times 3,600}{1.2\text{kg/m}^3 \times 1.01\text{kJ/kg·K} \times (40-32)}$
   $= 17,264.9\text{m}^3/\text{h} \fallingdotseq 17,265\text{m}^3/\text{h}$

03 옥내소화전설비에 관한 설명으로 옳은 것은 어느 것인가?

① 송수구는 지면으로부터 높이가 0.5m 이상 1m 이하의 위치에 설치한다.
② 옥내소화전 노즐선단의 방수압력은 0.1MPa 이상이어야 한다.
③ 수원은 그 저수량이 옥내소화전의 설치개수가 가장 많은 층의 설치개수에 1.3m³를 곱한 양 이상이어야 한다.
④ 옥내소화전용펌프의 토출량은 옥내소화전이 가장 많이 설치된 층의 설치개수에 100L/min를 곱한 양 이상이어야 한다.

[해설]
② 노즐선단의 방수압력
 • 최소 : 0.17MPa 이상
 • 최대 : 0.7MPa 이하
③ 수원은 그 저수량이 옥내소화전의 설치개수가 가장 많은 층의 설치개수에 2.6m³(130L/min×20min)를 곱한 양 이상이 되도록 하여야 한다.
 (여기서, 1m³ : 1,000L)
④ 옥내소화전용펌프의 토출량은 옥내소화전이 가장 많이 설치된 층의 설치개수에 130L/min를 곱한 양 이상이어야 한다.

04 인터폰설비의 통화망구성방식에 속하지 않는 것은 어느 것인가?

① 상호식
② 모자식
③ 복합식
④ 연결식

정답 01 ④ 02 ② 03 ① 04 ④

> 해설

통화망방식에 따른 분류

방식	특징
모자식	• 1대의 모기에 2대 이상의 자기를 접속하여 모기와 자기가 서로 호출해서 통화하는 방식이다. • 자기끼리의 통화는 모기를 통해서 한다.
상호식	• 설치하는 각 기기의 구조와 사용법이 전부 동일하다. • 서로 어느 기기에서든지 임의의 다른 기기를 자유롭게 호출하여 통화할 수 있다. • 통화 중인 기기의 통화에는 혼선되지 않고 별도로 몇 쌍의 통화가 가능하다.
복합식	• 몇 대의 자기를 접속한 모기그룹이 몇 개 있는 경우 모자 간은 모자식으로 모기끼리는 상호식으로 호출하여 통화한다. • 모자식과 상호식의 조합에 의한 통화망이다.

05 자동화재탐지설비의 감지기 중 감지기 주위의 공기가 일정한 농도의 연기를 포함하게 되면 작동하는 것은?

① 차동식　　② 정온식
③ 보상식　　④ 이온화식

> 해설

이온화식
연기에 의해 이온농도가 변하는 것으로 감지

06 건축물의 냉방부하를 감소시키기 위한 유리창 계획으로 옳지 않은 것은?

① 유리창의 면적을 작게 한다.
② 반사율이 큰 유리를 사용한다.
③ 차폐계수가 큰 유리를 사용한다.
④ 열관류율이 작은 유리를 사용한다.

> 해설

차폐계수는 투명부재의 일사 투과정도를 3mm 투명유리의 일사투과율을 1로 보고 그것의 상대값으로 나타낸 수치이다. 차폐계수가 클수록 많은 양의 일사를 투과하므로, 냉방부하에는 불리하다.

07 루프통기의 효과를 높이는 역할과 함께 배수 · 통기 양 계통 간의 공기유통을 원활히 하기 위해 설치하는 통기관은?

① 습통기관　　② 도피통기관
③ 각개통기관　　④ 공용통기관

> 해설

도피통기관
도피통기관은 배수 · 통기 양 계통 간의 공기유통을 원활히 하기 위해 설치하는 통기관으로서, 루프통기관에서 8개 이상의 기구를 담당하거나 대변기가 3개 이상 있는 경우 통기능률을 향상시키기 위하여 배수횡지관의 최하류와 통기수직관을 연결하여 통기역할을 한다.

08 배수트랩의 봉수파괴원인에 속하지 않는 것은?

① 증발현상
② 통기관 설치
③ 자기사이펀작용
④ 감압에 의한 흡입작용

> 해설

통기관의 설치목적
㉠ 배수의 흐름을 원활히 한다.
㉡ 배수관 내의 환기를 도모한다.
㉢ 사이펀작용에 의한 봉수파괴를 방지한다.

09 급탕량의 산정방법에 속하지 않는 것은?

① 급탕단위에 의한 방법
② 사용인원수에 의한 방법
③ 사용기구수에 의한 방법
④ 피크로드시간에 의한 방법

> 해설

급수 설계 시에 시간최대급수량 및 순간최대급수량 등 피크로드에 대한 사항을 고려하게 된다.

정답　05 ④　06 ③　07 ②　08 ②　09 ④

10 다음 중 BOD제거율(%)을 나타낸 식으로 올바른 것은?

① $\dfrac{\text{유입수BOD} - \text{유출수BOD}}{\text{유입수BOD}} \times 100$

② $\dfrac{\text{유출수BOD} - \text{유입수BOD}}{\text{유입수BOD}} \times 100$

③ $\dfrac{\text{유입수BOD} - \text{유출수BOD}}{\text{유출수BOD}} \times 100$

④ $\dfrac{\text{유출수BOD} - \text{유입수BOD}}{\text{유출수BOD}} \times 100$

[해설]

산소요구량(BOD)제거율은 유입수BOD와 유출수BOD 간의 차를 유입수BOD로 나눈 것이다.

※ BOD(Biochemical Oxygen Demand : 생물화학적 산소요구량)
- 오수 중의 유기물이 이와 공존하는 미생물에 의해 분해되어 안정화하는 과정에서 소비되는 수중에 녹아 있는 산소의 감소를 나타내는 값
- 물의 오염정도를 나타냄

11 펌프의 특성곡선에서 나타나지 않는 항목은 어느 것인가?

① 효율 ② 유속
③ 양정 ④ 동력

[해설]

펌프의 특성곡선은 펌프의 양수량, 양정, 효율, 마력의 관계를 나타낸 그래프이다.

12 220V, 400W 전열기를 110V에서 사용하였을 경우 소비전력[W]은?

① 50W ② 100W
③ 200W ④ 400W

[해설]

220V, 400W 전열기에서 저항을 구한 후 소비전력을 산출하는 문제이다.

㉠ 저항 산출

$P = \dfrac{V^2}{R} \Leftrightarrow R = \dfrac{V^2}{P} = \dfrac{220^2}{400} = 121\Omega$

㉡ 소비전력 산출

$P = \dfrac{V^2}{R} = \dfrac{110^2}{121} = 100W$

13 건축물에서 냉각탑을 설치하는 주된 목적은 어느 것인가?

① 공기를 가습하기 위하여
② 공기의 흐름을 조절하기 위하여
③ 오염된 공기를 세정하기 위하여
④ 냉동기의 응축열을 제거하기 위하여

[해설]

냉각탑(Cooling Tower)
냉각탑은 냉동기의 냉각수를 재활용하기 위해 응축기의 응축열을 대기 중에 방출하여 냉각시키는 장치이다.

14 백열전구와 비교한 형광램프의 특징으로 옳지 않은 것은?

① 효율이 높다.
② 휘도가 낮다.
③ 수명이 길다.
④ 전원전압의 변동에 대하여 광속변동이 크다.

[해설]

형광램프는 백열전구보다 전원전압의 변동에 대한 광속변동이 작다.

15 습공기에 관한 설명으로 옳지 않은 것은?

① 건구온도가 낮아지면 비체적은 감소한다.
② 상대습도가 100%인 경우 습구온도와 노점온도는 동일하다.
③ 열수분비는 엔탈피의 변화량을 습구온도 변화량으로 나눈 값이다.
④ 습공기를 가열하면 상대습도는 감소하나 절대습도는 변하지 않는다.

정답 10 ① 11 ② 12 ② 13 ④ 14 ④ 15 ③

해설

열수분비는 엔탈피의 변화량을 절대습도의 변화량으로 나눈 값이다.

16 공기조화방식 중 2중덕트방식에 관한 설명으로 옳지 않은 것은?

① 혼합상자에서 소음과 진동이 생긴다.
② 부하특성이 다른 다수의 실이나 존에도 적용할 수 있다.
③ 덕트스페이스가 작으며 습도의 완벽한 조절이 용이하다.
④ 냉온풍의 혼합으로 인한 혼합손실이 있어서 에너지소비량이 많다.

해설

2중덕트방식은 1대의 공조기에 의해 냉풍과 온풍을 각각의 덕트로 보낸 후 말단의 혼합상자에서 혼합하여 각 실에 송풍하는 방식으로서, 덕트스페이스가 크며 습도에 대한 완벽한 조절특성을 갖고 있지 않다.

17 소화설비 중 스프링클러설비에 관한 설명으로 옳지 않은 것은?

① 초기 화재 진압에 효과가 크다.
② 소화기능은 있으나 경보기능은 없다.
③ 물로 인한 2차 피해가 발생할 수 있다.
④ 고층 건축물이나 지하층의 소화에 적합하다.

해설

스프링클러설비는 초기 화재 진압에 효과적이며, 초기 화재 발생 시 경보기능도 가지고 있다.

18 양수량이 2,400L/min, 전양정이 9m인 양수 펌프의 축동력은 어느 것인가?(단, 펌프의 효율은 70%이다.)

① 4.53kW ② 5.04kW
③ 6.35kW ④ 7.14kW

해설

펌프의 축동력(kW) = $\dfrac{QH}{102E}$

- 양수량 Q(L/s) : 2,400L/min → 40L/sec
- 전양정 H(mAq) : 9m
- 효율 E : 0.70

∴ 펌프의 축동력[kW] = $\dfrac{40 \times 9}{102 \times 0.70}$ = 5.04kW

19 바닥복사난방에 관한 설명으로 옳지 않은 것은 어느 것인가?

① 실내의 쾌적감이 높다.
② 바닥의 이용도가 높다.
③ 방을 개방상태로 하여도 난방효과가 있다.
④ 방열량 조절이 용이하여 간헐난방에 적합하다.

해설

바닥복사난방은 외기온도 급변에 따른 방열량 조절이 어려우며, 주택과 같은 지속난방이 필요한 곳에 적합하다.

20 증기난방의 응축수환수방식 중 환수가 가장 원활하고 신속하게 이루어지는 것은?

① 진공식 ② 기계식
③ 중력식 ④ 복관식

해설

증기난방의 응축수환수방식 중 환수가 가장 원활하고 신속하게 이루어지는 것은 진공환수방식이다.

정답 16 ③ 17 ② 18 ② 19 ④ 20 ①

건축기사 (2018년 4월 시행)

01 배수배관에서 청소구(Clean Out)의 일반적인 설치장소에 속하지 않는 것은?

① 배수수직관의 최상부
② 배수수평지관의 기점
③ 배수수평주관의 기점
④ 배수관이 45°를 넘는 각도에서 방향을 전환하는 개소

해설

청소구(Clean Out)의 설치위치
㉠ 가옥배수관과 부지하수관이 접속하는 곳
㉡ 배수수직관의 최하단부
㉢ 수평지관의 최상단부
㉣ 가옥배수 수평주관기점
㉤ 45° 이상 굴곡부
㉥ 각종 트랩
㉦ 수평관(관경 100mm 이하)의 직선거리 15m 이내마다, 100mm 초과의 관에서는 직선거리 30m 이내마다 설치

02 다음과 같은 조건에서 사무실의 평균조도를 800lx로 설계하고자 할 경우 광원의 필요수량은?

- 광원 1개의 광속 : 2,000lm
- 실의 면적 : 10m²
- 감광보상률 : 1.5
- 조명률 : 0.6

① 3개
② 5개
③ 8개
④ 10개

해설

소요전등의 수(N)

$$N = \frac{E(조도) \cdot A(면적) \cdot D(감광보상률)}{F(램프\ 1개의\ 광속) \cdot U(조명률)}$$

$$= \frac{800 \times 10 \times 1.5}{2,000 \times 0.6} = 10개$$

03 최대수용전력이 500kW, 수용률이 80%일 때 부하설비용량은?

① 400kW
② 625kW
③ 800kW
④ 1,250kW

해설

부하설비용량은 문제에서 수요율(수용률)과 최대수용전력을 제시하였으므로, 수요율(수용률) 공식을 활용하여 산정한다.

$$수용률 = \frac{최대수요전력(kW)}{부하설비용량(kW)} \times 100\%$$

⇔ 부하설비용량(kW)

$$= \frac{최대수요전력(kW)}{수용률} \times 100(\%)$$

$$= \frac{500(kW)}{0.80} \times 100(\%) = 625\,kW$$

04 이동식 보도에 관한 설명으로 옳지 않은 것은 어느 것인가?

① 속도는 60~70m/min이다.
② 주로 역이나 공항 등에 이용된다.
③ 승객을 수평으로 수송하는 데 사용된다.
④ 수평으로부터 10° 이내의 경사로 되어 있다.

해설

이동보도의 경우 속도는 용도와 이동거리에 따라 30, 35, 40m/min 정도로 설정된다.

05 급수관에 워터해머(Water Hammer)가 발생하는 가장 주된 원인은?

① 배관의 부식
② 배관지름의 확대
③ 수원(水原)의 고갈
④ 배관 내 유수(流水)의 급정지

정답 01 ① 02 ④ 03 ② 04 ① 05 ④

해설

수격현상(워터해머, Water Hammer)은 관 속을 충만하게 흐르는 액체(물)의 속도를 정지시키는 등 물의 운동상태를 급격히 변화시켰을 때 일어나는 압력파현상이다. 따라서 배관 내의 압력변화가 수격작용의 가장 주된 요인이라 할 수 있다.

06 압력에 따른 도시가스의 분류에서 고압의 기준으로 옳은 것은?

① 0.1MPa 이상
② 1MPa 이상
③ 10MPa 이상
④ 100MPa 이상

해설

공급압력에 따른 도시가스의 분류

분류	공급압력
저압	0.1MPa 이하
중압	0.1MPa 이상 ~ 1.0MPa 미만
고압	1.0MPa 이상

07 압축식 냉동기의 주요구성요소가 아닌 것은 어느 것인가?

① 재생기 ② 압축기
③ 증발기 ④ 응축기

해설

재생기는 흡수식 냉동기에 적용되는 구성요소이다.

08 옥내소화전설비의 설치대상건축물로서 옥내소화전의 설치개수가 가장 많은 층의 설치개수가 6개인 경우, 옥내소화전설비 수원의 유효저수량은 최소 얼마 이상이 되어야 하는가? [문제변형]

① 5.2m³ ② 10.4m³
③ 13.0m³ ④ 15.6m³

해설

저수조용량(Q)

소화전 1개 표준방수량(130L/min) × 20min × 동시사용개수

여기서의 동시사용개수는 각 층 소화전수 중 가장 많은 수를 택한다. 단, 2개 이상일 때는 2개를 기준으로 한다.

$Q = 130 \text{L/min} \times 20 \text{min} \times 2 = 5,200 \text{L} = 5.2 \text{m}^3$

09 변풍량단일덕트방식에서 송풍량 조절의 기준이 되는 것은?

① 실내청정도
② 실내기류속도
③ 실내현열부하
④ 실내잠열부하

해설

변풍량단일덕트방식은 전공기방식으로서 송풍량 조절의 기준은 실내현열부하이다.

10 증기난방에 관한 설명으로 옳지 않은 것은 어느 것인가?

① 온수난방에 비해 예열시간이 짧다.
② 운전 중 증기해머로 인한 소음발생의 우려가 있다.
③ 온수난방에 비해 한랭지에서 동결의 우려가 적다.
④ 온수난방에 비해 부하변동에 따른 실내방열량 제어가 용이하다.

해설

증기난방(Steam Heating System)은 잠열에 의한 난방을 하기 때문에 부하변동에 따른 방열량 조절이 온수난방에 비해 어렵다.

11 피뢰시스템에 관한 설명으로 옳지 않은 것은 어느 것인가?

① 피뢰시스템은 보호성능정도에 따라 등급을 구분한다.

정답 06 ② 07 ① 08 ① 09 ③ 10 ④ 11 ②

② 피뢰시스템의 등급은 Ⅰ, Ⅱ, Ⅲ의 3등급으로 구분한다.
③ 수뢰부시스템은 보호범위 산정방식(보호각, 회전구체법, 메시법)에 따라 설치한다.
④ 피보호건축물에 적용하는 피뢰시스템의 등급 및 보호에 관한 사항은 한국산업표준의 낙뢰 리스트평가에 의한다.

해설

피뢰시스템의 등급분류(4개 등급으로 분류)

등급	시스템의 효율
Ⅰ	0.98
Ⅱ	0.95
Ⅲ	0.90
Ⅳ	0.80

12 다음의 공기조화방식 중 전공기방식에 속하지 않는 것은?

① 단일덕트방식
② 이중덕트방식
③ 멀티존유닛방식
④ 팬코일유닛방식

해설

팬코일유닛방식은 적용방법에 따라 수-공기방식 또는 전수방식에 해당하는 공기조화방식이다.

13 다음과 같은 조건에서 바닥면적 300m², 천장고 2.7m인 실의 난방부하 산정 시 틈새바람에 의한 외기부하는?

- 실내건구온도 : 20℃
- 외기온도 : -10℃
- 환기횟수 : 0.5회/h
- 공기의 비열 : 1.01kJ/kg·K
- 공기의 밀도 : 1.2kg/m³

① 3.4kW
② 4.1kW
③ 4.7kW
④ 5.2kW

해설

$q = Q \cdot \rho \cdot C_p \cdot \Delta t$

여기서, q : 실내발열량(현열부하)(kJ/h)
Q : 틈새바람에 의한 침기량(m³/h)
ρ : 공기의 밀도(1.2kg/m³)
C_p : 공기의 정압비열(1.01kJ/kg·K)
Δt : 실내외 온도차(℃)

$\therefore q = 300 \times 2.7 \times 0.5 \times 1.2 \times 1.01 \times (20-(-10))$
$= 14,725.8$ kJ/h
$= 4.09$ kW ≒ 4.1kW

14 다음 중 사이펀식 트랩에 속하지 않는 것은 어느 것인가?

① P트랩
② S트랩
③ U트랩
④ 드럼트랩

해설

- 사이펀식 트랩은 사이펀작용을 이용하여 배수하는 트랩으로서 종류에는 S트랩, P트랩, U트랩 등이 있으며, 주로 세면기, 소변기, 대변기 등에 적용하고 있다.
- 드럼트랩은 봉수부가 드럼형으로 된 트랩으로서 봉수는 잘 파괴되지 않지만 침전물이 고이기 쉬워 점검이나 청소를 하기 쉬운 곳에 설치할 필요가 있는 트랩이다.

15 일사에 관한 설명으로 옳지 않은 것은?

① 일사에 의한 건물의 수열은 방위에 따라 차이가 있다.
② 추녀와 차양은 창면에서의 일사조절방법으로 사용한다.
③ 블라인드, 루버, 롤스크린은 계절이나 시간, 실내의 사용상황에 따라 일사를 조절할 수 있다.
④ 일사 조절의 목적은 일사에 의한 건물의 수열이나 흡열을 작게 하여 동계의 실내기후의 악화를 방지하는 데 있다.

해설

일사 조절의 목적은 건물의 수열이나 흡열을 작게 하여 하계의 실내 기후의 악화를 방지하는 데 있다.

정답 12 ④ 13 ② 14 ④ 15 ④

16 급수방식 중 펌프직송방식에 관한 설명으로 옳지 않은 것은?

① 전력 차단 시 급수가 불가능하다.
② 고가수조방식에 비해 수질오염 가능성이 크다.
③ 건축적으로 건물의 외관 디자인이 용이해지고 구조적 부담이 경감된다.
④ 적정한 수압과 수량확보를 위해서는 정교한 제어장치 및 내구성 있는 제품의 선정이 필요하다.

해설
수질오염 가능성이 가장 큰 방식은 고가수조방식이다.

17 실내공기 중에 부유하는 직경 10μm 이하의 미세먼지를 의미하는 것은?

① VOC10 ② PMV10
③ PM10   ④ SS10

해설
PM10[Particulate Matter less than 10μm]은 직경 10μm 이하의 미세먼지를 의미한다.
참고로 PM2.5[Particulate Matter less than 2.5μm]는 직경 2.5μm 이하의 초미세먼지를 의미한다.

18 축전지의 충전방식 중 필요할 때마다 표준시간율로 소정의 충전을 하는 방식은?

① 급속충전 ② 보통충전
③ 부동충전 ④ 세류충전

해설
축전지의 충전방식

충전방식	특징
보통충전방식	필요시마다 표준시간율로 소정의 충전을 하는 방식
급속충전방식	비교적 단시간에 급속으로 보통 충전전류의 2~3배의 전류로 충전하는 방식
부동충전방식	전지의 자기방전을 보충함과 동시에 상용부하에 대한 전력공급은 충전기가 부담하도록 하되 충전기가 부담하기 어려운 일시적인 대전류부하는 축전지로 하여금 부담하게 하는 방식
세류충전방식	부동충전방식의 일종으로 자기방전량만을 항상 충전하는 방식
균등충전방식	상시전원 이상 시 또는 전압이 낮을 시 배터리에서 전원을 공급하는 방식

19 경질비닐관공사에 관한 설명으로 옳은 것은?

① 절연성과 내식성이 강하다.
② 자성체이며 금속관보다 시공이 어렵다.
③ 온도 변화에 따라 기계적 강도가 변하지 않는다.
④ 부식성 가스가 발생하는 곳에는 사용할 수 없다.

해설
경질비닐관공사
㉠ 우수한 절연성 보유
㉡ 경량이고 시공이 용이
㉢ 내식성 우수
㉣ 내열성이 약하고, 기계적 강도가 낮음

20 여름철 실내최고온도는 외기온도가 가장 높은 시각 이후에 나타나는 것이 일반적이다. 이와 같은 현상은 벽체를 구성하고 있는 재료의 어떤 성능 때문인가?

① 축열성능
② 단열성능
③ 일사반사성능
④ 일사투과성능

해설
실내최고온도가 외기온도가 가장 높은 시각 이후에 나타나는 이유는 축열체에 의한 타임래그(Time-lag)현상 때문이다. 타임래그현상은 축열체의 축열성능으로 인해 외기의 기온이 실내로 바로 전달되는 것이 아니고, 일정 시간 후에 실내로 전달되는 것을 의미하며, 이것을 시간지연효과라고도 한다.

정답 16 ② 17 ③ 18 ② 19 ① 20 ①

건축산업기사 (2018년 4월 시행)

01 변전실의 위치 선정 시 고려할 사항으로 옳지 않은 것은?

① 외부로부터 전원의 인입이 편리할 것
② 기기를 반입, 반출하는 데 지장이 없을 것
③ 지하 최저층으로 천장높이가 3m 이상일 것
④ 부하의 중심에 가깝고 배전에 편리한 장소일 것

[해설]

변전실은 습기가 적고, 채광 및 통풍이 양호한 곳에 설치해야 하므로, 건축물의 최하층은 피하는 것이 좋다.

02 조명용어에 따른 단위가 옳지 않은 것은?

① 광속 : 루멘[lm]
② 광도 : 캔들[cd]
③ 조도 : 럭스[lx]
④ 방사속 : 스틸브[sb]

[해설]

방사속(Radiant Flux)
단위시간당 방사에너지를 의미하며, 단위는 W(와트)이다.

03 다음과 같이 정의되는 전기설비 관련 용어는 어느 것인가?

> 전면이나 후면 또는 양면에 개폐기, 과전류차단장치 및 기타 보호장치, 모선 및 계측기 등이 부착되어 있는 하나의 대형 패널 또는 여러 대의 패널, 프레임 또는 패널조립품으로서 전면과 후면에서 접근할 수 있는 것

① 캐비닛
② 배전반
③ 분전반
④ 차단기

[해설]

분전반으로 전원을 공급하는 전기설비로서 배전반에 대한 설명이다.

04 배수수직관 내의 압력변화를 방지 또는 완화하기 위해 배수수직관으로부터 분기·입상하여 통기수직관에 접속하는 통기관은?

① 습통기관
② 결합통기관
③ 각개통기관
④ 신정통기관

[해설]

결합통기관
고층건물에서 원활한 통기를 목적으로 5개 층마다 통기수직관과 입상 오배수관에 연결된 통기관이다.

05 처리대상인원 1,000인, 1인 1일당 오수량 0.1m³, 오수의 평균 BOD 200ppm, BOD제거율 85%인 오수처리시설에서 유출수의 BOD 양은?

① 1.5kg/day
② 3kg/day
③ 4.5kg/day
④ 6kg/day

[해설]

유출수의 BOD량(kg/day)
= 처리대상인원 × 1인 1일당 오수량 × 오수의 평균 BOD × (1 − BOD제거율)
= 1,000명 × 100L × 0.0002 × (1 − 0.85)
= 3kg/day (1L = 1kg이라고 가정함)

06 실의 용도별 주된 환기목적으로 적절하지 않은 것은?

① 화장실 – 열, 습기 제거
② 옥내주차장 – 유독가스 제거
③ 배전실 – 취기, 열, 습기 제거
④ 보일러실 – 열 제거, 연소용 공기공급

[해설]

화장실은 분뇨 등에 따른 냄새 등을 배기하여 신선한 공기로 교환하는 것이 환기의 목적이다.

정답 01 ③ 02 ④ 03 ② 04 ② 05 ② 06 ①

07 LPG용기의 보관온도는 최대 얼마 이하로 하여야 하는가?

① 20℃ ② 30℃
③ 40℃ ④ 50℃

> **해설**
> LPG용기(봄베)는 40℃ 이하로 보관하고, 용기 2m 이내에는 화기 접근을 금한다.

08 습공기선도에 표현되어 있지 않은 것은?

① 비체적 ② 노점온도
③ 절대습도 ④ 엔트로피

> **해설**
> 습공기선도는 습공기의 성질을 나타내는 선도로서 건구온도, 습구온도, 노점온도, 절대습도, 상대습도, 수증기 분압, 비용적, 엔탈피, 현열비, 열수분비 등을 나타낸다. 엔트로피는 습공기선도에 나타내는 사항이 아니다.

09 벨로스(Bellows)형 방열기트랩을 사용하는 이유는?

① 관 내의 압력을 조절하기 위하여
② 관 내의 증기를 배출하기 위하여
③ 관 내의 고형 이물질을 제거하기 위하여
④ 방열기 내에 생긴 응축수를 환수시키기 위하여

> **해설**
> 벨로스트랩은 증기난방에서 증기와 응축수를 분리하는 증기트랩이다.

10 고가수조방식을 채택한 건물에서 최상층에 세정밸브가 설치되어 있을 때, 이 세정밸브로부터 고가수조 저수면까지의 필요최저높이는?(단, 세정밸브의 최저필요압력은 70kPa이며, 고가수조에서 세정밸브까지의 총마찰손실수두는 4mAq이다.)

① 약 4.7m ② 약 7.4m
③ 약 11m ④ 약 74m

> **해설**
> 세정밸브에서 고가수조까지의 최소필요높이를 산출하는 것으로서 세정밸브의 최저필요압력(70kPa → 약 7m)과 총 마찰손실(4mAq)의 합을 통해서 산출해야 한다.
> ∴ 최소필요높이(m) = 약 7m + 4m = 약 11m

11 덕트설비의 설계 및 시공에 관한 설명으로 옳지 않은 것은?

① 덕트계통에서 엘보 하류로부터 적정거리를 지난 후 취출구를 설치한다.
② 애스펙트비(Aspect Ratio)란 장방형 덕트에서 장변길이와 단변길이의 비율을 의미한다.
③ 송풍기와 덕트의 접속부는 캔버스이음을 설치하여 덕트계통으로의 진동전달을 방지한다.
④ 덕트의 단위길이당 압력손실이 일정한 것으로 가정하는 치수결정법을 정압재취득법이라 한다.

> **해설**
> 덕트의 단위길이당 압력손실이 일정한 것으로 가정하는 치수결정방법은 등마찰법이다.

12 다음의 건물 내 급수방식 중 수질오염의 가능성이 가장 큰 것은?

① 수도직결방식
② 고가수조방식
③ 압력수조방식
④ 펌프직송방식

> **해설**
> 고가수조방식은 옥상탱크에 물을 저수한 후 건물에 하향급수하는 방식이다. 옥상탱크에 물 저수 시 온습도환경에 따라 수질이 오염될 가능성이 높다.

정답 07 ③ 08 ④ 09 ④ 10 ③ 11 ④ 12 ②

13 설계온도가 22℃인 실의 현열부하가 9.3kW일 때 송풍공기량은 어느 것인가?(단, 취출공기온도 32℃, 공기의 밀도 1.2kg/m³, 비열 1.005kJ/kg·K이다.)

① 2,314m³/h ② 2,776m³/h
③ 2,968m³/h ④ 3,299m³/h

[해설]

$$Q = \frac{q}{\rho C_p \Delta t}$$

여기서, Q : 필요환기량(m³/h)
  q : 실내발열량(kJ/h)
  ρ : 공기의 밀도(1.2kg/m³)
  C_p : 공기의 정압비열(1.005kJ/kg·K)
  Δt : 실내외 외기(환기) 온도차(℃)

$$\therefore Q = \frac{9.3 \times 3,600}{1.2 \times 1.005 \times (32-10)} = 2,776 \text{m}^3/\text{h}$$

14 개별식 급탕방식에 관한 설명으로 옳지 않은 것은?

① 유지관리는 용이하나 배관 중의 열손실이 크다.
② 건물완공 후에도 급탕개소의 증설이 비교적 쉽다.
③ 급탕개소가 적기 때문에 가열기, 배관길이 등 설비규모가 작다.
④ 용도에 따라 필요한 개소에서 필요한 온도의 탕을 비교적 간단히 얻을 수 있다.

[해설]

개별식은 난방부하있는 곳에 개별적으로 설치되어 있으므로, 설치개소가 많아져 유지관리가 어렵고, 배관의 길이가 짧아져 배관 중의 열손실은 작다.

15 자동화재탐지설비의 수신기 종류에 속하지 않는 것은?

① P형 수신기 ② R형 수신기
③ M형 수신기 ④ B형 수신기

[해설]

자동화재탐지설비의 수신기
- 수신기는 감지기 또는 발신기에서 보내온 신호를 수신하여 화재의 발생을 당해 건물의 관계자에게 램프 표시 및 음향장치 등으로 알려주는 것이다.
- 종류로는 P형(1급, 2급), R형, M형이 있다.

16 배수관을 막히게 하는 유지분, 모발, 섬유 부스러기 및 인화위험물질 등을 물리적으로 수거하기 위하여 설치하는 것은?

① 팽창관 ② 포집기
③ 수처리기 ④ 체크밸브

[해설]

포집기
일종의 트랩으로서 배수관을 막히게 하는 물질 및 인화물질 등을 물리적으로 수거하기 위해 설치하는 장치이다.

17 팬코일유닛(FCU)방식에 관한 설명으로 옳지 않은 것은?

① 각 유닛의 개별 제어가 가능하다.
② 각 실의 공기정화능력이 우수하다.
③ 수배관으로 인한 누수의 우려가 있다.
④ 덕트샤프트나 스페이스가 필요 없거나 작아도 된다.

[해설]

팬코일유닛방식은 적용방법에 따라 수-공기방식 또는 전수방식에 해당하는 공기조화방식으로서 전공기방식에 비해 실의 공기정화능력이 떨어진다.

18 다음은 옥내소화전방수구에 관한 설명이다. ( ) 안에 들어갈 말로 알맞은 것은?

특정소방대상물의 층마다 설치하되, 해당 특정소방대상물의 각 부분으로부터 하나의 옥내소화전방수구까지의 수평거리가 ( ) 이하가 되도록 할 것

① 15m ② 20m
③ 25m ④ 30m

> [해설]
>
> **옥내소화전 설비간격**
> 각 층마다 설치하되 유효반경이 25m 이하가 되게 한다.

19 난방설비에 관한 설명으로 옳은 것은?

① 복사난방은 패널의 복사열을 주로 이용하는 방식이다.
② 증기난방은 증기의 현열을 주로 이동하는 방식이다.
③ 온풍난방은 온풍의 잠열을 주로 이용하는 방식이다.
④ 온수난방은 온수의 잠열을 주로 이용하는 방식이다.

> [해설]
>
> ② 증기난방은 증기의 잠열을 주로 이용
> ③ 온풍난방은 온풍의 현열을 주로 이용
> ④ 온수난방은 온수의 현열을 주로 이용

20 관류형 보일러에 관한 설명으로 옳지 않은 것은?

① 기동시간이 짧다.
② 수처리가 필요 없다.
③ 수드럼과 증기드럼이 없다.
④ 부하변동에 대한 추종성이 좋다.

> [해설]
>
> 관류보일러는 수관식 보일러의 일종으로 고압환경에서 작동하므로, Scale 발생 우려가 있다. 따라서 Scale 발생을 최소화시키기 위해 고도의 수처리가 필요하다.

정답 19 ① 20 ②

건축기사 (2018년 9월 시행)

01 에스컬레이터의 경사도는 최대 얼마 이하로 하여야 하는가?(단, 공칭속도가 0.5m/s를 초과하는 경우이며 기타 조건은 무시)

① 25° ② 30°
③ 35° ④ 40°

해설

에스컬레이터의 설치규정
- 사람 또는 물건이 시설의 부분 사이에 끼거나 부딪치지 않도록 안전한 구조로 설치
- 경사도는 30° 이하로 설치할 것(단, 공칭속도가 0.5m/s 이하인 경우에는 경사도를 35°까지 증가시킬 수 있다)
- 디딤바닥 양측에 난간을 설치하고, 난간 상부가 디딤바닥과 동일한 속도로 움직일 수 있는 구조일 것
- 에스컬레이터 디딤바닥의 정격속도는 30m/min 이하로 할 것

02 다음과 같은 조건에 있는 실의 틈새바람에 의한 현열부하는?

- 실의 체적 : 400m³
- 환기횟수 : 0.5회/h
- 실내온도 : 20℃, 외기온도 : 0℃
- 공기의 밀도 : 1.2kg/m³
- 공기의 정압비열 : 1.01kJ/kg · K

① 약 654W   ② 약 972W
③ 약 1,347W ④ 약 1,654W

해설

$q = Q \cdot \rho \cdot C_p \cdot \Delta t$
여기서, q : 실내발열량(현열부하)(kJ/h)
Q : 틈새바람에 의한 침기량(m³/h)
ρ : 공기의 밀도(1.2kg/m³)
C_p : 공기의 정압비열(1.01kJ/kg · K)
Δt : 실내외 온도차(℃)

$\therefore q = 400 \times 0.5 \times 1.2 \times 1.01 \times (20-0)$
$= 4,848 \text{kJ/h} = 1,347\text{W}$

03 각각의 최대수용전력의 합이 1,200kW, 부등률이 1.2일 때 합성최대수용전력은?

① 800kW   ② 1,000kW
③ 1,200kW   ④ 1,440kW

해설

합성최대수요전력은 부등률 공식에서 산출할 수 있다.

부등률 = $\dfrac{\text{개별부하의 최대수요전력 합계(kW)}}{\text{합성최대수요전력(kW)}}$ ⇔

합성최대수요전력(kW)
$= \dfrac{\text{개별부하의 최대수요전력합계(kW)}}{\text{부등률(kW)}} = \dfrac{1,200\text{kW}}{1.2}$
$= 1,000\text{kW}$

04 다음 중 건축물 실내공간의 잔향시간에 가장 큰 영향을 주는 것은?

① 실의 용적   ② 음원의 위치
③ 벽체의 두께 ④ 음원의 음압

해설

잔향이론
- 음원을 정지시킨 후 일정시간 동안 실내에 소리가 남는 현상
- 잔향시간은 실내음의 발생을 중지시킨 후 60dB까지 감소하는 데 소요되는 시간
- 잔향시간은 실의 형태와는 무관하며, 실의 용적과 밀접한 관계가 있으며 실의 용적이 클수록 길어짐
- 천장과 벽의 흡음력을 크게 하면 잔향시간을 짧게 할 수 있음
- 강연장 등 청취가 중요한 곳은 잔향시간을 짧게 하여 음성의 명료도를 높이고, 오케스트라 등이 펼쳐지는 음악공연장의 경우 잔향시간을 길게 하여 음질을 높이는 것이 좋음

정답 01 ② 02 ③ 03 ② 04 ①

05 다음 설명에 알맞은 급수방식은?

- 위생성 측면에서 가장 바람직한 방식이다.
- 정전으로 인한 단수의 염려가 없다.

① 수도직결방식
② 고가수조방식
③ 압력수조방식
④ 펌프직송방식

[해설]
수도직결방식은 상수도에서 공급받은 수원을 저수과정 없이 직접 세대(부하 측)로 공급하므로 수질오염 가능성이 가장 낮으며, 전력을 사용하지 않으므로 정전으로 인한 단수의 염려가 없다.

06 자동화재탐지설비의 감지기 중 주위의 온도 상승률이 일정한 값을 초과하는 경우 작동하는 것은 어느 것인가?

① 차동식 ② 정온식
③ 광전식 ④ 이온화식

[해설]
① 차동식 : 주변온도의 일정한 온도상승에 의해 감지
② 정온식 : 주변온도가 일정온도에 달하였을 때 감지
③ 광전식 : 연기에 의해 반응하는 것으로 광전효과를 이용하여 감지
④ 이온화식 : 연기에 의해 이온농도가 변하는 것으로 감지

07 습공기를 가열하였을 경우 상태량이 변하지 않는 것은?

① 절대습도 ② 상대습도
③ 건구온도 ④ 습구온도

[해설]
습공기의 가열은 현열가열을 의미하므로 절대습도의 변화는 없다. 단, 상대습도는 현열가열 시 감소하게 된다.

08 대기압하에서 0℃의 물이 0℃의 얼음으로 될 경우의 체적 변화에 관한 설명으로 옳은 것은 어느 것인가?

① 체적이 4% 팽창한다.
② 체적이 4% 감소한다.
③ 체적이 9% 팽창한다.
④ 체적이 9% 감소한다.

[해설]
0℃ 물 → 0℃ 얼음 : 9% 팽창(이것은 얼음의 체적이 팽창하면서 물보다 가벼워진다는 것을 의미한다. 이로써 얼음의 9%만큼이 물에 뜨게 되며, 북극 등에서 볼 수 있는 빙산을 생각하면 된다. → 빙산의 일각)

09 급수배관의 설계 및 시공상의 주의점에 관한 설명으로 옳지 않은 것은?

① 급수관의 기울기는 1/100을 표준으로 한다.
② 수평배관에는 공기나 오물이 정체하지 않도록 한다.
③ 급수주관으로부터 분기하는 경우에는 티(Tee)를 사용한다.
④ 음료용 급수관과 다른 용도의 배관을 크로스 커넥션하지 않도록 한다.

[해설]
급수관의 적정구배(기울기)는 1/300~1/200이다.

10 환기에 관한 설명으로 옳지 않은 것은?

① 화장실은 송풍기(급기팬)와 배풍기(배기팬)를 설치하는 것이 일반적이다.
② 기밀성이 높은 주택의 경우 잦은 기계환기를 통해 실내공기의 오염을 낮추는 것이 바람직하다.
③ 병원의 수술실은 오염공기가 실내로 들어오는 것을 방지하기 위해 실내압력을 주변공간보다 높게 설정한다.

정답 05 ① 06 ① 07 ① 08 ③ 09 ① 10 ①

④ 공기의 오염농도가 높은 도로에 면해 있는 건물의 경우, 공기조화설비 계통의 외기도입구를 가급적 높은 위치에 설치한다.

> [해설]
> 화장실은 악취 등이 거주공간으로 들어가면 안 되게 설계하므로, 부압(−) 설계를 하게 된다. 부압(−) 설계는 제3종 환기에 해당하며, 급기는 자연적으로 실시하고, 배기 쪽에는 배풍기(배기팬)를 설치한다.
> - 제1종 환기 : 급기팬+배기팬(정압 + 또는 부압 −)
> - 제2종 환기 : 급기팬+자연배기(정압 +)
> - 제3종 환기 : 자연급기+배기팬(부압 −)

11 방열기의 입구수온이 90℃이고 출구수온이 80℃이다. 난방부하가 3,000W인 방을 온수난방할 경우 방열기의 온수순환량은?(단, 물의 비열은 4.2kJ/kg · K로 한다.)

① 143kg/h   ② 257kg/h
③ 368kg/h   ④ 455kg/h

> [해설]
> $G = \dfrac{q}{C \Delta t}$
> 여기서, G : 온수순환량(kg/h)
> q : 방열기방열량(난방부하)(kJ/h)
> C : 물의 비열(4.2kJ/kg · K)
> Δt : 온수 입출구 온도차(℃)
> $\therefore G = \dfrac{3,000 \times 3,600}{1,000 \times 4.2 \times (90-80)} = 257\text{kg/h}$

12 다음 중 최근에 저압선로의 배선보호용 차단기로 가장 많이 사용하는 것은?

① ACB   ② GCB
③ MCCB   ④ ABCB

> [해설]
> **배선용 차단기(MCCB : Molded Case Circuit Breaker)**
> - 개폐기구, 트립장치 등을 절연물 용기 내에 일체화 조립한 것으로서 과부하 및 단로 등의 이상상태 시 자동으로 전류를 차단하는 기구
> - 소형이며 조작이 안전하고 작동 후 퓨즈의 교체 없이 즉시 재사용이 가능

13 어떤 사무실의 취득현열량이 15,000W일 때 실내온도를 26℃로 유지하기 위하여 16℃의 외기를 도입할 경우, 실내에 공급하는 송풍량은 얼마로 해야 하는가?(단, 공기의 정압비열은 1.01kJ/kg · K, 밀도는 1.2kg/m³이다.)

① 2,455m³/h   ② 4,455m³/h
③ 6,455m³/h   ④ 8,455m³/h

> [해설]
> $Q = \dfrac{q}{\rho C_p \Delta t}$
> 여기서, Q : 필요송풍량(m³/h)
> q : 실내발열량 또는 취득현열량(kJ/h)
> ρ : 공기의 밀도(1.2kg/m³)
> C_p : 공기의 정압비열(1.01kJ/kg · K)
> Δt : 실내외 온도차(℃)
> $\therefore Q = \dfrac{15,000 \times 3,600}{1,000 \times 1.2 \times 1.01 \times (26-16)} = 4,455\text{m}^3/\text{h}$

14 공기조화방식 중 냉풍과 온풍을 공급받아 각 실 또는 각 존의 혼합유닛에서 혼합하여 공급하는 방식은?

① 단일덕트방식
② 이중덕트방식
③ 유인유닛방식
④ 팬코일유닛방식

> [해설]
> **이중덕트방식**
> 1대의 공조기에 의해 냉풍과 온풍을 각각의 덕트로 보낸 후 말단의 혼합상자에서 혼합하여 각 실에 송풍하는 방식이다. 전공기방식으로서 부하특성이 다른 다수의 실이나 존에도 적용할 수 있으며, 덕트가 2개의 계통이므로 설비비가 많이 들고, 에너지소비가 큰 것이 특징이다.

정답 11 ② 12 ③ 13 ② 14 ②

15 지역난방방식에 관한 설명으로 옳지 않은 것은 어느 것인가?

① 열원설비의 집중화로 관리가 용이하다.
② 설비의 고도화로 대기오염 등 공해를 방지할 수 있다.
③ 건물의 이용시간차를 이용하면 보일러의 용량을 줄일 수 있다.
④ 고온수난방을 채용할 경우 감압장치가 필요하며 응축수트랩이나 환수관이 복잡해진다.

해설
고온수난방은 온수난방의 일종으로서 증기난방에 필요한 응축수트랩 등의 설비가 최소화되어, 배관의 설계가 증기난방방식에 비해 비교적 간단해진다.

16 개방형 헤드를 사용하는 연결살수설비에 있어서 하나의 송수구역에 설치하는 살수헤드의 수는 최대 얼마 이하가 되도록 하여야 하는가?

① 10개　　　② 20개
③ 30개　　　④ 40개

해설
개방형 헤드를 사용할 경우 하나의 송수구역당 살수헤드는 최대 10개 이하가 되도록 설치한다.

17 배수트랩의 봉수파괴원인 중 통기관을 설치함으로써 봉수파괴를 방지할 수 있는 것이 아닌 것은 어느 것인가?

① 분출작용　　　② 모세관작용
③ 자기사이펀작용　　　④ 유도사이펀작용

해설
모세관현상에 의한 봉수파괴는 트랩에 걸레조각이나 머리카락이 낀 경우 모세관현상에 의하여 봉수가 빠져 나가는 것으로, 배수 시 압력 조절을 하는 통기관의 역할과는 연관이 없다.

18 다음의 간선배전방식 중 분전반에서 사고가 발생했을 때 그 파급범위가 가장 좁은 것은?

① 평행식
② 방사선식
③ 나뭇가지식
④ 나뭇가지평행식

해설
평행식
각 분전반마다 배전반에서 단독으로 배선되며, 전압강하가 적고 사고 발생 시 범위가 좁으나 설비비가 많이 소요되는 특징을 갖고 있다.

19 조명기구를 사용하는 도중에 광원의 능률저하나 기구의 오염, 손상 등으로 조도가 점차 저하되는데, 인공조명 설계 시 이를 고려하여 반영하는 계수는?

① 광도　　　② 조명률
③ 실지수　　　④ 감광보상률

해설
감광보상률(D)
• 광원을 갈아 끼우거나 조명기구를 청소할 때까지 필요한 조도를 유지할 수 있도록 소요 전 광속에 여유를 두는 비율
• 유지율의 역수 $\left(D=\dfrac{1}{M}\right)$이다.

20 일반적으로 가스사용시설의 지상배관 표면색상은 어떤 색상으로 도색하는가?

① 백색　　　② 황색
③ 청색　　　④ 적색

해설
가스배관의 표면색상은 지상배관은 황색으로, 매설배관은 최고사용압력이 저압인 경우에는 황색, 중압인 경우에는 적색으로 한다.

정답 15 ④　16 ①　17 ②　18 ①　19 ④　20 ②

건축산업기사 (2018년 8월 시행)

01 실내냉방부하 중 현열부하가 3,000W, 잠열부하가 500W일 때 현열비는?

① 0.14 ② 0.17
③ 0.86 ④ 0.92

해설

현열비 = $\dfrac{\text{현열부하}}{\text{현열부하} + \text{잠열부하}}$

= $\dfrac{3,000}{3,000 + 500}$ = 0.86

02 온수난방배관에 역환수방식(Reverse Return)을 채택하는 가장 주된 이유는?

① 배관경을 가늘게 하기 위해서
② 배관의 신축을 원활히 흡수하기 위해서
③ 온수를 방열기에 균등히 분배하기 위해서
④ 배관 내 스케일 발생을 감소시키기 위해서

해설

역환수(Reverse Return)방식
- 온수의 유량을 균일하게 분배하기 위하여 각 기기(방열기, FCU, 기타 난방기기)의 배관회로길이를 같게 하는 방식이다.
- 공급관과 환수관의 길이 합이 모두 같아 각 기기의 마찰손실이 같게 되어 균일한 온도 분포를 기할 수 있다.

03 다음 중 수변전설비의 설계순서로 가장 알맞은 것은?

㉠ 수전전압 결정
㉡ 배전전압 결정
㉢ 변전설비용량 계산
㉣ 변전실 설치면적 계산

① ㉠ → ㉡ → ㉢ → ㉣
② ㉠ → ㉢ → ㉡ → ㉣
③ ㉣ → ㉢ → ㉡ → ㉠
④ ㉢ → ㉣ → ㉡ → ㉠

해설

수변전설비의 설계순서
사전조사 → 수전전압 결정 → 수전방식 결정 → 배전전압 결정 → 변전설비용량 계산 → 수변전기기 형식 선정 → 제어 및 보호방식 결정 → 사용기기의 시방 검토 → 변전실 설치면적 계산 → 설계도서 작성

04 다음의 공기조화방식 중 전수방식에 속하는 것은?

① 룸쿨러방식
② 단일덕트방식
③ 팬코일유닛방식
④ 멀티존유닛방식

해설

① 룸쿨러방식 : 냉매방식(개별식)
② 단일덕트방식 : 전공기방식(중앙식)
④ 멀티존유닛방식 : 전공기방식(중앙식)

05 축전지의 충전방식 중 전지의 자기방전을 보충함과 동시에 상용부하에 대한 전력공급은 충전기가 부담하도록 하되 충전기가 부담하기 어려운 일시적인 대전류부하는 축전지로 하여금 부담하게 하는 방식은?

① 보통충전 ② 급속충전
③ 균등충전 ④ 부동충전

정답 01 ③ 02 ③ 03 ① 04 ③ 05 ④

> **[해설]**
> ① 보통충전 : 필요시마다 표준시간율로 소정의 충전을 하는 방식
> ② 급속충전 : 비교적 단시간에 급속으로 보통 충전전류의 2~3배의 전류로 충전하는 방식
> ③ 균등충전 : 상시전원 이상 시 또는 전압이 낮을 시 배터리에서 전원을 공급하는 방식

06 옥내배선의 간선굵기 결정 시 고려할 사항과 가장 거리가 먼 것은?

① 전압강하
② 배선방법
③ 허용전류
④ 기계적 강도

> **[해설]**
> 간선(전선)굵기 산정 결정요소
> 허용전류, 전압강하, 기계적 강도

07 30m 높이에 있는 옥상탱크에 펌프로 시간당 24m³의 물을 공급할 때, 펌프의 축동력은?(단, 배관 중의 마찰손실은 전양정의 20%, 흡입양정은 4m, 펌프의 효율은 55%이다.)

① 3.82kW
② 4.85kW
③ 5.65kW
④ 6.12kW

> **[해설]**
> 펌프의 축동력(kW) = $\dfrac{QH}{102E}$
> - 양수량 Q(L/s) : 24m³/h → 6.67L/s
> - 전양정 H(mAq)
>   흡입양정 + 토출양정 + {(흡입양정 + 토출양정)×마찰손실} = 4 + 30 + {(4+30) × 0.20} = 40.8m
> - 효율 E : 0.55
> ∴ 펌프의 축동력[kW] = $\dfrac{6.67 \times 40.8}{102 \times 0.55}$
>   = 4.851kW ≒ 4.85kW

08 고층 건물에서 급수설비를 조닝하는 가장 주된 이유는?

① 급수압력의 균등화
② 급수배관길이의 감소
③ 배관 내 스케일의 발생 방지
④ 급수펌프 운전의 편리성 향상

> **[해설]**
> 고층 건축물의 수조 등을 분산배치계획하여 급수압력을 균등하게 하는 것을 급수조닝이라고 한다.

09 덕트(Duct)에 관한 설명으로 옳은 것은?

① 정방형 덕트는 관마찰저항이 가장 작다.
② 고속덕트의 단면은 보통 장방형으로 한다.
③ 스플릿댐퍼는 분기부에 설치하여 풍량 조절용으로 사용한다.
④ 버터플라이댐퍼는 주로 대형 덕트의 개폐용으로 사용한다.

> **[해설]**
> ① 관마찰저항이 가장 작은 형태는 원형 덕트이다.
> ② 고속덕트의 단면은 보통 원형으로 한다.
> ④ 버터플라이댐퍼는 단익댐퍼로서 소형 덕트의 풍량 조절이나 개폐용으로 사용한다.

10 오배수 입상관으로부터 취출하여 위쪽의 통기관에 연결되는 배관으로, 오배수 입상관 내의 압력을 같게 하기 위한 도피통기관은?

① 신정통기관
② 각개통기관
③ 루프통기관
④ 결합통기관

> **[해설]**
> **결합통기관**
> 고층건물에서 원활한 통기를 목적으로 5개 층마다 통기수직관과 입상 오배수관에 연결된 통기관이다.

정답 06 ② 07 ② 08 ① 09 ③ 10 ④

11 바닥복사난방에 관한 설명으로 옳지 않은 것은 어느 것인가?

① 복사열에 의하므로 쾌적감이 높다.
② 방열기가 없으므로 바닥면적의 이용도가 높다.
③ 외기침입이 있는 곳에서도 난방감을 얻을 수 있다.
④ 난방부하변동에 따른 방열량 조절이 용이하므로 간헐난방에 적합하다.

[해설]
복사난방은 건축물 구조체(천장, 바닥, 벽 등)에 Coil을 매설하고, Coil에 열매를 공급하여 가열면의 온도를 높여서 복사열에 의해 난방하는 방식으로서 주택 등 지속난방에 적합하다.

12 배수배관에 관한 설명으로 옳지 않은 것은?

① 건물 내에서 지중배관은 피하고 피트 내 또는 가공배관을 한다.
② 배수는 원칙적으로 배수펌프에 의해 옥외로 배출하도록 한다.
③ 엘리베이터샤프트, 엘리베이터기계실 등에는 배수배관을 설치하지 않는다.
④ 트랩의 봉수보호, 배수의 원활한 흐름, 배관 내의 환기를 위해 통기배관을 설치한다.

[해설]
배수계통은 원칙적으로 중력에 의해 옥외로 배출하도록 한다.

13 어느 건물에 옥내소화전이 2, 3층에 각각 2개씩 설치되어 있고, 1층에 3개가 설치되어 있다. 옥내소화전설비 수원의 저수량은 최소 얼마 이상이 되도록 하여야 하는가?

① $5.2m^3$
② $7.8m^3$
③ $9.6m^3$
④ $14m^3$

[해설]
옥내소화전설비는 분당 130L의 물을 20분 동안 분사하여 화재의 진압에 사용하는 소화설비이다.
옥내소화전설비 수원의 저수량(L)
$= 130L/min \times 20min \times 2개 = 5,200L = 5.2m^3$
※ 본 문제 해결 시 옥내소화전설비의 개수는 옥내소화전이 가장 많이 설치된 층에서의 옥내소화전 개수를 적용하며, 산출 시 최대옥내소화전 개수는 2개이다.

14 글로브밸브에 관한 설명으로 옳지 않은 것은 어느 것인가?

① 유량 조절용으로 주로 사용한다.
② 직선배관 중간에 설치하며 유체에 대한 저항이 크다.
③ 슬루스밸브에 비해 리프트가 커서 개폐에 많은 시간이 소요된다.
④ 유체가 밸브의 아래로 유입하여 밸브시트 사이를 통해 흐르게 되어 있다.

[해설]
글로브밸브는 슬루스밸브에 비해 리프트(밸브시트에서의 거리)가 작아 개폐에 적은 시간이 소요된다.

15 다음 설명에 알맞은 보일러는?

- 수직으로 세운 드럼 내에 연관 또는 수관이 있는 소규모의 패키지형으로 되어 있다.
- 설치면적이 작고 취급이 용이하다.

① 관류보일러 ② 입형보일러
③ 수관보일러 ④ 주철제보일러

[해설]
① 관류보일러
- 증기발생기라고도 불리며, 하나의 관 내를 흐르는 동안에 예열, 가열, 증발, 과열이 행해져 과열증기를 얻기 위한 것이다.
- 보유수량이 적기 때문에 시동시간이 짧고 부하변동에 대해 추종성이 좋으나 수처리가 복잡하고 소음이 높다.

정답 11 ④ 12 ② 13 ① 14 ③ 15 ②

③ 수관보일러
- 기동시간이 짧고 효율이 좋으나 고가이고 수처리가 복잡하다.
- 다량의 고압증기를 필요로 하는 병원이나 호텔 등에 쓰이는 외에도 지역난방의 대형 원심냉동기 구동을 위한 증기터빈용으로도 사용한다.

④ 주철제보일러
- 조립식이므로 용량을 쉽게 증가시킬 수 있으며 반입이 자유롭고 수명이 길다.
- 사용압력은 증기용은 1kg/cm² 이하, 온수용은 수두 50m 이하로 제한된다.

16 난방부하가 10,000W인 방을 온수난방할 경우 방열기의 온수순환량은?(단, 물의 비열은 4.2kJ/kg · K, 방열기의 입구수온은 90℃, 출구수온은 80℃이다.)

① 약 764kg/h
② 약 857kg/h
③ 약 926kg/h
④ 약 1,034kg/h

해설

$G = \dfrac{q}{C \Delta t}$

여기서, G : 온수순환량(kg/h)
q : 방열기방열량(kJ/h)
C : 물의 비열(4.2kJ/kg · K)
Δt : 온수 입출구 온도차(℃)

∴ $G = \dfrac{10,000 \times 3,600}{1,000 \times 4.2 \times (90-80)} = 857.14$kg/h
≒ 857kg/h

17 보일러의 출력표시 중 난방부하와 급탕부하를 합한 용량으로 표시되는 것은?

① 정미출력
② 상용출력
③ 정격출력
④ 과부하출력

해설

보일러의 출력표시방법
① 정미출력 : 난방부하+급탕부하
② 상용출력 : 난방부하+급탕부하+배관부하
③ 정격출력 : 난방부하+급탕부하+배관부하+예열부하
④ 과부하출력 : 운전 초기 혹은 과부하가 발생하여 정격출력의 10~20% 정도 증가하여 운전할 때의 출력을 과부하출력이라 한다.

18 화재를 진압하거나 인명구조활동을 위하여 사용하는 설비로서 제연설비, 연결송수관설비 등을 포함하는 것은?

① 소화설비
② 경보설비
③ 피난설비
④ 소화활동설비

해설

소화활동설비에 대한 설명이다.
① 소화설비 : 소화설비는 화재 발생 초기에 진압을 목적으로 하며, 옥내 · 옥외소화전, 스프링클러, 특수소화설비, 소화기 등이 있다.
② 경보설비 : 화재에 의해 생기는 인적, 물적 피해를 최소화하기 위해 화재 초기에 화재 발생사항을 발견하여 신속하게 피난할 수 있도록 조치하고, 소방기관에 통보할 수 있게 하는 설비이다.
③ 피난설비 : 화재 발생 시 인명의 피난을 위한 설비로서, 피난설비에는 미끄럼대, 피난사다리, 완강기, 유도등, 유도표지, 비상조명 등이 있다.

19 정화조에서 호기성(好氣性)균을 필요로 하는 곳은?

① 부패조
② 여과조
③ 산화조
④ 소독조

해설

정화조의 구성
부패조(혐기성 처리) → 여과조(부유물이나 잡물 제거) → 산화조(호기성 처리) → 소독조(소독제 적용)

20 최대수요전력을 구하기 위한 것으로 총부하설비용량에 대한 최대수요전력의 비율로 나타내는 것은?

① 역률
② 부하율
③ 수용률
④ 부등률

> [해설]
>
> **수용률(수요율)**
>
> 수용률 = $\dfrac{\text{최대수요전력[kW]}}{\text{부하설비용량[kW]}} \times 100\%$
>
> 수용률이란 설비기기의 전 용량에 대하여 실제 사용하고 있는 부하의 최대전력비율을 나타낸 계수로서 설비용량을 이용하여 최대수요전력을 결정할 때 사용한다.

정답 20 ③

건축기사 (2019년 3월 시행)

01 간접조명기구에 관한 설명으로 옳지 않은 것은 어느 것인가?

① 직사 눈부심이 없다.
② 매우 넓은 면적이 광원으로서의 역할을 한다.
③ 일반적으로 발산광속 중 상향광속이 90~100% 정도이다.
④ 천장, 벽면 등은 빛이 잘 흡수되는 색과 재료를 사용하여야 한다.

[해설]
간접조명기구는 천장 또는 벽면으로 입사된 빛이 천장면에서 반사되어 간접적으로 실내로 채광되어야 하므로 천장, 벽면 등에는 반사율이 높은 재료를 적용하는 것이 계획상 유리하다.

02 음의 대소를 나타내는 감각량을 음의 크기라고 하는데, 음의 크기단위는?

① dB   ② cd
③ Hz   ④ sone

[해설]
음의 크기를 나타내는 단위는 sone이고, dB은 음의 세기를 나타내는 것이다.

03 전기설비에서 다음과 같이 정의되는 것은?

> 전면이나 후면 또는 양면에 개폐기, 과전류차단장치 및 기타 보호장치, 모선 및 계측기 등이 부착되어 있는 하나의 대형 패널 또는 여러 대의 패널, 프레임 또는 패널조립품으로서, 전면과 후면에서 접근할 수 있는 것

① 캐비닛   ② 차단기
③ 배전반   ④ 분전반

[해설]
분전반으로 전원을 공급하는 전기설비로서 배전반에 대한 설명이다.

04 온수난방에 관한 설명으로 옳지 않은 것은 어느 것인가?

① 증기난방에 비해 보일러의 취급이 비교적 쉽고 안전하다.
② 동일 방열량인 경우 증기난방보다 관지름을 작게 할 수 있다.
③ 증기난방에 비해 난방부하의 변동에 따른 온도조절이 용이하다.
④ 보일러 정지 후에도 여열이 남아 있어 실내난방이 어느 정도 지속된다.

[해설]
온수난방은 소요방열면적과 관경이 커서, 초기 설비비가 많이 들어간다.

05 공조시스템의 전열교환기에 관한 설명으로 옳지 않은 것은?

① 공기 대 공기의 열교환기로서 현열만 교환이 가능하다.
② 공조기는 물론 보일러나 냉동기의 용량을 줄일 수 있다.
③ 공기방식의 중앙공조시스템이나 공장 등에서 환기에서의 에너지 회수방식으로 사용한다.
④ 전열교환기를 사용한 공조시스템에서 중간기(봄, 가을)를 제외한 냉방기와 난방기의 열회수량은 실내외의 온도차가 클수록 많다.

정답 01 ④ 02 ④ 03 ③ 04 ② 05 ①

[해설]
전열교환기는 "전열"을 교환하는 것으로서 현열뿐만 아니라 잠열교환이 가능하다.

06 다음 중 수격작용의 발생원인과 가장 거리가 먼 것은?

① 밸브의 급폐쇄
② 감압밸브의 설치
③ 배관방법의 불량
④ 수도본관의 고수압(高水壓)

[해설]
감압밸브는 압력을 일정하게 낮추기 위해 사용하는 것으로서 수격작용의 발생원인과는 거리가 멀다.

07 다음 중 그 값이 클수록 안전한 것은?

① 접지저항 ② 도체저항
③ 접촉저항 ④ 절연저항

[해설]
절연저항
전기가 통하지 못하게 하는 저항을 의미하는 것으로서 전기에 의한 감전 또는 기계적 사고의 발생을 방지하기 위해 도체 사이에 전기가 통하지 못하게 하는 것을 말한다.

08 전기설비가 어느 정도 유효하게 사용되는가를 나타내며, 다음과 같은 식으로 산정되는 것은 어느 것인가?

$$\frac{\text{부하의 평균전력}}{\text{최대수용전력}} \times 100\%$$

① 역률   ② 부등률
③ 부하율 ④ 수용률

[해설]
부하율
부하율이 클수록 부하에 대한 전력공급설비가 유효하게 사용되었음을 의미하며, 공급 가능한 최대수요전력과 실제 사용된 평균전력의 비율을 나타낸 것이다.

$$\text{부하율} = \frac{\text{부하의 평균전력(kW)}}{\text{합성 최대수요전력(kW)}} \times 100\%$$

09 겨울철 주택의 단열 및 결로에 관한 설명으로 옳지 않은 것은?

① 단층유리보다 복층유리의 사용이 단열에 유리하다.
② 벽체 내부로 수증기 침입을 억제할 경우 내부결로 방지에 효과적이다.
③ 단열이 잘 된 벽체에서는 내부결로는 발생하지 않으나 표면결로는 발생하기 쉽다.
④ 실내 측 벽의 표면온도가 실내공기의 노점온도보다 높은 경우 표면결로는 발생하지 않는다.

[해설]
단열이 잘 된 벽체에서는 내부결로 및 표면결로의 발생 가능성이 모두 낮아지게 된다.

10 통기관의 설치목적으로 옳지 않은 것은?

① 트랩의 봉수를 보호한다.
② 오수와 잡배수가 서로 혼합되지 않게 한다.
③ 배수계통 내의 배수 및 공기의 흐름을 원활히 한다.
④ 배수관 내에 환기를 도모하여 관 내를 청결하게 유지한다.

[해설]
통기관의 설치목적
- 배수의 흐름을 원활히 한다.
- 배수관 내의 환기를 도모한다.
- 사이펀작용에 의한 봉수파괴를 방지한다.

정답 06 ② 07 ④ 08 ③ 09 ③ 10 ②

11 전압이 1V일 때 1A의 전류가 1s 동안 하는 일을 나타내는 것은?

① 1Ω ② 1J
③ 1dB ④ 1W

> [해설]
> $1W = \dfrac{1V \times 1A}{1sec}$

12 승객 스스로 운전하는 전자동엘리베이터로 카버튼이나 승강장의 호출신호로 기동, 정지를 이루는 엘리베이터 조작방식은?

① 승합전자동방식 ② 카스위치방식
③ 시그널컨트롤방식 ④ 레코드컨트롤방식

> [해설]
> **승합전자동방식**
> 승객이 직접 운전하는 전자동엘리베이터로서 목적층버튼이나 승강장의 호출신호로 시동·정지하는 방식으로, 누른 순서와는 관계없이 각 호출에 반응하여 자동적으로 정지한다.

13 가로, 세로, 높이가 각각 4.5×4.5×3m인 실의 각 벽면 표면온도가 18℃, 천장면이 20℃, 바닥면이 30℃일 때 평균복사온도(MRT)는?

① 15.2℃ ② 18.0℃
③ 21.0℃ ④ 27.2℃

> [해설]
> $MRT = \dfrac{4.5 \times 4.5 \times (20℃ + 30℃) + 4.5 \times 3 \times 4 \times 18℃}{4.5 \times 4.5 \times 2 + 4.5 \times 3 \times 4} = 21℃$

14 냉방부하 계산 결과 현열부하가 620W, 잠열부하가 155W일 경우 현열비는?

① 0.2 ② 0.25
③ 0.4 ④ 0.8

> [해설]
> 현열비 $= \dfrac{현열부하}{현열부하 + 잠열부하} = \dfrac{620W}{620W + 155W} = 0.8$

15 간접가열식 급탕설비에 관한 설명으로 옳지 않은 것은?

① 대규모 급탕설비에 적당하다.
② 비교적 안정된 급탕을 할 수 있다.
③ 보일러 내면에 스케일이 많이 생긴다.
④ 가열보일러는 난방용 보일러와 겸용할 수 있다.

> [해설]
> 간접가열식은 직접가열식에 비해 보일러 내면에 스케일이 발생할 염려가 적고 보일러 수명이 길다.

16 수관식 보일러에 관한 설명으로 옳지 않은 것은?

① 사용압력이 연관식보다 낮다.
② 설치면적이 연관식보다 넓다.
③ 부하변동에 대한 추종성이 높다.
④ 대형건물과 같이 고압증기를 다량 사용하는 곳이나 지역난방 등에 사용한다.

> [해설]
> 수관식 보일러는 사용압력이 연관식보다 높으며, 고압증기를 다량 사용하는 곳에 적합한 방식이다.

17 고속덕트에 관한 설명으로 옳지 않은 것은 어느 것인가?

① 원형 덕트의 사용이 불가능하다.
② 동일한 풍량을 송풍할 경우 저속덕트에 비해 송풍기 동력이 많이 든다.
③ 공장이나 창고 등과 같이 소음이 별로 문제가 되지 않는 곳에 사용한다.
④ 동일한 풍량을 송풍할 경우 저속덕트에 비해 덕트의 단면치수가 작아도 된다.

정답 11 ④ 12 ① 13 ③ 14 ④ 15 ③ 16 ① 17 ①

> [해설]
- 고속덕트(풍속 – 20~25m/s) : 원형 덕트 적용
- 저속덕트(풍속 – 10~15m/s) : 각형(장방형) 덕트 적용

18 수도직결방식의 급수방식에서 수도본관으로부터 8m 높이에 위치한 기구의 소요압이 70kPa이고 배관의 마찰손실이 20kPa인 경우 이 기구에 급수하기 위해 필요한 수도본관의 최소압력은?

① 약 90kPa ② 약 98kPa
③ 약 170kPa ④ 약 210kPa

> [해설]
수도본관의 최저필요압력(P_0)
$P_0 \geq P_1 + P_2 + 10h$
여기서, P_1 : 기구별 최저소요압력(kPa)
P_2 : 관 내 마찰손실수두(kPa)
h : 수전고(수도본관과 최고층 수전까지의 높이)(m) → $10h$(kPa)
∴ $P_0 \geq P_1 + P_2 + 10h = 70\text{kPa} + 20\text{kPa} + 10 \times 8\text{m}$
$= 170\text{kPa}$

19 도시가스에서 중압의 가스압력은?(단, 액화가스가 기화되고 다른 물질과 혼합되지 아니한 경우 제외)

① 0.05MPa 이상, 0.1MPa 미만
② 0.01MPa 이상, 0.1MPa 미만
③ 0.1MPa 이상, 1MPa 미만
④ 1MPa 이상, 10MPa 미만

> [해설]
공급압력에 따른 도시가스의 분류

분류	공급압력
저압	0.1MPa 이하
중압	0.1MPa 이상 ~ 1.0MPa 미만
고압	1.0MPa 이상

20 스프링클러설비의 설치장소가 아파트인 경우 스프링클러헤드의 기준개수는?(단, 폐쇄형 스프링클러헤드를 사용하는 경우)

① 10개 ② 20개
③ 30개 ④ 40개

> [해설]
용도 및 규모별 스프링클러헤드 설치기준 개수

용도	설치개수
아파트	10개
판매시설, 복합상가 및 11층 이상인 소방대상물	30개

정답 18 ③ 19 ③ 20 ①

건축산업기사 (2019년 3월 시행)

01 공기조화방식 중 전수방식(All Water System)의 일반적 특징으로 옳지 않은 것은?

① 덕트스페이스가 필요 없다.
② 팬코일유닛방식 등이 있다.
③ 실내배관에서 누수의 우려가 있다.
④ 실내공기의 청정도 유지가 용이하다.

해설

전수방식은 물만을 열매로 하여 실내의 온열환경을 조절하는 방식으로서 공급외기량이 적으므로 실내공기가 오염되기 쉽다.

02 옥내소화전설비를 설치하여야 하는 특정소방대상물에서 옥내소화전이 가장 많이 설치된 층의 설치개수가 2개일 때, 소화펌프의 토출량은 최소 얼마 이상이 되도록 하여야 하는가?

① 200L/min
② 260L/min
③ 520L/min
④ 700L/min

해설

옥내소화전설비는 분당 130L의 물을 20분 동안 분사하여 화재의 진압에 사용하는 소화설비이다. 본 문제는 토출량(L/min)을 물어보았으므로 분당 살포 필요량인 130L에 옥내소화전 설치개소를 곱해 문제를 해결해야 한다.
옥내소화전설비의 소화펌프 토출량 = 130L/min×2개
= 260L/min

※ 본 문제 해결 시 옥내소화전설비의 개수는 옥내소화전이 가장 많이 설치된 층에서의 옥내소화전 개수를 적용하며, 산출 시 최대옥내소화전 개수는 2개이다.

03 난방부하 계산 시 각 외벽을 통한 손실열량은 방위에 따른 방향계수에 의해 값을 보정하는데, 계수값의 대소관계가 옳게 표현된 것은?

① 북 > 동·서 > 남
② 북 > 남 > 동·서
③ 동 > 남·북 > 서
④ 남 > 북 > 동·서

해설

방위(보정)계수

위치	방위(보정)계수
남	1
동·서	1.1
북	1.2
지붕	1.2
바람 강한 곳	1.2
고립된 곳	1.15

04 다음의 소방시설 중 경보설비에 속하지 않는 것은?

① 비상방송설비
② 자동화재속보설비
③ 자동화재탐지설비
④ 무선통신보조설비

해설

무선통신보조설비는 소화활동설비에 속한다.

05 다음 중 기계식 증기트랩에 속하지 않는 것은?

① 버킷트랩
② 플로트트랩
③ 바이메탈트랩
④ 플로트·서모스탯트랩

정답 01 ④ 02 ② 03 ① 04 ④ 05 ③

> [해설]

바이메탈트랩은 증기와 응축수의 온도차를 이용한 열동식 트랩에 해당한다.

06 트랩의 봉수파괴원인과 가장 거리가 먼 것은?

① 증발현상
② 서징현상
③ 모세관현상
④ 자기사이펀작용

> [해설]

서징현상
- 서징현상이란, 산형(山形) 특성의 양정곡선을 갖는 펌프의 산형 왼쪽부분에서 유량과 양정이 주기적으로 변동하는 현상이다.
- 펌프와 송풍기 등이 운전 중에 한숨을 쉬는 것과 같은 상태가 되어 펌프인 경우 입구와 출구의 진공계, 압력계의 침이 흔들리고 동시에 송출유량이 변화하는 현상, 즉 송출압력과 송출유량 사이에 주기적인 변동이 일어나는 현상을 말한다.

07 다음 중 대변기의 세정급수장치에 진공방지기(Vacuum Breaker)를 설치하는 가장 주된 이유는?

① 급수관 부식 방지
② 급수관 내의 유속 조절
③ 급수관에서의 수격작용 방지
④ 오수가 급수관으로 역류하는 현상 방지

> [해설]

진공방지기는 일종의 체크밸브의 기능을 수행하여 오수가 급수관으로 역류하는 현상을 방지한다.

08 고가수조방식의 급수방식에서 최상층에 설치된 위생기구로부터 고가수조 저수위면까지의 필요최소높이는?(단, 최상층 위생기구의 필요수압은 70kPa, 배관마찰손실수두는 1mAq이다.)

① 1.7m
② 6m
③ 8m
④ 15m

> [해설]

고가탱크의 설치높이(H)

$H \geq H_1 + H_2 + h(m)$

여기서, H_1 : 최고층 급수전 또는 기구에서의 소요압력에 상당하는 높이(m)
H_2 : 관 내 마찰손실수두(m)
h : 지상에서 최고층에 있는 수전까지의 높이(m)

본 문제에서 $H_1 = 70\text{kPa} = 7\text{m}$, $H_2 = 1\text{mAq} = 1\text{m}$, h는 고려하지 않음

※ 문제에서 최고층 기구로부터의 높이를 요구하였으므로 지반에서 최고층 기구까지의 높이 h는 고려하지 않는다.

그러므로 $H \geq H_1 + H_2 = 7 + 1 = 8\text{m}$로 산출된다.

09 트랩으로서의 성능에 문제가 있어 사용하지 않는 것이 바람직한 트랩에 속하지 않는 것은?

① 2중트랩
② 수봉식 트랩
③ 가동부분이 있는 것
④ 내부치수가 동일한 S트랩

> [해설]

수봉식 트랩은 트랩에 봉수를 채우는 형식으로서 중력식 배수방식에서 하수가스의 침입 방지장치로서 활용되며 안전하고 신뢰성이 높다.

10 건구온도 18℃, 상대습도 60%인 공기가 여과기를 통과한 후 가열코일을 통과하였다. 통과 후의 공기상태는?

① 비체적 감소
② 엔탈피 감소
③ 상대습도 증가
④ 습구온도 증가

> [해설]

가열코일을 통과 시 건구온도 및 습구온도, 엔탈피, 비체적은 증가하고, 상대습도는 감소하게 된다.

정답 06 ② 07 ④ 08 ③ 09 ② 10 ④

11 공기조화방식 중 2중덕트방식에 관한 설명으로 옳지 않은 것은?

① 혼합상자에서 소음과 진동이 생긴다.
② 덕트가 1개의 계통이므로 설비비가 적게 든다.
③ 부하특성이 다른 다수의 실이나 존에도 적용할 수 있다.
④ 냉온풍의 혼합으로 인한 혼합손실이 있어서 에너지소비량이 많다.

> **해설**
> 냉풍과 온풍 각각 2개의 덕트계통이므로 설비비가 많이 든다.

12 다음 중 주방, 보일러실 등 다량의 화기를 단속취급하는 장소에 가장 적합한 자동화재탐지설비의 감지기는?

① 광전식 감지기
② 차동식 감지기
③ 정온식 감지기
④ 이온화식 감지기

> **해설**
> ① 광전식 : 연기에 의해 반응하는 것으로 광전효과를 이용하여 감지
> ② 차동식 : 주변온도의 일정한 온도상승에 의해 감지
> ③ 정온식 : 주변온도가 일정온도에 달하였을 때 감지
> ④ 이온화식 : 연기에 의해 이온농도가 변하는 것으로 감지

13 양수펌프의 양수량이 18m³/h이고 양정이 60m일 때 펌프의 축동력은?(단, 펌프의 효율은 50%이다.)

① 0.35kW
② 1.47kW
③ 2.94kW
④ 5.88kW

> **해설**
> 펌프의 축동력[kW] = $\dfrac{QH}{102E}$
> • 양수량 Q(L/s) : 18m³/h → 5L/s
> • 전양정 H(mAq) : 60m
> • 효율 E : 0.50
> ∴ 펌프의 축동력[kW] = $\dfrac{5 \times 60}{102 \times 0.50}$ = 5.88kW

14 수질관련용어 중 BOD가 의미하는 것은?

① 용존산소량
② 수소이온농도
③ 화학적 산소요구량
④ 생물화학적 산소요구량

> **해설**
> **BOD(Biochemical Oxygen Demand : 생물화학적 산소요구량)**
> • 오수 중의 유기물이 이와 공존하는 미생물에 의해 분해되어 안정화하는 과정에서 소비되는 수중에 녹아 있는 산소의 감소를 나타내는 값
> • 물의 오염정도를 나타냄

15 일반적으로 지름이 큰 대형관에서 배관조립이나 관의 교체를 손쉽게 할 목적으로 이용하는 이음방식은?

① 신축이음
② 용접이음
③ 나사이음
④ 플랜지이음

> **해설**
> 배관의 수리 및 교체를 용이하게 하기 위해 이용하는 이음에는 플랜지이음과 유니언이음이 있다. 플랜지이음은 50A 이상의 대형관, 유니언은 50A 미만에 적당하다.

16 다음 중 외기온과 실온 변화에 있어서 시간지연에 직접적인 영향을 미치는 요소는?

① 열관류율
② 기류속도
③ 표면복사율
④ 구조체의 열용량

> 해설

시간지연은 구조체의 열용량에 따른 열의 전달지연현상을 의미한다. 예를 들어 두껍고 열용량이 높은 외벽이 있을 때 외부의 온도는 바로 실내로 전달되지 않고, 벽체의 열용량에 의해 시간이 흐른 후 실내로 전달되는 현상을 말한다.

17 공동주택에서 각종 정보를 관리하는 목적으로 관리인실에 설치하는 공동주택 관리용 인터폰의 기능에 속하지 않는 것은?

① 주출입구의 개폐 기능
② 전기절약을 위한 전등소등 기능
③ 비상푸시버튼에 의한 비상통보 기능
④ 방범스위치에 의한 불법침입통보 기능

> 해설

전등소등은 개별 세대에서 진행하는 사항이다.

18 금속관공사에 관한 설명으로 옳지 않은 것은?

① 전선의 인입이 용이하다.
② 전선의 과열로 인한 화재의 위험성이 작다.
③ 외부적 응력에 대해 전선보호의 신뢰성이 높다.
④ 철근콘크리트 건물의 매입배선으로는 사용할 수 없다.

> 해설

금속관공사는 주로 콘크리트의 매입배선에 사용한다.

19 전압의 분류에서 저압의 범위기준으로 옳은 것은? [문제변형]

① 직류 400V 이하, 교류 400V 이하
② 직류 400V 이하, 교류 600V 이하
③ 직류 750V 이하, 교류 750V 이하
④ 직류 1,500V 이하, 교류 1,000V 이하

> 해설

전압의 분류

구분	교류	직류
저압	1,000V 이하	1,500V 이하
고압	1,000V 초과 7,000V 이하	1,500V 초과 7,000V 이하
특고압	7,000V 초과	

20 환기설비에 관한 설명으로 옳지 않은 것은?

① 환기는 복수의 실을 동일 계통으로 하는 것을 원칙으로 한다.
② 필요환기량은 실의 이용목적과 사용상황을 충분히 고려하여 결정한다.
③ 외기를 받아들이는 경우에는 외기의 오염도에 따라서 공기청정장치를 설치한다.
④ 전열교환기에서 열회수를 하는 배기계통에는 악취나 배기가스 등 오염물질을 수반하는 배기는 사용하지 않는다.

> 해설

환기는 복수의 실을 각각 단일계통으로 하여, 각 실별로 환기필요조건을 파악하여 환기해야 한다.

정답 16 ④ 17 ② 18 ④ 19 ④ 20 ①

건축기사 (2019년 4월 시행)

01 작업구역에는 전용의 국부조명방식으로 조명하고, 기타 주변환경에 대하여는 간접조명과 같은 낮은 조도레벨로 조명하는 방식은?

① TAL조명방식
② 반직접조명방식
③ 반간접조명방식
④ 전반확산조명방식

해설

TAL조명방식(Task & Ambient Lighting)
- 작업구역(Task)에는 전용의 국부조명방식으로 조명하고, 기타 주변(Ambient)환경에 대하여는 간접조명과 같은 낮은 조도레벨로 조명하는 방식을 말한다.
- 실의 전체적인 밝기를 낮게 억제할 수 있기 때문에 에너지소비적인 측면에서는 유리하지만 데스크 조명 설치로 인해 초기 비용이 증가한다.

02 다음의 냉방부하 발생요인 중 현열부하만 발생시키는 것은?

① 인체의 발생열량
② 벽체로부터의 취득열량
③ 극간풍에 의한 취득열량
④ 외기의 도입으로 인한 취득열량

해설

벽체로부터의 취득열은 온도변화에만 관여하는 현열부하이다. 이외의 인체, 극간풍, 외기도입은 온도변화와 습도에 대한 변화를 수반하므로 현열과 잠열부하를 모두 발생시킨다.

03 급탕설비에 관한 설명으로 옳지 않은 것은 어느 것인가?

① 냉수, 온수를 혼합 사용해도 압력차에 의한 온도 변화가 없도록 한다.
② 배관은 적정한 압력손실상태에서 피크 시를 충족시킬 수 있어야 한다.
③ 도피관에는 압력을 도피시킬 수 있도록 밸브를 설치하고 배수는 직접배수로 한다.
④ 밀폐형 급탕시스템에는 온도상승에 의한 압력을 도피시킬 수 있는 팽창탱크 등의 장치를 설치한다.

해설

도피관(팽창관) 도중에는 절대 밸브를 달아서는 안 되며, 도피관(팽창관)의 배수는 간접배수로 한다.

04 가스사용시설의 가스계량기에 관한 설명으로 옳지 않은 것은?

① 가스계량기와 전기점멸기와의 거리는 30cm 이상 유지하여야 한다.
② 가스계량기와 전기계량기와의 거리는 60cm 이상 유지하여야 한다.
③ 가스계량기와 전기개폐기와의 거리는 60cm 이상 유지하여야 한다.
④ 공동주택의 경우 가스계량기는 일반적으로 대피공간이나 주방에 설치한다.

해설

가스계량기는 화기와 2m 이상의 우회거리를 유지하는 곳으로서 수시로 환기가 가능한 장소에 설치하여야 한다. 이에 수시환기가 어려운 대피공간과 화기의 사용이 빈번한 주방에 설치하는 것은 지양한다.

정답 01 ① 02 ② 03 ③ 04 ④

05 다음의 저압옥내배선방법 중 노출되고 습기가 많은 장소에 시설이 가능한 것은?(단, 400V 미만인 경우)

① 금속관배선   ② 금속몰드배선
③ 금속덕트배선   ④ 플로어덕트배선

[해설]

금속관배선공사의 특징
- 건물의 종류와 장소에 구애받지 않고 시공이 가능하다.
- 주로 콘크리트의 매입배선에 사용한다.
- 화재에 대한 위험성이 적고 전선의 기계적 손상이 적다.
- 전선 교체가 용이하다.
- 전선은 접속점이 없는 절연전선을 사용한다.

06 바닥복사난방방식에 관한 설명으로 옳지 않은 것은?

① 열용량이 커서 예열시간이 짧다.
② 방을 개방상태로 하여도 난방효과가 있다.
③ 다른 난방방식에 비교하여 쾌적감이 높다.
④ 실내에 방열기를 설치하지 않으므로 바닥이나 벽면을 유용하게 이용할 수 있다.

[해설]

바닥복사난방방식은 열용량이 크기 때문에 예열하는 데 시간이 오래 걸리게 된다. 그래서 간헐난방이 아닌 지속난방을 하는 용도에 적합한 난방방식이다.

07 다음 중 습공기를 가열하였을 때 증가하지 않는 상태량은?

① 엔탈피   ② 비체적
③ 상대습도   ④ 습구온도

[해설]

습공기를 가열할 경우, 상대습도는 낮아지게 된다. 겨울철 난방부하 제거를 위해 습공기를 가열할 경우 상대습도가 낮아지므로 가습하여 실내로 취출하는 것이 일반적이다.

08 냉방설비의 냉각탑에 관한 설명으로 옳은 것은 어느 것인가?

① 열에너지에 의해 냉동효과를 얻는 장치
② 냉동기의 냉각수를 재활용하기 위한 장치
③ 임펠러의 원심력에 의해 냉매가스를 압축하는 장치
④ 물과 브롬화리튬 혼합용액을 냉매인 수증기와 흡수제인 LiBr로 분리시키는 장치

[해설]

냉각탑(Cooling Tower)
냉각탑은 냉동기의 냉각수를 재활용하기 위해 응축기의 응축열을 대기 중에 방출하여 냉각시키는 장치이다.

09 다음의 에스컬레이터의 경사도에 관한 설명 중 ( ) 안에 알맞은 것은?

> 에스컬레이터의 경사도는 (㉠)를 초과하지 않아야 한다. 다만, 높이가 6m 이하이고 공칭속도가 0.5m/s 이하인 경우에는 경사도를 (㉡)까지 증가시킬 수 있다.

① ㉠ 25°, ㉡ 30°
② ㉠ 25°, ㉡ 35°
③ ㉠ 30°, ㉡ 35°
④ ㉠ 30°, ㉡ 40°

[해설]

에스컬레이터의 설치규정
- 사람 또는 물건이 시설의 부분 사이에 끼거나 부딪치지 않도록 안전한 구조로 설치
- 경사도는 30° 이하로 설치할 것(단, 공칭속도가 0.5m/s 이하인 경우에는 경사도를 35°까지 증가시킬 수 있다.)
- 디딤바닥 양측에 난간을 설치하고, 난간 상부가 디딤바닥과 동일한 속도로 움직일 수 있는 구조일 것
- 에스컬레이터 디딤바닥의 정격속도는 30m/min 이하로 할 것

정답   05 ①   06 ①   07 ③   08 ②   09 ③

10 점광원으로부터의 거리가 n배가 되면 그 값은 $1/n^2$배가 된다는 "거리 역제곱의 법칙"이 적용되는 빛환경지표는?

① 조도
② 광도
③ 휘도
④ 복사속

> 해설
> 조도는 광도에 비례하고, 거리의 제곱에 반비례한다.
> 조도$(E) = \dfrac{광도(I)}{거리(D)^2}$

11 건구온도 26℃인 실내공기 8,000m³/h와 건구온도 32℃인 외부공기 2,000m³/h를 단열혼합하였을 때 혼합공기의 건구온도는?

① 27.2℃
② 27.6℃
③ 28.0℃
④ 29.0℃

> 해설
> 혼합공기의 온도(℃) $= \dfrac{26 \times 8,000 + 32 \times 2,000}{8,000 + 2,000}$
> $= 27.2℃$

12 트랩의 구비조건으로 옳지 않은 것은?

① 봉수깊이는 50mm 이상 100mm 이하일 것
② 오수에 포함된 오물 등이 부착 또는 침전하기 어려운 구조일 것
③ 봉수부에 이음을 사용하는 경우에는 금속제이음을 사용하지 않을 것
④ 봉수부의 소제구는 나사식 플러그 및 적절한 개스킷을 이용한 구조일 것

> 해설
> 배수트랩의 봉수부이음 시 금속제이음을 사용한다.

13 100V, 500W의 전열기를 90V에서 사용할 경우 소비전력은?

① 200W
② 310W
③ 405W
④ 420W

> 해설
> 100V, 500W 전열기에서 저항을 구한 후 90V에서의 소비전력을 산출하는 문제이다.
> ㉠ 저항 산출
> $P = \dfrac{V^2}{R} \Leftrightarrow R = \dfrac{V^2}{P} = \dfrac{100^2}{500} = 20\Omega$
> ㉡ 소비전력 산출
> $P = \dfrac{V^2}{R} = \dfrac{90^2}{20} = 405W$

14 다음 중 직경 200mm의 배관을 통하여 물이 1.5m/s의 속도로 흐를 때 유량은?

① 2.83m³/min
② 3.2m³/min
③ 3.83m³/min
④ 6.0m³/min

> 해설
> $Q = AV = \dfrac{\pi d^2}{4} V$
> 여기서, Q : 유량(m³/sec)
> A : 배관의 단면적(m²)
> V : 유속(m/s)
> d : 배관의 관경(m)
> $\therefore Q = \dfrac{\pi \times (0.2m)^2}{4} \times 1.5m/s$
> $= 0.0471m³/s = 2.827m³/min$

15 습공기의 상태변화에 관한 설명으로 옳지 않은 것은?

① 가열하면 엔탈피는 증가한다.
② 냉각하면 비체적은 감소한다.
③ 가열하면 절대습도는 증가한다.
④ 냉각하면 습구온도는 감소한다.

> [해설]
> 가열은 현열변화로서 절대습도의 변화를 가져오지 않는다. 따라서 절대습도는 일정하다.

16 온열지표 중 기온, 습도, 기류, 주벽면온도의 4요소를 조합하여 체감과의 관계를 나타낸 것은?

① 작용온도　　② 불쾌지수
③ 등온지수　　④ 유효온도

> [해설]
> **등온지수**
> 등가온감, 등가온도라고도 하며, 기온·기습·기류에 복사열의 영향을 포함한 것이다. 이 4개의 인자를 조합하여 온감각(溫感覺)과의 관계를 나타내는 지수이다.

17 소방시설은 소화설비, 경보설비, 피난구조설비, 소화용수설비, 소화활동설비로 구분할 수 있다. 다음 중 소화활동설비에 속하는 것은?

① 제연설비　　② 비상방송설비
③ 스프링클러설비　　④ 자동화재탐지설비

> [해설]
> ② 비상방송설비 - 경보설비
> ③ 스프링클러설비 - 소화설비
> ④ 자동화재탐지설비 - 경보설비

18 TV공청설비의 주요 구성기기에 속하지 않는 것은?

① 증폭기　　② 월패드
③ 컨버터　　④ 혼합기

> [해설]
> **월패드(Wall-pad)**
> 가정의 주방이나 거실 벽면에 부착된 형태로, 비디오도어폰 기능뿐 아니라 조명, 보일러, 가전제품 등 가정 내 각종 기기를 제어할 수 있는 단말기를 말한다.

19 전력부하 산정에서 수용률 산정방법으로 옳은 것은?

① (부등률/설비용량) × 100%
② (최대수용전력/부등률) × 100%
③ (최대수용전력/설비용량) × 100%
④ (부하 각개의 최대수용전력 합계/각 부하를 합한 최대수용전력) × 100%

> [해설]
> 수용률이란 설비기기의 전 용량에 대하여 실제 사용하고 있는 부하의 최대전력비율을 나타낸 계수로서 설비용량을 이용하여 최대수요전력을 결정할 때 사용한다.

20 크로스커넥션(Cross Connection)에 관한 설명으로 가장 알맞은 것은?

① 관로 내 유체의 이동이 급격히 변화하여 압력변화를 일으키는 것
② 상수의 급수·급탕계통과 그 외의 계통배관이 장치를 통하여 직접 접속하는 것
③ 겨울철 난방을 하고 있는 실내에서 창을 타고 차가운 공기가 하부로 내려오는 현상
④ 급탕·반탕관의 순환거리를 각 계통에 있어서 거의 같게 하여 전 계통의 탕의 순환을 촉진하는 방식

> [해설]
> **크로스커넥션(Cross Connection)**
> • 음용수의 오염현상으로서 수돗물에 수돗물 이외의 물질이 혼입되어 오염이 발생하는 현상이다.
> • 배관의 잘못된 연결에 의해 발생하므로, 각 계통마다 배관을 색깔로 구분하여 크로스커넥션의 방지가 필요하다.

정답　16 ③　17 ①　18 ②　19 ③　20 ②

건축산업기사 (2019년 4월 시행)

01 최상부의 배수수평관이 배수수직관에 접속된 위치보다도 더욱 위로 배수수직관을 끌어올려 통기관으로 사용하는 부분으로 대기 중에 개구하는 것은?

① 신정통기관 ② 각개통기관
③ 결합통기관 ④ 루프통기관

[해설]
신정통기관
배수수직관 상부를 그대로 연장하여 옥상 등에 개구시킨 것

02 보일러에 관한 설명으로 옳지 않은 것은?

① 주철제보일러는 내식성이 강하여 수명이 길다.
② 입형 보일러는 설치면적이 작고 취급이 용이하다.
③ 관류보일러는 보유수량이 크기 때문에 가동시간이 길다.
④ 수관보일러는 대형건물 또는 병원 등과 같이 고압증기를 다량 사용하는 곳에 이용된다.

[해설]
관류보일러는 보유수량이 적어 예열시간 및 가동시간이 짧은 특징이 있다.

03 전기설비에서 간선크기의 결정요소에 속하지 않는 것은?

① 전압강하 ② 송전방식
③ 기계적 강도 ④ 전선의 허용전류

[해설]
간선의 크기(전선의 굵기) 결정요소
전선의 허용전류, 전압강하, 기계적 강도

04 보일러 주변을 하트퍼드(Hartford)접속으로 하는 가장 주된 이유는?

① 소음을 방지하기 위해서
② 효율을 증가시키기 위해서
③ 스케일(Scale)을 방지하기 위해서
④ 보일러 내의 안전수위를 확보하기 위해서

[해설]
하트퍼드(Hartford) 배관방식의 역할
- 보일러 안전수위 확보
- 환수관 내 찌꺼기의 보일러 유입방지
- 빈불때기 방지

05 배수설비에서 트랩의 봉수파괴원인과 가장 거리가 먼 것은?

① 증발
② 공동현상
③ 모세관현상
④ 유도사이펀작용

[해설]
공동현상(Cavitation)은 펌프의 이상압력에 따라 발생하는 현상으로서 봉수의 파괴원인과는 관계없다.

06 다음과 같은 특징을 갖는 배선공사는?

- 옥내의 건조한 콘크리트 바닥면에 매립하여 사용한다.
- 사무용 빌딩에 채용되고 있으며 강·약전을 동시에 배선할 수 있는 2로, 3로 방식이 가능하다.

① 금속몰드공사 ② 버스덕트공사
③ 금속덕트공사 ④ 플로어덕트공사

정답 01 ① 02 ③ 03 ② 04 ④ 05 ② 06 ④

> [해설]

플로어덕트 배선공사
- 은행, 회사 등의 사무실 콘크리트 바닥면에 매입하여 사용하는 것
- 강전과 약전의 교차점에는 접속함을 사용하여 전선끼리 접촉하지 않도록 함

07 방열량이 4,200W이고 입출구 수온차가 10℃인 방열기의 순환수량은?(단, 물의 비열은 4.2kJ/kg·K이다.)

① 100kg/h ② 360kg/h
③ 500kg/h ④ 720kg/h

> [해설]

$G = \dfrac{q}{C\Delta t}$

여기서, G : 온수순환량(kg/h)
　　　　q : 방열기방열량(난방부하)(kJ/h)
　　　　C : 물의 비열(4.2kJ/kg·K)
　　　　Δt : 온수 입출구 온도차(℃)

∴ $G = \dfrac{4,200 \times 3,600}{1,000 \times 4.2 \times (10)} = 360\text{kg/h}$

여기서, 1W = 1J/sec이므로 단위환산에 주의한다.

08 자동화재탐지설비의 감지기 중 설치된 감지기의 주변온도가 일정한 온도 상승률 이상으로 되었을 경우에 작동하는 것은?

① 차동식 ② 정온식
③ 광전식 ④ 이온화식

> [해설]

① 차동식 : 주변온도의 일정한 온도 상승에 의해 감지
② 정온식 : 주변온도가 일정온도에 달하였을 때 감지
③ 광전식 : 연기에 의해 반응하는 것으로 광전효과를 이용하여 감지
④ 이온화식 : 연기에 의해 이온농도가 변하는 것으로 감지

09 다음의 공기조화방식 중 에너지손실이 가장 큰 것은?

① 이중덕트방식
② 유인유닛방식
③ 정풍량단일덕트방식
④ 변풍량단일덕트방식

> [해설]

이중덕트방식은 냉온풍의 혼합으로 인한 혼합손실이 있어서 에너지소비량이 많다.

10 배관 중의 이물질 등을 제거하기 위해 설치하는 것은?

① 볼탭 ② 부싱
③ 체크밸브 ④ 스트레이너

> [해설]

스트레이너(Strainer)
- 배관 중의 오물을 제거하기 위한 부속품
- 보호밸브 앞에 설치

11 피보호물을 연속된 망상도체나 금속판으로 싸는 방법으로 뇌격을 받더라도 내부에 전위차가 발생하지 않으므로 건물이나 내부에 있는 사람에게 위해를 주지 않는 피뢰설비방식은?

① 돌침방식(보통보호)
② 케이지방식(완전보호)
③ 수평도체방식(증강보호)
④ 가공지선방식(간이보호)

> [해설]

피뢰설비의 방식

피뢰설비방식	특징
간이보호 (가공지선)	보통보호보다 간단하며, 뇌해가 많은 지방의 높이 20m 이하 건물에서 자주적인 피뢰설비를 실시할 때 이용

피뢰설비 방식	특징
보통보호 (돌침)	목조가옥에서는 증강보호가 좋고, 철근콘크리트 건축물로서 옥상에 난간이 있는 경우에는 보통보호로 함
증강보호 (수평도체방식)	건축물 윗면의 모서리부분, 뾰족한 모양을 한 부분의 위쪽에 수평도체식 피뢰설비를 하여 전체의 보호능력이 증강된 방식
완전보호 (케이지방식)	어떠한 뇌격에 대해서도 건물이나 내부에 있는 사람에게 위해를 가하지 않는 방식(산꼭대기 관측소, 휴게소, 매점 등)

12 10cm 두께의 콘크리트 벽 양쪽 표면의 온도가 각각 5℃, 15℃로 일정할 때, 벽을 통과하는 전도열량은 어느 것인가?(단, 콘크리트의 열전도율은 1.6W/m·K이다.)

① 16W/m²
② 32W/m²
③ 160W/m²
④ 320W/m²

【해설】

$Q = KA\Delta T = \dfrac{\lambda}{d} A \Delta T$

여기서, Q : 전도열량(전열량, W)
　　　　K : 열관류율(W/m²·K)
　　　　ΔT : 양측 벽(실내외) 온도차(K, ℃)
　　　　d : 벽의 두께(m)
　　　　λ : 열전도율(W/m·K)

∴ $Q = \dfrac{1.6}{0.1} \times 1 \times (15-5) = 160W$

문제 보기에서 단위가 W/m²로 주어졌으므로, A를 1m²로 보면 최종 답은 1m²당 전도열량 160W/m²가 된다.

13 바닥복사난방에 관한 설명으로 옳지 않은 것은 어느 것인가?

① 쾌적감이 높다.
② 매립코일이 고장 나면 수리가 어렵다.
③ 열용량이 작기 때문에 간헐난방에 적합하다.
④ 외기침입이 있는 곳에서도 난방감을 얻을 수 있다.

【해설】
바닥복사난방방식은 열용량이 크기 때문에 예열하는 데 시간이 오래 걸리게 된다. 그래서 간헐난방이 아닌 지속난방을 하는 용도에 적합한 난방방식이다.

14 급수방식에 관한 설명으로 옳은 것은?

① 수도직결방식은 수질오염의 가능성이 가장 높다.
② 압력수조방식은 급수압력이 일정하다는 장점이 있다.
③ 펌프직송방식은 급수압력 및 유량 조절을 위하여 제어의 정밀성이 요구된다.
④ 고가수조방식은 고가수조의 설치높이와 관계없이 최상층 세대에 충분한 수압으로 급수할 수 있다.

【해설】
① 수도직결방식은 수질오염의 가능성이 가장 낮은 방식이다.
② 압력수조방식은 급수압의 변동이 큰 특징을 갖고 있다.
④ 고가수조방식은 급수압력이 일정한 특징을 갖고 있으나 최상층 세대에 충분한 수압을 급수하기 위해서는 일정높이 이상에 고가수조의 설치가 필요하다.

15 다음과 같은 조건에서 틈새바람 100m³/h가 실내로 유입되었다. 이로 인해 발생하는 냉방현열부하는?

- 실내공기 : 온도 27℃, 상대습도 60%
- 외기 : 온도 34℃, 상대습도 70%
- 공기의 밀도 : 1.2kg/m³
- 공기의 정압비열 : 1.01kJ/kg·K

① 약 174W
② 약 236W
③ 약 350W
④ 약 465W

【해설】
$q = Q \cdot \rho \cdot C_p \cdot \Delta t$

여기서, q : 실내발열량(현열부하)(kJ/h)
Q : 틈새바람에 의한 침기량(m^3/h)
ρ : 공기의 밀도(1.2kg/m^3)
C_p : 공기의 정압비열(1.01kJ/kg·K)
Δt : 실내외 온도차(℃)

∴ $q = 100 \times 1.2 \times 1.01 \times (34-27)$
$= 848.4$kJ/h $= 235.67$W

여기서 1W = 1J/sec이므로 단위환산에 주의하여 계산하여야 한다.

16 빙축열시스템에 관한 설명으로 옳지 않은 것은 어느 것인가?

① 저온용 냉동기가 필요하다.
② 얼음을 축열매체로 사용하여 냉열을 얻는다.
③ 주간의 피크부하에 해당하는 전력을 사용한다.
④ 응고 및 융해열을 이용하므로 저장열량이 크다.

해설

빙축열시스템은 전력부하가 적고, 요금이 저렴한 심야전력(23:00~09:00)을 이용하여 야간에 얼음을 생성, 저장하였다가 주간에 이 얼음을 녹여서 건물의 냉방에 활용하는 시스템이다.

17 중앙식 급탕법 중 직접가열식에 관한 설명으로 옳지 않은 것은?

① 대규모 급탕설비에는 비경제적이다.
② 급탕탱크용 가열코일이 필요하지 않다.
③ 보일러 내면의 스케일은 간접가열식보다 많이 생긴다.
④ 건물의 높이가 높을 경우라도 고압보일러가 필요하지 않다.

해설

직접가열식은 보일러에서 직접 가열한 온수를 저탕조에 저장하여 공급하는 방식으로서 건물높이에 따라 고압의 보일러가 필요하게 되어 주택 또는 소규모 건물에 적합한 방식이다.

18 옥내소화전설비를 설치하여야 하는 건축물에서 옥내소화전의 설치개수가 가장 많은 층의 설치개수가 2개인 경우, 옥내소화전설비의 수원의 저수량은 다음 중 최소 얼마 이상이 되도록 하여야 하는가? [문제변형]

① 2.6m^3
② 7m^3
③ 5.2m^3
④ 14m^3

해설

옥내소화전설비 수원의 저수량(L)
$= 130$L/min $\times 20$min $\times 2$개 $= 5,200$L $= 5.2m^3$

19 정화조에서 호기성균에 의하여 오수를 처리하는 곳은?

① 부패조
② 여과조
③ 산화조
④ 소독조

해설

정화조의 구성
부패조(혐기성 처리) → 여과조(부유물이나 잡물 제거) → 산화조(호기성 처리) → 소독조(소독제 적용)

20 다음 중 효율이 가장 높지만 등황색의 단색광으로 색채의 식별이 곤란하므로 주로 터널조명에 사용하는 것은?

① 형광램프
② 고압수은램프
③ 저압나트륨램프
④ 메탈할라이드램프

해설

저압나트륨램프는 효율적인 측면에서는 좋으나, 연색성이 좋지 않아 실내조명용으로는 부적합하여 주로 터널 조명으로 쓰이고 있다.

정답 16 ③ 17 ④ 18 ③ 19 ③ 20 ③

건축기사 (2019년 9월 시행)

01 실내공기오염의 종합적 지표로서 사용되는 오염물질은?

① 부유분진 　② 이산화탄소
③ 일산화탄소　④ 이산화질소

해설
이산화탄소의 농도는 실내의 오염물질 농도와 함께 상승하는 특성을 가지고 있어, 오염물질의 종합적 지표로서 이산화탄소를 사용하고 있다.

02 전기샤프트(ES)에 관한 설명으로 옳지 않은 것은?

① 전기샤프트(ES)는 각 층마다 같은 위치에 설치한다.
② 전기샤프트(ES)의 면적은 보, 기둥부분을 제외하고 산정한다.
③ 전기샤프트(ES)는 전력용(EPS)과 정보통신용(TPS)을 공용으로 설치하는 것이 원칙이다.
④ 전기샤프트(ES)의 점검구는 유지보수 시 기기의 반입 및 반출이 가능하도록 하여야 한다.

해설
전기샤프트(ES : Electrical Shaft)는 용도별로 전력용(EPS)과 정보통신용(TPS)으로 구분하여 설치하는 것이 원칙이다. 다만, 각 용도의 설치장비 및 배선이 적은 경우에는 공용으로도 사용이 가능하다.

03 기온, 습도, 기류의 3요소의 조합에 의한 실내온열감각을 기온의 척도로 나타낸 것은?

① 작용온도　② 등가온도
③ 유효온도　④ 등온지수

해설
유효온도(실감온도, 감각온도, ET : Effective Temperature)
㉠ 공기조화의 실내조건의 표준
㉡ 기온(온도), 습도, 기류의 3요소로 공기환경의 쾌적조건을 표시한 것
㉢ 실내의 쾌적대는 겨울철과 여름철이 다름
㉣ 일반적인 실내의 쾌적한 상대습도는 40~60%임

04 증기난방에 관한 설명으로 옳지 않은 것은 어느 것인가?

① 온수난방에 비해 예열시간이 짧다.
② 온수난방에 비해 한랭지에서 동결의 우려가 적다.
③ 운전 시 증기해머로 인한 소음을 일으키기 쉽다.
④ 온수난방에 비해 부하변동에 따른 실내방열량의 제어가 용이하다.

해설
증기난방(Steam Heating System)은 온수난방에 비해 부하변동에 따른 방열량 조절이 어렵다.

05 조명설비에서 눈부심에 관한 설명으로 옳지 않은 것은?

① 광원의 크기가 클수록 눈부심이 강하다.
② 광원의 휘도가 작을수록 눈부심이 강하다.
③ 광원이 시선에 가까울수록 눈부심이 강하다.
④ 배경이 어둡고 눈이 암순응될수록 눈부심이 강하다.

해설
광원의 휘도가 클수록 눈부심이 강하다.

정답 01 ② 02 ③ 03 ③ 04 ④ 05 ②

06 주철제보일러에 관한 설명으로 옳지 않은 것은 어느 것인가?

① 재질이 약하여 고압으로는 사용이 곤란하다.
② 섹션(Section)으로 분할되므로 반입이 용이하다.
③ 재질이 주철이므로 내식성이 약하여 수명이 짧다.
④ 규모가 비교적 작은 건물의 난방용으로 사용된다.

[해설]
주철제보일러는 내식성이 우수하고 수명이 긴 장점이 있으나, 대용량, 고압에 부적합하여, 소규모 주택에 주로 적용된다.

07 배수트랩에 관한 설명으로 옳지 않은 것은?

① 트랩은 이중으로 설치하면 효과적이다.
② 트랩의 봉수깊이가 너무 깊으면 통수능력이 감소한다.
③ 트랩은 하수가스의 실내 침입을 방지하는 역할을 한다.
④ 트랩은 위생기구에 가능한 한 접근시켜 설치하는 것이 좋다.

[해설]
트랩을 이중으로 설치할 경우 배수의 흐름에 지장을 주게 되므로 효과적이지 않다.

08 다음 설명에 알맞은 냉동기는?

- 기계적 에너지가 아닌 열에너지에 의해 냉동효과를 얻는다.
- 구조는 증발기, 흡수기, 재생기(발생기), 응축기 등으로 구성되어 있다.

① 터보식 냉동기
② 흡수식 냉동기
③ 스크루식 냉동기
④ 왕복동식 냉동기

[해설]
터보식, 스크루식, 왕복동식은 압축식 냉동기로서 전기에너지를 압축기에서 기계적 에너지로 전환하여 냉동효과를 얻는 방식이고, 흡수식 냉동기는 열에너지를 통해 냉동효과를 얻는 방식이다. 흡수식 냉동기는 압축식 냉동기에 비해 COP값이 상대적으로 열세하지만, 전기에너지가 아닌 열에너지를 적용하므로, 전기사용 절감을 위해 권장하고 있다.

09 액화천연가스(LNG)에 관한 설명으로 옳지 않은 것은?

① 공기보다 가볍다.
② 무공해, 무독성이다.
③ 프로필렌, 부탄, 에탄이 주성분이다.
④ 대규모의 저장시설을 필요로 하며, 공급은 배관을 통하여 이루어진다.

[해설]
LNG의 주성분은 메탄(CH_4)이다.

10 수량 22.4m³/h를 양수하는 데 필요한 터빈펌프의 구경으로 적당한 것은?(단, 터빈펌프 내의 유속은 2m/s로 한다.)

① 65mm   ② 75mm
③ 100mm ④ 125mm

[해설]
Q(수량) $= A$(단면적)$\times V$(유속)

A(단면적)$= \dfrac{\pi d^2}{4}$, d : 펌프의 구경(직경)

이에 따라 $Q = \dfrac{\pi d^2}{4} \times V \rightarrow d = \sqrt{\dfrac{4Q}{\pi V}}$

$= \sqrt{\dfrac{4 \times 22.4 m^3}{3,600 \times \pi \times 2 m/s}}$

$= 0.0629 m$

$= 62.9 mm$

산출구경이 62.9mm이므로, 펌프의 구경으로는 65mm가 가장 적당하다.

정답 06 ③ 07 ① 08 ② 09 ③ 10 ①

11 건축물의 에너지절약설계기준에 따른 건축물의 단열을 위한 권장사항으로 옳지 않은 것은 어느 것인가?

① 외벽 부위는 내단열로 시공한다.
② 열손실이 많은 북측 거실의 창 및 문의 면적은 최소화한다.
③ 외피의 모서리부분은 열교가 발생하지 않도록 단열재를 연속적으로 설치한다.
④ 발코니 확장을 하는 공동주택에는 단열성이 우수한 로이(Low-E) 복층창이나 삼중창 이상의 단열성능을 갖는 창을 설치한다.

[해설]
열교현상을 최소화하여 결로 예방 및 난방부하 절감을 위해 외벽 부위는 외단열로 시공하여야 한다.

12 전류가 흐르고 있는 전기기기, 배선과 관련된 화재를 의미하는 것은?

① A급 화재　　② B급 화재
③ C급 화재　　④ K급 화재

[해설]
전기화재(C급 화재 : 청색)
전기에 의한 화재로서 소화 시 질식에 의한 소화가 효과적이며, 물에 의한 소화는 금해야 한다.

13 다음 중 엘리베이터의 안전장치와 가장 관계가 먼 것은?

① 조속기　　② 핸드레일
③ 종점스위치　　④ 전자브레이크

[해설]
핸드레일은 에스컬레이터의 구성요소이며 난간데크는 핸드레일 가이드 측면과 만나고 난간의 상부 커버를 형성하는 난간의 가로요소이다.

14 다음 중 변전실면적에 영향을 주는 요소와 가장 거리가 먼 것은?

① 발전기실의 면적
② 변전설비 변압방식
③ 수전전압 및 수전방식
④ 설치기기와 큐비클의 종류

[해설]
변전실의 면적 산정 시 고려요소에는 변압기용량, 변전설비 수전방식, 수전전압, 수전방식 및 큐비클의 종류 등이 있다.

15 배관재료에 관한 설명으로 옳지 않은 것은 어느 것인가?

① 주철관은 오배수관이나 지중매설배관에 사용한다.
② 경질염화비닐관은 내식성은 우수하나 충격에 약하다.
③ 연관은 내식성이 작아 배수용보다는 난방배관에 주로 사용한다.
④ 동관은 전기 및 열전도율이 좋고 전성, 연성이 풍부하며 가공도 용이하다.

[해설]
연관은 내산성이 우수하나 알칼리에는 약한 특성을 가지고 있으며, 난방배관이 아닌 주로 급수용 수도관에 사용한다.

16 공기조화방식 중 팬코일유닛방식에 관한 설명으로 옳지 않은 것은?

① 각 실의 수배관으로 인한 누수의 우려가 있다.
② 덕트샤프트나 스페이스가 필요 없거나 작아도 된다.
③ 각 실의 유닛은 수동으로도 제어할 수 있고, 개별 제어가 쉽다.
④ 유닛을 창문 밑에 설치하면 콜드 드래프트(Cold Draft)가 발생할 우려가 높다.

> [해설]

팬코일유닛을 창문 밑에 두면 창가에서 발생할 수 있는 콜드드래프트(Cold Draft)현상을 최소화할 수 있다.

17 다음 그림과 같은 형태를 갖는 간선의 배선 방식은?

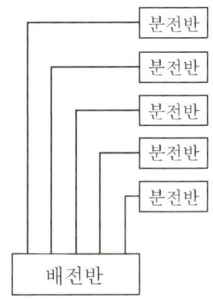

① 개별방식 ② 루프방식
③ 병용방식 ④ 나뭇가지방식

> [해설]

개별방식(평행식)
- 큰 용량의 부하 또는 분산되어 있는 부하에 대하여 단독회선으로 배선하는 것이다.
- 배전반에서 각 분전반마다 단독배선되므로 전압강하가 평균화된다.

18 실내의 탄산가스 허용농도가 1,000ppm, 외기의 탄산가스농도가 400ppm일 때, 실내 1인당 필요한 환기량은?(단, 실내 1인당 탄산가스배출량은 15L/h이다.)

① 15m³/h ② 20m³/h
③ 25m³/h ④ 30m³/h

> [해설]

Q(필요환기량, m³/h)

$$= \frac{CO_2 발생량(m^3)}{C_i(실내허용 CO_2농도) - C_o(신선외기 CO_2농도)}$$

$$= \frac{0.015}{0.001 - 0.0004} = 25 m^3/h$$

19 다음 중 펌프의 양수량이 10m³/min, 전양정이 10m, 효율이 80%일 때, 이 펌프의 축동력은 어느 것인가?

① 20.4kW ② 22.5kW
③ 26.5kW ④ 30.6kW

> [해설]

펌프의 축동력[kW] $= \dfrac{QH}{102E}$

- 양수량 Q(L/s) : 10m³/min → 166.67L/s
- 전양정 H(mAq) : 10m
- 효율 E : 0.80

∴ 펌프의 축동력[kW] $= \dfrac{166.67 \times 10}{102 \times 0.80}$

$= 20.43 kW ≒ 20.4 kW$

20 최대수요전력을 구하기 위한 것으로 총 부하설비용량에 대한 최대수요전력의 비율을 백분율로 나타낸 것은?

① 역률 ② 수용률
③ 부등률 ④ 부하율

> [해설]

수용률(수요율)

수용률 $= \dfrac{최대수요전력[kW]}{부하설비용량[kW]} \times 100\%$

수용률이란 설비기기의 전 용량에 대하여 실제 사용하고 있는 부하의 최대전력비율을 나타낸 계수로서 설비용량을 이용하여 최대수요전력을 결정할 때 사용한다.

건축산업기사 (2019년 9월 시행)

01 열매인 증기의 온도가 102℃이고, 실내온도가 18.5℃인 표준상태에서 방열기 표면적 1m²를 통하여 발산되는 방열량은?

① 450W ② 523W
③ 650W ④ 756W

해설
- 증기의 표준방열량 : 756W/m²
- 온수방열기의 표준방열량 : 523W/m²

02 양수량이 2m³/min인 펌프에서 회전수를 원래보다 20% 증가시켰을 경우 양수량은 얼마로 되는가?

① 1.7m³/min
② 2.4m³/min
③ 2.9m³/min
④ 3.5m³/min

해설
상사의 법칙에 의해 양수량(유량)은 회전수에 비례하여 증가한다. 즉, 회전수 증가분인 20%만큼 양수량이 증가하여 양수량은 2m³/min × 1.2 = 2.4m³/min가 된다.

03 온수의 순환방식에 따른 온수난방방식의 분류에서 온수의 밀도차를 이용하는 방식은?

① 단관식 ② 하향식
③ 개방식 ④ 중력식

해설
중력식 방식을 의미하는 것으로서 온도에 따른 밀도차에 의해 순환시키는 방식이다.

04 중앙식 급탕방식 중 간접가열식에 관한 설명으로 옳지 않은 것은?

① 일반적으로 규모가 큰 건물에 사용한다.
② 가열보일러는 난방용 보일러와 겸용할 수 없다.
③ 저탕조는 가열코일을 내장하는 등 직접가열식에 비해 구조가 복잡하다.
④ 증기보일러 또는 고온수보일러를 사용하는 경우 고온의 탕을 얻을 수 있다.

해설
간접가열식의 경우 난방보일러로 동시에 급탕이 가능하다.(가열보일러와 난방용 보일러 겸용 가능)

05 다음 중 오물정화조의 성능을 나타내는 데 주로 사용되는 지표는?

① 경도 ② 탁도
③ CO_2함유량 ④ BOD제거율

해설
BOD(Biochemical Oxygen Demand : 생물화학적 산소요구량)
- 오수 중의 유기물이 이와 공존하는 미생물에 의해 분해되어 안정화하는 과정에서 소비되는 수중에 녹아 있는 산소의 감소를 나타내는 값
- 물의 오염정도를 나타냄

06 다음의 공기조화방식 중 전공기방식에 속하지 않는 것은?

① 단일덕트방식
② 2중덕트방식
③ 멀티존유닛방식
④ 팬코일유닛방식

정답 01 ④ 02 ② 03 ④ 04 ② 05 ④ 06 ④

해설

팬코일유닛방식은 적용방법에 따라 수-공기방식 또는 전수방식에 해당하는 공기조화방식이다.

07 급수방식에 관한 설명으로 옳은 것은?

① 압력수조방식은 경제적이며 공급압력이 일정하다.
② 펌프직송방식은 정교한 제어가 필요하며 전력 차단 시 급수가 불가능하다.
③ 수도직결방식은 공급압력이 일정하여 고층건물에 주로 사용한다.
④ 고가수조방식은 수질오염성이 가장 낮은 방식으로 단수 시 일정시간 동안 급수가 가능하다.

해설

① 압력수조방식은 급수압의 변동이 큰 특징을 갖고 있다.
③ 공급압력이 일정하여 고층건물에 주로 사용하는 방식은 고가수조방식이다.
④ 수질오염성이 가장 낮은 방식은 수도직결방식이다.

08 다음 중 물체의 부력을 이용하여 그 기능이 발휘되는 것은?

① 볼탭 ② 체크밸브
③ 배수트랩 ④ 스트레이너

해설

볼탭(Ball Tap)
- 고가수조 등에서 일정 수위를 유지하고자 할 때 이용
- 플로트(부자)의 부력에 의해 밸브가 작동

09 다음과 같은 벽체에서 관류에 의한 열손실량은 어느 것인가?

- 벽체의 면적 : 10m²
- 벽체의 열관류율 : 3W/m²·K
- 실내온도 : 18℃, 외기온도 : -12℃

① 360W ② 540W
③ 780W ④ 900W

해설

q(손실열량, W) = K(열관류율, W/m²·K) × A(면적, m²) × Δt(실내외 온도차, ℃)
= $3 \times 10 \times (18-(-12))$ = 900W

10 중앙식 공기조화기에 전열교환기를 설치하는 가장 주된 이유는?

① 소음 제거
② 에너지절약
③ 공기오염 방지
④ 백연현상 방지

해설

전열교환기
- 목적 : 공조기의 환기에 의한 열손실을 최소화
- 방법 : 외기(OA)덕트와 배기(EA)덕트에 설치하여 외기와 배기가 간접접촉하게 함으로써 전열(현열+잠열)을 교환한다.

11 금속관공사에 관한 설명으로 옳지 않은 것은?

① 외부에 대한 고조파영향이 없다.
② 열적 영향을 받는 곳에서는 사용할 수 없다.
③ 외부적 응력에 대한 전선 보호의 신뢰성이 높다.
④ 사용장소는 은폐장소, 노출장소, 옥내, 옥외 등 광범위하게 사용할 수 있다.

12 통기관에 관한 설명으로 옳지 않은 것은?

① 통기관은 가능한 한 관길이를 짧게 하고 굴곡부분을 적게 한다.
② 신정통기관의 관경은 배수수직관의 관경보다 작게 해서는 안 된다.
③ 통기관의 배관길이를 길게 하면 저항이 작아지므로 관경을 줄일 수 있다.
④ 통기관의 관경은 접속하는 배수관의 관경이나 기구배수부하단위수에 의해 구할 수 있다.

정답 07 ② 08 ① 09 ④ 10 ② 11 ② 12 ③

> [해설]

유체의 마찰저항은 배관길이가 길수록 커지게 된다.

다르시 – 바이스바흐의 마찰저항 공식

$$\Delta P = f \cdot \frac{l}{d} \cdot \frac{V^2}{2} \cdot \rho$$

여기서, ΔP : 마찰저항(손실압력, Pa)
  f : 마찰저항계수
  d : 관의 지름(m)
  l : 관의 길이(m)
  V : 유체의 이동속도(m/s)
  ρ : 유체의 밀도(kg/m³)

13 층수가 5층인 건물의 각 층에 옥내소화전이 2개씩 설치되어 있을 때, 옥내소화전설비의 수원의 저수량은 다음 중 최소 얼마 이상이 되도록 하여야 하는가?

① 1.3m³
② 2.6m³
③ 4.3m³
④ 5.2m³

> [해설]

옥내소화전설비는 분당 130L의 물을 20분 동안 분사하여 화재의 진압에 사용되는 소화설비이다.
옥내소화전설비 수원의 저수량(L)
= 130L/min × 20min × 2개 = 5,200L = 5.2m³
※ 본 문제 해결 시 옥내소화전설비의 개수는 옥내소화전이 가장 많이 설치된 층에서의 옥내소화전 개수를 적용하며, 산출 시 최대옥내소화전 개수는 2개이다.

14 건구온도 26℃인 공기 1,000m³와 건구온도 32℃인 공기 500m³를 단열혼합하였을 경우, 혼합공기의 건구온도는?

① 27℃
② 28℃
③ 29℃
④ 30℃

> [해설]

혼합공기의 온도(℃) $= \dfrac{26 \times 1{,}000 + 32 \times 500}{1{,}000 + 500}$
  $= 28℃$

15 교류전동기에 속하지 않는 것은?

① 동기전동기
② 복권전동기
③ 3상 유도전동기
④ 분상기동형 전동기

> [해설]

복권전동기, 분권전동기, 직권전동기는 직류전동기에 속한다.

16 다음의 전원설비와 관련된 설명 중 ( ) 안에 알맞은 용어는?

> 수전점에서 변압기 1차 측까지의 기기 구성을 (㉠)라 하고 변압기에서 전력부하설비의 배전반까지를 (㉡)라 한다.

① ㉠ : 배전설비, ㉡ : 수전설비
② ㉠ : 수전설비, ㉡ : 배전설비
③ ㉠ : 간선설비, ㉡ : 동력설비
④ ㉠ : 동력설비, ㉡ : 간선설비

> [해설]

수전점에서 변압기 1차 측까지의 기기 구성을 수전설비라 하고 변압기에서 전력부하설비의 배전반까지를 배전설비라 한다.

17 다음 중 배큐엄브레이커나 역류방지기능을 가지는 것을 설치할 필요가 있는 위생기구는?

① 욕조
② 세면기
③ 대변기(세정밸브형)
④ 소변기(세정탱크형)

> [해설]

오배수가 급수계통으로 역류되는 것을 방지하기 위한 목적으로 설치하는 배큐엄브레이커(진공방지기 Vacuum Breaker) 등은 단수에 의한 일시적 부압 발생 등에 의한 역류현상을 방지하는 것으로, 세정밸브형 대변기 등과 같이 평상시 고압력을 유지하고 있어 단수 시 급격한 부압의 발생 우려가 있는 급수기구에 필수적으로 설치되어야 한다.

정답 13 ④ 14 ② 15 ② 16 ② 17 ③

18 단일덕트변풍량방식에 관한 설명으로 옳지 않은 것은?

① 송풍량을 조절할 수 있다.
② 전공기방식의 특성이 있다.
③ 각 실이나 존의 개별 제어가 불가능하다.
④ 일사량 변화가 심한 페리미터 존에 적합하다.

> 해설
> 단일덕트변풍량방식은 각 실에 풍량조절 Unit를 설치하여 각 실이나 존의 개별 제어를 할 수 있는 방식이다.

19 도시가스의 압력을 사용처에 맞게 감압하는 기능을 하는 것은?

① 정압기
② 압송기
③ 에어체임버
④ 가스미터

> 해설
> 정압기에 대한 설명이며, 도시가스는 아래와 같은 계통으로 공급된다.
> 가스 제조 → 압송설비 → 저장설비 → 정압기 → 도관 → 수용가

20 각종 조명방식에 관한 설명으로 옳지 않은 것은?

① 간접조명방식은 확산성이 낮고 균일한 조도를 얻기 어렵다.
② 반간접조명방식은 직접조명방식에 비해 글레어가 작다는 장점이 있다.
③ 직접조명방식은 작업면에서 높은 조도를 얻을 수 있으나 주위와의 휘도차가 크다.
④ 반직접조명방식은 광원으로부터의 발산광속 중 10~40%가 천장이나 윗벽 부분에서 반사된다.

> 해설
> 간접조명방식은 확산성이 높아 균일한 조도를 얻을 수 있다. 확산성이 낮고 조도가 실에서 차이가 나는 방식은 직접조명방식이다.

정답 18 ③ 19 ① 20 ①

건축기사 (2020년 6월 시행)

01 다음 중 변전실면적 결정 시 영향을 주는 요소와 가장 거리가 먼 것은?

① 수전전압
② 수전방식
③ 발전기용량
④ 큐비클의 종류

[해설]
변전실의 면적 산정 시 고려요소에는 변압기용량, 수전전압, 수전방식 및 큐비클의 종류 등이 있다.

02 가스사용시설에서 가스계량기의 설치에 관한 설명으로 옳지 않은 것은?

① 전기접속기와의 거리가 최소 30cm 이상이 되도록 한다.
② 전기점멸기와의 거리가 최소 60cm 이상이 되도록 한다.
③ 전기개폐기와의 거리가 최소 60cm 이상이 되도록 한다.
④ 전기계량기와의 거리가 최소 60cm 이상이 되도록 한다.

[해설]
가스계량기와 전기점멸기(스위치)는 최소 30cm 이상 이격하여 설치하여야 한다.

03 엘리베이터의 안전장치 중 일정 이상의 속도가 되었을 때 브레이크 등을 작동시키는 기능을 하는 것은?

① 조속기
② 권상기
③ 완충기
④ 가이드 슈

[해설]
조속기
조속기는 엘리베이터의 안전장치 중 하나로서 속도가 일정 이상이 되었을 때 브레이크나 안전장치를 작동시키는 기능을 하는 장치이다.

04 흡음 및 차음에 관한 설명으로 틀린 것은?

① 벽의 차음성능은 투과손실이 클수록 높다.
② 차음성능이 높은 재료는 흡음성능도 높다.
③ 벽의 차음성능은 사용재료의 면밀도에 크게 영향을 받는다.
④ 벽의 차음성능은 동일 재료에서도 두께와 시공법에 따라 다르다.

[해설]
차음은 음을 차단하는 것으로서 주로 밀도가 높은 중량 구조물의 형태가 많고, 흡음은 음을 흡수하는 것으로서 다공질을 띠고 있는 저항형 단열재를 많이 사용한다. 차음은 음의 반사, 흡음은 음의 흡수를 주로 하므로 차음이 커질 경우 흡수량이 줄어들 가능성이 높다.

05 다음 설명에 알맞은 화재의 종류는?

> 나무, 섬유, 종이, 고무, 플라스틱류와 같은 일반 가연물이 타고 나서 재가 남는 화재

① A급 화재
② B급 화재
③ C급 화재
④ K급 화재

[해설]
② 유류 화재
③ 전기 화재
④ 주방기름(식용유 등)에 의한 화재

정답 01 ③ 02 ② 03 ① 04 ② 05 ①

06 전기설비에서 다음과 같이 정의되는 장치는 어느 것인가?

> 지락전류를 영상변류기로 검출하는 전류동작형으로 지락전류가 미리 정해 놓은 값을 초과할 경우, 설정된 시간 내에 회로나 회로의 일부 전원을 자동으로 차단하는 장치

① 퓨즈
② 누전차단기
③ 단로스위치
④ 절환스위치

[해설]

누전차단기
전동기계·기구가 접속되어 있는 전로(電路)에서 누전에 의한 감전위험을 방지하기 위해 사용하는 기기로서 전원을 자동으로 차단하는 장치이다.

07 급수방식 중 고가수조방식에 관한 설명으로 옳은 것은?

① 급수압력이 일정하다.
② 2층 정도의 건물에만 적용이 가능하다.
③ 위생성 측면에서 가장 바람직한 방식이다.
④ 저수조가 없으므로 단수 시에 급수가 불가능하다.

[해설]

②, ③, ④항은 수도직결방식에 대한 설명이다.

08 실내 CO_2발생량이 17L/h, 실내 CO_2허용농도가 0.1%, 외기의 CO_2농도가 0.04%일 경우 필요환기량은?

① 약 28.3m³/h
② 약 35.0m³/h
③ 약 40.3m³/h
④ 약 42.5m³/h

[해설]

Q(필요환기량, m³/h)

$$= \frac{CO_2 \text{발생량(m}^3\text{/h)}}{C_i(\text{실내허용 } CO_2\text{농도}) - C_o(\text{신선외기 } CO_2\text{농도})}$$

$$= \frac{17L/h \div 1,000}{0.001 - 0.0004} = 28.33 \text{m}^3/\text{h} ≒ 28.3 \text{m}^3/\text{h}$$

09 급수설비에서 펌프의 실양정이 의미하는 것은?(단, 물을 높은 곳으로 보내는 경우)

① 배관계의 마찰손실에 해당하는 높이
② 흡수면에서 토출수면까지의 수직거리
③ 흡수면에서 펌프축 중심까지의 수직거리
④ 펌프축 중심에서 토출수면까지의 수직거리

[해설]

양정 중 실양정은 높이에 따라 발생하는 양정으로서 흡수면에서부터 펌프가 물을 토출하는 토출수면까지의 높이, 즉 수직거리를 의미한다.

10 다음과 같은 조건에 있는 양수펌프의 축동력은 어느 것인가?

- 양수량 : 490L/min
- 전양정 : 30m
- 펌프의 효율 : 60%

① 약 3kW
② 약 4kW
③ 약 5kW
④ 약 6kW

[해설]

펌프의 축동력[kW] $= \dfrac{QH}{102E}$

- 양수량 Q(L/s) : 490L/min → 8.17L/s
- 전양정 H(mAq) : 30m
- 효율 E : 0.60

∴ 펌프의 축동력[kW] $= \dfrac{8.17 \times 30}{102 \times 0.60}$

$= 4.01 \text{kW} ≒ 4 \text{kW}$

11 다음 중 실내를 부압으로 유지하며 실내의 냄새나 유해물질을 다른 실로 흘려보내지 않으므로 욕실, 화장실 등에 사용하는 환기방식은?

①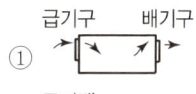
②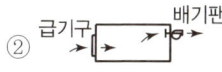
③
④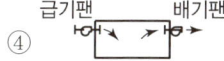

정답 06 ② 07 ① 08 ① 09 ② 10 ② 11 ②

> [해설]

3종 환기
- 급기 측은 자연급기, 배기 측에는 배풍기(배기팬)를 설치하여 강제배기하는 방식(화장실, 조리장 등 오염물질이 배출되지 말아야 하는 곳에 적용)
- 실내압을 부압(−)으로 유지

12 자연환기에 관한 설명으로 옳지 않은 것은 어느 것인가?

① 외부풍속이 커지면 환기량은 많아진다.
② 실내외의 온도차가 크면 환기량은 작아진다.
③ 중력환기는 실내외의 온도차에 의한 공기의 밀도차가 원동력이 된다.
④ 자연환기량은 중성대로부터 공기유입구 또는 유출구까지의 높이가 클수록 많아진다.

> [해설]

실내외 온도차가 커지면, 실내외 압력차도 커지므로 환기량은 커지게 된다.(고온 측이 저기압, 저온 측이 고기압의 특성을 갖는다)

13 고온수난방방식에 관한 설명으로 옳지 않은 것은?

① 장치의 열용량이 크므로 예열시간이 길게 된다.
② 공급과 환수의 온도차를 크게 할 수 있으므로 열수송량이 크다.
③ 공업용과 같이 고압증기를 다량으로 필요로 할 경우에는 부적당하다.
④ 지역난방에는 이용할 수 없으며 높이가 높고 건축면적이 넓은 단일건물에 주로 이용한다.

> [해설]

고온수난방은 100℃ 이상의 온수를 이용한 난방방식으로서 지역난방에서 주로 채용하는 난방방식이다.

14 국소식 급탕방식에 관한 설명으로 옳지 않은 것은?

① 배관의 열손실이 적다.
② 급탕개소와 급탕량이 많은 경우에 유리하다.
③ 급탕개소마다 가열기의 설치스페이스가 필요하다.
④ 건물 완공 후에도 급탕개소의 증설이 비교적 쉽다.

> [해설]

국소식 급탕방식은 급탕개소가 적을 경우 배관길이를 최소화하고 수요에 직접적으로 대응하기 위해 사용한다. 하지만 급탕개소와 급탕량이 많을 경우에는 유지관리 측면에서 매우 곤란하고, 높은 효율을 기대할 수 없다.

15 어떤 상태의 습공기를 절대습도의 변화 없이 건구온도만 상승시킬 때 습공기의 상태변화로 옳은 것은?

① 엔탈피는 증가한다.
② 비체적은 감소한다.
③ 노점온도는 낮아진다.
④ 상대습도는 증가한다.

> [해설]

현열 변화 시 엔탈피 증가, 비체적 증가, 노점온도는 변화 없으며, 상대습도는 감소한다.

16 다음 중 옥내의 노출된 건조한 장소에 설치할 수 없는 배선방법은?(단, 사용전압이 400V 미만인 경우)

① 금속관배선
② 버스덕트배선
③ 가요전선관배선
④ 플로어덕트배선

> [해설]

플로어덕트배선공사는 옥내의 건조한 노출장소에 설치할 수 없는 특징을 가지고 있다.

정답 12 ② 13 ④ 14 ② 15 ① 16 ④

17 다음과 같은 조건에서 실내에 500W의 열을 발산하는 기기가 있을 때 이 열을 제거하기 위한 필요환기량은?

- 실내온도 : 20℃
- 환기온도 : 10℃
- 공기의 정압비열 : 1.01kJ/kg·K
- 공기의 밀도 : 1.2kg/m³

① 41.3m³/h ② 148.5m³/h
③ 413m³/h ④ 1,485m³/h

해설

$$Q = \frac{q}{\rho C_p \Delta t}$$

여기서, Q : 필 환기량(m³/h)
　　　　q : 실내발열량(kJ/h)
　　　　ρ : 공기의 밀도(1.2kg/m³)
　　　　C_p : 공기의 정압비열(1.01kJ/kg·K)
　　　　Δt : 실내외 온도차(℃)

$$\therefore Q = \frac{500 \times 3,600}{1,000 \times 1.2 \times 1.01 \times (20-10)} = 148.51 \text{m}^3/\text{h}$$

18 전기샤프트(ES)에 관한 설명으로 옳지 않은 것은?

① 각 층마다 같은 위치에 설치한다.
② 전력용과 정보통신용은 공용으로 사용해서는 안 된다.
③ 전기샤프트의 면적은 보, 기둥 부분을 제외하고 산정한다.
④ 현재 장비 이외에 장래의 배선 등에 대한 여유성을 고려한 크기로 한다.

해설

코어상의 Shaft면적에 한계가 있을 경우 전력용과 정보통신용을 공용으로 사용할 수 있다.

19 조명설비의 광원 중 할로겐램프에 관한 설명으로 옳지 않은 것은?

① 휘도가 낮다.
② 백열전구에 비해 수명이 길다.
③ 연색성이 좋고 설치가 용이하다.
④ 흑화가 거의 일어나지 않고 광속이나 색온도의 저하가 극히 적다.

해설

할로겐램프는 휘도가 높고 연색성이 좋다.

20 다음 중 냉방부하 계산 시 현열만을 고려하는 것은?

① 인체의 발생열량
② 벽체로부터의 취득열량
③ 극간풍에 의한 취득열량
④ 외기의 도입으로 인한 취득열량

해설

벽체로부터의 취득열은 온도변화에만 관여하는 현열부하이다. 잠열을 고려해야 하는 경우는 습기의 발생 및 유출입이 있을 경우이다.

건축산업기사 (2020년 6월 시행)

01 열매가 온수인 경우 표준상태(열매온도 80℃, 실온 18.5℃)에서 방열기 표면적 1m²당 방열량은?

① 450W ② 523W
③ 650W ④ 756W

해설

표준방열량
㉠ 표준상태에서 방열면적 1m²당 방열되는 방열량
㉡ 온수난방 : 523W/m²
　　　　　(표준상태 온수 80℃, 실온 18.5℃)
㉢ 증기난방 : 756W/m²
　　　　　(표준상태 증기 102℃, 실온 18.5℃)

02 다음 중 통기관을 설치하여도 트랩의 봉수파괴를 막을 수 없는 것은?

① 분출작용에 의한 봉수파괴
② 자기사이펀에 의한 봉수파괴
③ 유도사이펀에 의한 봉수파괴
④ 모세관현상에 의한 봉수파괴

해설

모세관현상에 의한 봉수파괴는 트랩에 걸레조각이나 머리카락이 낀 경우 모세관현상에 의하여 봉수가 빠져 나가는 것으로, 배수 시 압력 조절을 하는 통기관의 역할과는 연관이 없다.

03 다음 중 환기횟수에 관한 설명으로 가장 알맞은 것은?

① 한 시간 동안에 창문을 여닫는 횟수를 의미한다.
② 하루 동안에 공조기를 작동하는 횟수를 의미한다.
③ 한 시간 동안의 환기량을 실의 용적으로 나눈 값이다.
④ 하루 동안의 환기량을 실의 면적으로 나눈 값이다.

해설

환기횟수는 다음의 식으로 산출할 수 있다.

$$환기횟수(회/h) = \frac{환기량(m^3/h)}{실의 용적(m^3)}$$

04 보일러의 상용출력을 가장 올바르게 표현한 것은?

① 급탕부하 + 난방부하 + 배관부하
② 급탕부하 + 배관부하 + 예열부하
③ 난방부하 + 배관부하 + 예열부하
④ 급탕부하 + 난방부하 + 배관부하 + 예열부하

해설

보일러의 출력표시방법
• 정미출력 : 난방부하 + 급탕부하
• 상용출력 : 난방부하 + 급탕부하 + 배관부하
• 정격출력 : 난방부하 + 급탕부하 + 배관부하 + 예열부하

05 공기조화방식 중 이중덕트방식에 관한 설명으로 옳지 않은 것은?

① 전공기방식의 특성이 있다.
② 혼합상자에서 소음과 진동이 발생할 수 있다.
③ 냉온풍을 혼합 사용하므로 에너지절감 효과가 크다.
④ 부하특성이 다른 다수의 실이나 존에도 적용할 수 있다.

해설

이중덕트방식은 냉풍과 온풍을 각각 반송(운반)하는 2개의 덕트를 가지고 있고, 실내에 취출되기 전에 혼합되어 취출이 이루어진다. 이 과정에서 냉풍의 찬 기운과 온풍의 따뜻한 기운이 섞이면서 적절한 온도의 풍량을 만들어 내는데, 이때 냉풍과 온풍이 각각 가지고 있는 고유에너지의 손실을 가져오게 된다. 즉, 냉풍과 온풍의 혼합과

정답 01 ② 02 ④ 03 ③ 04 ① 05 ③

정에서 손실이 유발되므로, 에너지절감에는 효과적이지 않다.

06 펌프의 전양정이 100m, 양수량이 12m³/h 일 때, 펌프의 축동력은?(단, 펌프의 효율은 60% 이다.)

① 약 3.52kW
② 약 4.05kW
③ 약 4.52kW
④ 약 5.45kW

해설

펌프의 축동력(kW) = $\dfrac{QH}{102E}$

- 양수량 Q(L/s) : 12m³/h → 3.333L/s
- 전양정 H(mAq) : 100m
- 효율 E : 0.60

∴ 펌프의 축동력(kW) = $\dfrac{3.333 \times 100}{102 \times 0.60}$
　　　　　　　　 = 5.45kW ≒ 5.5kW

07 공기조화방식 중 전공기방식의 일반적 특징으로 옳지 않은 것은?

① 중간기에 외기냉방이 가능하다.
② 실내의 배관으로 인한 누수의 염려가 없다.
③ 덕트스페이스가 필요 없으며 공조실의 면적이 작다.
④ 팬코일유닛과 같은 기구의 노출이 없어 실내 유효면적을 넓힐 수 있다.

해설

전공기방식은 풍도(공기의 경로)인 덕트가 필요하며, 공조실에 송풍기 및 공조기 등의 설비가 필요하여 공조실 면적이 크게 형성된다.

08 정화조에서 호기성균에 의해 오물을 분해 처리하는 곳은?

① 부패조
② 여과기
③ 산화조
④ 소독조

해설

- 산화조 : 호기성 미생물 이용(산소의 공급으로 호기성 균에 의해 오물을 산화, 분해처리)
- 부패조 : 혐기성 미생물 이용(산소를 차단하여 혐기성 균에 의해 오물을 소화)

09 수동으로 회로를 개폐하고, 미리 설정된 전류의 과부하에서 자동적으로 회로를 개방하는 장치로, 정격의 범위 내에서 적절히 사용하는 경우 자체에 어떠한 손상을 일으키지 않도록 설계된 장치는?

① 캐비닛
② 차단기
③ 단로스위치
④ 절환스위치

해설

차단기에 대한 설명이며, 대표적인 차단기에는 누전차단기, 배선용 차단기 등이 있다.

10 다음 설명에 알맞은 간선의 배선방식은?

- 경제적이나 1개소의 사고가 전체에 영향을 미친다.
- 각 분전반별로 동일전압을 유지할 수 없다.

① 평행식
② 루프식
③ 나뭇가지식
④ 나뭇가지평행식

해설

나뭇가지식에 대한 설명이며, 간선배전방식의 종류에 따른 특징은 다음과 같다.

구분	특징
평행식 (개별방식)	각 분전반마다 배전반에서 단독으로 배선되며, 전압강하가 적고 사고 발생 시 범위가 좁으나 설비비가 많이 소요되어 대규모 건물에 적합하다.
나뭇가지식	• 한 개의 간선이 각 분전반을 거쳐가며 공급된다. • 말단분전반에서 전압강하가 커질 수 있다. • 중소 규모에 이용한다. • 경제적이나 1개소의 사고가 전체에 영향을 미친다. • 각 분전반별로 동일전압을 유지할 수 없다.
병용식	평행식과 나뭇가지식을 병용한 것으로 전압강하도 크지 않고 설비비도 줄일 수 있어 가장 많이 사용한다.

11 다음의 통기방식 중 트랩마다 통기되기 때문에 가장 안정도가 높은 방식은?

① 각개통기방식
② 루프통기방식
③ 신정통기방식
④ 결합통기방식

> 해설
>
> **각개통기관**
> - 위생기구마다 각각 통기관을 설치하는 방법으로 가장 이상적인 방법이다.
> - 설비가 많이 소요된다.

12 다음 중 조명 설계의 순서에서 가장 먼저 이루어져야 하는 사항은?

① 광원의 선정
② 조명방식의 선정
③ 소요조도의 결정
④ 조명기구의 결정

> 해설
>
> 조명 설계 시 가장 먼저 해야 하는 것은 사용공간이 요구하는 소요조도를 결정하는 것이다.
>
> **조명 설계 순서**
> 소요조도 결정 → 전등종류 결정 → 조명방식 및 조명기구 선정 → 광속의 계산 → 광원의 크기와 그 배치

13 난방방식에 관한 설명으로 옳은 것은?

① 증기난방은 온수난방에 비해 예열시간이 길다.
② 온수난방은 증기난방에 비해 방열온도가 높으며 장치의 열용량이 작다.
③ 복사난방은 실을 개방상태로 하였을 때 난방효과가 없다는 단점이 있다.
④ 온풍난방은 가열공기를 보내어 난방부하를 조달함과 동시에 습도의 제어도 가능하다.

> 해설
>
> ① 증기난방은 온수난방에 비해 예열시간이 짧다.
> ② 온수난방은 증기난방에 비해 방열온도가 낮으며 장치의 열용량이 크다.
> ③ 복사난방은 실을 개방상태로 하였을 때도 난방효과가 유지될 수 있다는 장점이 있다.

14 물의 경도는 물속에 녹아 있는 염류의 양을 무엇의 농도로 환산하여 나타낸 것인가?

① 탄산칼륨
② 탄산칼슘
③ 탄산나트륨
④ 탄산마그네슘

> 해설
>
> 탄산칼슘의 농도로 환산하여 물의 경도를 나타낸다.
>
> $$\text{물의 경도} = \frac{\text{CaCO}_3 (\text{탄산칼슘})}{\text{Mg}(\text{마그네슘})} \times 1,000,000\%$$

15 스프링클러설비의 배관에 관한 설명으로 옳지 않은 것은?

① 가지배관은 각 층을 수직으로 관통하는 수직배관이다.
② 교차배관이란 직접 또는 수직배관을 통하여 가지배관에 급수하는 배관이다.
③ 급수배관은 수원 및 옥외송수구로부터 스프링클러헤드에 급수하는 배관이다.
④ 신축배관은 가지배관과 스프링클러헤드를 연결하는 구부림이 용이하고 유연성을 가진 배관이다.

> 해설
>
> **스프링클러설비의 계통 흐름**
> 주배관(각 층을 수직으로 관통하는 수직배관) → 교차배관(수직배관을 통하여 가지배관에 물을 공급하는 배관) → 가지배관(스프링클러헤드가 설치되어 있는 배관) → 스프링클러헤드(물의 분사 - 물 분사 시 세분시키는 역할은 헤드 내 디플렉터에서 진행)

16 LPG의 일반적 특성으로 옳지 않은 것은?

① 발열량이 크다.
② 순수한 LPG는 무색무취이다.
③ 연소 시 다량의 공기가 필요하다.
④ 공기보다 가볍기 때문에 안전성이 높다.

> **해설**
>
> 액화석유가스(LPG : Liquefied Petroleum Gas)는 공기보다 무겁기 때문에 누설 시 위험성이 크다.

17 압축식 냉동기의 냉동사이클을 올바르게 표현한 것은?

① 압축 → 응축 → 팽창 → 증발
② 압축 → 팽창 → 응축 → 증발
③ 응축 → 증발 → 팽창 → 압축
④ 팽창 → 증발 → 응축 → 압축

> **해설**
>
> **압축식 냉동기의 냉동사이클 및 냉매상태**
> 압축기(냉매 : 고온고압) → 응축기(냉매 : 저온고압) → 팽창밸브(냉매 : 저온저압) → 증발기(냉매 : 고온저압)

18 옥내의 은폐장소로서 건조한 콘크리트 바닥면에 매입하여 사용하는 것으로, 사무용 건물 등에 채용되는 배선방법은?

① 버스덕트배선
② 금속몰드배선
③ 금속덕트배선
④ 플로어덕트배선

> **해설**
>
> **플로어덕트 배선공사**
> • 은행, 회사 등의 사무실 콘크리트 바닥면에 매입하여 사용하는 것
> • 옥내의 건조한 노출장소에 설치할 수 없음

19 습공기를 가열하였을 경우 상태값이 감소하는 것은?

① 비체적
② 상대습도
③ 습구온도
④ 절대습도

> **해설**
>
> 습공기를 가열할 경우 상대습도는 낮아지게 된다. 겨울철 난방부하 제거를 위해 습공기를 가열할 경우 상대습도가 낮아져 건조하게 되므로 가습하여 실내로 취출하는 것이 일반적이다.

20 양수량이 $1.0m^3/min$인 펌프에서 회전수를 원래보다 10% 증가시켰을 경우의 양수량은 어느 것인가?

① $1.0m^3/min$
② $1.1m^3/min$
③ $1.2m^3/min$
④ $1.3m^3/min$

> **해설**
>
> 양수량과 회전수는 비례하므로, 회전수 10% 증가 시 양수량은 $1.0m^3/min$에서 10% 증가한 $1.1m^3/min$이 된다.

정답 16 ④ 17 ① 18 ④ 19 ② 20 ②

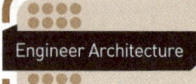

건축기사 (2020년 8월 시행)

01 자동화재탐지설비의 감지기 중 감지기 주위의 온도가 일정한 온도 이상이 되었을 때 작동하는 것은?

① 차동식 감지기
② 정온식 감지기
③ 광전식 감지기
④ 이온화식 감지기

[해설]
① 차동식 : 주변온도의 일정한 온도상승에 의해 감지
② 정온식 : 주변온도가 일정온도에 달하였을 때 감지
③ 광전식 : 연기에 의해 반응하는 것으로 광전효과를 이용하여 감지
④ 이온화식 : 연기에 의해 이온농도가 변하는 것으로 감지

02 급탕설비에 관한 설명으로 옳은 것은?

① 팽창탱크는 반드시 개방식으로 해야 한다.
② 리버스리턴(Reverse-return)방식은 전 계통의 탕의 순환을 촉진하는 방식이다.
③ 직접가열식 중앙급탕법은 보일러 안에 스케일 부착이 없어 내부에 방식처리가 불필요하다.
④ 간접가열식 중앙급탕법은 저탕조와 보일러를 직결하여 순환가열하는 것으로 고압용 보일러가 주로 사용된다.

[해설]
① 팽창탱크는 보일러 용량이 클 경우는 밀폐식으로 하는 경우가 많다.
③ 간접가열식 중앙급탕법에 대한 설명이다.
④ 직접가열식 중앙급탕법에 대한 설명이다.

03 난방방식에 관한 설명으로 옳지 않은 것은 어느 것인가?

① 증기난방은 잠열을 이용한 난방이다.
② 온수난방은 온수의 현열을 이용한 난방이다.
③ 온풍난방은 온습도 조절이 가능한 난방이다.
④ 복사난방은 열용량이 작으므로 간헐난방에 적합하다.

[해설]
복사난방은 바닥은 열용량이 크므로 지속난방에 적합하다.

04 알칼리축전지에 관한 설명으로 옳지 않은 것은 어느 것인가?

① 고율방전특성이 좋다.
② 공칭전압은 2V/셀이다.
③ 기대수명이 10년 이상이다.
④ 부식성의 가스가 발생하지 않는다.

[해설]
알칼리축전지의 공칭전압은 1.2V/셀이다.

05 덕트설비에 관한 설명으로 옳은 것은?

① 고속덕트에는 소음상자를 사용하지 않는 것이 원칙이다.
② 고속덕트는 관마찰저항을 줄이기 위하여 일반적으로 장방형 덕트를 사용한다.
③ 등마찰손실법은 덕트 내의 풍속을 일정하게 유지할 수 있도록 덕트치수를 결정하는 방법이다.
④ 같은 양의 공기가 덕트를 통해 송풍될 때 풍속을 높게 하면 덕트의 단면치수를 작게 할 수 있다.

정답 01 ② 02 ② 03 ④ 04 ② 05 ④

> [해설]

① 고속덕트에는 소음을 줄이기 위해 소음상자를 사용할 수 있다.
② 고속덕트는 관마찰저항을 줄이기 위해 일반적으로 원형 덕트를 사용한다.
③ 등속법에 대한 설명이며, 등마찰손실법은 덕트 내 마찰손실이 구간별로 일정하게 하는 덕트설계법이다.

06 사무소 건물에서 다음과 같이 위생기구를 배치하였을 때 이들 위생기구 전체로부터 배수를 받아들이는 배수수평지관의 관경으로 가장 알맞은 것은?

기구종류	바닥배수	소변기	대변기
배수부하단위	2	4	8
기구수	2	8	2

관경(mm)	배수수평지관의 배수부하단위
75	14
100	96
125	216
150	372

① 75mm
② 100mm
③ 125mm
④ 150mm

> [해설]

㉠ 기구수와 배수부하단위의 곱의 합 산출
  기구수와 배수부하단위의 곱의 합
  $= 2 \times 2 + 4 \times 8 + 8 \times 2 = 52$
㉡ 배수수평지관의 배수부하단위와 관경 표에서 52는 14와 96에 있으므로, 큰 값 96을 선택하고 그때의 관경 100mm로 배수수평지관의 관경을 결정한다.

07 다음 중 건물 실내에 표면결로현상이 발생하는 원인과 가장 거리가 먼 것은?

① 실내외 온도차
② 구조재의 열적 특성
③ 실내 수증기의 발생량 억제
④ 생활습관에 의한 환기 부족

> [해설]

실내 수증기의 발생량을 억제할 경우 절대습도 하강에 따른 상대습도의 저하로 결로현상의 발생 가능성이 낮아진다.

08 양수량이 $1m^3/min$, 전양정이 50m인 펌프에서 회전수를 1.2배 증가시켰을 때 양수량은 어떻게 되는가?

① 1.2배 증가
② 1.44배 증가
③ 1.73배 증가
④ 2.4배 증가

> [해설]

양수량은 회전수 증가에 비례하므로 1.2배가 증가하게 된다.

09 높이 30m의 고가수조에 매분 $1m^3$의 물을 보내려고 할 때 필요한 펌프의 축동력은?(단, 마찰손실수두 6m, 흡입양정 1.5m, 펌프효율 50%인 경우)

① 약 2.5kW
② 약 9.8kW
③ 약 12.3kW
④ 약 16.7kW

> [해설]

펌프의 축동력[kW] $= \dfrac{QH}{102E}$

- 양수량 Q(L/s) : 1,000L/min → 16.67L/s
- 전양정 H(mAq) : 높이(30m) + 마찰손실수두(6m) + 흡입양정(1.5m) = 37.5m
- 효율 E : 0.50

∴ 펌프의 축동력[kW] $= \dfrac{16.67 \times 37.5}{102 \times 0.50}$
$= 12.26kW ≒ 12.3kW$

정답 06 ② 07 ③ 08 ① 09 ③

10 전기설비가 어느 정도 유효하게 사용되는가를 나타내며, 최대수용전력에 대한 부하의 평균전력 비로 표현되는 것은?

① 부하율
② 부등률
③ 수용률
④ 유효율

> [해설]
>
> **부하율**
> 부하율이 클수록 부하에 대한 전력공급설비가 유효하게 사용되었음을 의미하며, 공급 가능한 최대수요전력과 실제 사용된 평균전력의 비율을 나타낸 것이다.
>
> 부하율 = $\dfrac{\text{부하의 평균전력[kW]}}{\text{합성 최대수요전력[kW]}} \times 100\%$

11 각 층마다 옥내소화전이 2개씩 설치되어 있는 건물에서 옥내소화전설비의 수원의 저수량은 최소 얼마 이상이 되도록 하여야 하는가?

[문제변형]

① 6.9m³
② 7.2m³
③ 7.5m³
④ 5.2m³

> [해설]
>
> 옥내소화전설비 수원의 저수량(L)
> = 130L/min × 20min × N(개)
> = 130L/min × 20min × 2개
> = 5,200L = 5.2m³

12 통기방식에 관한 설명으로 옳지 않은 것은 어느 것인가?

① 신정통기방식에서는 통기수직관을 설치하지 않는다.
② 루프통기방식은 각 기구의 트랩마다 통기관을 설치하고 각각을 통기수평지관에 연결하는 방식이다.
③ 신정통기방식은 배수수직관의 상부를 연장하여 신정통기관으로 사용하는 방식으로, 대기 중에 개구한다.
④ 각개통기방식은 트랩마다 통기되기 때문에 가장 안정도가 높은 방식으로, 자기사이펀작용의 방지에도 효과가 있다.

> [해설]
>
> ②항은 각개통기방식에 대한 설명이다. 루프통기방식은 2개 이상의 기구트랩에 공통으로 하나의 통기관을 설치하는 통기방식이다.

13 습공기를 가열하였을 경우 상태량이 변하지 않는 것은?

① 엔탈피
② 비체적
③ 절대습도
④ 상대습도

> [해설]
>
> 절대습도는 습공기를 가열하였을 때 상태량이 변하지 않는다. 단, 상대습도의 경우는 가열하였을 경우 낮아지게 된다.

14 어느 점광원에서 1m 떨어진 곳의 직각면 조도가 200lx일 때, 이 광원에서 2m 떨어진 곳의 직각면 조도는?

① 25lx
② 50lx
③ 100lx
④ 200lx

> [해설]
>
> 조도는 광도에 비례하고, 거리의 제곱에 반비례한다.
> 조도(E) = $\dfrac{\text{광도}(I)}{\text{거리}(D)^2}$
> 이에 광원과의 거리가 1 → 2m로 2배 멀어졌기 때문에 조도는 1/4배(200lx → 50lx)로 감소하게 된다.

정답 10 ① 11 ④ 12 ② 13 ③ 14 ②

15 공기조화방식 중 전수방식에 관한 설명으로 옳지 않은 것은?

① 각 실의 제어가 용이하다.
② 실내배관에 의한 누수의 우려가 있다.
③ 극장의 관객석과 같이 많은 풍량을 필요로 하는 곳에 주로 사용한다.
④ 열매체가 증기 또는 냉온수이므로 열의 운송동력이 공기에 비해 적게 소요된다.

[해설]
전수방식은 실내공기의 순환방식을 일반적으로 쓰기 때문에 극장 관객석과 같이 많은 잠열이 발생하여 외부공기를 순환시켜 줘야 하는 공간에는 적합하지 않다. 극장의 관객석과 같은 경우는 전공기방식을 채택하는 것이 일반적이다.

16 터보냉동기에 관한 설명으로 옳지 않은 것은?

① 왕복동식에 비하여 진동이 적다.
② 흡수식에 비해 소음 및 진동이 심하다.
③ 임펠러회전에 의한 원심력으로 냉매가스를 압축한다.
④ 일반적으로 대용량에는 부적합하며 비례 제어가 불가능하다.

[해설]
터보냉동기는 대용량 적용 시 압축효율이 좋고 비례 제어가 가능하다는 특징이 있다.

17 가스배관 경로 선정 시 주의하여야 할 사항으로 옳지 않은 것은?

① 장래의 증설 및 이설 등을 고려한다.
② 주요구조부를 관통하지 않도록 한다.
③ 옥내배관은 매립하는 것을 원칙으로 한다.
④ 손상이나 부식 및 전식을 받지 않도록 한다.

[해설]
옥내배관의 경우 배관 시 관리, 검사가 용이하도록 노출배관을 원칙으로 한다.

18 다음과 같은 특징을 갖는 배선방법은?

- 열적 영향이나 기계적 외상을 받기 쉬운 곳이 아니면 금속관배선과 같이 광범위하게 사용 가능하다.
- 관 자체가 절연체이므로 감전의 우려가 없으며 시공이 용이하다.

① 금속덕트배선
② 버스덕트배선
③ 플로어덕트배선
④ 합성수지관배선

[해설]
합성수지관공사
- 열적 영향이나 기계적 외상을 받기 쉬운 곳이 아니면 금속배관과 같이 광범위하게 사용 가능하다.
- 관 자체가 절연체이므로 감전의 우려가 없으며 시공이 쉬운 게 장점이다. 화학공장 등 간단히 배선을 요할 때 적합하다.

19 엘리베이터의 일주시간 구성요소에 속하지 않는 것은?

① 주행시간
② 도어개폐시간
③ 승객출입시간
④ 승객대기시간

[해설]
T(평균일주시간, sec)
= 승객출입시간 + 문의 개폐시간 + 주행시간

정답 15 ③ 16 ④ 17 ③ 18 ④ 19 ④

20 다음과 같은 조건에 있는 실의 틈새바람에 의한 현열부하량은?

- 실의 체적 : 400m³
- 환기횟수 : 0.5회/h
- 실내공기 건구온도 : 20℃
- 외기 건구온도 : 0℃
- 공기의 밀도 : 1.2kg/m³
- 공기의 비열 : 1.01kJ/kg · K

① 986W ② 1,124W
③ 1,347W ④ 1,542W

해설

$q = Q \cdot \rho \cdot C_p \cdot \Delta t$

여기서, q : 실내발열량(현열부하)(kJ/h)
 Q : 틈새바람에 의한 침기량(m³/h)
 ρ : 공기의 밀도(1.2kg/m³)
 C_p : 공기의 정압비열(1.01kJ/kg · K)
 Δt : 실내외 온도차(℃)

∴ $q = 400 \times 0.5 \times 1.2 \times 1.01 \times (20-0)$
 $= 4,848$kJ/h $= 1,347$W

정답 20 ③

건축산업기사 (2020년 8월 시행)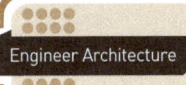

01 급기와 배기 측에 팬을 부착하여 정확한 환기량과 급기량 변화에 의해 실내압을 정압(+) 또는 부압(−)으로 유지할 수 있는 환기방법은?

① 자연환기 ② 제1종 환기
③ 제2종 환기 ④ 제3종 환기

해설
- 제1종 환기 : 급기팬+배기팬(정압 + 또는 부압 −)
- 제2종 환기 : 급기팬+자연배기(정압 +)
- 제3종 환기 : 자연급기+배기팬(부압 −)

02 다음과 같은 식으로 산출되는 것은?

[최대수요전력/총 부하설비용량]×100%

① 수용률 ② 부등률
③ 부하율 ④ 역률

해설
수용률(수요율)
$$수용률 = \frac{최대수요전력[kW]}{부하설비용량[kW]} \times 100\%$$

수용률이란 설비기기의 전 용량에 대하여 실제 사용하고 있는 부하의 최대전력비율을 나타낸 계수로서 설비용량을 이용하여 최대수요전력을 결정할 때 사용한다.

03 고가수조식 급수설비에서 양수펌프의 흡입양정이 5m, 토출양정이 45m, 관 내 마찰손실이 30kPa이라면 펌프의 전양정은?

① 약 40m ② 약 45m
③ 약 53m ④ 약 80m

해설
전양정 = 흡입양정+토출양정+마찰손실
= 5m+45m+3.06m
= 53.06m ≒ 약 53m(1m=9.8kPa)

04 보일러의 출력 중 상용출력의 구성에 속하지 않는 것은?

① 난방부하 ② 급탕부하
③ 예열부하 ④ 배관부하

해설
상용출력에는 예열부하가 포함되지 않는다.
보일러 출력표시방법
- 정미출력 : 난방부하+급탕부하
- 상용출력 : 난방부하+급탕부하+배관부하
- 정격출력 : 난방부하+급탕부하+배관부하+예열부하

05 LPG에 관한 설명으로 옳지 않은 것은?

① 공기보다 무겁다.
② 액화석유가스를 말한다.
③ LNG에 비해 발열량이 크다.
④ 메탄(CH_4)을 주성분으로 하는 천연가스를 냉각하여 액화시킨 것이다.

해설
④항은 LNG에 대한 설명이다. LPG의 주성분은 프로판으로서 프로판가스라고도 한다.

06 난방부하 계산에 일반적으로 고려하지 않는 사항은?

① 환기에 의한 손실열량
② 구조체를 통한 손실열량
③ 재실인원에 따른 손실열량
④ 틈새바람에 의한 손실열량

해설
재실인원에 따라서는 열의 발생이 가중되며, 이러한 요소는 냉방부하 산정 시 적용한다.

정답 01 ② 02 ① 03 ③ 04 ③ 05 ④ 06 ③

07 압력에 따른 도시가스의 분류에서 중압의 압력범위로 옳은 것은?

① 0.1MPa 이상 1MPa 미만
② 0.1MPa 이상 10MPa 미만
③ 0.5MPa 이상 5MPa 미만
④ 0.5MPa 이상 10MPa 미만

> 해설

공급압력에 따른 도시가스의 분류

분류	공급압력
저압	0.1MPa 이하
중압	0.1MPa 이상 ~ 1.0MPa 미만
고압	1.0MPa 이상

08 온수난방방식에 관한 설명으로 옳지 않은 것은 어느 것인가?

① 온수의 현열을 이용하여 난방하는 방식이다.
② 한랭지에서 운전 정지 중에 동결의 위험이 있다.
③ 열용량이 작아 증기난방에 비해 예열시간이 짧게 소요된다.
④ 증기난방에 비해 난방부하 변동에 따른 온도 조절이 비교적 용이하다.

> 해설

온수난방방식은 열용량이 커서 증기난방에 비해 예열시간이 길게 소요된다.

09 형광램프에 관한 설명으로 옳지 않은 것은 어느 것인가?

① 점등까지 시간이 걸린다.
② 백열전구에 비해 효율이 높다.
③ 백열전구에 비해 수명이 길다.
④ 역률이 높으며 백열전구에 비해 열을 많이 발산한다.

> 해설

형광램프는 백열전구에 비해 역률(일종의 효율)이 높으며, 열의 발산이 적은 특징을 가지고 있다.

10 다음 설명에 알맞은 자동화재탐지설비의 감지기는?

> 주위온도가 일정온도 이상이 되면 작동하는 것으로 보일러실, 주방과 같이 다량의 열을 취급하는 곳에 설치한다.

① 정온식
② 차동식
③ 광전식
④ 이온화식

> 해설

① 정온식 : 주변온도가 일정온도에 달하였을 때 감지
② 차동식 : 주변온도의 일정한 온도상승에 의해 감지
③ 광전식 : 연기에 의해 반응하는 것으로 광전효과를 이용하여 감지
④ 이온화식 : 연기에 의해 이온농도가 변하는 것으로 감지

11 실내기온 26℃(절대습도=0.0107kg/kg'), 실외기온 33℃(절대습도=0.0184kg/kg'), 1시간당 침입공기량이 500m³일 때 침입외기에 의한 잠열부하는?(단, 공기밀도 1.2kg/m³, 0℃에서 물의 증발잠열 2,501kJ/kg)

① 약 1,192W
② 약 3,210W
③ 약 3,576W
④ 약 4,768W

> 해설

$q = Q \cdot \rho \cdot \Delta x \cdot 2{,}501$

여기서, q : 실내발열량(현열부하)(kJ/h)
　　　　Q : 틈새바람에 의한 침기량(m³/h)
　　　　ρ : 공기의 밀도(1.2kg/m³)
　　　　Δx : 실내외 습도차
　　　　2,501 : 0℃ 물의 증발잠열(kJ/kg)

∴ $q = 500 \times 1.2 \times (0.0184 - 0.0107) \times 2{,}501$
　　 $= 11{,}554 \text{kJ/h} = 3.21 \text{kW}$

정답　07 ①　08 ③　09 ④　10 ①　11 ②

12 면적 100m², 천장높이 3.5m인 교실의 평균조도를 100lx로 하고자 한다. 다음과 같은 조건에서 필요한 광원의 개수는?

- 광원 1개의 광속 : 2,000lm
- 조명률 : 50%
- 감광보상률 : 1.5

① 8개 ② 15개
③ 19개 ④ 23개

[해설]

소요램프의 수(N)
$$= \frac{E(\text{조도}) \cdot A(\text{면적}) \cdot D(\text{감광보상률})}{F(\text{램프 1개의 광속}) \cdot U(\text{조명률})}$$
$$= \frac{100 \times 100 \times 1.5}{2,000 \times 0.5} = 15개$$

13 급탕배관 설계 및 시공 시 주의해야 할 사항으로 옳지 않은 것은?

① 건물의 벽관통부분의 배관에는 슬리브를 설치한다.
② 중앙식 급탕설비는 원칙적으로 강제순환방식으로 한다.
③ 상향배관인 경우, 급탕관과 환탕관 모두 상향구배로 한다.
④ 이종금속배관재의 접속 시에는 전식(電蝕) 방지 이음쇠를 사용한다.

[해설]

상향배관법에서 급탕관은 앞올림구배, 환탕관은 앞내림구배로 한다.

14 통기관의 기능과 가장 거리가 먼 것은?

① 배수계통 내의 배수 및 공기의 흐름을 원활히 한다.
② 배수관의 수명을 연장시키며 오수의 역류를 방지한다.
③ 배수관계통의 환기를 도모하여 관 내를 청결하게 유지한다.
④ 사이펀작용 및 배압에 의해서 트랩봉수가 파괴되는 것을 방지한다.

[해설]

배관 내 압력을 대기압수준으로 맞추어 오수의 역류를 방지하는 것은 맞으나 배수관의 수명을 연장시키는 것과는 직접적인 연관성이 없다.

15 다음의 공기조화방식 중 전공기방식에 속하는 것은?

① 유인유닛방식
② 멀티존유닛방식
③ 팬코일유닛방식
④ 패키지유닛방식

[해설]

① 유인유닛방식 : 수-공기방식
③ 팬코일유닛방식 : 전수방식
④ 패키지유닛방식 : 냉매방식

16 다음 중 펌프에서 공동현상(Cavitation)의 방지방법으로 가장 알맞은 것은?

① 흡입양정을 낮춘다.
② 토출양정을 낮춘다.
③ 마찰손실수두를 크게 한다.
④ 토출관의 직경을 굵게 한다.

[해설]

공동현상(Cavitation)
㉠ 발생원인
- 해발이 높은 고지역에 대기압이 낮은 경우
- 수온이 높아져 포화증기압 이하로 되었을 때
- 배관이 좁아지는 부분(유속이 빨라지는 부분)

㉡ 방지대책
- 흡입양정을 낮춘다.
- 펌프 흡입 측에 공기유입을 방지한다.
- 수온상승을 방지한다.
- 배관 내 (흡입)유속을 낮게 한다.

정답 12 ② 13 ③ 14 ② 15 ② 16 ①

17 배수트랩을 설치하는 가장 주된 목적은?

① 배수의 역류 방지
② 배수의 유속 조정
③ 배수관의 신축 흡수
④ 하수가스 및 취기의 역류 방지

[해설]
배수관트랩의 주목적은 봉수를 채워 놓고 하수가스, 악취 등이 실내로 역류하는 것을 방지하는 것이다.

18 증기난방에 사용되는 방열기의 표준방열량은?

① $0.523kW/m^2$
② $0.650kW/m^2$
③ $0.756kW/m^2$
④ $0.924kW/m^2$

[해설]
- 증기방열기의 표준방열량 : $0.756kW/m^2$
- 온수방열기의 표준방열량 : $0.523kW/m^2$

19 다음 중 옥내배선에서 간선의 굵기 결정요소와 가장 관계가 먼 것은?

① 허용전류
② 전압강하
③ 배선방식
④ 기계적 강도

[해설]
전선굵기 산정 결정요소
허용전류, 전압강하, 기계적 강도

20 압축식 냉동기의 냉동사이클에서 냉매가 압축기에서 응축기로 들어갈 때의 상태는?

① 저온고압의 액체
② 저온저압의 액체
③ 고온고압의 기체
④ 고온저압의 기체

[해설]
압축기에서 응축기로 들어갈 때 냉매는 압축된 고온고압의 기체상태로 들어가서 응축기에서 열을 방출하고 저온고압의 액체상태가 된다.

건축기사 (2020년 9월 시행)

01 겨울철 실내 유리창 표면에 발생하기 쉬운 결로의 방지방법과 가장 거리가 먼 것은?

① 실내공기의 움직임을 억제한다.
② 실내에서 발생하는 수증기를 억제한다.
③ 이중유리로 하여 유리창의 단열성능을 높인다.
④ 난방기기를 이용하여 유리창 표면온도를 높인다.

해설

겨울철 결로를 예방하기 위해서는 환기 등을 통해 낮은 습도를 가진 실외공기를 유입하여 실내공기와 외기를 순환(움직임을 촉진)시킬 필요가 있다.

02 엘리베이터의 안전장치 중에서 카가 최상층이나 최하층에서 정상운행위치를 벗어나 그 이상으로 운행하는 것을 방지하는 것은?

① 완충기(Buffer)
② 조속기(Governor)
③ 리밋스위치(Limit Switch)
④ 카운터웨이트(Counter Weight)

해설

리밋스위치(Limit Switch)
스토핑스위치가 작동하지 않을 때 제2단의 작동으로 주회로를 차단하는 것으로서, 카(Car)가 최하층이나 최상층에서 정상운행위치를 벗어나 그 이상으로 운행하는 것을 방지하기 위한 안전장치로 적용하고 있으며, 제한스위치라고도 한다.

03 도시가스설비에서 도시가스압력을 사용처에 맞게 낮추는 감압기능을 갖는 기기는?

① 기화기   ② 정압기
③ 압송기   ④ 가스홀더

해설

정압기
건물에서 공급을 받을 때 중압으로 받은 후 필요에 따라 압력조정을 하여 각 가스기기에 공급하게 되는데 이 역할을 하는 기기를 정압기라고 하며, 이를 압력조정기 또는 거버너(Governor)라고도 한다.

04 다음의 공기조화방식 중 전수방식에 속하는 것은?

① 단일덕트방식
② 2중덕트방식
③ 멀티존유닛방식
④ 팬코일유닛방식

해설

①, ②, ③항은 전공기방식에 해당한다.

05 몰드변압기에 관한 설명으로 옳지 않은 것은 어느 것인가?

① 내진성이 우수하다.
② 내습성이 우수하다.
③ 반입, 반출이 용이하다.
④ 옥외 설치 및 대용량 제작이 용이하다.

해설

몰드변압기(Molded Transformer, Castcoil Dry Transformer)는 권선부분을 에폭시수지로 굳혀 절연한 건식 변압기로서 내약품성 및 내열성, 내습성, 내진성능이 좋고, 반출입이 용이한 특성을 가지고 있으나 옥외설치 및 대용량 제작이 어렵다는 단점이 있다.

정답 01 ① 02 ③ 03 ② 04 ④ 05 ④

06 간선의 배선방식 중 평행식에 관한 설명으로 옳은 것은?

① 설비비가 가장 저렴하다.
② 배선자재의 소요가 가장 적다.
③ 사고의 영향을 최소화할 수 있다.
④ 전압이 안정되나 부하의 증가에 적응할 수 없다.

해설
평행식은 각 분전반마다 배전반으로부터 1 : 1 단독으로 배선되어 사고 발생 시 그 범위를 좁힐 수 있다.

07 다음 설명에 알맞은 유체역학의 기본 원리는 어느 것인가?

> 에너지보존의 법칙을 유체의 흐름에 적용한 것으로서 유체가 갖고 있는 운동에너지, 중력에 의한 위치에너지 및 압력에너지의 총합은 흐름 내 어디에서나 일정하다.

① 사이펀작용 ② 파스칼의 원리
③ 뉴턴의 점성법칙 ④ 베르누이의 정리

해설
베르누이의 정리
- 정상류, 비점성, 비압축성의 유체가 유선운동을 할 때 같은 유선상의 각 지점에서의 압력수두, 속도수두, 위치수두의 합은 일정하다는 법칙이다.
- 베르누이 방정식

$$\text{압력수두} + \text{속도수두} + \text{위치수두} = \frac{P}{\rho} + \frac{V^2}{2} + Zg = \text{일정}$$

08 전기설비용 시설공간(실)의 계획에 관한 설명으로 옳지 않은 것은?

① 변전실은 부하의 중심에 설치한다.
② 변전실은 외부로부터 전력의 수전이 용이해야 한다.
③ 중앙감시실은 일반적으로 방재센터와 겸하도록 한다.
④ 발전기실은 변전실에서 최소 10m 이상 떨어진 위치에 배치한다.

해설
발전기실은 변전실과 가깝게 설치하는 것이 좋다.

09 급수 및 급탕설비에 사용되는 슬리브(Sleeve)에 관한 설명으로 옳은 것은?

① 사이펀작용에 의한 트랩의 봉수파괴 방지를 위해 사용한다.
② 스케일 부착 및 이물질 투입에 의한 관 폐쇄를 방지하기 위해 사용한다.
③ 가열장치 내의 압력이 설정압력을 넘는 경우에 압력을 도피시키기 위해 사용한다.
④ 배관 시 차후의 교체, 수리를 편리하게 하고 관의 신축에 무리가 생기지 않도록 하기 위해 사용한다.

해설
벽에 슬리브(Sleeve)를 설치하고 그 속으로 배관을 관통시킬 경우 구조체와 배관을 분리(이격)시켜 관의 설치 및 수리, 교체를 용이하게 할 수 있다.

10 아파트의 각 세대에 스프링클러헤드를 30개 설치한 경우, 스프링클러설비 수원의 저수량은 최소 얼마 이상이 되도록 하여야 하는가?(단, 폐쇄형 스프링클러헤드를 사용한 경우)

① $12m^3$ ② $24m^3$
③ $36m^3$ ④ $48m^3$

해설
스프링클러 수원의 저수량
스프링클러는 초기 화재 진화를 위하여 사용하는 설비로서 헤드마다 분당 80L의 물을 20분간 분사할 수 있는 수원을 확보하고 있어야 한다.
80L/min × 20min × 30(헤드 수) = 48,000L = $48m^3$

정답 06 ③ 07 ④ 08 ④ 09 ④ 10 ④

11 평균 BOD가 150ppm인 가정오수 1,000m³/d가 유입되는 오수정화조의 1일 유입 BOD량은?

① 150kg/d
② 300kg/d
③ 45,000kg/d
④ 150,000kg/d

해설

1일 유입BOD(kg/d)
= 오수유입량(kg/d) × 평균BOD(ppm)
= 1,000m³/d × 150ppm
= 150,000ppm/d
= 0.15m³/d = 150L/d = 150kg/d
※ 특별한 조건이 없으면 물의 비중은 1kg/L로 적용한다.
　(1L = 1kg)

12 습공기를 가열할 경우 감소하는 상태값은?

① 엔탈피
② 비체적
③ 상대습도
④ 건구온도

해설

습공기를 가열할 경우 상대습도는 낮아지게 된다. 겨울철 난방부하 제거를 위해 습공기를 가열할 경우 상대습도가 낮아져 가습하여 실내로 취출하는 것이 일반적이다.

13 냉각탑에 관한 설명으로 옳은 것은?

① 고압의 액체냉매를 증발시켜 냉동효과를 얻게 하는 설비이다.
② 증발기에서 나온 수증기를 냉각시켜 물이 되도록 하는 설비이다.
③ 대기 중에서 기체냉매를 냉각시켜 액체냉매로 응축하기 위한 설비이다.
④ 냉매를 응축시키는 데 사용한 냉각수를 재사용하기 위하여 냉각시키는 설비이다.

해설

냉각탑(Cooling Tower)
냉각탑은 냉동기의 냉각수를 재활용하기 위해 응축기의 응축열을 대기 중에 방출하여 냉각시키는 장치이다.

14 온수난방의 일반적인 특징에 관한 설명으로 옳지 않은 것은?

① 한랭지에서는 운전 정지 중에 동결의 위험이 있다.
② 난방을 정지하여도 난방효과가 어느 정도 지속된다.
③ 증기난방에 비하여 난방부하변동에 따른 온도 조절이 용이하다.
④ 증기난방에 비하여 소요방열면적과 배관경이 작게 되므로 설비비가 적게 든다.

해설

온수난방은 증기난방에 비하여 소요방열면적과 배관경이 커서 초기 설비비가 많이 들어간다.

15 다음 중 냉방부하 계산 시 현열과 잠열을 모두 고려하여야 하는 요소는?

① 덕트로부터의 취득열량
② 유리로부터의 취득열량
③ 벽체로부터의 취득열량
④ 극간풍에 의한 취득열량

해설

극간풍은 의도치 않은 외기도입(환기)으로서 현열의 전달뿐만 아니라 습기의 유입에 따른 잠열부하의 증감을 가져오게 된다.

16 면적이 100m²인 어느 강당의 야간소요 평균조도가 300lx였다. 1개당 광속이 2,000lm인 형광등을 사용할 경우 소요형광등수는?(단, 조명률은 60%이고 감광보상률은 1.5이다.)

① 25개
② 29개
③ 34개
④ 38개

해설

소요전등(형광등)의 수(N)
$$= \frac{E(\text{조도}) \cdot A(\text{면적}) \cdot D(\text{감광보상률})}{F(\text{램프 1개의 광속}) \cdot U(\text{조명률})}$$
$$= \frac{300 \times 100 \times 1.5}{2,000 \times 0.6} = 37.5 = 38개$$

17 다음 중 방송공동수신설비의 구성기기에 속하지 않는 것은?

① 혼합기
② 모시계
③ 컨버터
④ 증폭기

해설

모시계는 전기시계설비의 구성기기로서 대규모 시설에 주로 이용되는 타입이다.

18 급수방식 중 고가수조방식에 관한 설명으로 옳은 것은?

① 대규모의 급수수요에 쉽게 대응할 수 있다.
② 저수조가 없으므로 단수 시에 급수할 수 없다.
③ 수도본관의 영향을 그대로 받아 수압 변화가 심하다.
④ 위생 및 유지·관리 측면에서 가장 바람직한 방식이다.

해설

②, ③, ④항은 수도직결방식에 대한 설명이다.

19 습공기의 건구온도와 습구온도를 알 때 습공기선도에서 구할 수 있는 상태값이 아닌 것은?

① 엔탈피
② 비체적
③ 기류속도
④ 절대습도

해설

습공기선도는 임의의 습공기의 열적 상태를 나타내는 선도로서 기류속도는 습공기선도상에 표기되어 있지 않다.

20 변풍량단일덕트방식에서 송풍량 조절의 기준이 되는 것은?

① 실내청정도
② 실내기류속도
③ 실내현열부하
④ 실내잠열부하

해설

송풍량의 조절은 실내온도와 송풍기취출점온도 간의 온도차를 반영하여 실내현열부하를 기준으로 산출한다.

정답 17 ② 18 ① 19 ③ 20 ③

건축기사 (2021년 3월 시행)

01 다음과 같은 조건에서 2,000명을 수용하는 극장의 실온을 20℃로 유지하기 위한 필요환기량은?

- 외기온도 : 10℃
- 1인당 발열량(현열) : 60W
- 공기의 정압비열 : 1.01kJ/kg·K
- 공기의 밀도 : 1.2kg/m³
- 전등 및 기타 부하는 무시한다.

① 11,110m³/h ② 21,222m³/h
③ 30,444m³/h ④ 35,644m³/h

해설

$Q = \dfrac{q}{\rho C_p \Delta t}$

여기서, Q : 필요환기량(m³/h)
q : 실내발열량(kJ/h)
ρ : 공기의 밀도(1.2kg/m³)
C_p : 공기의 정압비열(1.01kJ/kg·K)
Δt : 실내외 온도차(℃)

$\therefore Q = \dfrac{2,000 \times 60 \times 3,600}{1,000 \times 1.2 \times 1.01 \times (20-10)} = 35,644 \text{m}^3/\text{h}$

02 광원으로부터 일정거리 떨어진 수조면의 조도에 관한 설명으로 옳지 않은 것은?

① 광원의 광도에 비례한다.
② $\cos\theta$(입사각)에 비례한다.
③ 거리의 제곱에 반비례한다.
④ 측정점의 반사율에 반비례한다.

해설
조도와 측정점의 반사율과는 관계가 없다.

조도의 산출식
조도$(E) = \dfrac{광도(I)}{거리(D)^2} \times \cos\theta(입사각)$

03 화재안전기준에 따라 소화기구를 설치하여야 하는 특정소방대상물의 연면적기준은?

① 10m² 이상   ② 25m² 이상
③ 33m² 이상   ④ 50m² 이상

해설
화재안전기준에 따라 소화기구를 설치하여야 하는 특정소방대상물의 연면적기준은 33m² 이상이다.

04 다음과 같은 공식을 통해 산출되는 값으로 전기설비가 어느 정도 유효하게 사용되는가를 나타내는 것은?

$$\dfrac{부하의 평균전력}{최대수용전력} \times 100\%$$

① 부하율   ② 보상률
③ 부등률   ④ 수용률

해설
부하율
부하율이 클수록 부하에 대한 전력공급설비가 유효하게 사용되었음을 의미하며, 공급 가능한 최대수요전력과 실제 사용된 평균전력의 비율을 나타낸 것이다.

05 음의 세기가 10^{-9}W/m²일 때 음의 세기 레벨은?(단, 기준음의 세기 $I_0 = 10^{-12}$W/m²이다.)

① 3dB   ② 30dB
③ 0.3dB ④ 0.03dB

해설
음압세기레벨(sound Intensity Level : IL)

$IL = 10\log\dfrac{I}{I_0} = 10\log\dfrac{10^{-9}}{10^{-12}} = 10\log 10^3 = 30\text{dB}$

정답 01 ④ 02 ④ 03 ③ 04 ① 05 ②

여기서, I : 음의 세기(W/m²)
I_0 : 기준음의 세기(W/m²)

음압세기레벨은 기준음의 세기에 비하여 음의 세기가 몇 배의 세기를 나타내는가를 대수로써 표시한 것이다.

06 급탕설비 중 개별식 급탕방식에 관한 설명으로 옳지 않은 것은?

① 배관길이가 길어 배관 중의 열손실이 크다.
② 건물 완공 후에도 급탕개소의 증설이 비교적 쉽다.
③ 급탕개소마다 가열기의 설치스페이스가 필요하다.
④ 용도에 따라 필요한 개소에서 필요한 온도의 탕을 비교적 간단하게 얻을 수 있다.

[해설]
개별식 급탕방식은 배관길이가 짧아 배관 중의 열손실이 작은 특징을 갖고 있다.

07 플러시밸브식 대변기에 관한 설명으로 옳은 것은?

① 대변기의 연속사용이 가능하다.
② 급수관경과 급수압력에 제한이 없다.
③ 우리나라에서는 일반 주택을 중심으로 널리 채용되고 있다.
④ 탱크에 저장된 물의 낙차에 의한 수압으로 대변기를 세척하는 방식이다.

[해설]
플러시밸브식(Flush Valve System, 세정밸브식)
㉠ 한 번 밸브를 누르면 일정량의 물이 나오고 잠긴다.
㉡ 소음이 크고, 연속사용이 가능하다.
㉢ 급수관의 최소관경 및 최소수압
  • 급수관의 최소관경 : 25A 이상
  • 최소수압 : 0.07MPa 이상

08 공기조화방식 중 2중덕트방식에 관한 설명으로 옳지 않은 것은?

① 전공기방식에 속한다.
② 냉온풍의 혼합으로 인한 혼합손실이 있어 에너지소비량이 많다.
③ 단일덕트방식에 비해 덕트샤프트 및 덕트스페이스를 크게 차지한다.
④ 부하특성이 다른 여러 개의 실이나 존이 있는 건물에는 적용할 수 없다.

[해설]
2중덕트방식은 1대의 공조기에 의해 냉풍과 온풍을 각각의 덕트로 보낸 후 말단의 혼합상자에서 혼합하여 각 실에 송풍하는 방식으로서 부하특성이 다른 여러 개의 실이나 존이 있는 건물에는 적용이 용이하다.

09 다음과 같은 특징을 갖는 간선배선방식은?

• 사고 발생 때 타 부하에 파급효과를 최소한으로 억제할 수 있어 다른 부하에 영향을 미치지 않는다.
• 경제적이지 못하다.

① 평행식
② 나뭇가지식
③ 네트워크식
④ 나뭇가지평행병용식

[해설]

방식	특징
평행식 (개별방식)	각 분전반마다 배전반에서 단독으로 배선되며, 전압강하가 적고 사고 발생 시 범위가 좁으나 설비비가 많이 소요되어 대규모 건물에 적합하다.
나뭇가지식	• 한 개의 간선이 각 분전반을 거쳐 가며 공급된다. • 말단분전반에서 전압강하가 커질 수 있다. • 중소 규모에 이용된다. • 경제적이나 1개소의 사고가 전체에 영향을 미친다. • 각 분전반별로 동일전압을 유지할 수 없다.
병용식	평행식과 나뭇가지식을 병용한 것으로 전압 강하도 크지 않고 설비비도 줄일 수 있어 가장 많이 사용한다.

정답 06 ① 07 ① 08 ④ 09 ①

10 압축식 냉동기의 냉동사이클로 옳은 것은 어느 것인가?

① 압축 → 응축 → 팽창 → 증발
② 압축 → 팽창 → 응축 → 증발
③ 응축 → 증발 → 팽창 → 압축
④ 팽창 → 증발 → 응축 → 압축

해설

- 압축식 냉동기 : 압축 → 응축 → 팽창 → 증발
- 흡수식 냉동기 : 발생기(재생기) → 응축기 → 증발기 → 흡수기

11 온수난방과 비교한 증기난방의 설명으로 옳은 것은?

① 예열시간이 길다.
② 한랭지에서 동결의 우려가 있다.
③ 부하변동에 따른 방열량 제어가 용이하다.
④ 열매온도가 높으므로 방열기의 방열면적이 작아진다.

해설

증기난방(Steam Heating System)은 열매온도가 높으므로 방열기의 방열면적이 작아진다.

12 바닥면적이 50m²인 사무실이 있다. 32W 형광등 20개를 균등하게 배치할 때 사무실의 평균 조도는 어느 것인가?(단, 형광등 1개의 광속은 3,300lm, 조명률은 0.5, 보수율은 0.76이다.)

① 약 350lx ② 약 400lx
③ 약 450lx ④ 약 500lx

해설

$$E(조도) = \frac{F(광속) \times U(조명률) \times M(보수율) \times N(전등개수)}{A(사무실면적)}$$

$$= \frac{3,300 \times 0.5 \times 0.76 \times 20}{50} = 501.6 lx$$

∴ 약 500lx

13 배수트랩에서 봉수깊이에 관한 설명으로 옳지 않은 것은?

① 봉수깊이는 50~100mm로 하는 것이 보통이다.
② 봉수깊이가 너무 낮으면 봉수를 손실하기 쉽다.
③ 봉수깊이를 너무 깊게 하면 통수능력이 감소한다.
④ 봉수깊이를 너무 깊게 하면 유수의 저항이 감소한다.

해설

유효봉수깊이를 너무 깊게 하면 유수의 저항이 증가하고 통수능력이 감소한다.

14 카(Car)가 최상층이나 최하층에서 정상 운행 위치를 벗어나 그 이상으로 운행하는 것을 방지하는 엘리베이터 안전장치는?

① 완충기 ② 가이드레일
③ 리밋스위치 ④ 카운터웨이트

해설

리밋스위치(Limit Switch)

스토핑스위치가 작동하지 않을 때 제2단의 작동으로 주회로를 차단하는 것으로서 카(Car)가 최하층이나 최상층에서 정상운행위치를 벗어나 그 이상으로 운행하는 것을 방지하기 위한 안전장치로 적용되고 있으며, 제한스위치라고도 한다.

15 전기설비에서 경질비닐관공사에 관한 설명으로 옳은 것은?

① 절연성과 내식성이 강하다.
② 자성체이며 금속관보다 시공이 어렵다.
③ 온도 변화에 따라 기계적 강도가 변하지 않는다.
④ 부식성 가스가 발생하는 곳에는 사용할 수 없다.

해설

경질비닐관공사(합성수지관공사)
- 우수한 절연성 보유
- 경량이고 시공이 용이
- 내식성 우수
- 내열성이 약하고, 기계적 강도가 낮음

정답 10 ① 11 ④ 12 ④ 13 ④ 14 ③ 15 ①

16 변전실에 관한 설명으로 옳지 않은 것은?

① 부하의 중심에 설치한다.
② 외부로부터 전력의 수전이 용이해야 한다.
③ 발전기실과 가능한 한 거리를 두고 설치한다.
④ 간선의 배선과 점검 및 유지·보수가 용이한 장소에 설치한다.

해설
발전기실은 변전실과 인접하도록 배치한다.

17 환기에 관한 설명으로 옳지 않은 것은?

① 화장실은 송풍기(급기팬)와 배풍기(배기팬)를 설치하는 것이 일반적이다.
② 기밀성이 높은 주택의 경우 잦은 기계환기를 통해 실내공기의 오염을 낮추는 것이 바람직하다.
③ 병원의 수술실은 오염공기가 실내로 들어오는 것을 방지하기 위해 실내압력을 주변공간보다 높게 설정한다.
④ 공기의 오염농도가 높은 도로에 면해 있는 건물의 경우, 공기조화설비 계통의 외기도입구를 가급적 높은 위치에 설치한다.

해설
화장실은 3종 환기로, 화장실 공간을 음압(-압)으로 만들어 밖으로 냄새가 나가지 않도록 하기 위해 자연급기(급기팬 없음)와 배풍기(배기팬)를 활용한 강제배기의 조합으로 설치하는 것이 일반적이다.

18 액화천연가스(LNG)에 관한 설명으로 옳지 않은 것은?

① 메탄이 주성분이다.
② 무공해, 무독성이다.
③ 비중이 공기보다 크다.
④ 일반적으로 배관을 통해 공급한다.

해설
액화천연가스(LNG)는 공기보다 가벼운 특징을 갖고 있다.(액화석유가스(LPG)는 공기보다 무겁다)

19 다음 중 지역난방에 적용하기에 가장 적합한 보일러는?

① 수관보일러
② 관류보일러
③ 입형 보일러
④ 주철제보일러

해설
수관보일러는 보유수량이 적어 증기 발생이 빠르고 대용량의 열량을 처리할 수 있어 지역난방이나 대규모 건축물에 주로 적용한다.

20 다음 중 급탕설비에서 온수순환펌프로 주로 이용하는 것은?

① 사류펌프
② 원심식 펌프
③ 왕복식 펌프
④ 회전식 펌프

해설
원심식 펌프의 특징
- 급수, 급탕, 배수 등에 주로 사용
- 고속도 운전에 적합
- 진동이 적고, 장치가 간단
- 전체의 형이 적고, 운전상의 성능이 우수
- 쉬운 양수량 조절과 적은 송수압 변동

정답 16 ③ 17 ① 18 ③ 19 ① 20 ②

건축기사 (2021년 5월 시행)

01 다음 설명에 알맞은 통기방식은?

- 회로통기방식이라고도 한다.
- 2개 이상의 기구트랩에 공통으로 하나의 통기관을 설치하는 방식이다.

① 공용통기방식
② 루프통기방식
③ 신정통기방식
④ 결합통기방식

해설

루프(회로, 환상)통기방식
2개 이상의 기구트랩에 공통으로 하나의 통기관을 설치하는 통기방식으로서 루프통기 1개당 최대 담당 기구수는 8개 이내(세면기기준)이며 통기수직관까지는 7.5m 이내가 되게 한다.

02 어떤 실의 취득열량이 현열 35,000W, 잠열 15,000W이었을 때, 현열비는?

① 0.3
② 0.4
③ 0.7
④ 2.3

해설

현열비 = $\dfrac{현열부하}{현열부하 + 잠열부하} = \dfrac{35,000}{35,000 + 15,000} = 0.7$

03 다음과 같은 조건에 있는 실의 틈새바람에 의한 현열부하는?

- 실의 체적 : 400m³
- 환기횟수 : 0.5회/h
- 실내온도 : 20℃, 외기온도 : 0℃
- 공기의 밀도 : 1.2kg/m²
- 공기의 정압비열 : 1.01kJ/kg·K

① 약 654W
② 약 972W
③ 약 1,347W
④ 약 1,654W

해설

$q = Q \cdot \rho \cdot C_p \cdot \Delta t$

여기서, q : 실내발열량(현열부하)(kJ/h)
Q : 틈새바람에 의한 침기량(m³/h)
ρ : 공기의 밀도(1.2kg/m³)
C_p : 공기의 정압비열(1.01kJ/kg·K)
Δt : 실내외 온도차(℃)

∴ $q = 400 \times 0.5 \times 1.2 \times 1.01 \times (20-0)$
　 $= 4,848$kJ/h $= 1,347$W

04 다음 중 건축물 실내공간의 잔향시간에 가장 큰 영향을 주는 것은?

① 실의 용적
② 음원의 위치
③ 벽체의 두께
④ 음원의 음압

해설

잔향시간은 실의 형태와는 무관하며, 실의 용적과 밀접한 관계가 있고, 실의 용적이 클수록 길어진다.

05 자연환기에 관한 설명으로 옳지 않은 것은 어느 것인가?

① 풍력환기량은 풍속이 높을수록 증가한다.
② 중력환기량은 개구부면적이 클수록 증가한다.
③ 중력환기량은 실내외 온도차가 클수록 감소한다.
④ 중력환기는 실내외의 온도차에 의한 공기의 밀도차가 원동력이 된다.

해설

중력환기에서 실내외 온도차가 커지면, 실내외 압력차도 커지므로 환기량은 커지게 된다.

정답 01 ② 02 ③ 03 ③ 04 ① 05 ③

06 단일덕트변풍량방식에 관한 설명으로 옳지 않은 것은?

① 전공기방식의 특성이 있다.
② 각 실이나 존의 온도를 개별 제어할 수 있다.
③ 일사량의 변화가 심한 페리미터 존에 적합하다.
④ 정풍량방식에 비해 설비비는 낮아지나 운전비가 증가한다.

해설
단일덕트변풍량방식은 말단에서의 풍량 변화에 대한 제어설비 등이 별도로 필요하며, 정풍량방식에 비해서 초기 설비비가 많이 들어간다. 단, 유지관리 시 에너지절감 측면에서는 변풍량방식이 유리하다.

07 다음 중 조명률에 영향을 미치는 요소와 가장 거리가 먼 것은?

① 광원의 높이
② 마감재의 반사율
③ 조명기구의 배광방식
④ 글레어(Glare)의 크기

해설
조명률(U)은 광원에서 방사된 빛이 작업면에 도달하는 양을 백분율로 나타낸 비율로서 해당 작업면(피조면)의 눈부심의 정도를 의미하는 글레어(Glare)의 크기와는 직접적인 연관성이 없다.

08 간접가열식 급탕방식에 관한 설명으로 옳지 않은 것은?

① 저압보일러를 써도 되는 경우가 많다.
② 직접가열식에 비해 소규모 급탕설비에 적합하다.
③ 급탕용 보일러는 난방용 보일러와 겸용할 수 있다.
④ 직접가열식에 비해 보일러 내면에 스케일이 발생할 염려가 적다.

해설
간접가열식의 특징
• 난방보일러로 동시에 급탕이 가능하다.
• 건물높이에 따른 수압이 보일러에 작용하지 않으므로 저압보일러로도 가능하다.
• 대규모 설비에 적합하다.

09 자동화재탐지설비의 열감지기 중 주위온도가 일정온도 이상일 때 작동하는 것은?

① 차동식
② 정온식
③ 광전식
④ 이온화식

해설
① 차동식 : 주변온도의 일정한 온도상승에 의해 감지
② 정온식 : 주변온도가 일정온도에 달하였을 때 감지
③ 광전식 : 연기에 의해 반응하는 것으로 광전효과를 이용하여 감지
④ 이온화식 : 연기에 의해 이온농도가 변하는 것으로 감지

10 온열감각에 영향을 미치는 물리적 온열 4요소에 속하지 않는 것은?

① 기온
② 습도
③ 일사량
④ 복사열

해설
물리적 온열환경 4요소
기온, 습도, 기류, 복사열

11 옥내소화전설비에 관한 설명으로 옳지 않은 것은?

① 옥내소화전방수구는 바닥으로부터의 높이가 1.5m 이하가 되도록 설치한다.
② 옥내소화전설비의 송수구는 구경 65mm의 쌍구형 또는 단구형으로 한다.

정답 06 ④ 07 ④ 08 ② 09 ② 10 ③ 11 ④

③ 전동기에 따른 펌프를 이용하는 가압송수장치를 설치하는 경우 펌프는 전용으로 하는 것이 원칙이다.
④ 어느 한 층의 옥내소화전을 동시에 사용할 경우 각 소화전의 노즐선단에서의 방수압력은 최소 0.7MPa 이상이 되어야 한다.

해설
옥내소화전설비의 노즐의 방수압력은 최소 0.17MPa 이상, 최대 0.7MPa 이하이다.

12 다음 설명에 알맞은 접지의 종류는?

기능상 목적이 서로 다르거나 동일한 목적의 개별접지들을 전기적으로 서로 연결하여 구현한 접지

① 단독접지　② 공통접지
③ 통합접지　④ 종별접지

해설
통합접지
전기기기뿐만 아니라 수도관, 가스관, 철근, 철골 등과 같이 전기와 무관한 도체도 모두 함께 접지하여 그들 간에 전위차가 없도록 함으로써 사람의 감전 우려를 최소화하는 접지방식을 말한다.

13 온수난방방식에 관한 설명으로 옳지 않은 것은 어느 것인가?

① 예열시간이 짧아 간헐운전에 주로 이용한다.
② 한랭지에서 운전 정지 중에 동결의 위험이 있다.
③ 증기난방방식에 의해 난방부하변동에 따른 온도조절이 용이하다.
④ 보일러 정지 후에도 여열이 남아 있어 실내 난방이 어느 정도 지속된다.

해설
온수난방방식은 예열시간이 길어 지속운전에 주로 이용한다.

14 흡수식 냉동기의 주요 구성부분에 속하지 않는 것은?

① 응축기　② 압축기
③ 증발기　④ 재생기

해설
• 흡수식 냉동기는 발생기(재생기) - 응축기 - 증발기 - 흡수기로 구성된다.
• 압축기는 압축식 냉동기의 구성요소이다.

15 다음 설명에 알맞은 급수방식은?

• 위생성 측면에서 가장 바람직한 방식이다.
• 정전으로 인한 단수의 염려가 없다.

① 수도직결방식
② 고가수조방식
③ 압력수조방식
④ 펌프직송방식

해설
수도직결방식은 상수도에서 공급받은 수원을 저수과정 없이 직접 세대(부하 측)로 공급하므로 수질오염 가능성이 가장 낮으며, 또한 급수를 위한 별도의 펌프 등의 전원 소요가 없으므로 정전으로 인한 단수의 염려가 없다.

16 가스설비에 사용하는 거버너(Governor)에 관한 설명으로 옳은 것은?

① 실내에서 발생하는 배기가스를 외부로 배출시키는 장치
② 연소가 원활히 이루어지도록 외부로부터 공기를 받아들이는 장치
③ 가스가 누설되거나 지진이 발생했을 때 가스공급을 긴급히 차단하는 장치
④ 가스공급회사로부터 공급받은 가스를 건물에서 사용하기에 적합한 압력으로 조정하는 장치

정답　12 ③　13 ①　14 ②　15 ①　16 ④

> [해설]

거버너(압력조정기, 정압기, Governor)
각 건물에서 사용하는 가스기기에 필요한 가스압력이 서로 다를 경우에는 높은 압력으로 공급을 받아서 그대로 사용하거나 기기에 따라서는 필요한 압력으로 낮추어서 사용하기도 하는데 이때 압력을 조정하는 데 사용하는 기기를 말하며, 정압기라고도 한다.

17 엘리베이터의 안전장치에 속하지 않는 것은 어느 것인가?

① 균형추
② 완충기
③ 조속기
④ 전자브레이크

> [해설]

균형추(Counter Weight)
기계실의 권상기부하를 줄이고, 전기의 절약을 위해서 사용하는 장치이다.
※ 권상기(Traction Machine) : 전동기의 회전력을 로프에 전달하는 기기

18 어느 점광원에서 1m 떨어진 곳의 직각면 조도가 200lx일 때, 이 광원에서 2m 떨어진 곳의 직각면 조도는?

① 25lx
② 50lx
③ 100lx
④ 200lx

> [해설]

조도는 광도에 비례하고, 거리의 제곱에 반비례한다.

$$조도(E) = \frac{광도(I)}{거리(D)^2}$$

이에 광원과의 거리가 1m → 2m로 2배 멀어졌기 때문에 조도는 1/4배(200lx → 50lx)로 감소하게 된다.

19 전기설비의 배선공사에 관한 설명으로 옳지 않은 것은?

① 금속관공사는 외부적 응력에 대해 전선보호의 신뢰성이 높다.
② 합성수지관공사는 열적 영향이나 기계적 외상을 받기 쉬운 곳에서는 사용이 곤란하다.
③ 금속덕트공사는 다수회선의 절연전선이 동일 경로에 부설되는 간선부분에 사용한다.
④ 플로어 덕트 공사는 옥내의 건조한 콘크리트 바닥면에 매입하여 사용되나 강·약전을 동시에 배선할 수 없다.

> [해설]

플로어덕트공사는 옥내의 은폐장소로서 건조한 콘크리트 바닥면에 매입하여 사용되는 것으로, 사무용 건물 등에 채용되는 배선방법이다. 강·약전을 동시에 배선할 수 있고, 이때 강전과 약전의 교차점에는 접속함을 사용하여 전선끼리 접촉하지 않도록 해야 한다.

20 급수설비에서 역류를 방지하여 오염으로부터 상수계통을 보호하기 위한 방법으로 옳지 않은 것은?

① 토수구공간을 둔다.
② 각개통기관을 설치한다.
③ 역류방지밸브를 설치한다.
④ 가압식 진공브레이커를 설치한다.

> [해설]

각개통기관은 배수를 원활히 하기 위해 각 위생기구마다 통기관을 접속하는 통기방식으로서 급수설비의 역류 방지와는 상관없다.

정답 17 ① 18 ② 19 ④ 20 ②

건축기사 (2021년 9월 시행)

01 유압식 엘리베이터에 관한 설명으로 옳지 않은 것은?

① 오버헤드가 작다.
② 기계실의 위치가 자유롭다.
③ 큰 적재량으로 승강행정이 짧은 경우에는 적용할 수 없다.
④ 지하주차장 엘리베이터와 같이 지하층에만 운전하는 경우 적용할 수 있다.

[해설]
유압식 엘리베이터
행정거리와 속도에 한계가 있다. 이에 행정이 긴 경우에는 적용이 어려우며, 행정이 긴 경우에는 로프식 엘리베이터의 적용이 필요하다.

02 온수난방에 관한 설명으로 옳지 않은 것은?

① 증기난방에 비해 예열시간이 길다.
② 온수의 잠열을 이용하여 난방하는 방식이다.
③ 한랭지에서는 운전정지 중에 동결의 우려가 있다.
④ 증기난방에 비해 난방부하변동에 따른 온도조절이 비교적 용이하다.

[해설]
온수난방은 온수의 현열을 이용하여 난방하는 방식이다.

03 중앙식 급탕방식에 관한 설명으로 옳지 않은 것은?

① 온수를 사용하는 개소마다 가열장치를 설치한다.
② 상향 또는 하향순환식 배관에 의해 필요개소에 온수를 공급한다.
③ 국소식에 비해 기기가 집중되어 있으므로 설비의 유지관리가 용이하다.
④ 호텔이나 병원 등과 같이 급탕개소가 많고 사용량이 많은 건물 등에 채용된다.

[해설]
온수를 사용하는 개소마다 가열장치가 설치되는 것은 국소식(개별식) 급탕방식이다.

04 건구온도 30℃, 상대습도 60%인 공기를 냉수코일에 통과시켰을 때 공기의 상태변화로 옳은 것은?(단, 코일 입구수온은 5℃, 코일 출구수온은 10℃)

① 건구온도는 낮아지고 절대습도는 높아진다.
② 건구온도는 높아지고 절대습도는 낮아진다.
③ 건구온도는 높아지고 상대습도는 높아진다.
④ 건구온도는 낮아지고 상대습도는 높아진다.

[해설]
습공기가 냉수코일을 통과할 경우 냉각감습이 일어나게 된다. 이 경우 건구온도와 절대습도는 낮아지고, 상대습도는 높아지는 특성을 갖게 된다.

05 터보식 냉동기에 관한 설명으로 옳지 않은 것은?

① 임펠러의 원심력에 의해 냉매가스를 압축한다.
② 대용량에서는 압축효율이 좋고 비례제어가 가능하다.
③ 대·중형 규모의 중앙식 공조에서 냉방용으로 사용된다.
④ 기계적 에너지가 아닌 열에너지에 의해 냉동효과를 얻는다.

[해설]
기계적 에너지가 아닌 열에너지에 의해 냉동효과를 얻는 방식은 흡수식 냉동기이다.

정답 01 ③ 02 ② 03 ① 04 ④ 05 ④

06 연결송수관설비의 방수구에 관한 설명으로 옳지 않은 것은?

① 방수구의 위치표시는 표시등 또는 축광식 표지로 한다.
② 호스접결구는 바닥으로부터 0.5m 이상 1m 이하의 위치에 설치한다.
③ 개폐기능을 가진 것으로 설치하여야 하며, 평상시 닫힌 상태를 유지하도록 한다.
④ 연결송수관설비의 전용방수구 또는 옥내 소화전 방수구로서 구경 50mm의 것으로 설치한다.

[해설]
연결송수관설비의 전용방수구 또는 옥내소화전방수구로서 구경 65mm의 것으로 설치한다.

07 엔탈피변화량에 대한 현열변화량의 비를 의미하는 것은?

① 현열비   ② 잠열비
③ 유인비   ④ 열수분비

[해설]
엔탈피는 전열(현열+잠열)을 의미하며, 이러한 현열+잠열의 변화량에 대하여 현열량의 변화량 비율을 현열비라고 한다.

08 의복의 단열성을 나타내는 단위로서, 그 값이 클수록 인체에서 발생하는 열이 주위공기로 적게 발산하는 것을 의미하는 것은?

① clo   ② dB
③ NC   ④ MRT

[해설]
clo
의복의 열저항치를 나타낸 것으로 1clo의 보온력이란 온도 21.2℃, 습도 50% 이하, 기류 0.1m/s의 실내에서 의자에 앉아 안정하고 있는 성인남자가 쾌적하면서 평균피부온도를 33℃로 유지할 수 있는 착의의 보온력을 말한다.

09 양수펌프의 회전수를 원래보다 20% 증가시켰을 경우 양수량의 변화로 옳은 것은?

① 20% 증가   ② 44% 증가
③ 73% 증가   ④ 100% 증가

[해설]
펌프의 양수량은 펌프의 회전수에 비례하므로 회전수를 20% 증가시킬 경우 양수량도 비례적으로 20%가 증가하게 된다.

10 다음과 같은 조건에서 사무실의 평균조도를 800lx로 설계하고자 할 경우, 광원의 필요수량은?

- 광원 1개의 광속 : 2,000lm
- 실의 면적 : 10m²
- 감광보상률 : 1.5
- 조명률 : 0.6

① 3개   ② 5개
③ 8개   ④ 10개

[해설]
소요광원의 수(N)
$$\frac{E(\text{조도}) \cdot A(\text{면적}) \cdot D(\text{감광보상률})}{F(\text{램프 1개의 광속}) \cdot U(\text{조명률})}$$
$$= \frac{800 \times 10 \times 1.5}{2,000 \times 0.6} = 10개$$

11 공조부하 중 현열과 잠열이 동시에 발생하는 것은?

① 인체의 발생열량
② 벽체로부터의 취득열량
③ 유리로부터의 취득열량
④ 덕트로부터의 취득열량

[해설]
②, ③, ④항은 현열만 발생하게 된다.

정답 06 ④ 07 ① 08 ① 09 ① 10 ④ 11 ①

12 다음과 같이 정의되는 통기관의 종류는?

오배수수직관 내의 압력변동을 방지하기 위하여 오배수수직관 상향으로 통기수직관에 연결하는 통기관

① 결합통기관　② 공용통기관
③ 각개통기관　④ 반송통기관

[해설]

결합통기관
고층건물에서 원활한 통기를 목적으로 5개 층마다 통기수직관과 입상 오배수관에 연결된 통기관이다.

13 공조방식 중 팬코일유닛방식에 관한 설명으로 옳지 않은 것은?

① 유닛의 개별제어가 용이하다.
② 수배관이 없어 누수의 우려가 없다.
③ 덕트샤프트나 스페이스가 필요 없다.
④ 덕트방식에 비해 유닛의 위치변경이 용이하다.

[해설]

팬코일유닛방식은 수방식으로서 수배관이 실내에 설치되는 공조방식이다.

14 다음 설명에 알맞은 전기설비 관련 용어는?

최대수요전력을 구하기 위한 것으로 최대수요전력의 총부하설비용량에 대한 비율이다.

① 역률　② 부등률
③ 부하율　④ 수용률

[해설]

수용률(수요율)

$$수용률 = \frac{최대수요전력[kW]}{부하설비용량[kW]} \times 100\%$$

수용률이란 설비기기의 전용량에 대하여 실제 사용하고 있는 부하의 최대전력비율을 나타낸 계수로서 설비용량을 이용하여 최대수요전력을 결정할 때 사용한다.

15 다음 중 급수계통의 오염원인과 가장 거리가 먼 것은?

① 급수로의 배수역류
② 저수탱크에 유해물질 침입
③ 수격작용(Water Hammering)
④ 크로스 커넥션(Cross Connection)

[해설]

수격작용은 급수관 내 유속의 급격한 변화에 의해 일어나는 충격파현상으로서 급수계통의 오염원인과는 거리가 멀다.

16 220V, 200W 전열기를 110V에서 사용하였을 경우 소비전력은?

① 50W　② 100W
③ 200W　④ 400W

[해설]

220V, 200W 전열기에서의 저항을 구한 후, 소비전력을 산출하는 문제이다.

㉠ 저항 산출

$$P = \frac{V^2}{R} \Leftrightarrow R = \frac{V^2}{P} = \frac{220^2}{200} = 242\Omega$$

㉡ 소비전력 산출

$$P = \frac{V^2}{R} = \frac{110^2}{242} = 50W$$

17 덕트의 분기부에 설치하여 풍량조절용으로 사용하는 댐퍼는?

① 스플릿댐퍼
② 평행익형 댐퍼
③ 대향익형 댐퍼
④ 버터플라이댐퍼

[해설]

덕트의 분기점에서 풍량을 조절하는 댐퍼는 스플릿댐퍼(Split Damper)이다.

18 다음 중 변전실면적에 영향을 주는 요소와 가장 거리가 먼 것은?

① 출입문의 높이
② 건축물의 구조적 여건
③ 수전전압 및 수전방식
④ 설치기기와 큐비클의 종류 및 시방

> [해설]
> 변전실의 면적은 수평적인 요소로서, 수직적인 높이인 출입문의 높이는 면적산정 시 고려사항이 되지 않는다.

19 3상동력과 단상전등부하를 동시에 사용할 수 있는 방식으로 대형빌딩이나 공장 등에서 사용하는 것은?

① 단상 3선식 220/110V
② 3상 2선식 220V
③ 3상 3선식 220V
④ 3상 4선식 380/220V

> [해설]
> **3상 4선식**
> 3상동력과 단상전등부하를 동시에 공급할 수 있어 대규모 건물에 적합하다.

20 개방형 헤드를 사용하는 연결살수설비에 있어서 하나의 송수구역에 설치하는 살수헤드의 수는 최대 얼마 이하가 되도록 하여야 하는가?

① 10개   ② 20개
③ 30개   ④ 40개

> [해설]
> 개방형 헤드를 사용할 경우 하나의 송수구역당 살수헤드는 최대 10개 이하가 되도록 설치한다.

정답 18 ① 19 ④ 20 ①

건축기사 (2022년 3월 시행)

01 실내에 4,500W를 발열하고 있는 기기가 있다. 이 기기의 발열로 인해 실내 온도상승이 생기지 않도록 환기를 하려고 할 때, 필요한 최소 환기량은?(단, 공기의 밀도 1.2kg/m³, 비열 1.01kJ/kg · K, 실내온도 20℃, 외기온도 0℃이다.)

① 약 452m³/h ② 약 668m³/h
③ 약 856m³/h ④ 약 928m³/h

[해설]

$Q = \dfrac{q}{\rho Cp \Delta t}$

여기서, Q : 필요 환기량(m³/h)
q : 실내발열량(kJ/h)
ρ : 공기의 밀도 1.2kg/m³
Cp : 공기의 정압 비열 1.01kJ/kg · K
Δt : 실내외 외기(환기) 온도차(℃)

$Q = \dfrac{4,500 \times 3,600}{1,000 \times 1.2 \times 1.01 \times (20-0)} = 668.317 (\text{m}^3/\text{h})$

02 주위 온도가 일정 온도 이상으로 되면 동작하는 자동화재탐지설비의 감지기는?

① 이온화식 감지기
② 차동식 스폿형 감지기
③ 정온식 스폿형 감지기
④ 광전식 스폿형 감지기

[해설]

① 이온화식 : 연기에 의해 이온농도가 변화되는 것으로 감지
② 차동식 : 주변온도의 일정한 온도상승에 의한 감지
③ 정온식 : 주변온도가 일정 온도에 달하였을 때 감지
④ 광전식 : 연기에 의해 반응하는 것으로 광전효과를 이용하여 감지

03 습공기의 엔탈피에 관한 설명으로 옳은 것은?

① 건구온도가 높을수록 커진다.
② 절대습도가 높을수록 작아진다.
③ 수증기의 엔탈피에서 건공기의 엔탈피를 뺀 값이다.
④ 습공기를 냉각·가습할 경우, 엔탈피는 항상 감소한다.

[해설]

② 절대습도가 높을수록 잠열이 커지므로, 엔탈피는 증가한다.
③ 습공기의 엔탈피는 수증기의 엔탈피와 건공기의 엔탈피를 더한 값이다.
④ 습공기를 냉각할 경우 엔탈피는 작아지고, 가습할 경우 엔탈피는 증기분무 가습의 경우 커지게 된다(다른 가습 방식의 경우 순환수 분무는 등엔탈피 변화, 온수 분무의 경우는 열수분비에 따라 엔탈피 증가 및 감소 판단 가능).

04 조명기구의 배광에 따른 분류 중 직접조명형에 관한 설명으로 옳은 것은?

① 상향광속과 하향광속이 거의 동일하다.
② 천장을 주광원으로 이용하므로 천장의 색에 대한 고려가 필요하다.
③ 매우 넓은 면적이 광원으로서의 역할을 하기 때문에 직사 눈부심이 없다.
④ 작업면에 고조도를 얻을 수 있으나 심한 휘도차 및 짙은 그림자가 생긴다.

[해설]

① 직접조명방식은 하향(방향)광속이 90% 이상을 차지하는 방식이다.
② 천장을 주광원으로 이용하는 방식은 간접조명방식이다.
③ 직접조명방식은 광원의 면적이 작고, 효율이 좋으나 직사 눈부심이 발생할 수 있다는 특징이 있다.

정답 01 ② 02 ③ 03 ① 04 ④

05 다음 중 건축물 실내공간의 잔향시간에 가장 큰 영향을 주는 것은?

① 실의 용적
② 음원의 위치
③ 벽체의 두께
④ 음원의 음압

> 해설
> 샤빈의 잔향식에 따라 잔향에 직접적인 영향을 주는 것은 실의 체적(용적)과 실의 흡음 면적이다.
>
> **샤빈의 잔향식**
> 잔향시간(T) = $0.163 \dfrac{V}{A}$
> 여기서, V : 실의 체적
> A : 실의 흡음 면적

06 다음 설명에 알맞은 통기관의 종류는?

> 기구가 반대방향(좌우분기) 또는 병렬로 설치된 기구 배수관의 교점에 접속하여 입상하며, 그 양기구의 트랩 봉수를 보호하기 위한 1개의 통기관을 말한다.

① 공용통기관 ② 결합통기관
③ 각개통기관 ④ 신정통기관

> 해설
> 공용통기관은 트랩이 달린 2개의 위생기구를 동시에 통기하는 통기관을 의미한다.

07 습공기가 냉각되어 포함되어 있던 수증기가 응축되기 시작하는 온도를 의미하는 것은?

① 노점온도
② 습구온도
③ 건구온도
④ 절대온도

> 해설
> 노점온도는 수증기가 응축되기 시작하는 온도를 의미하며, 일상에서 볼 수 있는 결로가 시작되는 온도이기도 하다.

08 변전실에 관한 설명으로 옳지 않은 것은?

① 건축물의 최하층에 설치하는 것이 원칙이다.
② 용량의 증설에 대비한 면적을 확보할 수 있는 장소로 한다.
③ 사용부하의 중심에 가깝고, 간선의 배선이 용이한 곳으로 한다.
④ 변전실의 높이는 바닥의 케이블트렌치 및 무근 콘크리트 설치 여부 등을 고려한 유효 높이로 한다.

> 해설
> 변전실은 습기가 적고, 채광 통풍이 양호한 곳에 설치해야 하므로, 건축물의 최하층은 피하는 것이 좋다.

09 10Ω의 저항 10개를 직렬로 접속할 때의 합성저항은 병렬로 접속할 때의 합성저항의 몇 배가 되는가?

① 5배   ② 10배
③ 50배   ④ 100배

> 해설
> **저항의 연결 방식에 따른 합**
> ㉠ 직렬연결
> $R(총저항) = R_1 + R_2 + \cdots + R_{10} = 100\,\text{ohm}$
> ㉡ 병렬연결
> $R(총저항) = \dfrac{1}{\left(\dfrac{1}{R_1} + \dfrac{1}{R_2} + \cdots + \dfrac{1}{R_{10}}\right)} = 1\,\text{ohm}$
> ∴ 직렬연결과 병렬연결 시의 저항의 비는 100배이다.

10 증기난방에 관한 설명으로 옳지 않은 것은?

① 응축수 환수관 내에 부식이 발생하기 쉽다.
② 동일 방열량인 경우 온수난방에 비해 방열기의 방열면적이 작아도 된다.
③ 방열기를 바닥에 설치하므로 복사난방에 비해 실내바닥의 유효면적이 줄어든다.
④ 온수난방에 비해 예열시간이 길어서 충분한 난방감을 느끼는 데 시간이 걸린다.

정답 05 ① 06 ① 07 ① 08 ① 09 ④ 10 ④

> [해설]

증기난방(Steam Heating System)
증기난방은 증기보일러에서 발생한 증기를 배관을 통해 각 실에 설치된 난방기기로 보내어 증기의 잠열로 난방한다.

장점	단점
• 예열시간이 짧음 • 열의 운반능력이 큼 • 방열면적과 환수관경이 작음 • 설비비와 유지비가 적음 • 동파의 우려가 없음	• 부하변동에 따른 방열량 조절이 곤란 • 방열기 표면온도가 높아 쾌감도가 좋지 않음 • 환수관의 부식이 비교적 심하여 수명이 짧음 • 시스템 가동 초기 스팀해머(Steam Hammer)에 의한 소음 발생 • 보일러 취급이 난해

11 건구온도 26℃인 실내공기 8,000m³/h와 건구온도 32℃인 외부공기 2,000m³/h를 단열혼합하였을 때 혼합공기의 건구온도는?

① 27.2℃   ② 27.6℃
③ 28.0℃   ④ 29.0℃

> [해설]

혼합공기의 온도(℃) = $\dfrac{26 \times 8,000 + 32 \times 2,000}{8,000 + 2,000}$ = 27.2℃

12 다음의 스프링클러설비의 화재안전기준 내용 중 ( ) 안에 알맞은 것은?

전동기에 따른 펌프를 이용하는 가압송수장치의 송수량은 0.1MPa의 방수압력 기준으로 ( ) 이상의 방수성능을 가진 기준 개수의 모든 헤드로부터의 방수량을 충족시킬 수 있는 양 이상으로 할 것

① 80l/min   ② 90l/min
③ 110l/min ④ 130l/min

> [해설]

스프링클러는 초기 화재 진화를 위하여 사용되는 설비로서, 헤드마다 분당 80L의 물을 20분간 분사할 수 있는 수원을 확보하고 있어야 한다.

13 다음 설명에 알맞은 요운전원 엘리베이터 조작방식은?

기동은 운전원의 버튼 조작으로 하며, 정지는 목적층 단추를 누르는 것과 승강장의 호출신호로 층의 순서대로 자동 정지한다.

① 카스위치방식
② 전자동군관리방식
③ 레코드컨트롤방식
④ 시그널컨트롤방식

> [해설]

① 카스위치방식 : 시동·정지를 운전원이 조작반의 스타트 버튼을 조작하는 방식으로서, 정지에는 운전원의 판단으로서 이루어지는 수동착상 방식과 정지층 앞에서의 조작을 통해 자동적으로 착상하는 자동착상 방식이 있다.
② 전자동군관리방식 : 이용 패턴이 빈번히 바뀌는 용도의 건축물에 적용하는 것으로서, 이용 패턴에 따라 엘리베이터의 수송계획을 시간대에 맞춰 자동적으로 제어하는 방식을 말한다.
③ 레코드컨트롤 방식 : 운전원이 승객이 내리고자 하는 목적층과 승강장으로부터의 호출신호를 파악하여, 운전원이 승하차를 위해 조작반의 버튼을 누르면 순차적으로 해당층에 자동으로 정지하는 방식을 말한다.

14 가스설비에서 LPG에 관한 설명으로 옳지 않은 것은?

① 공기보다 무겁다.
② LNG에 비해 발열량이 작다.
③ 순수한 LPG는 무색, 무취이다.
④ 액화하면 체적이 1/250 정도가 된다.

> [해설]

LPG는 LNG에 비해 발열량이 크고, 동시에 비중도 큰 특성을 가지고 있어 누설 시 폭발의 위험이 큰 특징이 있다.

정답 11 ① 12 ① 13 ④ 14 ②

15 각종 급수방식에 관한 설명으로 옳지 않은 것은?

① 수도직결방식은 정전으로 인한 단수의 염려가 없다.
② 압력수조방식은 단수 시에 일정량의 급수가 가능하다.
③ 수도직결방식은 위생 및 유지·관리 측면에서 가장 바람직한 방식이다.
④ 고가수조방식은 수도 본관의 영향에 따라 급수 압력의 변화가 심하다.

> **해설**
> ④는 수도직결방식에 대한 설명이다.

16 길이 20m, 지름 400mm의 덕트에 평균속도 12m/s로 공기가 흐를 때 발생하는 마찰저항은?(단, 덕트의 마찰저항계수는 0.02, 공기의 밀도는 1.2kg/m³이다.)

① 7.3Pa ② 8.6Pa
③ 73.2Pa ④ 86.4Pa

> **해설**
> **덕트의 마찰저항**
> $$\Delta P = f \cdot \frac{l}{d} \cdot \frac{v^2}{2} \cdot \rho$$
> $$= 0.02 \cdot \frac{20}{0.4} \cdot \frac{12^2}{2} \cdot 1.2 = 86.4 \text{Pa}$$
> 여기서, ΔP : 덕트의 마찰저항 (Pa)
> f : 덕트의 마찰저항계수
> d : 관의 지름(m)
> l : 관의 길이(m)
> v : 공기의 이동 속도(m/s)
> ρ : 공기의 밀도(kg/m³)

17 압축식 냉동기의 냉동사이클을 옳게 나타낸 것은?

① 압축 → 응축 → 팽창 → 증발
② 압축 → 팽창 → 응축 → 증발
③ 응축 → 증발 → 팽창 → 압축
④ 팽창 → 증발 → 응축 → 압축

> **해설**
> • 압축식 냉동기 : 압축 → 응축 → 팽창 → 증발
> • 흡수식 냉동기 : 발생기(재생기) → 응축기 → 증발기 → 흡수기

18 다음 중 급수배관계통에서 공기빼기밸브를 설치하는 가장 주된 이유는?

① 수격작용을 방지하기 위하여
② 배관 내면의 부식을 방지하기 위하여
③ 배관 내 유체의 흐름을 원활하게 하기 위하여
④ 배관 표면에 생기는 결로를 방지하기 위하여

> **해설**
> 급수배관계통에서는 공기가 정체하지 않도록 해야 하며, 이를 위해 공기정체가 일어날 것으로 예상되는 곳에 공기빼기밸브를 설치하여 배관 내 유체의 흐름을 원활하게 해줄 수 있다.

19 배수트랩의 봉수 파괴 원인 중 통기관을 설치함으로써 봉수 파괴를 방지할 수 있는 것이 아닌 것은?

① 분출작용
② 모세관작용
③ 자기사이펀작용
④ 유도사이펀작용

> **해설**
> 모세관 현상에 의한 봉수 파괴는 트랩에 걸레조각이나 머리카락이 낀 경우 모세관 현상에 의하여 봉수가 빠져나가는 것으로, 배수 시 압력 조절을 하는 통기관의 역할과는 연관이 없다.

정답 15 ④ 16 ④ 17 ① 18 ③ 19 ②

20 저압옥내 배선공사 중 직접 콘크리트에 매설할 수 있는 공사는?

① 금속관공사　　② 금속덕트공사
③ 버스덕트공사　④ 금속몰드공사

해설

금속관 공사
- 건물의 종류와 장소에 구애받지 않고 시공이 가능하다.
- 주로 콘크리트의 매입 배선에 사용한다.
- 화재에 대한 위험성이 적고 전선의 기계적 손상이 적다.
- 전선 교체가 용이하다.
- 전선은 접속점이 없는 절연 전선 사용

정답　20 ①

건축기사 (2022년 4월 시행)

01 배수관의 관경과 구배에 관한 설명으로 옳지 않은 것은?

① 배관구배를 완만하게 하면 세정력이 저하된다.
② 배관관경을 크게 하면 할수록 배수능력은 향상 된다.
③ 배관구배를 너무 급하게 하면 흐름이 빨라 고형 물이 남는다.
④ 배관구배를 너무 급하게 하면 관로의 수류에 의한 파손 우려가 높아진다.

해설
동일 유량을 배수할 때, 배관관경을 크게 할 경우 유속이 저하되어 배수능력이 저하될 수 있어 적절한 배관관경을 적용하는 것이 필요하다.

02 한 시간당 급탕량이 5m³일 때 급탕부하는 얼마인가?(단, 물의 비열은 4.2kJ/kg·K, 급탕 온도는 70℃, 급수온도는 10℃이다.)

① 35kW ② 126kW
③ 350kW ④ 1,260kW

해설
급탕부하(kW)
＝급탕량 × 비열 × 온도차(급탕온도 − 급수온도)
＝ 5m³/h × 1,000 ÷ 3,600 × 4.2kJ/kg·K × (70 − 10)
＝ 350kW

03 엘리베이터의 조작 방식 중 무운전원 방식으로 다음과 같은 특징을 갖는 것은?

승객 스스로 운전하는 전자동 엘리베이터로, 승강장으로부터의 호출 신호로 기동, 정지를 이루는 조작 방식이며, 누른 순서에 상관없이 각 호출에 반응하여 자동적으로 정지한다.

① 단식자동방식 ② 카 스위치방식
③ 승합전자동방식 ④ 시그널컨트롤방식

해설
승합전자동식
승객이 직접 운전하는 전자동 엘리베이터로서, 목적층 버튼이나 승강장의 호출 신호로 시동·정지하는 방식으로, 누른 순서와는 관계없이 각 호출에 반응하여 자동적으로 정지한다.

04 전기샤프트(ES)의 계획 시 고려사항으로 옳지 않은 것은?

① 각 층마다 같은 위치에 설치한다.
② 기기의 배치와 유지보수에 충분한 공간으로 하고, 건축적인 마감을 실시한다.
③ 점검구는 유지보수 시 기기의 반출입이 가능하도록 하여야 하며, 점검구 문의 폭은 최소 300mm 이상으로 한다.
④ 공급대상 범위의 배선거리, 전압강하 등을 고려하여 가능한 한 공급대상설비 시설 위치의 중심부에 위치하도록 한다.

해설
점검구는 유지보수 시 기기의 반출입이 가능하도록 하여야 하며, 점검구 문의 폭은 최소 600mm 이상으로 한다.

05 다음 중 변전실 면적에 영향을 주는 요소와 가장 거리가 먼 것은?

① 발전기실의 면적
② 변전설비 변압방식
③ 수전전압 및 수전방식
④ 설치 기기와 큐비클의 종류

정답 01 ② 02 ③ 03 ③ 04 ③ 05 ①

해설

변전실의 면적 산정 시 고려 요소에는 변압기 용량, 수전 전압, 수전 방식 및 큐비클의 종류 등이 있다.

06 배수트랩의 봉수가 파손되는 것을 방지하기 위한 방법으로 옳지 않은 것은?

① 자기사이펀 작용에 의한 봉수 파괴를 방지하기 위하여 S트랩을 설치한다.
② 유도사이펀 작용에 의한 봉수 파괴를 방지하기 위하여 도피통기관을 설치한다.
③ 증발현상에 의한 봉수 파괴를 방지하기 위하여 트랩 봉수 보급수 장치를 설치한다.
④ 역압에 의한 분출작용을 방지하기 위하여 배수 수직관의 하단부에 통기관을 설치한다.

해설

S 트랩을 설치할 경우 자기사이펀 작용에 의한 봉수 파괴 현상이 가중될 수 있어, S 트랩이 아닌 P 트랩을 설치하여 자기사이펀 작용에 의한 봉수 파괴를 방지할 필요가 있다.

07 다음의 간선 배전방식 중 분전반에서 사고가 발생했을 때 그 파급 범위가 가장 좁은 것은?

① 평행식   ② 방사선식
③ 나뭇가지식   ④ 나뭇가지 평행식

해설

방식	특징
평행식	각 분전반마다 배전반에서 단독으로 배선되며, 전압강하가 적고 사고 발생 시 범위가 좁으나 설비비가 많이 소요되어 대규모 건물에 적합하다.
나뭇가지식	• 한 개의 간선이 각 분전반을 거쳐 가며 공급된다. • 말단분전반에서 전압강하가 커질 수 있다. • 중소 규모에 이용된다.
병용식	평행식과 나뭇가지식을 병용한 것으로 전압 강하도 크지 않고 설비비도 줄일 수 있어 가장 많이 사용한다.

08 스프링클러설비를 설치하여야 하는 특정소방 대상물의 최대 방수구역에 설치된 개방형 스프링클러헤드의 개수가 30개일 경우, 스프링클러설비의 수원의 저수량은 최소 얼마 이상으로 하여야 하는가?

① $16m^3$ ② $32m^3$
③ $48m^3$ ④ $56m^3$

해설

스프링클러의 수원의 저수량

스프링클러는 초기 화재 진화를 위하여 사용되는 설비로서, 헤드마다 분당 80L의 물을 20분간 분사할 수 있는 수원을 확보하고 있어야 한다.
80L/min × 20min × 30(헤드 수) = 48,000L = $48m^3$

09 열관류율 K = $2.5W/m^2$ · K인 벽체의 양쪽 공기 온도가 각각 20℃와 0℃일 때, 이 벽체 $1m^2$당 이동열량은?

① 25W   ② 50W
③ 100W   ④ 200W

해설

$q = KA\triangle T$
여기서, q : 전열량(이동열량)(W)
K : 열관류율(W/m^2K)
A : 벽체면적(m^2)
$\triangle T$: 온도차(℃)
$q = KA\triangle T = 2.5 \times 1 \times (20-0) = 50W$

10 어느 점광원과 1m 떨어진 곳의 직각면 조도가 800[lx]일 때, 이 광원과 4m 떨어진 곳의 직각면 조도는?

① 50[lx]   ② 100[lx]
③ 150[lx]   ④ 200[lx]

해설

조도는 광도에 비례하고, 거리의 제곱에 반비례한다.

정답   06 ①   07 ①   08 ③   09 ②   10 ①

$$조도(E) = \frac{광도(I)}{거리(D)^2}$$

이에 광원과의 거리가 1 → 4m로 4배 멀어졌기 때문에 조도는 1/16배(800lx → 50lx)로 감소하게 된다.

11 습공기를 가열했을 때 상태값이 변화하지 않는 것은?

① 엔탈피 ② 습구온도
③ 절대습도 ④ 상대습도

해설

습공기의 가열은 현열 가열을 의미하므로, 절대습도에 대한 변화는 없다. 단, 상대습도는 현열 가열 시 감소하게 된다.

12 증기난방에 관한 설명으로 옳지 않은 것은?

① 온수난방에 비해 예열시간이 짧다.
② 온수난방에 비해 한랭지에서 동결의 우려가 작다.
③ 운전 시 증기해머로 인한 소음을 일으키기 쉽다.
④ 온수난방에 비해 부하변동에 따른 실내방열량의 제어가 용이하다.

해설

증기난방은 온수난방에 비해 부하변동에 따른 실내방열량의 제어가 용이하지 않다.

증기난방(Steam Heating System)

증기난방은 증기보일러에서 발생한 증기를 배관을 통해 각 실에 설치된 난방기기로 보내어 증기의 잠열로 난방한다.

장점	단점
• 예열시간이 짧음 • 열의 운반능력이 큼 • 방열면적과 환수관경이 작음 • 설비비와 유지비가 적음 • 동파의 우려가 없음	• 부하변동에 따른 방열량 조절이 곤란 • 방열기 표면온도가 높아 쾌감도가 좋지 않음 • 환수관의 부식이 비교적 심하여 수명이 짧음 • 시스템 가동 초기 스팀해머(Steam Hammer)에 의한 소음 발생 • 보일러 취급이 난해

13 공기조화방식 중 이중덕트방식에 관한 설명으로 옳지 않은 것은?

① 전공기 방식에 속한다.
② 덕트가 2개의 계통이므로 설비비가 많이 든다.
③ 부하특성이 다른 다수의 실이나 존에도 적용할 수 있다.
④ 냉풍과 온풍을 혼합하는 혼합상자가 필요 없으므로 소음과 진동도 적다.

해설

이중덕트방식은 냉풍과 온풍을 각각의 덕트로 보낸 후 말단의 혼합상자에서 혼합하여 각 실에 송풍하는 방식이다.

14 다음과 가장 관계가 깊은 것은?

> 에너지보존의 법칙을 유체의 흐름에 적용한 것으로서 유체가 갖고 있는 운동에너지, 중력에 의한 위치에너지 및 압력에너지의 총합은 흐름 내 어디에서나 일정하다.

① 뉴턴의 점성법칙
② 베르누이의 정리
③ 보일 – 샤를의 법칙
④ 오일러의 상태방정식

해설

베르누이의 정리
• 정상류, 비점성, 비압축성의 유체가 유선운동을 할 때 같은 유선상의 각 지점에서의 압력수두, 속도수두, 위치수두의 합은 일정하다는 법칙이다.
• 베르누이 방정식
 압력수두 + 속도수두 + 위치수두
 $= \dfrac{P}{\rho} + \dfrac{V^2}{2} + Zg = 일정$

15 자연환기에 관한 설명으로 옳은 것은?

① 풍력환기에 의한 환기량은 풍속에 반비례한다.
② 풍력환기에 의한 환기량은 유량계수에 비례한다.
③ 중력환기에 의한 환기량은 공기의 입구와 출구가 되는 두 개구부의 수직거리에 반비례한다.
④ 중력환기에서 실내온도가 외기온도보다 높을 경우 공기는 건물 상부의 개구부에서 실내로 들어와서 하부의 개구부로 나간다.

[해설]

풍력환기는 바람에 의한 환기로서, 풍력환기에 의한 환기량은 유량계수와 통기율, 유출부와 유입부 간의 압력차 등에 비례한다.

① 풍력환기에 의한 환기량은 풍속에 비례한다.
③ 중력환기에 의한 환기량은 공기의 입구와 출구가 되는 두 개구부의 수직거리에 비례한다.
④ 중력환기에서 실내온도가 외기온도보다 높을 경우 공기는 건물 하부의 개구부에서 실내로 들어와서 상부의 개구부로 나간다.

16 실내 음환경의 잔향시간에 관한 설명으로 옳은 것은?

① 실의 흡음력이 높을수록 잔향시간은 길어진다.
② 잔향시간을 길게 하기 위해서는 실내공간의 용적을 작게 하여야 한다.
③ 잔향시간은 음향청취를 목적으로 하는 공간이 음성전달을 목적으로 하는 공간보다 짧아야 한다.
④ 잔향시간은 실내가 확장음장이라고 가정하여 구해진 개념으로 원리적으로는 음원이나 수음점의 위치에 상관없이 일정하다.

[해설]

잔향시간은 실내가 확장음장(확산음장)이라고 가정하여 구해진 개념이다. 원리적으로 잔향시간의 값은 음원이나 수음점의 위치, 실의 형상, 흡음재의 배치 등에 의하지 않고 일정하게 된다.

① 실의 흡음력이 높을수록 잔향시간은 짧아진다.
② 잔향시간을 길게 하기 위해서는 실내공간의 용적을 크게 하여야 한다.
③ 잔향시간은 음향청취를 목적으로 하는 공간이 음성전달을 목적으로 하는 공간보다 길어야 한다.

17 발전기에 적용되는 법칙으로 유도기전력의 방향을 알기 위하여 사용되는 법칙은?

① 옴의 법칙
② 키르히호프의 법칙
③ 플레밍의 왼손 법칙
④ 플레밍의 오른손 법칙

[해설]

• 발전기의 원리 : 플레밍의 오른손 법칙
• 전동기의 원리 : 플레밍의 왼손 법칙

18 압력에 따른 도시가스의 분류에서 고압 기준으로 옳은 것은?(단, 게이지압력)

① 0.1MPa 이상
② 1MPa 이상
③ 10MPa 이상
④ 100MPa 이상

[해설]

공급압력에 따른 도시가스의 분류

분류	공급압력
저압	0.1MPa 이하
중압	0.1MPa 이상 ~ 1.0MPa 미만
고압	1.0MPa 이상

19 냉방부하 계산 결과 현열부하가 620W, 잠열부하가 155W일 경우, 현열비는?

① 0.2
② 0.25
③ 0.4
④ 0.8

[해설]

$$현열비 = \frac{현열부하}{현열부하 + 잠열부하} = \frac{620}{620 + 155} = 0.8$$

정답 15 ② 16 ④ 17 ④ 18 ② 19 ④

20 다음의 냉동기 중 기계적 에너지가 아닌 열에너지에 의해 냉동효과를 얻는 것은?

① 원심식 냉동기 ② 흡수식 냉동기
③ 스크류식 냉동기 ④ 왕복동식 냉동기

> **해설**
> 터보식, 스크류식, 왕복동식은 압축식 냉동기로서 전기에너지를 압축기에서 기계적 에너지로의 전환을 통한 냉동 효과를 얻는 방식이고, 흡수식 냉동기는 열에너지를 통해 냉동 효과를 얻는 방식이다. 이에 흡수식 냉동기는 압축식 냉동기에 비해 COP 값이 상대적으로 열세하지만, 전기에너지가 아닌 열에너지를 적용하므로, 전기사용 절감을 위해 권장되고 있다.

정답 20 ②

건축설비 건축기사·산업기사 필기

발행일 | 2022. 1. 10 초판발행
2023. 1. 20 개정 1판1쇄

저　자 | 이하움
발행인 | 정용수
발행처 | 예문사

주　소 | 경기도 파주시 직지길 460(출판도시) 도서출판 예문사
T E L | 031) 955-0550
F A X | 031) 955-0660
등록번호 | 11-76호

- 이 책의 어느 부분도 저작권자나 발행인의 승인 없이 무단 복제하여 이용할 수 없습니다.
- 파본 및 낙장은 구입하신 서점에서 교환하여 드립니다.
- 예문사 홈페이지 http : //www.yeamoonsa.com

정가 : 16,000원

ISBN 978-89-274-4925-6　13540